# VORBEMERKUNGEN

Das nebenstehende Inhaltsverzeichnis
gibt einen Überblick
über die Kapitel dieses Buches
und orientiert auf die farbigen Marken
des Randregisters.
Zu Beginn eines jeden Kapitels
gibt eine farbige Strukturübersicht
über den Aufbau des jeweiligen Stoffgebietes
Auskunft.
Jedes Kapitel ist durch
Zwischenüberschriften in Abschnitte
untergliedert, die am Kopf jeder Seite
zur Orientierung mitgeführt werden.
Durch eine Stichwortleiste wurde der Text
weiter aufgeschlossen.
Definitionen und Sätze werden durch
das Zeichen ▶, Beispiele
durch das Zeichen ■ gekennzeichnet.
Auf mehrmaliges Auftreten einzelner
Begriffe, Beweise, Sätze usw. wird mit Hilfe
des Zeichens ↗ zuzüglich
der betreffenden Seitenzahl
aufmerksam gemacht.
Auf diese Weise wurde eine enge
Verflechtung aller Kapitel erreicht
und ein zusammenhängendes Erarbeiten
ermöglicht.

Dr. Rudolf Bittner
Dr. Dieter Ilse
Siegmar Kubicek
Werner Tietz

# KOMPENDIUM DER MATHEMATIK

2. Auflage

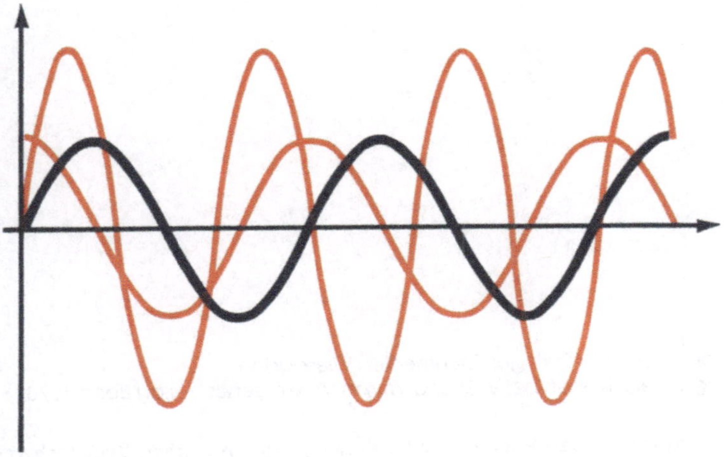

Springer Fachmedien Wiesbaden GmbH

1970

Ursprünglich erschienen bei Volk und Wissen Volkseigener Verlag Berlin 1970

Lizenzausgabe für den Verlag Friedr. Vieweg + Sohn GmbH, Braunschweig

Bestell-Nr. 4907

ISBN 978-3-528-04907-2 ISBN 978-3-663-06853-2 (eBook)
DOI 10.1007/978-3-663-06853-2

## Vorwort

Dieses *Kompendium der Mathematik* gibt die im Unterricht gewonnenen Kenntnisse und Erkenntnisse, zum Teil ergänzt, in fachwissenschaftlicher Systematik zusammenhängend dargestellt wieder. Durch diese fachsystematische Darstellung leistet das *Kompendium* nicht nur gute Dienste bei der Wiederholung, Festigung, Auffrischung des Wissens und Könnens, es regt darüber hinaus viele Leser an, noch umfassender und tiefer in die Mathematik einzudringen.
Mit diesem *Kompendium* sollte weder ein „Skelett" oder eine Formelsammlung noch ein neues Lehrbuch geschaffen werden. Einerseits würde nämlich ein Skelett keine systematische Darstellung der Zusammenhänge erlauben, andererseits würde ein Schullehrbuch herkömmlicher Art einen zu großen Umfang erfordern. Aus diesem Grunde sind in das vorliegende Buch zwar erläuternde Beispiele, jedoch keine Übungsaufgaben aufgenommen worden. Der Leser findet sowohl mathematische Begriffe und Sätze als auch inhaltliche Zusammenhänge. Es wurde also eine Synthese zwischen Skelett und Lehrbuch angestrebt.

# A Grundbegriffe der Mengenlehre

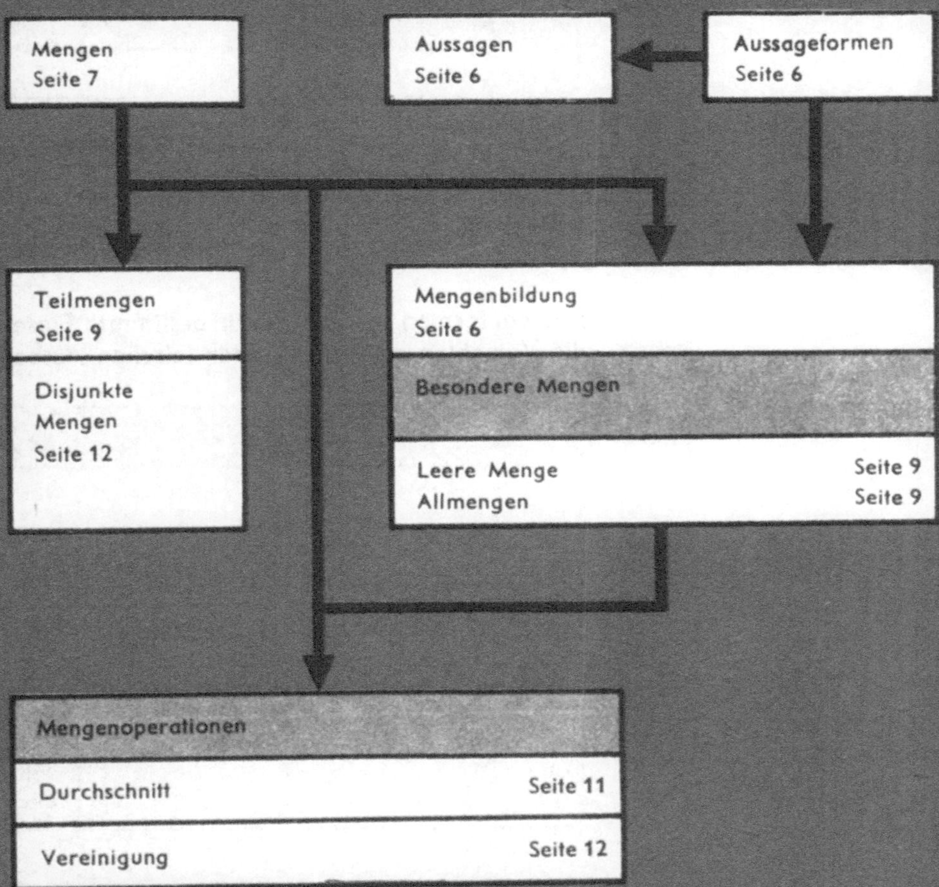

A

# 1. MENGENBILDUNG

**Aussagen, Aussageformen**

Aussagen sind entweder wahr oder falsch.

| Aussagen | wahr oder falsch |
|---|---|
| a) Die Stadt Dresden liegt an der Elbe | wahr |
| b) Das chemische Element Schwefel ist ein Metall | falsch |
| c) Die natürliche Zahl 7 ist eine Primzahl | wahr |
| d) $5 = 6$ | falsch |

Von Aussageformen kann man nicht sagen, ob sie wahr oder falsch sind.

| Aussageformen |
|---|
| a) Die Stadt *S* liegt an der Elbe |
| b) Das chemische Element *E* ist ein Metall |
| c) Die natürliche Zahl $n$ ist eine Primzahl |
| d) $x = 6$ |

Aussageformen werden durch bestimmte Einsetzungen für die Variablen zu wahren oder falschen Aussagen.

| Aussageformen | Aussagen | wahr oder falsch |
|---|---|---|
| a) Die Stadt *S* liegt an der Elbe | Die Stadt Wittenberg liegt an der Elbe<br>Die Stadt Berlin liegt an der Elbe | wahr<br>falsch |
| b) Die natürliche Zahl $n$ ist eine Primzahl | Die natürliche Zahl 20 ist eine Primzahl<br>Die natürliche Zahl 31 ist eine Primzahl | falsch<br>wahr |
| c) $x = 6$ | $6 = 6$<br>$41 = 6$ | wahr<br>falsch |

A

**Bilden von Mengen**

Mengen werden gebildet, indem man aus einem zugrunde gelegten Bereich von Dingen, dem **Grundbereich**, nach bestimmten Gesichtspunkten Dinge auswählt und zu einer Gesamtheit zusammenfaßt.

■

| Grundbereich | ausgewählte Dinge |
|---|---|
| a) alle Schüler einer bestimmten Schule | Mitglieder des Chors dieser Schule |
| b) alle Geraden einer Ebene | alle Geraden dieser Ebene, die eine vorgegebene Richtung haben |
| c) alle natürlichen Zahlen | alle natürlichen Zahlen, die durch 3 teilbar sind und zwischen 10 und 30 liegen |

**Der Begriff „Menge"**

Eine Gesamtheit von aus dem Grundbereich ausgewählten Dingen nennt man **Menge**.
Als Variable für Mengen benutzen wir große lateinische Buchstaben, evtl. mit Indizes, z.B.:
$M; N; A; B;$
$M_0; M_1; M_2$.

**Elemente**

Die Dinge, die dieser Gesamtheit angehören, nennt man **Elemente** der betreffenden Menge.
Als Variable für Elemente benutzen wir kleine lateinische Buchstaben, evtl. mit Indizes, z.B.:
$x; y; a; b;$
$x_0; x_1; x_2$.

**Angabe von Mengen**
Durch Angabe aller Elemente

■ $M = \{12; 15; 18; 21; 24; 27\}$
Um mitzuteilen, daß z. B. $a$ Element der Menge $M$ ist oder z. B. $y$ nicht Element der Menge $N$ ist, schreibt man:
$a \in M$ **gelesen:**

**„$a$ ist Element von $M$" oder „$a$ Element $M$"**
$y \notin N$ **gelesen:**
**„$y$ ist nicht Element von $N$" oder „$y$ nicht Element $N$"**

Durch Angabe des Grundbereichs und einer Aussageform

Enthält eine Menge sehr viele oder unendlich viele Elemente, die nicht einzeln aufgeführt werden können, so gibt man *den Grundbereich* und *eine Aussageform* an, mit deren Hilfe man die betreffende Menge bilden kann.

| Grundbereich | Aussageform | Angabe der Menge |
|---|---|---|
| a) Menge der natürlichen Zahlen | $x < 70000$ | $x \in M$ genau dann, wenn $x < 70000$ |
| b) Menge der natürlichen Zahlen | $10 < x < 300$ und $x \mid 3$ | $x \in M$ genau dann, wenn $10 < x < 300$ und $x \mid 3$ |
| c) Menge der ganzen Zahlen | $x < 70000$ | $x \in M$ genau dann, wenn $x < 70000$ |

*Bemerkung*: Zur Festlegung beispielsweise der Menge unter a) in der Tabelle genügt es nicht zu sagen:

(1) Wenn eine natürliche Zahl kleiner als 7 ist, so ist sie Element der zu bildenden Menge.

Dadurch wird nämlich nicht ausgeschlossen, daß, eventuell noch andere natürliche Zahlen zur Menge gehören können. Betrachten wir beispielsweise die Menge
$M^* = \{0; 1; 2; 38; 19; 4; 3; 100; 5; 6\}$,
so ist die Forderung, daß jede natürliche Zahl, die kleiner als 7 ist, Element der Menge sein soll, auch für $M^*$ erfüllt. Um wirklich *nur* die Zahlen, die kleiner als 7 sind, als Elemente der Menge zu erhalten, müssen wir noch zusätzlich sagen:

(2) Wenn eine natürliche Zahl Element der zu bildenden Menge ist, so ist sie kleiner als 7.

Mit (1) und (2) ist die im Beispiel angeführte Menge $M$ genau festgelegt. Es ist üblich, (1) und (2) zu folgender Sprechweise zusammenzufassen:

(3) Eine natürliche Zahl ist Element der Menge $M$ **genau dann, wenn** sie kleiner als 7 ist.
Kürzer: $x \in M$ genau dann, wenn $x < 7$.

Durch die Sprechweise „genau dann, wenn" wird zum Ausdruck gebracht, daß *alle* die Dinge aus dem Grundbereich Elemente der jeweils zu bildenden Menge sind, die die Aussageform zu einer wahren Aussage machen, aber auch *nur diese*.
Man sagt auch: „Zur Menge $M$ gehören *genau die* Dinge, die die Aussageform zu einer wahren Aussage machen."

A

**Beispiele für die Mengenbildung**

Einermengen enthalten nur ein einziges Element.

■ Grundbereich: Menge der natürlichen Zahlen
$x \in A$ genau dann, wenn $x + x = x$
Die Menge $A$ besitzt als einziges Element die Null, $A = \{0\}$; denn $0 + 0 = 0$. Für jede andere natürliche Zahl $x$ gilt: $x + x = 2x \neq x$.

■ Grundbereich: Menge der natürlichen Zahlen
$x \in B$ genau dann, wenn $x \cdot x = x$
$B = \{0; 1\}$. $B$ ist eine Zweiermenge.

■ Grundbereich: Menge der natürlichen Zahlen
$x \in C$ genau dann, wenn $x \neq 7$
$C$ ist die Menge der natürlichen Zahlen außer der Zahl 7.

**Spezielle Mengen**
Leere Menge

Die **leere Menge** (in Zeichen: $\emptyset$) enthält kein Element.

■ Grundbereich: Menge der ganzen Zahlen
$x \in D$ genau dann, wenn $x + 1 = x$
Die Aussageform $x + 1 = x$ wird durch *keine* Einsetzung zu einer wahren Aussage; $D$ enthält also *kein* Element. Es gilt also: $D = \emptyset$.
Über einem beliebigen Grundbereich kann die leere Menge durch die Aussageform „$x \neq x$" gebildet werden:
$x \in \emptyset$ genau dann, wenn $x \neq x$.

Allmengen

**Allmengen** enthalten alle Dinge des jeweiligen Grundbereichs. Über jedem Grundbereich kann die zugehörige Allmenge gebildet werden, indem alle Dinge des jeweiligen Grundbereichs in ihr zusammengefaßt werden.
Die Allmenge $E$ kann z. B. mit Hilfe der Aussageform „$x = x$" gebildet werden:

$x \in E$ genau dann, wenn $x = x$.

**Teilmengen**

▶ **DEFINITION 1: Eine Menge *M* ist Teilmenge von einer Menge *N* genau dann, wenn jedes Element von *M* auch Element von *N* ist.**

Schreibweise: $M \subseteq N$
Gelesen:
„$M$ ist Teil(Unter-)menge von $N$" oder
„$N$ ist Obermenge von $M$" oder
„$N$ umfaßt $M$".

■ Die Menge $M_4$ der durch 4 teilbaren Zahlen ist Teilmenge der Menge $M_2$ der geraden Zahlen:
$M_4 = \{0, 4, 8, 12, 16, \ldots\}$
$M_2 = \{0, 2, 4, 6, 8, 10, 12, 14, 16, \ldots\}$
Wir schreiben: $M_4 \subseteq M_2$.

*Bemerkung*: Die Definition der Teilmenge besagt lediglich, daß in der Obermenge $N$ kein Element der Untermenge $M$ fehlen darf. Das ist aber auch dann der Fall, wenn Ober- und Untermenge gleich sind. Deshalb gilt für jede Menge $M$ auch die Beziehung
$M \subseteqq M$.

Echte Teilmenge

▶ **DEFINITION 2: Eine Menge $M$ ist echte Teilmenge von $N$ genau dann, wenn jedes Element von $M$ auch Element von $N$ ist und darüber hinaus wenigstens ein Element in $N$ liegt, das nicht auch in $M$ liegt.**

Schreibweise: $M \subset N$
Gelesen:
„$M$ ist echte Teilmenge (Untermenge) von $N$“ oder
„$N$ ist echte Obermenge von $M$“ oder
„$N$ umfaßt echt $M$“.

■ Es sei $N$ die Menge aller Bücher einer Schülerbibliothek und $M$ die Menge aller Mathematikbücher dieser Bibliothek. Es gilt dann: Die Menge $M$ aller Mathematikbücher dieser Schülerbibliothek ist eine *echte* Teilmenge der Menge $N$ *aller* Bücher dieser Bibliothek: $M \subset N$.

*Bemerkung*: Nach der Definition 1 auf Seite 9 können wir in unserem Beispiel auch $M \subseteqq N$ schreiben, denn jedes Element der Menge $M$ (die Mathematikbücher) gehört ja auch zur Menge $N$ (aller Bücher dieser Bibliothek).
Will man betonen, daß $M$ eine *echte* Teilmenge von $N$ ist, so schreibt man: $M \subset N$.

**Veranschaulichung von Mengen**

Zur Veranschaulichung von Mengen werden häufig Punktmengen einer Ebene verwendet, die durch geschlossene Kurven begrenzt sind.

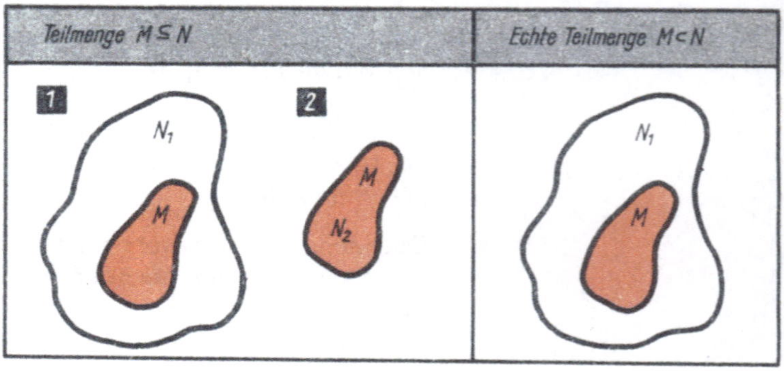

## 2. MENGENOPERATIONEN

**Durchschnitt von Mengen**

Gegeben seien Mengen $M$ und $N$.
Aus $M$ und $N$ werde wie folgt eine Menge $D$ gebildet:
$x \in D$ genau dann, wenn $x \in M$ **und** $x \in N$.
Zur Menge $D$ gehören also genau die Elemente, die sowohl in $M$ als auch in $N$ liegen.
Die Menge $D$ heißt der **Durchschnitt** der Mengen $M$ und $N$.
Schreibweise: $M \cap N$.
Gelesen: „$M$ geschnitten mit $N$".

**DEFINITION 3:**
**$x \in M \cap N$ genau dann, wenn $x \in M$ und $x \in N$**

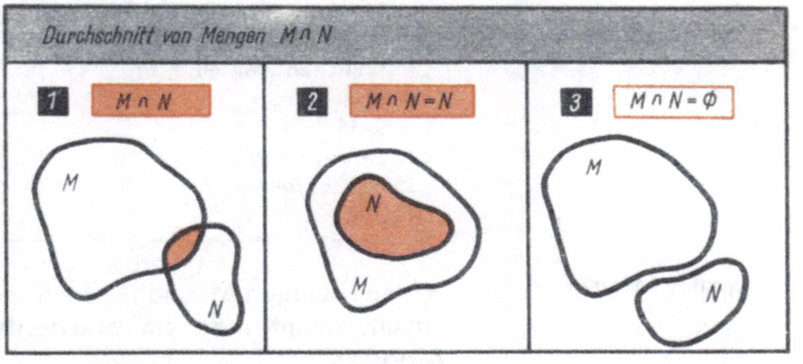


Durch die Bildung des Durchschnitts wird den Mengen $M$ und $N$ eine Menge $M \cap N$ zugeordnet, ähnlich wie durch die Addition den Zahlen $a$ und $b$ deren Summe $a + b$ zugeordnet wird. Die Addition nennt man eine **Rechenoperation**; entsprechend heißt die Durchschnittsbildung eine **Operation** mit Mengen.

| Gegebene Mengen | Durchschnitt |
|---|---|
| **a)** $M$ ist die Menge aller Rhomben. $N$ ist die Menge aller Rechtecke. | $M \cap N$ ist die Menge aller Quadrate. (Diagramm: Fall ①) |
| **b)** $M$ ist die Menge aller natürlichen Zahlen $n$, für die gilt: $n < 15$. $N$ ist die Menge aller natürlichen Zahlen $n$, für die gilt: $n > 8$. | $M \cap N = \{9, 10, 11, 12, 13, 14\}$ (Diagramm: Fall ①) |
| **c)** $M$ ist die Menge aller Vierecke. $N$ ist die Menge aller Rhomben. | $M \cap N = N$ (Diagramm: Fall ②) |

| Gegebene Mengen | Durchschnitt |
|---|---|
| **d)** $M$ ist die Menge aller natürlichen Zahlen. $N$ ist die Menge aller Quadratzahlen. | $M \cap N = N$ (Diagramm: Fall ②) |
| **e)** $M$ ist die Menge aller Vierecke. $N$ ist die Menge aller Fünfecke. | $M \cap N = \emptyset$ Es gibt keine geometrische Figur, die sowohl Viereck als auch Fünfeck ist. (Diagramm: Fall ③) |
| **f)** $M$ ist die Menge aller natürlichen Zahlen $n$, für die gilt: $n > 15$. $N$ ist die Menge aller natürlichen Zahlen $n$, für die gilt: $n < 8$. | $M \cap N = \emptyset$ (Diagramm: Fall ③) |

Disjunkte Mengen

Wenn Mengen $M$ und $N$ kein gemeinsames Element besitzen, nennt man sie **elementfremde** oder **disjunkte Mengen.**
Bei disjunkten Mengen ist also der Durchschnitt stets leer: $M \cap N = \emptyset$.

Eigenschaften der Durchschnittsbildung

Es gilt stets:
(1) $M \cap N = N \cap M$ (Kommutativität, ↗ 20)
(2) $M \cap M = M$
(3) $M_1 \cap (M_2 \cap M_3) = (M_1 \cap M_2) \cap M_3$ (Assoziativität, ↗ 20)

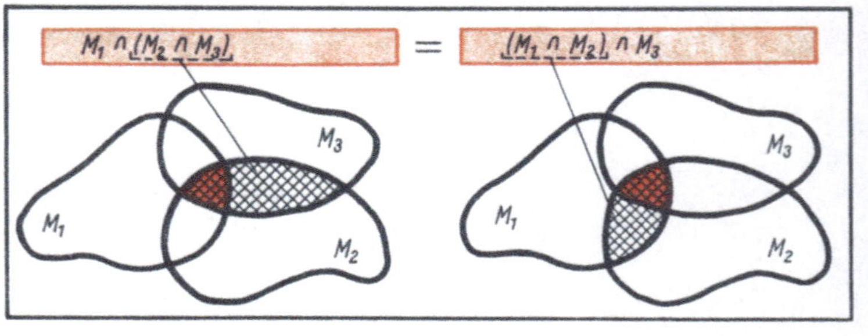


**Vereinigung von Mengen**

Gegeben seien Mengen $M$ und $N$.
Aus $M$ und $N$ werde wie folgt eine Menge $V$ gebildet:
$x \in V$ genau dann, wenn $x \in M$ **oder** $x \in N$.

Zur Menge $V$ gehören also genau die Elemente, die in wenigstens einer der gegebenen Mengen $M$ und $N$ liegen.
Die Menge $V$ heißt die **Vereinigung** der Mengen $M$ und $N$.
Schreibweise: $M \cup N$
Gelesen: „$M$ vereinigt mit $N$"

**DEFINITION 4:**
**$x \in M \cup N$ genau dann, wenn $x \in M$ oder $x \in N$**

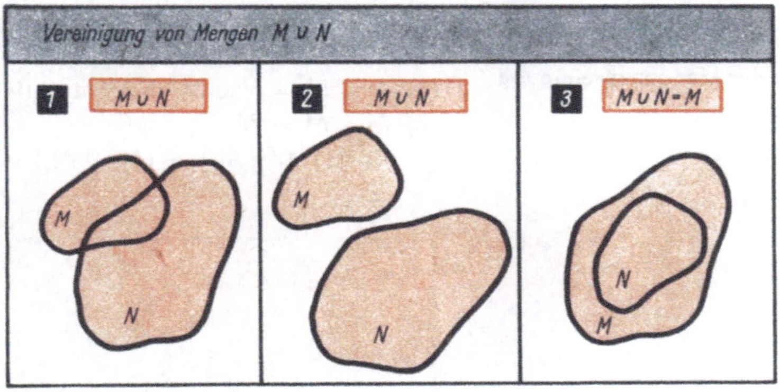


*Bemerkung*: Das „oder" in Definition 4 bedeutet also, daß *wenigstens* einer der Fälle $x \in M$ bzw. $x \in N$ zutreffen *muß*, damit das Element $x$ zur Vereinigung $M \cup N$ gehört. Das schließt aber nicht aus, daß *beide* Fälle zutreffen *können*.
„Entweder – oder" bedeutet dagegen, daß genau einer der beiden Fälle zutrifft.

| Gegebene Mengen | Vereinigung |
|---|---|
| a) $S$ sei die Menge aller Schienenfahrzeuge in der DDR. $D$ sei die Menge aller Fahrzeuge mit Dieselmotor in der DDR. | Zu $S \cup D$ gehören z. B. alle Straßenbahnen, alle Traktoren und auch alle Diesellokomotiven der Deutschen Reichsbahn. (Diagramm: Fall ①) |
| b) $M_6$ sei die Menge aller durch 6 teilbaren natürlichen Zahlen, die kleiner als 30 sind. $M_9$ sei die Menge aller durch 9 teilbaren natürlichen Zahlen, die kleiner als 30 sind. | $M_6 \cup M_9 = \{0, 6, 9, 12, 18, 24, 27\}$ (Diagramm: Fall ①) |

| Gegebene Mengen | Vereinigung |
|---|---|
| **c)** $M$ ist die Menge aller Vierecke. $N$ ist die Menge aller Dreiecke. | $M \cup N$ ist die Menge aller Vierecke und aller Dreiecke. (Diagramm: Fall ②) |
| **d)** $M$ ist die Menge aller Vierecke. $N$ ist die Menge aller Rhomben. | $M \cup N = M$ ist die Menge aller Vierecke. (Diagramm: Fall ③) |

**Eigenschaften der Mengenvereinigung**

Es gilt stets:

(1) $M \cup N = N \cup M$ (Kommutativität, ↗ 20)

(2) $M \cup M = M$

(3) $M_1 \cup (M_2 \cup M_3) = (M_1 \cup M_2) \cup M_3$ (Assoziativität, ↗ 20)

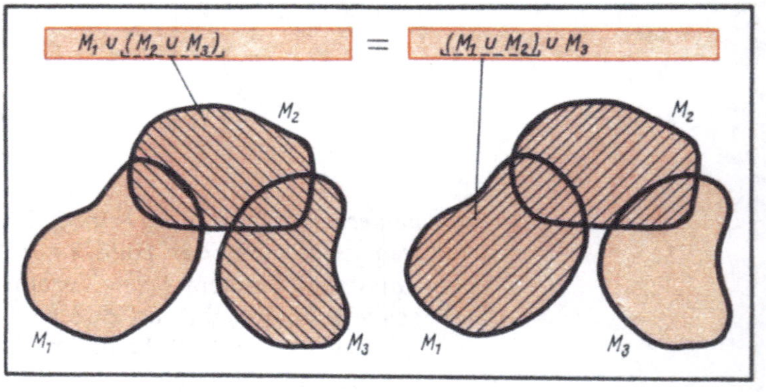


**Verknüpfung von Durchschnitts- und Vereinigungsoperation**

Es gilt stets: (Distributivität, ↗ 24)

(1) $M_1 \cap (M_2 \cup M_3) = (M_1 \cap M_2) \cup (M_1 \cap M_3)$

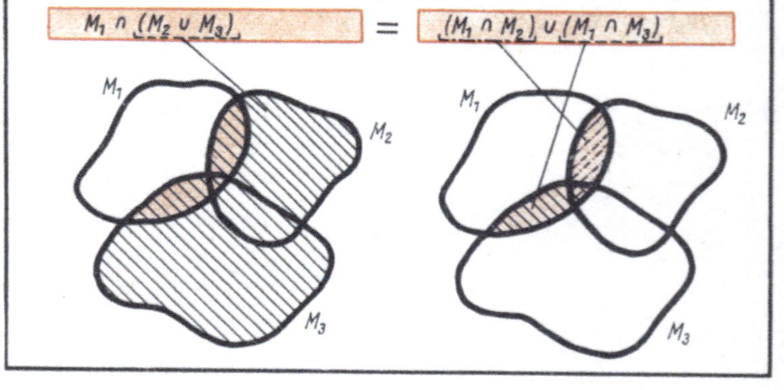

(2) $M_1 \cup (M_2 \cap M_3) = (M_1 \cup M_2) \cap (M_1 \cup M_3)$

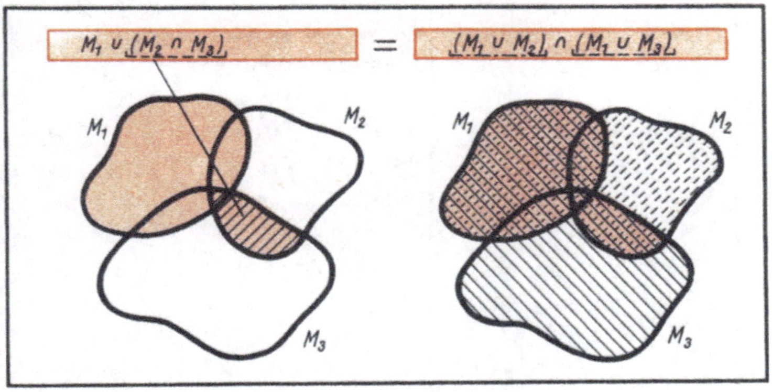


Es ist also sowohl die Durchschnittsoperation bezüglich der Vereinigungsoperation distributiv (Fall 1) als auch die Vereinigungsoperation bezüglich der Durchschnittsoperation (Fall 2).

## Übersicht

| Mengenbildung | | |
|---|---|---|
| Mengen werden stets über einem bestimmten Grundbereich gebildet. Zur Mengenbildung können Aussageformen mit Variablen benutzt werden. Dabei werden genau die Dinge aus dem Grundbereich zu einer Menge zusammengefaßt, die die jeweilige Aussageform beim Einsetzen zu einer wahren Aussage machen. | | |
| **Mengenbeziehungen** | | |
| Teilmenge<br>$M \subseteq N$ | Jedes Element von $M$ ist auch Element von $N$. | 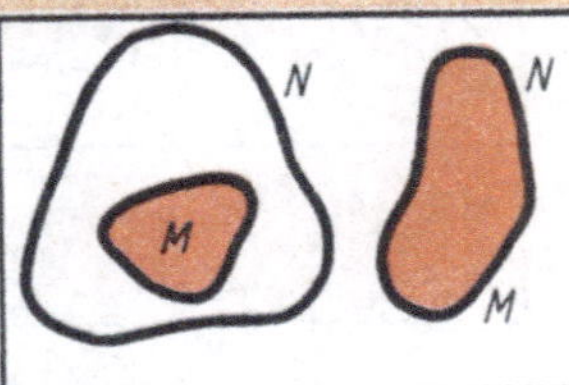 |
| Echte Teilmenge<br>$M \subset N$ | Jedes Element von $M$ ist auch Element von $N$, und darüber hinaus besitzt $N$ wenigstens ein Element, das nicht Element von $M$ ist. | 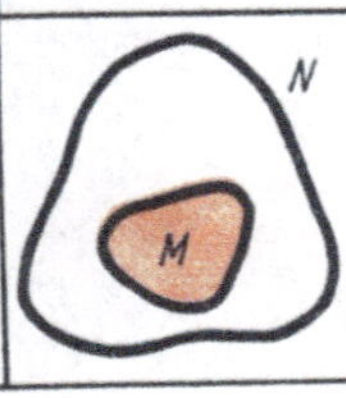 |

## 2. MENGENOPERATIONEN

| Mengenoperationen | | |
|---|---|---|
| Durchschnitt<br>$M \cap N$ | $x \in M \cap N$ genau dann,<br>wenn $x \in M$ und $x \in N$<br>$M \cap N = N \cap M$<br>$M_1 \cap (M_2 \cap M_3) = (M_1 \cap M_2) \cap M_3$<br>$M \cap M = M$ | 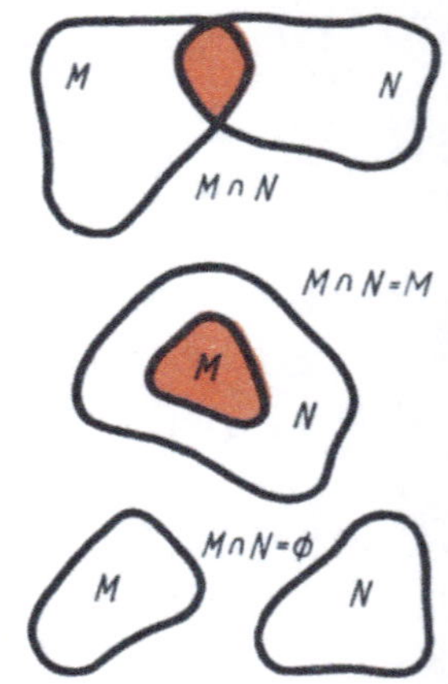<br> |
| Vereinigung<br>$M \cup N$ | $x \in M \cup N$ genau dann,<br>wenn $x \in M$ oder $x \in N$<br>$M \cup N = N \cup M$<br>$M_1 \cup (M_2 \cup M_3) = (M_1 \cup M_2) \cup M_3$<br>$M \cup M = M$ | 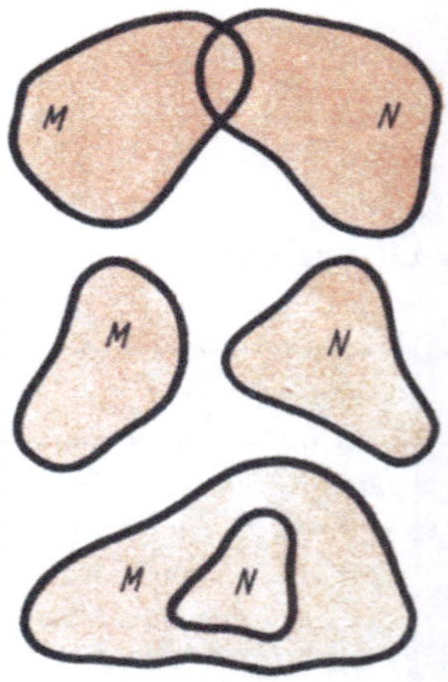<br> |

| | |
|---|---|
| $M_1 \cap (M_2 \cup M_3) = (M_1 \cap M_2) \cup (M_1 \cap M_3)$ | Die Durchschnittsoperation ist distributiv bezüglich der Vereinigungsoperation. |
| $M_1 \cup (M_2 \cap M_3) = (M_1 \cup M_2) \cap (M_1 \cup M_3)$ | Die Vereinigungsoperation ist distributiv bezüglich der Durchschnittsoperation. |

# B Zahlenbereiche

Natürl. Zahlen S. 18

Ordnung Seite 20

Kleinerbeziehg. S. 20

Teilbarkeitsbeziehung Seite 25

Brüche

| Rechenoperationen | | Neutrales Element | Monotonie |
|---|---|---|---|
| Addition | Seite 19 | Seite 19 | Seite 22 |
| Subtraktion | Seite 21 | | Seite 22 |
| Multiplikation | Seite 22 | Seite 23 | Seite 28 |
| Division | Seite 27 | | Seite 28 |

Positionssyst. S. 30

Gebr. Zahlen S. 37

Ordnung Seite 40

Hauptnenner S. 39

| Darstellungsformen | |
|---|---|
| Gemeine Brüche | Seite 37 |
| Dezimalbrüche | Seite 51 |

Differenzen

| Rechenoperationen | | Neutrales Element | Monotonie |
|---|---|---|---|
| Addition | Seite 42 | Seite 44 | Seite 45 |
| Subtraktion | Seite 44 | | Seite 45 |
| Multiplikation | Seite 46 | Seite 47 | Seite 47 |
| Division | Seite 47 | | Seite 49 |

Rationale Zahlen 58

Ordnung Seite 61

Betrag Seite 61

Ganze Zahlen S. 67

Intervallschachtelungen

| Rechenoperationen | | Monotonie |
|---|---|---|
| Addition | Seite 62 | Seite 63 |
| Subtraktion | Seite 63 | Seite 64 |
| Multiplikation | Seite 64 | Seite 65 |
| Division | Seite 66 | |

Reelle Zahlen S. 69

Ordnung Seite 75

Rechenoperat. S. 75

| Darstellungsformen | |
|---|---|
| Intervallschachtelungen | Seite 71 |
| Unendl. Dezimalbrüche | Seite 74 |

# 1. NATÜRLICHE ZAHLEN

Die Zahlen 0, 1, 2, 3, 4, . . . bezeichnet man als natürliche Zahlen.
*Bemerkung*: Es ist auch üblich, die Folge der natürlichen Zahlen mit der Zahl 1 zu beginnen.
Ob die Zahl 0 zu den natürlichen Zahlen gerechnet werden soll oder nicht, kann *beliebig* festgelegt werden.

Veranschaulichung

Jede natürliche Zahl kann durch eine Menge veranschaulicht werden.

| Zahl | Veranschaulichung |
|---|---|
| 1 |  |
| 3 |  |
| 5 |  |

Für jede natürliche Zahl außer Null gibt es unendlich viele Mengen, die zu deren Veranschaulichung benutzt werden können.
Die betreffende natürliche Zahl gibt das *einzige Gemeinsame* aller der Mengen an, durch die sie veranschaulicht werden kann. Das ist die Anzahl der Elemente.
Die natürliche Zahl 0 wird nur durch eine einzige Menge „veranschaulicht“, durch die leere Menge.

**Kardinalzahl**

Mit natürlichen Zahlen kann man die Anzahl der Elemente in einer Menge angeben.
Benutzt man eine natürliche Zahl, um die Anzahl der Elemente einer Menge anzugeben, so nennt man sie **Kardinalzahl.**

**Ordinalzahl**

Benutzt man eine natürliche Zahl, um den Platz eines Elements in einer durchnumerierten Menge anzugeben, so nennt man sie **Ordinalzahl**.

| Die natürliche Zahl | |
|---|---|
| als Kardinalzahl | als Ordinalzahl |
| Peter las in einem Buch 150 Seiten. | Peter fand auf der 150. Seite eines Buches einen Druckfehler. |

B

**Addition**

Operationszeichen: „+“ Gelesen: „plus“
Durch die Addition wird jedem Paar $[a; b]$ natürlicher Zahlen die natürliche Zahl $a + b$, die *Summe* von $a$ und $b$, zugeordnet.
$[a; b] \to a + b$
Bezeichnet man die Summe mit $c$, so kann man auch schreiben: $a + b = c$
Die Zahlen $a$ und $b$ heißen *Summanden*.

**Veranschaulichung**

Die Addition natürlicher Zahlen läßt sich durch die Vereinigung zweier beliebiger disjunkter (↗ 12) Mengen veranschaulichen.

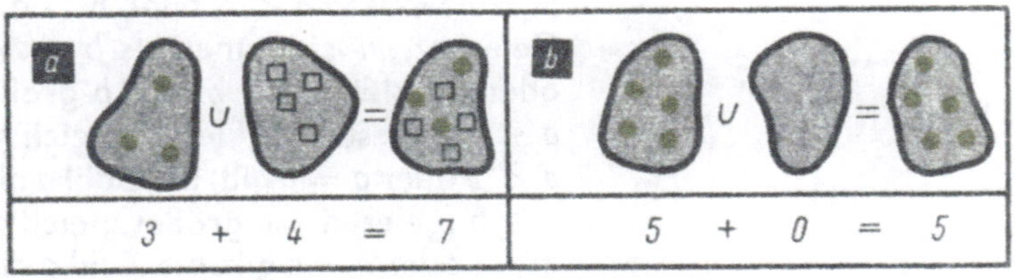


**Neutrales Element**

Die Zahl 0 heißt *neutrales Element* bezüglich der Addition. Es gilt allgemein:

$a + 0 = a.$

**Eigenschaften der Addition**

Die Addition ist im Bereich der natürlichen Zahlen stets ausführbar.
Das bedeutet: Wie immer man auch natürliche Zahlen $a$ und $b$ wählt, stets gibt es eine natürliche Zahl $c$ als Summe von $a$ und $b$. Es gibt aber auch *nur eine* solche Zahl $c$.

**Zu beliebig gegebenen natürlichen Zahlen $a$ und $b$ gibt es genau eine natürliche Zahl $c$ mit $a + b = c$.**

Kommutativität (↗ 12)

Es gilt stets:

$$a + b = b + a$$

Assoziativität (↗ 12)

Es gilt stets:

$$a + (b + c) = (a + b) + c$$

Das bedeutet: Sind drei Zahlen zu addieren, so sind zwei Additionen hintereinander auszuführen. Die Reihenfolge dieser beiden Additionen ist dabei beliebig.
Wegen der Kommutativität und Assoziativität kann man bei mehreren Additionen die Summanden beliebig vertauschen und zusammenfassen.

**Ordnung**

**DEFINITION 1:**
**Die natürliche Zahl $a$ heißt kleiner als die natürliche Zahl $b$ genau dann, wenn es eine natürliche Zahl $x \neq 0$ gibt, so daß gilt:**
$a + x = b$.

Schreibweise: $a < b$ oder $b > a$
Gelesen: „$a$ ist kleiner als $b$" bzw. „$b$ ist größer als $a$" oder „$a$ kleiner $b$" bzw. „$b$ größer $a$"
$a \leqq b$ (gelesen: „$a$ kleiner gleich $b$") bedeutet, daß entweder $a < b$ oder $a = b$ gilt, die Zahl $a$ also nicht größer als $b$ ist.
$a \geqq b$ (gelesen: „$a$ größer gleich $b$") bedeutet, daß entweder $a > b$ oder $a = b$ gilt, die Zahl $a$ also nicht kleiner als $b$ ist.

**a)** $x \in M$ genau dann, wenn $x$ 5. $M = \{0; 1; 2; 3; 4;\quad\}$
**b)** $x \in M$ genau dann, wenn $x$ 5. $M = \{0; 1; 2; 3; 4\}$

Der Bereich der natürlichen Zahlen ist durch die **Kleiner-Beziehung** *geordnet*.
Die Zahl 0 ist die kleinste natürliche Zahl.

**a)** Es gilt: $3 < 5$; denn $3 + \quad = 5$.
**b)** Es gilt: $99 < 100$; denn $99 + \quad = 100$.
**c)** Es gilt nicht: $17 < 15$; denn es gibt keine natürliche Zahl $x \neq 0$, für die gilt: $17 + \quad = 15$.

**d)** Es gilt nicht: $415 < 415$; denn es gibt keine natürliche Zahl $x \neq 0$, für die gilt: $415 + x = 415$.

▶ **SATZ 2: Für beliebige natürliche Zahlen $a$ und $b$ gilt genau einer der folgenden drei Fälle:**
**$a < b$; $a = b$; $b < a$**

▶ **SATZ: Für beliebige natürliche Zahlen $a$, $b$ und $c$ gilt: Wenn $a < b$ und $b < c$, so $a < c$.**

**Unmittelbarer Nachfolger**

▶ **DEFINITION 3: Die natürliche Zahl $a + 1$ heißt der unmittelbare Nachfolger der natürlichen Zahl $a$.**

*Bemerkung*: Statt „unmittelbarer Nachfolger" sagt man auch kürzer nur „Nachfolger".
Für jede natürliche Zahl und ihren Nachfolger gilt
$a < a + 1$,
d. h., jede natürliche Zahl ist kleiner als ihr Nachfolger (↗ 41).
Die Zahl 0 ist als kleinste natürliche Zahl nicht Nachfolger einer anderen natürlichen Zahl.
Durch die Nachfolgerbeziehung sind die natürlichen Zahlen zu einer **Folge** angeordnet.

**Subtraktion**

Operationszeichen: „–" Gelesen: „minus"
Bei der Subtraktion im Bereich der natürlichen Zahlen ist zu einer gegebenen Summe $b$ und einem gegebenen Summanden $a$ eine natürliche Zahl $x$ zu finden, so daß gilt:
$a + x = b$.
Anders geschrieben: $x = b - a$
Daher heißt die Subtraktion *Umkehrung* der Addition.
Die Zahl $b$ heißt *Minuend*,
die Zahl $a$ heißt *Subtrahend*.
Die Zahl $b - a$ heißt *Differenz*.
Durch die Subtraktion wird (im Falle ihrer Ausführbarkeit) jedem Paar $[a; b]$ natürlicher Zahlen die natürliche Zahl $a - b$, die Differenz von $a$ und $b$, zugeordnet.
$[a; b] \rightarrow a - b$.
Die Subtraktion ist im Bereich der natürlichen Zahlen nicht immer ausführbar.
Wenn die Subtraktion im Bereich der natürlichen Zahlen ausführbar ist, so gibt es nur eine natürliche Zahl $x$, für die $a + x = b$ gilt. In diesem Fall ist also die Differenz $b - a$ *eindeutig* bestimmt.

**SATZ 4: Die Subtraktion ist im Bereich der natürlichen Zahlen nur ausführbar, wenn der Subtrahend kleiner ist als der Minuend oder wenn der Subtrahend gleich dem Minuenden ist.**
**Bei der Subtraktion gilt stets:**

$a - a = 0 \qquad a - 0 = a$ .

B

**Monotonie**
der Addition

Wenn man zu zwei Zahlen, die in der Kleiner-Beziehung stehen, dieselbe Zahl addiert, so stehen auch die erhaltenen Summen in der Kleiner-Beziehung.

Wenn $a < b$, so $a + x < b + x$

**a)** Da $5 < 8$, auch $5 + 2 < 8 + 2$
**b)** Da $156 < 157$, auch $156 + 1 < 157 + 1$

der Subtraktion

Wenn man von zwei Zahlen, die in der Kleiner-Beziehung stehen, dieselbe Zahl subtrahiert, so stehen auch die erhaltenen Differenzen in der Kleiner-Beziehung.

Wenn $a < b$, so $a - x < b - x$
(Ausführbarkeit der Subtraktion vorausgesetzt)

**a)** Da $5 < 8$, auch $5 - 3 < 8 - 3$
**b)** Da $19 < 20$, auch $19 - 1 < 20$

**Multiplikation**

Operationszeichen: „·"
Gelesen: „multipliziert mit", „mal"
Durch die Multiplikation wird jedem Paar $[a; b]$ natürlicher Zahlen die natürliche Zahl $a \cdot b$, das *Produkt* von $a$ und $b$, zugeordnet.
$[a; b] \rightarrow a \cdot b$
Bezeichnet man das Produkt mit $c$, so kann man auch schreiben:
$a \cdot b = c$.
Die Zahlen $a$ und $b$ heißen *Faktoren*.

**Neutrales Element**

Die Zahl 1 heißt *neutrales Element* bezüglich der Multiplikation.
Es gilt allgemein:

$a \cdot 1 = a$

**Veranschaulichung**

Wie die Addition, kann auch die Multiplikation durch Mengenbildungen veranschaulicht werden.

■ $3 \cdot 4 = 12$ $M = \{a; b; c\}$ $N = \{A; B; C; D\}$
Wir bilden aus den Elementen beider Mengen Paare:

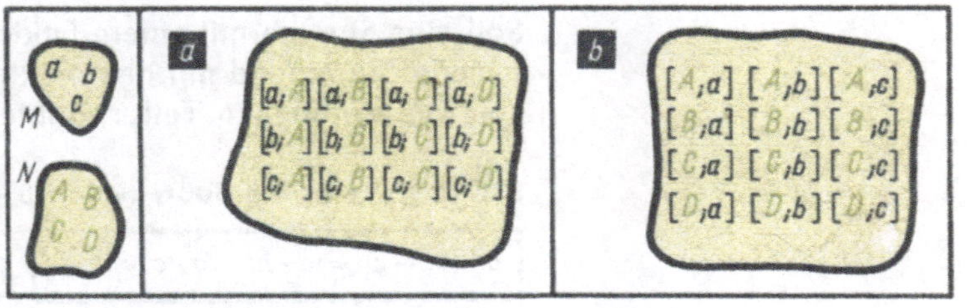


Wir erhalten im Fall (a) und im Fall (b) jeweils eine Menge mit 12 Elementen (Paaren), die das Produkt 12 veranschaulicht.

**Eigenschaften der Multiplikation**

Die Multiplikation ist im Bereich der natürlichen Zahlen stets ausführbar.
Das bedeutet: Wie immer man auch natürliche Zahlen $a$ und $b$ wählt, stets gibt es eine natürliche Zahl $c$ als Produkt von $a$ und $b$. Es gibt aber auch *nur eine* solche Zahl $c$.

▶ **Zu beliebig gegebenen natürlichen Zahlen $a$ und $b$ gibt es genau eine natürliche Zahl $c$ mit $a \cdot b = c$.**

**Kommutativität**

Es gilt stets:

$$a \cdot b = b \cdot a$$

**Assoziativität**

■ $32 \cdot 25 = (8 \cdot 4) \cdot 25 = 8 \cdot (4 \cdot 25)$

Es gilt stets:

$$a \cdot (b \cdot c) = (a \cdot b) \cdot c$$

Das bedeutet: Sind drei Zahlen zu multiplizieren, so sind zwei Multiplikationen hintereinander auszuführen. Die Reihenfolge dieser beiden Multiplikationen ist dabei beliebig.
Wegen der Kommutativität und Assoziativität der Multiplikation dürfen auch in einem Produkt mit mehr als zwei Faktoren diese beliebig vertauscht und zusammengefaßt werden.

B

Distributivität der Multiplikation bezüglich der Addition

$3 \cdot 17 = 3 \cdot (10 + 7) = 3 \cdot 10 + 3 \cdot 7$

Es gilt stets:

$$a \cdot (b + c) = a \cdot b + a \cdot c$$

Soll eine Summe mit einem Faktor multipliziert werden, so ist jeder Summand mit dem Faktor zu multiplizieren. Dann sind die erhaltenen Teilprodukte zu addieren.

B

**SATZ 5: Wenn die Subtraktion $b - c$ ausführbar ist, so gilt:**

$$a \cdot (b - c) = a \cdot b - a \cdot c$$

*Beweis*: Wir setzen $b - c = x$, also $b = c + x$ (↗ 21).
Dann gilt:

| | |
|---|---|
| $a \cdot b = a \cdot (c + x)$ | Einsetzen von $c + x$ für $b$ |
| $a \cdot b = a \cdot c + a \cdot x$ | Distributivität |
| $a \cdot x = a \cdot b - a \cdot c$ | Die Subtraktion ist die Umkehrung der Addition. Daher ist $a \cdot x$ die Differenz von $a \cdot b$ und $a \cdot c$. |
| $a \cdot (b - c) = a \cdot b - a \cdot c$ | Einsetzen von $b - c$ für $x$ |

w. z. b. w. (lies: „was zu beweisen war“)

**SATZ 6: Für jede natürliche Zahl $a$ gilt:**

$$a \cdot 0 = 0$$

*Beweis*: Wir setzen $0 = b - b$, wobei $b$ eine beliebige natürliche Zahl ist. Dadurch können wir beim Beweis den Satz B 5 verwenden.

| | |
|---|---|
| $a \cdot 0 = a\,(b - b)$ | Einsetzen von $b - b$ für 0 |
| $a \cdot 0 = a \cdot b - a \cdot b$ | nach Satz B 5 |
| $a \cdot 0 = 0$ | |

w. z. b. w.

Wenn also in einem Produkt wenigstens ein Faktor 0 ist, so ist das Produkt gleich 0.
Umgekehrt ist aber ein Produkt auch nur dann gleich 0, wenn wenigstens ein Faktor gleich 0 ist.
Zusammenfassend gilt:

**SATZ 7: Ein Produkt ist genau dann gleich 0, wenn wenigstens ein Faktor gleich 0 ist.**

Dieser Satz gilt auch für Produkte mit mehr als zwei Faktoren.

**Teilbarkeitsbeziehung**
Teiler

▶ **DEFINITION 8: Die natürliche Zahl $a$ heißt Teiler der natürlichen Zahl $b$ genau dann, wenn es eine natürliche Zahl $x$ gibt, so daß gilt:**
$a \cdot x = b$

Schreibweise: $a \mid b$
Gelesen: „$a$ ist Teiler von $b$" oder „$a$ teilt $b$" oder „$a$ ist in $b$ enthalten"

■

| Es gilt: | denn es ist | |
|---|---|---|
| a) $4 \mid 12$<br>b) $5 \mid 30$ | $4 \cdot 3 = 12$<br>$5 \cdot 6 = 30$ | $x = 3$<br>$x = 6$ |

B

Vielfaches

Wenn $a$ Teiler von $b$ ist, so nennt man $b$ **Vielfaches** von $a$.

▶ **SATZ 9: Für jede natürliche Zahl $a$ gilt:**

| | | |
|---|---|---|
| (1) $a \mid a$ | (2) $a \mid 0$ | (3) $1 \mid a$ |

■

| $a \mid a$ | $a \mid 0$ | $1 \mid a$ |
|---|---|---|
| $4 \mid 4$;<br>denn $4 \cdot 1 = 4$<br>$x = 1$ | $2 \mid 0$;<br>denn $2 \cdot 0 = 0$<br>$x = 0$ | $1 \mid 4$;<br>denn $1 \cdot 4 = 4$<br>$x = 4$ |

*Bemerkung*: Nach dem letzten Satz heißt auch das 1-fache ($x = 1$) und das 0-fache ($x = 0$) jeder natürlichen Zahl $a$ Vielfaches von $a$.

Gerade Zahlen,
Ungerade Zahlen

▶ **DEFINITION 10: Alle natürlichen Zahlen, die den Teiler 2 besitzen, heißen gerade Zahlen.**
**Alle anderen natürlichen Zahlen heißen ungerade Zahlen.**

*Bemerkung*: Ist die Zahl $b$ gerade, so läßt sie sich also in der Form $2 \cdot n$ darstellen. Ist die Zahl $b$ dagegen ungerade, so läßt sie sich in der Form $2 \cdot n + 1$ darstellen. Für die Zahl 0 gilt: $2 \cdot 0 = 0$. Also ist die 0 eine gerade Zahl.

**Für jede natürliche Zahl $n$ gilt:**

| | |
|---|---|
| $2n$ ist gerade | $2n + 1$ ist ungerade |

Primzahl

**DEFINITION 11: Jede natürliche Zahl, die größer als 1 ist (↗ 34; Satz 23) und die nur durch 1 und durch sich selbst teilbar ist, heißt Primzahl.**

*Bemerkung*: 2 ist die einzige *gerade Primzahl*. Es gibt unendlich viele Primzahlen.

B

**Eigenschaften der Teilbarkeitsbeziehung**
Teilbarkeit einer Summe

**SATZ 12: Wenn $a \mid b$ und $a \mid c$, so $a \mid b + c$.**

*Beweis*: Aus der Voraussetzung $a \mid b$ und $a \mid c$ folgt, daß es natürliche Zahlen $x$ und $y$ gibt mit:
$a \cdot x = b$ (I) und
$a \cdot y = c$ (II)
$a \cdot x + a \cdot y = b + c$ Addition von (I) und (II)
$a(x + y) = b + c$ Distributivität (↗ 24)
$z = x + y$ ist wieder eine natürliche Zahl, also:
$a \cdot z = b + c$. Das bedeutet aber gerade $a \mid b + c$,
w. z. b. w.
*Bemerkung*: Die *Umkehrung* des Satzes B 12 gilt *nicht*. Die Umkehrung von Satz B 12 lautet:
Wenn $a \mid b + c$, so $a \mid b$ und $a \mid c$. Um zu zeigen, daß diese Umkehrung nicht gilt, geben wir ein Gegenbeispiel an: Für $a = 7$, $b = 39$, $c = 3$ gilt zwar $a \mid b + c$, es gilt aber weder $a \mid b$ noch $a \mid c$.

Teilbarkeit einer Differenz

**SATZ 13: Falls die Subtraktion $b - c$ ausführbar ist, gilt: Wenn $a \mid b$ und $a \mid c$, so $a \mid b - c$.**

*Bemerkung*: Die Umkehrung des Satzes B 13 gilt nicht. Also folgt aus $a \mid b - c$ nicht, daß $a \mid b$ und $a \mid c$.

| Wenn $a \mid b$ und $a \mid c$, so $a \mid b + c$ | Wenn $a \mid b$ und $a \mid c$, so $a \mid b - c$ |
|---|---|
| $13 \mid 117$ und $13 \mid 91$, also auch $13 \mid 117 + 91$, d. h. $13 \mid 208$ | $7 \mid 42$ und $7 \mid 28$, also auch $7 \mid 42 - 28$, d. h. $7 \mid 14$ |

Teilbarkeit eines Produktes

**SATZ 14: Wenn $a \mid b$ oder $a \mid c$, so $a \mid b \cdot c$**

*Das bedeutet*: Wenn eine natürliche Zahl $a$ Teiler von mindestens einem Faktor eines Produktes ist, so teilt $a$ das ganze Produkt.

■ $7 \mid 8400$, denn $8400 = 84 \cdot 100$ und $7 \mid 84$

*Bemerkung*: Die Umkehrung des Satzes B 14 gilt nicht. Also folgt aus $a \mid b \cdot c$ nicht, daß $a \mid b$ oder $a \mid c$. Für $a = 14$, $b = 16$ und $c = 21$ gilt zwar $a \mid b \cdot c$, es gilt aber weder $a \mid b$ noch $a \mid c$.

**Transitivität**

▶ **SATZ 15: Wenn $a \mid b$ und $b \mid c$, so $a \mid c$.**

*Beweis*: Aus der Voraussetzung $a \mid b$ und $b \mid c$ folgt, daß es natürliche Zahlen $x$ und $y$ gibt mit
$a \cdot x = b$ (I) und $b \cdot y = c$ (II)
$a \cdot x \cdot y = c$ $\quad$ $a \cdot x$ aus (I) für $b$ in (II) eingesetzt
$z = x \cdot y$ ist wieder eine natürliche Zahl, also
$a \cdot z = c$.
Das bedeutet aber gerade $a \mid c$.
w. z. b. w.

■ **a)** $9 \mid 27$ und $27 \mid 135$, also auch $9 \mid 135$
**b)** $4 \mid 16$ und $16 \mid 32$, also auch $4 \mid 32$

**Division**

Operationszeichen: „:"
Gelesen: „dividiert durch" oder nur „durch"
Bei der Division im Bereich der natürlichen Zahlen ist zu einem gegebenen Produkt $b$ und einem gegebenen Faktor $a$ eine natürliche Zahl $x$ zu finden, so daß gilt:
$a \cdot x = b$, anders geschrieben
$x = b : a$.
Daher heißt die Division *Umkehrung* der Multiplikation (↗ 22).
Die Zahl $b$ heißt *Dividend*.
Die Zahl $a$ heißt *Divisor*.
Die Zahl $b : a$ heißt *Quotient*.
Durch die Division wird (im Fall ihrer Ausführbarkeit) jedem Paar $[a; b]$ natürlicher Zahlen die natürliche Zahl $a : b$, der Quotient von $a$ und $b$, zugeordnet:
$[a; b] \rightarrow a : b$
Die Division ist im Bereich der natürlichen Zahlen *nicht* immer ausführbar.

**Bei der Division gilt stets:**

| | | |
|---|---|---|
| (1) $a : a = 1$; $(a \neq 0)$ | (2) $a : 1 = a$ | (3) $0 : a = 0$; $(a \neq 0)$ |

Die Division ist im Bereich der natürlichen Zahlen genau dann ausführbar, wenn es eine einzige natürliche Zahl $x$

gibt, für die $a \cdot x = b$ gilt. Das heißt, daß der Quotient $b : a$ eindeutig bestimmt ist.

**a)** $0 \cdot x = 15$
$x = 15 : 0$
Eine solche natürliche Zahl gibt es nicht.
**b)** $0 \cdot x = 0$
$x = 0 : 0$
Für alle natürlichen Zahlen $x$ gilt $0 \cdot x = 0$.

Die Division durch 0 ist also nicht ausführbar. Das gilt für *alle* Zahlbereiche.

**SATZ 16: Die Division ist im Bereich der natürlichen Zahlen ausführbar, wenn der Dividend Vielfaches des Divisors ist. Anderenfalls ist sie nicht ausführbar.**
**Die Division durch Null ist *grundsätzlich* nicht ausführbar.**

**Monotonie**
der Multiplikation

Wenn man zwei Zahlen, die in der Kleiner-Beziehung (↗ 20) stehen, mit derselben Zahl multipliziert, so stehen auch die erhaltenen Produkte in der Kleiner-Beziehung.

| |
|---|
| Wenn $a < b$, so $a \cdot x < b \cdot x$; $(x \neq 0)$ |

Aus $35 < 63$ folgt $35 \cdot 3 < 63 \cdot 3$, aber aus $35 < 63$ folgt nicht $35 \cdot 0 < 63 \cdot 0$, denn $0 = 0$.

der Division

Wenn man zwei Zahlen, die in der Kleiner-Beziehung stehen, durch dieselbe Zahl dividiert, so stehen auch die erhaltenen Quotienten in der Kleiner-Beziehung.

| |
|---|
| Wenn $a < b$, so $a : x < b : x$<br>(falls Division ausführbar) |

Da $35 < 63$, auch $35 : 7 < 63 : 7$.

## 1. NATÜRLICHE ZAHLEN



| Beziehungen zwischen natürlichen Zahlen | | |
|---|---|---|
| **Beziehung** | **Definition** | **Eigenschaften** |
| Kleiner-Beziehung<br>$a<b$ | $a<b$ genau dann, wenn es eine natürliche Zahl $x \neq 0$ gibt mit $a+x=b$. | Es gilt genau einer der Fälle:<br>1) $a<b$<br>2) $a=b$<br>3) $b<a$<br>Wenn $a<b$ und $b<c$, so $a<c$. |
| Teilbarkeitsbeziehung<br>$a \mid b$ | $a \mid b$ genau dann, wenn es eine natürliche Zahl $x$ gibt mit $a \cdot x = b$.<br>$a$ heißt Teiler von $b$<br>$b$ heißt Vielfaches von $a$ | Wenn $a \mid b$ und $b \mid c$, so $a \mid c$.<br>Wenn $a \mid b$ und $a \mid c$, so $a \mid b \pm c$ (falls $b-c$ ausführbar).<br>Wenn $a \mid b$ oder $a \mid c$, so $a \mid b \cdot c$.<br>$a \mid a$<br>$a \mid 0$<br>$1 \mid a$ |

| Rechenoperationen mit natürlichen Zahlen | | | |
|---|---|---|---|
| **Operation** | **Ausführbarkeit** | **Eigenschaften** | |
| Addition<br>Summe<br>$a+b=c$<br>Summanden | Uneingeschränkt ausführbar | $a+b=b+a$<br>$a+(b+c)=(a+b)+c$<br>$a+0=a$<br>$a+1$ heißt der Nachfolger von $a$.<br>Wenn $a<b$, so $a+x<b+x$. | $a \cdot (b+c) = a \cdot b + a \cdot c$ |
| Multiplikation<br>Produkt<br>$a \cdot b = c$<br>Faktoren | Uneingeschränkt ausführbar | $a \cdot b = b \cdot a$<br>$a \cdot (b \cdot c) = (a \cdot b) \cdot c$<br>$a \cdot 1 = a$<br>$a \cdot 0 = 0$<br>Wenn $a<b$, so $a \cdot x < b \cdot x$; $(x \neq 0)$. | |
| Subtraktion<br>Differenz<br>$x=b-a$<br>Minuend<br>Subtrahend | Nicht uneingeschränkt ausführbar.<br>Ausführbar genau dann, wenn $b \geqq a$. | $a-a=0$<br>$a-0=a$<br>Wenn $a<b$, so $a-x<b-x$ (falls $a-x$ und daher auch $b-x$ ausführbar). | |
| Division<br>Quotient<br>$x=b:a$<br>Dividend<br>Divisor | Nicht uneingeschränkt ausführbar.<br>Ausführbar genau dann, wenn $b$ Vielfaches von $a$ und $a \neq 0$. | $a:a=1$; $(a \neq 0)$<br>$a:1=a$<br>$0:a=0$; $(a \neq 0)$<br>Wenn $a<b$, so $a:x<b:x$ (falls $a:x$ und $b:x$ ausführbar). | |

**Dekadisches Positionssystem**
Grundziffern

Die Zeichen „0“, „1“, „2“, „3“, „4“, „5“, „6“, „7“, „8“, „9“ heißen **Grundziffern**.
Mit Hilfe der zehn Grundziffern werden die natürlichen Zahlen im dekadischen Positionssystem dargestellt.

Ziffern

Die Darstellung jeder natürlichen Zahl mit Hilfe der zehn Grundziffern heißt **Ziffer** dieser natürlichen Zahl. Dazu gehören auch die Grundziffern selbst. Sie sind die Darstellung der natürlichen Zahlen, die kleiner als 10 sind.

B

Zehnerpotenz

Als **Zehnerpotenz** (↗ 133; Def. 21) wird jede Zahl bezeichnet, die sich als Produkt schreiben läßt, in dem jeder Faktor gleich 10 ist.
Man legt fest (↗ 134; Def. 24):

(1) $10^1 = 10$ (2) $10^0 = 1$

Darstellung natürlicher Zahlen

Jede natürliche Zahl läßt sich als Summe von Vielfachen von Zehnerpotenzen darstellen. Dabei treten als Faktoren der Zehnerpotenzen nur die Zahlen 0, 1, 2, 3, 4, 5, 6, 7, 8, 9 auf.
Jeder Grundziffer in der Ziffer einer natürlichen Zahl ist eine Zehnerpotenz als **Stellenwert** zugeordnet.
Der Stellenwert einer jeden Grundziffer ist stets das Zehnfache des Stellenwerts der rechts von ihr stehenden Grundziffer. Daraus erklärt sich der Name „dekadisches Positionssystem“, das auch „dekadisches Stellenwertsystem“ genannt wird.

| HT $10^5$ | ZT $10^4$ | T $10^3$ | H $10^2$ | Z $10^1$ | E $10^0$ | kürzer |
|---|---|---|---|---|---|---|
| | | | $5 \cdot 10^2 +$ | $3 \cdot 10^1 +$ | $9 \cdot 10^0$ | 539 |
| $4 \cdot 10^5 +$ | $1 \cdot 10^4 +$ | $0 \cdot 10^3 +$ | $7 \cdot 10^2 +$ | $0 \cdot 10^1 +$ | $8 \cdot 10^0$ | 410708 |

**Dualsystem**

Im Dualsystem werden zur Darstellung der natürlichen Zahlen Zweierpotenzen verwendet.

Zweierpotenz

Als Zweierpotenz wird jede Zahl bezeichnet, die sich als Produkt schreiben läßt, in dem jeder Faktor gleich 2 ist.
Man legt fest:

(1) $2^1 = 2$ (2) $2^0 = 1$

**Darstellung natürlicher Zahlen**

Jede natürliche Zahl läßt sich als Summe von Vielfachen von Zweierpotenzen darstellen. Dabei treten als Faktoren der Zweierpotenzen nur die Zahlen 0 und 1 auf, da das Zweifache jeder Zweierpotenz bereits gleich der nächsthöheren Zweierpotenz ist.
Um Verwechslungen mit dem dekadischen Positionssystem zu vermeiden, benutzt man im Dualsystem als Ziffern die Zeichen „0" und „L" statt „0" und „1".
Jeder Ziffer ist bei der Darstellung einer natürlichen Zahl im Dualsystem eine Zweierpotenz als Stellenwert zugeordnet.
Der Stellenwert einer jeden Ziffer ist stets das Zweifache des Stellenwerts der rechts von ihr stehenden Ziffer. Daraus erklärt sich der Name „Dualsystem", das auch „duales Positionssystem" oder „binäres Stellenwertsystem" genannt wird.

B

| Darstellung natürlicher Zahlen im | |
|---|---|
| dekadischen | dualen System |
| 75 | $L \cdot 2^6 + 0 \cdot 2^5 + 0 \cdot 2^4 + L \cdot 2^3 + 0 \cdot 2^2 + L \cdot 2^1 + L \cdot 2^0$<br>Kurzschreibweise: L00L0LL |
| 312 | $L\ 2^8 + 0 \cdot 2^7 + 0 \cdot 2^6 + L \cdot 2^5 + L \cdot 2^4 + L \cdot 2^3 + 0 \cdot 2^2 + 0 \cdot 2^1 + 0 \cdot 2^0$<br>Kurzschreibweise: L00LLL000 |
| 2 | $L \cdot 2^1 + 0 \cdot 2^0$<br>Kurzschreibweise: L0 |

Statt der Zahlen 10 oder 2 kann man jede beliebige andere natürliche Zahl, die größer als 1 ist, als Grundzahl für ein Positionssystem verwenden.

**Teilbarkeitsregeln**

Ist eine Zahl $b$ durch 10 teilbar, so gibt es eine Zahl $x$ mit $10 \cdot x = b$ (↗ 25; Def. 8).

T. durch 10

▶ **SATZ 17: Eine Zahl ist genau dann durch 10 teilbar, wenn ihre Ziffer mit „0" endet.**

T. durch 2

Nach der Definition B 10 (↗ 25) sind nur die geraden Zahlen durch 2 teilbar. Die geraden Zahlen sind die Zahlen 0; 2; 4; 6; 8 und alle Zahlen, deren Ziffern mit „0"; „2"; „4"; „6" oder „8" enden.

T. durch 5

Ist eine Zahl $b$ durch 5 teilbar, so gibt es eine Zahl $x$ mit $5 \cdot x = b$.
Je nachdem, ob $x$ gerade ($x = 2\,n$) oder ungerade ($x = 2\,n + 1$) ist, gilt
$5 \cdot 2\,n = b$, also $10\,n = b$
oder $5 \cdot (2\,n + 1) = b$, also $10\,n + 5 = b$.
Im ersten Fall endet die Ziffer der Zahl $b$ mit „0", im zweiten Fall mit „5". Andere Möglichkeiten gibt es nicht.

**SATZ 18: Eine Zahl ist genau dann durch 5 teilbar, wenn ihre Ziffer mit „0" oder „5" endet.**

B

T. durch 4

Jedes Vielfache von 100 ist durch 4 teilbar; denn $4 \mid 100$, und damit teilt 4 auch jedes Vielfache von 100 (↗ 26; Satz 14). Daraus folgt, daß alle Zahlen, deren letzte beiden Grundziffern eine durch 4 teilbare Zahl darstellen, ebenfalls durch 4 teilbar sind.

75336 ist durch 4 teilbar

75300 ist durch 4 teilbar (Vielfaches von 100)
36 ist durch 4 teilbar

$75300 + 36 = 75336$ ist dann auch durch 4 teilbar (↗ 26; Satz 12)

Alle Zahlen, deren letzte beiden Grundziffern eine nicht durch 4 teilbare Zahl darstellen, sind nicht durch 4 teilbar.

75343 ist nicht durch 4 teilbar.
Um das nachzuweisen, nehmen wir das Gegenteil der Behauptung an:
$4 \mid 75343$.
Außerdem $4 \mid 75300$ (Vielfaches von 100).
Daraus folgt $4 \mid (75343 - 75300)$ (↗ 26; Satz 13),
d. h. $4 \mid 43$.
Das ist falsch, also war die Annahme $4 \mid 75343$ falsch.

**SATZ 19: Eine Zahl ist genau dann durch 4 teilbar, wenn ihre letzten beiden Grundziffern eine durch 4 teilbare Zahl darstellen.**

T. durch 8

Jedes Vielfache von 1000 ist durch 8 teilbar. Entsprechend wie bei der Teilbarkeit durch 4 ergibt sich:

**SATZ 20: Eine Zahl ist genau dann durch 8 teilbar, wenn ihre letzten drei Grundziffern eine durch 8 teilbare Zahl darstellen.**

**T. durch 9**

Alle Zehnerpotenzen lassen bei Division durch 9 den Rest 1.

$1 = 9 \cdot 0 \quad + 1$
$10 = 9 \cdot 1 \quad + 1$
$10^2 = 9 \cdot 11 \quad + 1$
$10^3 = 9 \cdot 111 + 1$

Das *k*-fache einer beliebigen Zehnerpotenz läßt daher bei Division durch 9 den Rest *k*:

$30 = 9 \cdot 3 \quad + 3$
$800 = 9 \cdot 88 \quad + 8$
$4000 = 9 \cdot 444 + 4$

■ 9765 ist durch 9 teilbar

$9765 = 9000 + 700 + 60 + 5$

$9000 = 9 \cdot 999 + 9$
$700 = 9 \cdot 77 + 7$
$60 = 9 \cdot 6 + 6$
$5 = 9 \cdot 0 + 5$

Summe: $9765 = 9 \cdot 1082 + 27$

Da $9 \mid 9 \cdot 1082$ und $9 \mid 27$, gilt $9 \mid 9765$ (↗ 26; Satz 12)

Eine derartige Zerlegung ist für jede Zahl möglich, so daß die Teilbarkeit durch 9 nur von der Teilbarkeit der Restsumme abhängt. Die einzelnen Reste werden immer von den Grundziffern der gegebenen Zahl dargestellt. Die Summe dieser Reste erhält man dadurch, daß man die durch die Grundziffern der gegebenen Zahl bezeichneten Zahlen ohne Rücksicht auf ihren Stellenwert addiert. Die so entstandene Summe heißt **Quersumme** der gegebenen Zahl. Also ist eine Zahl durch 9 teilbar, wenn ihre Quersumme durch 9 teilbar ist. Bei allen anderen Zahlen ist die Quersumme nicht durch 9 teilbar.

▶ **SATZ 21: Eine Zahl ist genau dann durch 9 teilbar, wenn ihre Quersumme durch 9 teilbar ist.**

**T. durch 3**

Ebenso wie bei der Division durch 9 lassen alle Zehnerpotenzen auch bei der Division durch 3 den Rest 1. Wie bei der Teilbarkeit durch 9 ergibt sich

▶ **SATZ 22: Eine Zahl ist genau dann durch 3 teilbar, wenn ihre Quersumme durch 3 teilbar ist.**

**Zerlegung in Primfaktoren**

Wird eine Zahl in Faktoren zerlegt, die sämtlich Primzahlen (↗ 26; Def. 11) sind, so nennt man eine solche Zerlegung kurz *Primfaktorenzerlegung*.

B

$$
\begin{aligned}
17640 &= 2 \cdot 8820 \\
&= 2 \cdot 2 \cdot 4410 \\
&= 2 \cdot 2 \cdot 2 \cdot 2205 \\
&= 2 \cdot 2 \cdot 2 \cdot 3 \cdot 735 \\
&= 2 \cdot 2 \cdot 2 \cdot 3 \cdot 3 \cdot 245 \\
&= 2 \cdot 2 \cdot 2 \cdot 3 \cdot 3 \cdot 5 \cdot 49 \\
&= 2 \cdot 2 \cdot 2 \cdot 3 \cdot 3 \cdot 5 \cdot 7 \cdot 7
\end{aligned}
$$

kürzer: $17640 = 2^3 \cdot 3^2 \cdot 5 \cdot 7^2$

Wenn man die Reihenfolge der Faktoren außer Acht läßt, gibt es für natürliche Zahlen außer 0 und 1 nur eine einzige Möglichkeit der Primfaktorenzerlegung. Um keine Ausnahme machen zu müssen, wird bei einer Primzahl diese Zahl selbst als Primfaktorenzerlegung aufgefaßt.

**SATZ 23: Die Primfaktorenzerlegung einer jeden natürlichen Zahl ist bis auf die Reihenfolge der Faktoren eindeutig bestimmt.**

*Bemerkung*: Der Satz B 23 würde nicht mehr gelten, wenn man die Zahl 1 zu den Primzahlen hinzunehmen würde. So wären z. B.

$1 \cdot 2^2 \cdot 5$ und $1^2 \cdot 2^2 \cdot 5$

dann zwei *verschiedene* Primfaktorenzerlegungen der Zahl 20.

**Das k. g. V.**

**DEFINITION 24: Eine Zahl, die Vielfaches mehrerer Zahlen ist, heißt gemeinsames Vielfaches dieser Zahlen.**

Zu gegebenen Zahlen gibt es unendlich viele gemeinsame Vielfache. Das kleinste unter ihnen heißt *kleinstes* **gemeinsames Vielfaches** (k. g. V.) der gegebenen Zahlen.[1]

| | | | | | |
|---|---|---|---|---|---|
| Vielfache von 12 | 12 24 36 | 48 | 60 72 84 | 96 | .. |
| Vielfache von 16 | 16 32 | 48 | 64 80 | 96 | .. |
| Vielfache von 24 | 24 | 48 | 72 | 96 | .. |
| *Gemeinsame Vielfache* **k. g. V.: 48** | | 48 | | 96 | .. |

[1] Da die Zahl Null Vielfaches (das 0-fache) einer jeden Zahl ist, wird sie bei der Bildung des k. g. V. ausgeschlossen.

Zur Bestimmung des k. g. V. gegebener Zahlen wird die Primfaktorenzerlegung verwendet.

| | |
|---|---|
| **Das k. g. V. von 24, 28 und 49 ist zu bestimmen.** | $24 = 2^3 \cdot 3$<br>$28 = 2^2 \cdot \quad 7$<br>$49 = \qquad 7^2$<br>k. g. V.: $2^3 \cdot 3 \cdot 7^2 = 1176$ |

Zur Berechnung des k. g. V. wählt man aus den Primfaktorenzerlegungen der gegebenen Zahlen die jeweils höchste Potenz der auftretenden Primfaktoren aus. Das k. g. V. ist das Produkt der so ausgewählten Potenzen. Jede der gegebenen Zahlen ist in diesem Produkt als Teiler enthalten, daher ist es Vielfaches jeder der gegebenen Zahlen. Es ist aber auch *kleinstes* gemeinsames Vielfaches. Würde man nämlich auch nur einen Primfaktor aus dem Produkt fortlassen, so wäre es nicht mehr gemeinsames Vielfaches.

B

Der g. g. T.

**DEFINITION 25: Eine Zahl, die Teiler mehrerer Zahlen ist, heißt gemeinsamer Teiler dieser Zahlen.**

Der **größte gemeinsame Teiler** (g. g. T.) gegebener Zahlen ist die größte Zahl, die alle gegebenen Zahlen teilt.
Zahlen, die außer 1 keinen gemeinsamen Teiler haben, heißen **zueinander teilerfremd.**[1]

| | | | | | | | | | |
|---|---|---|---|---|---|---|---|---|---|
| Teiler von 28 | 1 | 2 | | 4 | 7 | 14 | | 28 |
| Teiler von 42 | 1 | 2 | 3 | 6 | 7 | 14 | 21 | 42 |
| Gemeinsame Teiler g. g. T.: 14 | | 2 | | | 7 | 14 | | |

Zur Bestimmung des g. g. T. gegebener Zahlen wird die Primfaktorenzerlegung verwendet.

| | |
|---|---|
| Der g. g. T. von 540, 144 und 198 ist zu bestimmen. | $540 = 2^2 \cdot 3^3 \cdot 5$<br>$144 = 2^4 \cdot 3^2$<br>$198 = 2 \cdot 3^2 \cdot 11$<br>g.g.T.: $2 \cdot 3^2 = 18$ |

[1] Da die Zahl 1 Teiler einer jeden Zahl ist, ist sie auch stets gemeinsamer Teiler beliebig gegebener Zahlen. Bei der Aufzählung gemeinsamer Teiler wird sie deshalb nicht aufgeführt.

Zur Berechnung des g. g. T. wählt man aus den Primfaktorenzerlegungen der gegebenen Zahlen die jeweils niedrigste Potenz der in *allen* Zerlegungen auftretenden Primfaktoren aus. Der g. g. T. ist das Produkt der so ausgewählten Potenzen. Dieses Produkt teilt alle gegebenen Zahlen und ist daher gemeinsamer Teiler. Es ist aber auch *größter* gemeinsamer Teiler. Würde man nämlich auch nur einen weiteren Primfaktor zum Produkt hinzunehmen, so wäre es nicht mehr gemeinsamer Teiler.

B

## 2. GEBROCHENE ZAHLEN

**Brüche**

Zum Aufbau des Bereichs der gebrochenen Zahlen stehen die natürlichen Zahlen zur Verfügung. Aus ihnen werden die Brüche gebildet. Brüche haben die Form „$\frac{a}{b}$", $a$ und $b$ natürliche Zahlen, $b \neq 0$. Der waagerechte Strich heißt *Bruchstrich*, die Zahl über dem Bruchstrich heißt *Zähler*, die unter dem Bruchstrich heißt *Nenner*.

■ $\frac{1}{3}$ (gelesen: ein Drittel); $\frac{11}{4}$ (gelesen: elf Viertel),

$\frac{1}{2}$ (gelesen: ein Halb)

*Bemerkung*: Die Begründung dafür, daß der Nenner eines Bruches stets ungleich Null sein muß, ergibt sich aus dem Rechnen mit gebrochenen Zahlen.
Der Nenner eines Bruches gibt an, in wieviel gleiche Teile ein Ganzes geteilt wurde.
Der Zähler eines Bruches gibt an, wieviel solcher Teile gemeint sind.

Echter Bruch, unechter Bruch

▶ **DEFINITION 26: $\frac{a}{b}$ heißt echter Bruch, falls $a < b$.**

**$\frac{a}{b}$ heißt unechter Bruch, falls $a \geqq b$.**

**Kürzen**

Man kürzt einen Bruch, indem man Zähler und Nenner durch einen gemeinsamen Teiler dividiert. Sind Zähler und Nenner eines Bruches teilerfremd, so läßt sich dieser Bruch nur durch 1 kürzen.

**Erweitern**

Man erweitert einen Bruch, indem man Zähler und Nenner mit derselben von 0 verschiedenen natürlichen Zahl multipliziert.
Einen Bruch kann man stets erweitern.

▶ **SATZ 27: Die Brüche $\frac{a}{b}$ und $\frac{c}{d}$ gehen genau dann durch Kürzen oder Erweitern auseinander hervor, wenn gilt:**

$$a \cdot d = b \cdot c$$

**Gebrochene Zahlen als Klassen von Brüchen**

Man kann den Brüchen Punkte eines Strahls zuordnen. Dazu wählt man auf einem Strahl eine beliebige Strecke $\overline{AB}$, die vom Anfangspunkt des Strahls ausgehend abgetragen

B

wird. Diese Strecke betrachtet man als Ganzes (Einheit). Dann entspricht jedem Bruch eine Strecke, deren Anfangspunkt mit dem Anfangspunkt A des Strahls zusammenfällt. Jedem Bruch wird der Endpunkt der ihm entsprechenden Strecke zugeordnet.

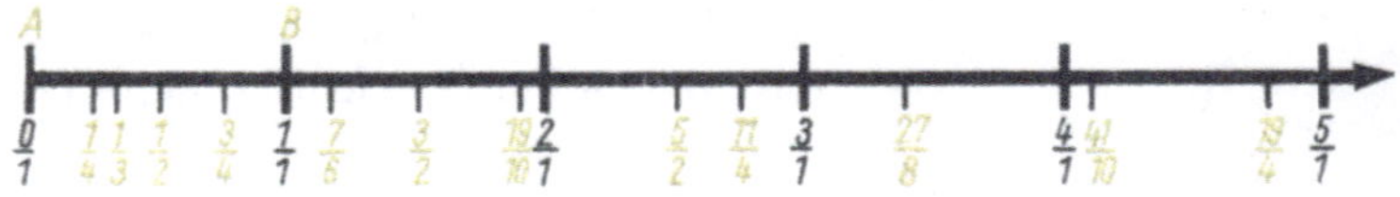

Das folgende Bild zeigt, daß Brüchen, die durch Kürzen oder Erweitern auseinander hervorgehen, derselbe Punkt zugeordnet wird.

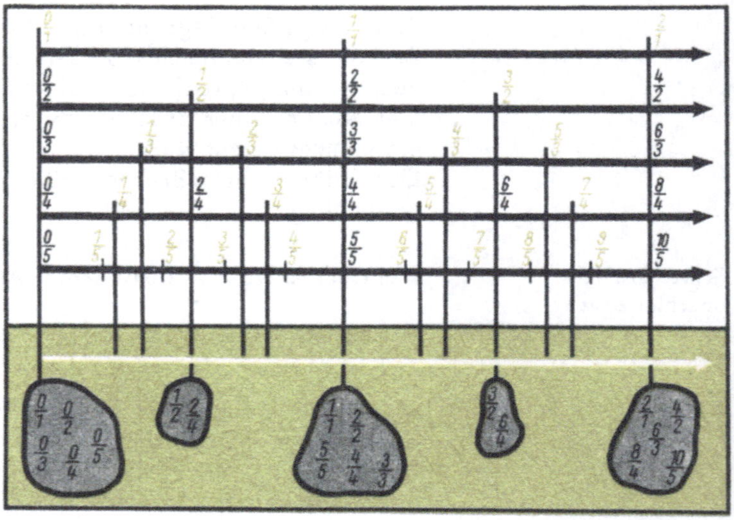

Solche Brüche werden jeweils zu einer **Klasse** zusammengefaßt.

**SATZ 28: Brüche $\frac{a}{b}$ und $\frac{c}{d}$ liegen genau dann in einer Klasse, wenn gilt: $a \cdot d = b \cdot c$.**

**DEFINITION 29: Jede Klasse von Brüchen, die durch Kürzen oder Erweitern auseinander hervorgehen, heißt gebrochene Zahl.**

*Bemerkung*: In jeder Klasse liegen unendlich viele Brüche. Für zwei beliebige Brüche $\frac{a}{b}$ und $\frac{c}{d}$, die in ein und derselben Klasse liegen, gilt $a \cdot d = b \cdot c$ (↗ 37; Satz 27).

Eine gebrochene Zahl, d. h. eine Klasse von Brüchen, kann durch jeden in dieser Klasse liegenden Bruch bezeichnet werden. Das Kürzen und Erweitern eines Bruches bedeutet, daß man zu einer anderen Bezeichnung derselben gebrochenen Zahl übergeht.

$\frac{1}{2}, \frac{2}{4}, \frac{3}{6} \ldots$ bezeichnen dieselbe gebrochene Zahl.

Man schreibt daher $\frac{1}{2} = \frac{2}{4} = \frac{3}{6} \ldots$

▶ **SATZ 30: $\frac{a}{b} = \frac{c}{d}$ gilt genau dann, wenn $a \cdot d = b \cdot c$ gilt.**

**Zuordnung von Punkten und Zahlen**

Durch die Zusammenfassung der Brüche zu Klassen, den gebrochenen Zahlen, besteht jetzt eine Zuordnung (↗ 82) von Punkten eines Strahls zu *Zahlen*. Einen solchen Strahl nennt man wieder **Zahlenstrahl**. Am Zahlenstrahl im ersten Bild auf Seite 38 sind zur Bezeichnung gebrochener Zahlen jeweils die am weitesten gekürzten Brüche geschrieben. Ein Vergleich eines Zahlenstrahls mit natürlichen Zahlen und eines Zahlenstrahls mit gebrochenen Zahlen zeigt, daß jeder gebrochenen Zahl $\frac{a}{1}$ die natürliche Zahl $a$ entspricht und umgekehrt.

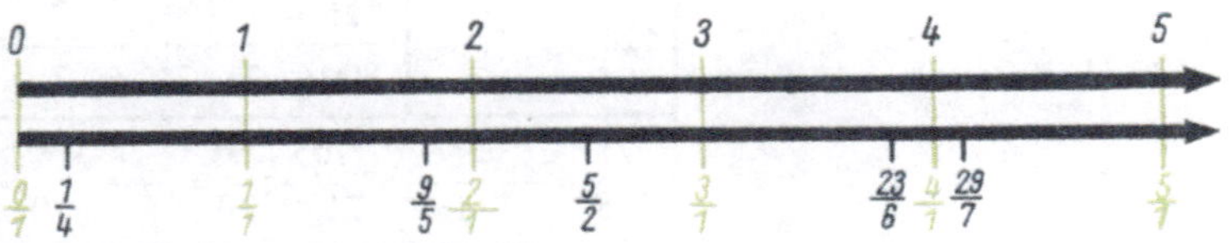


**Der Hauptnenner**
Gleichnamige Brüche

▶ **DEFINITION 31: Brüche mit gleichem Nenner heißen gleichnamig.**

Gegebene gebrochene Zahlen lassen sich stets durch gleichnamige Brüche darstellen, indem man zweckmäßig erweitert.

■

| Gegeben | Gleichnamige Darstellung | Veranschaulichung |
|---|---|---|
| $\frac{3}{2}$; $\frac{5}{6}$; $\frac{11}{9}$ | a) $\frac{27}{18}$; $\frac{15}{18}$; $\frac{22}{18}$<br>b) $\frac{54}{36}$; $\frac{30}{36}$; $\frac{44}{36}$<br>c) $\frac{81}{54}$; $\frac{45}{54}$; $\frac{66}{54}$ | 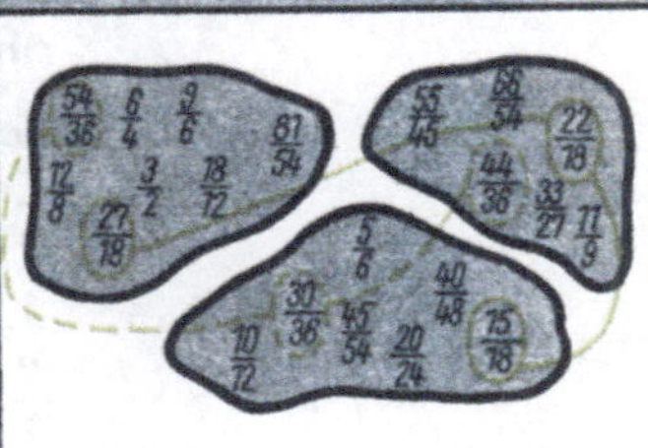 |

Die gemeinsamen Nenner 18, 36, 54 sind gemeinsame Vielfache der Nenner der ursprünglichen Brüche. Da es zu vorgegebenen Zahlen unendlich viele gemeinsame Vielfache gibt, gibt es auch unendlich viele gemeinsame Nenner. Unter ihnen gibt es einen kleinsten, das k. g. V. (↗ 34) der Nenner der gegebenen Brüche. Das ist in diesem Beispiel die Zahl 18.

Mitunter läßt sich ein gemeinsamer Nenner gegebener Brüche auch durch Kürzen finden.

■ $\frac{5}{4}$; $\frac{85}{20}$; $\frac{100}{50}$ Durch Kürzen ergibt sich: $\frac{5}{4}$; $\frac{17}{4}$; $\frac{8}{4}$.

▶ **DEFINITION 32: Das k. g. V. der Nenner gegebener Brüche heißt der Hauptnenner (HN) dieser Brüche.**

Um Brüche gleichnamig zu machen, bringt man sie zweckmäßig auf den Hauptnenner, damit die Zähler möglichst klein bleiben.

■

| Gegebene Brüche: | | Erweiterungsfaktoren: |
|---|---|---|
| $\frac{7}{168}$ | $168 = 2^3 \cdot 3 \cdot 7$ | 15 |
| $\frac{9}{20}$ | $20 = 2^2 \cdot 5$ | 126 |
| $\frac{23}{126}$ | $126 = 2 \cdot 3^2 \cdot 7$ | 20 |
| | HN: $2^3 \cdot 3^2 \cdot 5 \cdot 7 = 2520$ | |

$$\frac{7}{168} = \frac{15 \cdot 7}{15 \cdot 168} = \frac{105}{2520}; \quad \frac{9}{20} = \frac{126 \cdot 9}{126 \cdot 20} = \frac{1134}{2520}; \quad \frac{23}{126} = \frac{20 \cdot 23}{20 \cdot 126} = \frac{460}{2520}$$

**Ordnung**
(↗20)

▶ **DEFINITION 33:** $\frac{a}{b} < \frac{c}{d}$ **genau dann, wenn** $a \cdot d < b \cdot c$.

Statt $\frac{a}{b} < \frac{c}{d}$ schreibt man auch $\frac{c}{d} > \frac{a}{b}$ und liest:

„$\frac{c}{d}$ größer $\frac{a}{b}$".

▶ **SATZ 34: Beim Vergleichen verhalten sich die durch Brüche mit dem Nenner 1 darstellbaren gebrochenen Zahlen wie die ihnen entsprechenden natürlichen Zahlen.**

*Beweis*: Nach der Definition der Ordnung gebrochener Zahlen gilt:

$\frac{a}{1} < \frac{c}{1}$ genau dann, wenn $a \cdot 1 < 1 \cdot c$ d. h.

$\frac{a}{1} < \frac{c}{1}$ genau dann, wenn $a < c$, *w. z. b. w.*

Daher kann man beim Vergleichen gebrochene Zahlen, die sich in der Form $\frac{a}{1}$ darstellen lassen, durch die natürliche Zahl $a$ ersetzen und umgekehrt.

■ a) Statt $\frac{7}{1} < \frac{9}{1}$ kürzer: $7 < 9$ **b)** Statt $\frac{0}{1} < \frac{4}{1}$ kürzer: $0 < 4$

**c)** Statt $\frac{8}{2} < \frac{15}{3}$ kürzer $4 < 5$ $\left(\frac{8}{2} = \frac{4}{1} \text{ und } \frac{15}{3} = \frac{5}{1}\right)$

B

Von zwei Punkten eines Zahlenstrahls, die verschiedenen gebrochenen Zahlen zugeordnet sind, liegt derjenige weiter links, der der kleineren der beiden Zahlen zugeordnet ist. Man sagt kürzer: Von zwei verschiedenen gebrochenen Zahlen liegt die kleinere auf dem Zahlenstrahl links von der größeren.

Gebrochene Zahlen, die durch Brüche mit gleichem Nenner oder gleichem Zähler dargestellt sind, lassen sich besonders leicht vergleichen.

(1) gleiche Nenner:

Es gilt: $\frac{a}{b} < \frac{c}{b}$ genau dann, wenn $a \cdot b < b \cdot c$ und $a \cdot b < b \cdot c$ genau dann, wenn $a < c$ (↗ 28), also

$$\frac{a}{b} < \frac{c}{b} \text{ genau dann, wenn } a < c$$

(2) gleiche Zähler:

Es gilt für $a \neq 0$: $\frac{a}{b} < \frac{a}{d}$ genau dann, wenn $a \cdot d < b \cdot a$ und $a \cdot d < b \cdot a$ genau dann, wenn $d < b$ (↗ 28), also

$$\frac{a}{b} < \frac{a}{d} \text{ genau dann, wenn } b > d \text{ und } a \neq 0$$

Im Gegensatz zu den natürlichen Zahlen hat keine gebrochene Zahl einen unmittelbaren Nachfolger (↗ 21).

*Erläuterung*: Zum Beispiel hat $\frac{3}{10}$ keinen unmittelbaren Nachfolger. So kann etwa $\frac{4}{10}$ nicht unmittelbarer Nachfolger sein, denn die Zahl $\frac{7}{20}$ liegt zwischen beiden: $\frac{3}{10} < \frac{7}{20} < \frac{4}{10}$.

Aber auch $\frac{7}{20}$ ist nicht unmittelbarer Nachfolger von $\frac{3}{10}$, denn die Zahl $\frac{13}{40}$ liegt zwischen beiden:
$\frac{3}{10} < \frac{13}{40} < \frac{7}{20}$.

Auf diese Weise kann man für jede beliebige gebrochene Zahl, die größer als $\frac{3}{10}$ ist, nachweisen, daß sie nicht unmittelbarer Nachfolger von $\frac{3}{10}$ ist.

B

**Echt bzw. unecht gebrochene Zahlen**

▶ **DEFINITION 35: Eine gebrochene Zahl heißt echt gebrochen, wenn sie sich durch echte Brüche darstellen läßt. Eine gebrochene Zahl heißt unecht gebrochen, wenn sie sich durch unechte Brüche darstellen läßt** (↗ 37).

Echt gebrochene Zahlen sind kleiner als 1, unecht gebrochene Zahlen sind größer als 1 oder gleich 1.
Die gebrochene Zahl 0 ist die kleinste gebrochene Zahl.

**Rechenoperationen; Addition**

Durch die folgende Definition wird die Addition gebrochener Zahlen auf die Addition natürlicher Zahlen (Zähler der Brüche) zurückgeführt.

▶ **DEFINITION 36: Gebrochene Zahlen werden addiert, indem man sie durch gleichnamige Brüche darstellt und deren Zähler addiert.**
**Den gemeinsamen Nenner behält man bei.**

$$\frac{a}{b} + \frac{c}{d} = \frac{ad}{bd} + \frac{bc}{bd} = \frac{ad + bc}{bd}$$

Die Addition gebrochener Zahlen ist uneingeschränkt ausführbar, da man stets gegebene Brüche gleichnamig machen und die natürlichen Zahlen in ihren Zählern addieren kann.

■ $\frac{11}{8} + \frac{7}{10} = \frac{55}{40} + \frac{28}{40} = \frac{83}{40}$

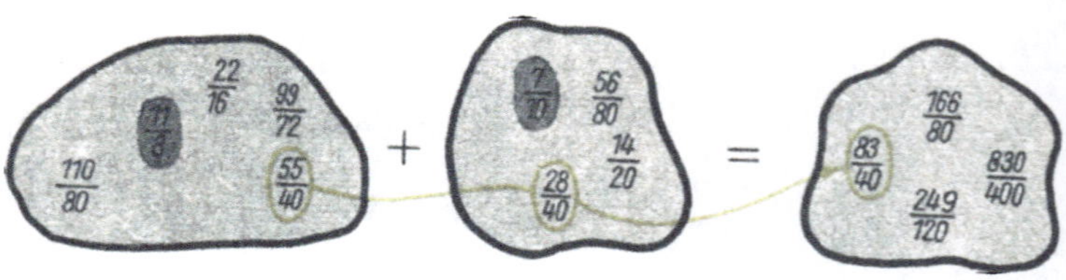

**Eigenschaften der Addition**

Kommutativität (↗ 20)

▶ **SATZ 37: Die Addition gebrochener Zahlen ist kommutativ.**

$$\frac{a}{b}+\frac{c}{d}=\frac{c}{d}+\frac{a}{b}$$

*Beweis:*

$\frac{a}{b}+\frac{c}{d}=\frac{ad+bc}{bd}$ (↗ 42; Def. 36)

$\frac{a}{b}+\frac{c}{d}=\frac{bc+ad}{bd}$ (Kommutativität der Addition natürlicher Zahlen)

$\frac{a}{b}+\frac{c}{d}=\frac{bc}{bd}+\frac{ad}{bd}$ (↗ 42; Def. 36)

$\frac{a}{b}+\frac{c}{d}=\frac{c}{d}+\frac{a}{b}$ (Kürzen) *w. z. b. w.*

Assoziativität (↗ 20)

▶ **SATZ 38: Die Addition gebrochener Zahlen ist assoziativ.**

$$\frac{a}{b}+\left(\frac{c}{d}+\frac{e}{f}\right)=\left(\frac{a}{b}+\frac{c}{d}\right)+\frac{e}{f}$$

Das bedeutet: Sind drei Zahlen zu addieren, so sind zwei Additionen hintereinander auszuführen. Die Reihenfolge dieser beiden Additionen ist dabei beliebig.

■ $\frac{7}{36}+\frac{57}{40}+\frac{13}{90}+\frac{21}{45}=\frac{70+513+52+168}{360}=\frac{803}{360}=2\frac{83}{360}$

Wegen der Kommutativität und Assoziativität der Addition dürfen in einer Summe mit mehr als zwei Summanden diese beliebig vertauscht werden.

▶ **SATZ 39: Bei der Addition verhalten sich gebrochene Zahlen, die sich durch Brüche mit dem Nenner 1 darstellen lassen, wie die ihnen entsprechenden natürlichen Zahlen.**

■ 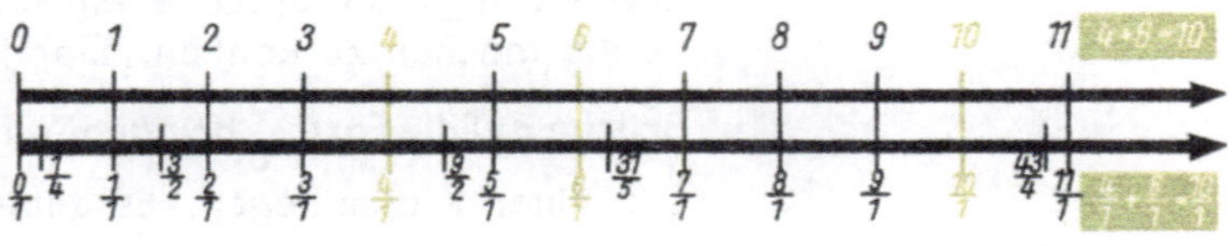


Daher kann man bei der Addition die gebrochenen Zahlen, die sich in der Form $\frac{a}{1}$ darstellen lassen, durch die jeweils entsprechende natürliche Zahl $a$ ersetzen und umgekehrt.

■ a) $\frac{4}{1}+\frac{2}{7}=4+\frac{2}{7}$  b) $\frac{5}{8}+\frac{0}{1}=\frac{5}{8}+0$

c) $\frac{6}{2}+\frac{8}{4}=3+2$  $\left(\frac{6}{2}=\frac{3}{1} \text{ und } \frac{8}{4}=\frac{2}{1}\right)$

„Gemischte Zahl"

*Bemerkung*: Statt $4+\frac{2}{7}$ kann man kürzer schreiben $4\frac{2}{7}$. Diese Schreibweise wird auch als „gemischte Zahl" bezeichnet. Jede unecht gebrochene Zahl läßt sich entweder als gemischte Zahl schreiben oder sie entspricht einer natürlichen Zahl.

■ a) $\frac{15}{7}=\frac{14}{7}+\frac{1}{7}=2\frac{1}{7}$  b) $\frac{24}{8}=\frac{3}{1}=3$

*Bemerkung*: Gebrochene Zahlen, die als gemischte Zahlen geschrieben sind, lassen sich leichter vergleichen. So erkennt man sofort, daß z. B. $25\frac{11}{37}$ zwischen 25 und 26 liegt. In der Darstellung $\frac{936}{37}$ ist dies nicht ohne weiteres zu erkennen. Außerdem vermeidet man unnötig große Zähler.

Neutrales Element (↗19)

▸ **SATZ 40: Für jede gebrochene Zahl $\frac{a}{b}$ gilt:**

$$\frac{a}{b}+0=\frac{a}{b}$$

Die Zahl 0 ist also das neutrale Element bezüglich der Addition gebrochener Zahlen.

*Beweis*:

$$\frac{a}{b}+0=\frac{a}{b}+\frac{0}{b}=\frac{a+0}{b}=\frac{a}{b} \quad \text{w. z. b. w.}$$

Bei der Addition gebrochener Zahlen zeigt sich, daß Brüche mit dem Nenner 0 ausgeschlossen werden müssen. Würde man solche Brüche zulassen, so müßte man ebenfalls die Erweiterung von Brüchen mit 0 zulassen, um stets gleichnamig machen zu können. Damit könnte man jedoch alle Brüche auf die Form $\frac{0}{0}$ bringen, alle Brüche würden also mit $\frac{0}{0}$ in einer Klasse liegen. Es gäbe demnach überhaupt nur eine einzige gebrochene Zahl.

**Subtraktion**

▸ **DEFINITION 41: Gebrochene Zahlen werden subtrahiert, indem man sie durch gleichnamige Brüche darstellt und die Zähler subtrahiert.**

**Den gemeinsamen Nenner behält man bei.**

$$\frac{a}{b} - \frac{c}{d} = \frac{ad}{bd} - \frac{bc}{bd} = \frac{ad - bc}{bd}$$

■ $$\frac{5}{6} - \frac{7}{15} = \frac{5 \cdot 5}{6 \cdot 5} - \frac{2 \cdot 7}{2 \cdot 15} = \frac{25}{30} - \frac{14}{30} = \frac{11}{30}$$

Auf Grund dieser Definition ist die Subtraktion (wie im Bereich der natürlichen Zahlen) die Umkehrung der Addition (↗ 21).
Die Subtraktion gebrochener Zahlen ist wie im Bereich der natürlichen Zahlen nur dann ausführbar, wenn der Subtrahend nicht größer als der Minuend ist.

B

▶ **SATZ 42: Bei der Subtraktion verhalten sich gebrochene Zahlen, die sich durch Brüche mit dem Nenner 1 darstellen lassen, wie die ihnen entsprechenden natürlichen Zahlen *a*.**

Bei der Subtraktion kann man daher die gebrochenen Zahlen, die sich in der Form $\frac{a}{1}$ darstellen lassen, durch die jeweils entsprechende natürliche Zahl *a* ersetzen und umgekehrt.

▶ **SATZ 43: Für jede gebrochene Zahl $\frac{a}{b}$ gilt:**

$$\frac{a}{b} - 0 = \frac{a}{b}$$

*Beweis:*

$$\frac{a}{b} - 0 = \frac{a}{b} - \frac{0}{b} = \frac{a - 0}{b} = \frac{a}{b} \quad \textit{w. z. b. w.}$$

**Monotonie der Addition und Subtraktion**

Wie für natürliche Zahlen (↗ 22) gilt auch im Bereich der gebrochenen Zahlen:

**SATZ 44:**

**Wenn $\frac{a}{b} < \frac{c}{d}$, so $\frac{a}{b} + \frac{x}{y} < \frac{c}{d} + \frac{x}{y}$**

**Wenn $\frac{a}{b} < \frac{c}{d}$, so $\frac{a}{b} - \frac{x}{y} < \frac{c}{d} - \frac{x}{y}$, falls die Subtraktionen ausführbar sind.**

**Multiplikation**

**DEFINITION 45: Gebrochene Zahlen werden multipliziert, indem man jeweils die Zähler und die Nenner der darstellenden Brüche multipliziert.**

$$\frac{a}{b} \cdot \frac{c}{d} = \frac{a\,c}{b\,d}$$

$$\frac{27}{8} \cdot \frac{13}{3} = \frac{27 \cdot 13}{8 \cdot 3} = \frac{9 \cdot 13}{8} = \frac{117}{8}$$

Die Multiplikation gebrochener Zahlen wird durch diese Definition auf die Multiplikation natürlicher Zahlen (Zähler und Nenner der Brüche) zurückgeführt.
Die Multiplikation gebrochener Zahlen ist uneingeschränkt ausführbar, da man die natürlichen Zahlen in den Zählern und Nennern stets multiplizieren kann.
Es ist zweckmäßig, vor dem Ausrechnen der Produkte so weit wie möglich zu kürzen.
Gemischte Zahlen wandelt man vor dem Multiplizieren in unechte Brüche um.

**Eigenschaften der Multiplikation**
Kommutativität (↗ 23)

**SATZ 46: Die Multiplikation gebrochener Zahlen ist kommutativ.**

$$\frac{a}{b} \cdot \frac{c}{d} = \frac{c}{d} \cdot \frac{a}{b}$$

Assoziativität (↗ 23)

**SATZ 47: Die Multiplikation gebrochener Zahlen ist assoziativ.**

$$\frac{a}{b} \cdot \left(\frac{c}{d} \cdot \frac{e}{f}\right) = \left(\frac{a}{b} \cdot \frac{c}{d}\right) \cdot \frac{e}{f}$$

Das bedeutet: Sind drei Zahlen zu multiplizieren, so sind zwei Multiplikationen hintereinander auszuführen. Die Reihenfolge dieser beiden Multiplikationen ist dabei beliebig.
Der Beweis dieser Sätze erfolgt ähnlich wie bei der Addition (↗ 43).
Wegen der Kommutativität und Assoziativität der Multiplikation dürfen auch in einem Produkt mit mehr als zwei Faktoren diese beliebig vertauscht werden.

Distributivität (↗ 24)

▶ **SATZ 48: Die Multiplikation ist bezüglich der Addition distributiv.**

$$\frac{a}{b} \cdot \left(\frac{c}{d} + \frac{e}{f}\right) = \frac{a}{b} \cdot \frac{c}{d} + \frac{a}{b} \cdot \frac{e}{f}$$

▶ **SATZ 49: Bei der Multiplikation verhalten sich gebrochene Zahlen, die sich durch Brüche mit dem Nenner 1 darstellen lassen, wie die ihnen entsprechenden natürlichen Zahlen.**

■ 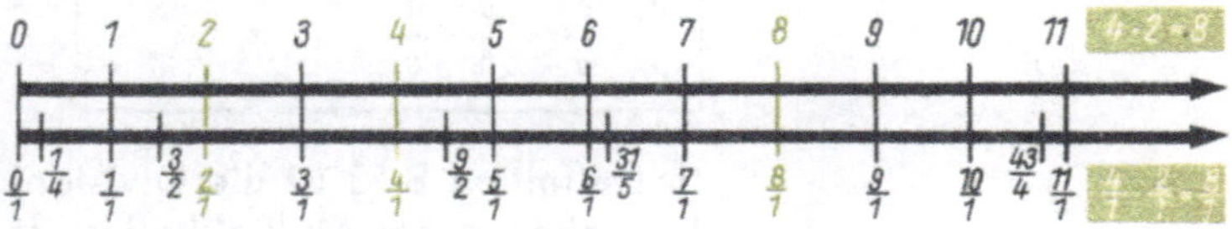


Bei der Multiplikation kann man daher die gebrochenen Zahlen, die sich in der Form $\frac{a}{1}$ darstellen lassen, durch die jeweils entsprechende natürliche Zahl $a$ ersetzen und umgekehrt.

Neutrales Element (↗ 23)

▶ **SATZ 50: Für jede gebrochene Zahl $\frac{a}{b}$ gilt:**

$$\frac{a}{b} \cdot 1 = \frac{a}{b} \text{ und } \frac{a}{b} \cdot 0 = 0$$

Die Zahl 1 ist also das neutrale Element bezüglich der Multiplikation gebrochener Zahlen. Ein Produkt gebrochener Zahlen ist genau dann gleich 0, wenn wenigstens ein Faktor gleich Null ist.

Monotonie (↗ 28)

▶ **SATZ 51: Die Multiplikation ist bezüglich der Kleiner-Beziehung monoton. Für beliebige gebrochene Zahlen $\frac{a}{b}$, $\frac{c}{d}$ und $\frac{x}{y}$, $\left(\frac{x}{y} \neq 0\right)$ gilt:**

$$\text{Wenn } \frac{a}{b} < \frac{c}{d}, \text{ so } \frac{a}{b} \cdot \frac{x}{y} < \frac{c}{d} \cdot \frac{x}{y}$$

## Division

Reziprokes

▶ **DEFINITION 52: Ist $\frac{a}{b}$ eine von Null verschiedene gebrochene Zahl, also $a \neq 0$, so heißt die gebrochene Zahl $\frac{b}{a}$ das Reziproke der gebrochenen Zahl $\frac{a}{b}$.**

Da $\frac{a}{b} \cdot \frac{b}{a} = \frac{a \cdot b}{b \cdot a} = 1$ gilt, ist das Produkt einer gebrochenen Zahl mit ihrem Reziproken stets gleich 1, z. B.: $\frac{2}{3} \cdot \frac{3}{2} = 1$.

**DEFINITION 53: Gebrochene Zahlen werden dividiert, indem man den Dividenden mit dem Reziproken des Divisors multipliziert.**

$$\frac{a}{b} : \frac{c}{d} = \frac{a}{b} \cdot \frac{d}{c}$$

B

In Definition B 53 ist die Division so festgelegt, daß sie die Umkehrung der Multiplikation ist. Durch die angegebene Divisionsvorschrift findet man nämlich zu gegebenem Produkt und einem seiner Faktoren den zweiten Faktor:

In der Gleichung $\frac{x}{y} \cdot \frac{c}{d} = \frac{a}{b}$ ist der Faktor $\frac{x}{y}$ zu bestimmen.

Anders geschrieben: $\frac{x}{y} = \frac{a}{b} : \frac{c}{d}$

Nach Definition B 53: $\frac{x}{y} = \frac{a}{b} \cdot \frac{d}{c}$

Einsetzen für $\frac{x}{y}$ in die erste Gleichung:

$$\left(\frac{a}{b} \cdot \frac{d}{c}\right) \cdot \frac{c}{d} = \frac{a}{b} \cdot \left(\frac{d}{c} \cdot \frac{c}{d}\right) = \frac{a}{b}$$

Also ist das Produkt $\frac{a}{b} \cdot \frac{d}{c}$ tatsächlich gleich dem gesuchten Quotienten $\frac{a}{b} : \frac{c}{d}$.

Da durch die Definition B 53 die Division auf die Multiplikation zurückgeführt wird und die Multiplikation gebrochener Zahlen uneingeschränkt ausführbar ist, kann man jetzt jede Divisionsaufgabe lösen. Ausgenommen ist wieder die Division durch Null, denn sie liefert kein eindeutig bestimmtes Ergebnis.

**a)** $\frac{3}{7} : \frac{0}{5} = \frac{x}{y}$ Für $\frac{x}{y}$ müßte gelten $\frac{3}{7} = \frac{x}{y} \cdot \frac{0}{5} = \frac{x \cdot 0}{y \cdot 5}$

Wegen $x \cdot 0 = 0$ gibt es keine solche Zahl.

**b)** $\frac{0}{7} : \frac{0}{5} = \frac{x}{y}$ Für $\frac{x}{y}$ müßte gelten $\frac{0}{7} = \frac{x}{y} \cdot \frac{0}{5} = \frac{x \cdot 0}{y \cdot 5}$

Diese Gleichung gilt für jede Zahl $\frac{x}{y}$.

Die gebrochenen Zahlen bilden also einen Zahlbereich, in dem die Addition, die Multiplikation und die Division (mit Ausnahme der Division durch Null) uneingeschränkt ausführbar sind.
Dagegen ist die Subtraktion wie im Bereich der natürlichen Zahlen nur dann ausführbar, wenn der Subtrahend nicht größer als der Minuend ist. Daraus ergibt sich die Notwendigkeit, abermals einen neuen Zahlbereich aufzubauen, nämlich den Bereich der *rationalen Zahlen* (↗ 58).

▶ **SATZ 54: Bei der Division verhalten sich gebrochene Zahlen, die sich durch Brüche mit dem Nenner 1 darstellen lassen, wie die ihnen entsprechenden natürlichen Zahlen.**

■ 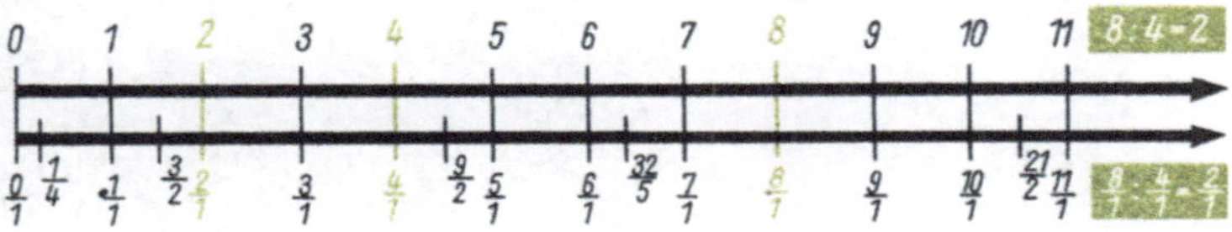


Bei der Division kann man daher die gebrochenen Zahlen, die sich in der Form $\frac{a}{1}$ darstellen lassen, durch die jeweils entsprechende natürliche Zahl $a$ ersetzen und umgekehrt.

■ **a)** $\frac{7}{3} : 5 = \frac{7}{3} : \frac{5}{1} = \frac{7}{3} \cdot \frac{1}{5} = \frac{7}{15}$

**b)** $2 : \frac{8}{3} = \frac{2}{1} : \frac{8}{3} = \frac{2}{1} \cdot \frac{3}{8} = \frac{3}{4}$

▶ **SATZ 55: Für jede gebrochene Zahl $\frac{a}{b}$ gilt:**

| | |
|---|---|
| a) $\frac{a}{b} : 1 = \frac{a}{b}$ | b) $0 : \frac{a}{b} = 0; \left(\frac{a}{b} \neq 0\right)$ |

*Beweis:*

**a)** $\frac{a}{b} : 1 = \frac{a}{b} : \frac{1}{1} = \frac{a}{b} \cdot \frac{1}{1} = \frac{a}{b}$

**b)** $0 : \frac{a}{b} = \frac{0}{1} \cdot \frac{b}{a} = \frac{0}{a} = 0$ *w. z. b. w.*

Monotonie (↗ 28)

Die Division gebrochener Zahlen ist bezüglich der Kleinerbeziehung monoton, da jede Division durch eine Multiplikation ersetzt werden kann.

**Die natürlichen Zahlen als Teilbereich der gebrochenen Zahlen**

Beim Vergleichen gebrochener Zahlen und bei allen Rechenoperationen mit gebrochenen Zahlen kann man die gebrochenen Zahlen, die in der Form $\frac{a}{1}$ darstellbar sind, durch die jeweilige natürliche Zahl $a$ ersetzen. Nach dieser Ersetzung bilden die natürlichen Zahlen einen Teilbereich der gebrochenen Zahlen, d. h., jede natürliche Zahl ist eine gebrochene Zahl.

*Natürliche Zahlen – Teilmenge der gebrochenen Zahlen*

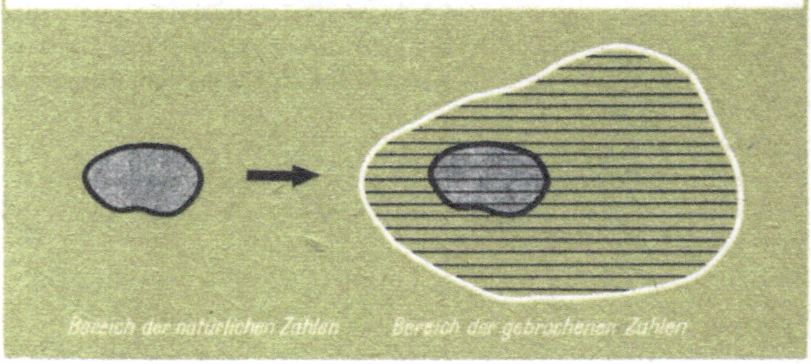


Jetzt kann man jede Division natürlicher Zahlen auch als Division gebrochener Zahlen schreiben.

■ $5 : 7 = \frac{5}{1} : \frac{7}{1} = \frac{5}{1} \cdot \frac{1}{7} = \frac{5}{7}$, also $5 : 7 = \frac{5}{7}$

Damit ist jede Division natürlicher Zahlen (außer der Division durch 0) innerhalb des Bereichs der gebrochenen Zahlen ausführbar.
Umgekehrt kann jede gebrochene Zahl als Quotient natürlicher Zahlen geschrieben werden.

■ $\frac{2658}{23} = 2658 : 23$

Führt man die Division 2658 : 23 aus, so ergibt sich:

$$\begin{array}{l} 2658 : 23 = 115\frac{13}{23} \\ \underline{23} \\ \phantom{0}35 \\ \phantom{0}\underline{23} \\ \phantom{0}128 \\ \phantom{0}\underline{115} \\ \phantom{00}13 \end{array}$$

Es gilt also

| |
|---|
| $\frac{a}{b} = a : b\,;\ (b \neq 0)$ |

**Doppelbrüche**

Allgemein werden der Bruchstrich und das Zeichen „:“ gleichberechtigt als Divisionszeichen verwendet.

■ a) $\dfrac{\frac{39}{50}}{\frac{12}{25}} = \dfrac{39}{50} : \dfrac{12}{25} = \dfrac{39 \cdot 25}{50 \cdot 12} = \dfrac{13}{2 \cdot 4} = \dfrac{13}{8}$

b) $\dfrac{12}{\frac{6}{25}} = 12 : \dfrac{6}{25} = 12 \cdot \dfrac{25}{6} = 50$

B

**Die gebrochenen Zahlen in Dezimalbruchdarstellung**
Zehnerbrüche

▶ **DEFINITION 56: Ein Bruch, dessen Nenner eine Zehnerpotenz (↗ 30) ist, heißt Zehnerbruch.**

Brüche, die selbst nicht schon Zehnerbruch sind, deren Nenner aber nur die Primfaktoren 2; 5 (oder Potenzen dieser Zahlen) enthalten, lassen sich zu Zehnerbrüchen erweitern. Man sagt, sie lassen sich in Zehnerbrüche umwandeln.

■ a) $\dfrac{1}{2} = \dfrac{5}{10} = \dfrac{50}{100} = \dfrac{500}{1000}$; b) $\dfrac{5}{8} = \dfrac{625}{1000} = \dfrac{6250}{10000}$

c) $\dfrac{21}{50} = \dfrac{42}{100} = \dfrac{420}{1000}$

Enthält der Nenner eines Bruches noch andere Primfaktoren als 2 und 5, so kann man diesen Bruch nur dann in einen Zehnerbruch umwandeln, wenn der gegebene Bruch durch diese Primfaktoren kürzbar ist.

**Erweiterung des dekadischen Positionssystems**

Das Positionssystem wird nach rechts fortgesetzt (↗ 30). Die rechts von den Einern stehenden Grundziffern haben also der Reihe nach die Stellenwerte:

$\dfrac{1}{10}, \dfrac{1}{100}, \dfrac{1}{1000}, \dfrac{1}{10000}, \ldots$

Potenzschreibweise:

$\dfrac{1}{10^1}, \dfrac{1}{10^2}, \dfrac{1}{10^3}, \dfrac{1}{10^4}, \ldots$

Zur Orientierung wird zwischen die Einer- und Zehntelstelle ein Komma gesetzt.

| Erweitertes dekadisches Positionssystem | | | | | | | | |
|---|---|---|---|---|---|---|---|---|
| ... | Tausender | Hunderter | Zehner | Einer | Zehntel | Hundertstel | Tausendstel | ... |
| ... | $10^3$ | $10^2$ | $10^1$ | $10^0$ | $\frac{1}{10^1}=\frac{1}{10}$ | $\frac{1}{10^2}=\frac{1}{100}$ | $\frac{1}{10^3}=\frac{1}{1000}$ | ... |
| $4 \cdot 10^3 + 5 \cdot 10^2 + 6 \cdot 10^1 + 3 \cdot 10^0 + 7 \cdot \frac{1}{10^1} + 8 \cdot \frac{1}{10^2} + 9 \cdot \frac{1}{10^3}$ | | | | | | | | |
| | 4 | 5 | 6 | 3, | 7 | 8 | 9 | |
| 4563,789, gelesen: 4563 Komma 7 – 8 – 9 | | | | | | | | |

B

**Dezimalbrüche**
Dezimalen,
Gemeine Brüche

**DEFINITION 57: Die Darstellung einer gebrochenen Zahl im dekadischen Positionssystem (↗ 30) heißt Dezimalbruch. Die Stellen rechts vom Komma heißen Dezimalstellen (kürzer: Dezimalen). Im Unterschied zu den Dezimalbrüchen nennt man Brüche der Form „$\frac{a}{b}$“ ($a$ und $b$ natürliche Zahlen, $b \neq 0$) gemeine Brüche.**

**1)** Umwandlung von Zehnerbrüchen.

*Erste Möglichkeit:*

a) $\frac{27}{10} = 2 \cdot 10^0 + 7 \cdot \frac{1}{10^1} = 2{,}7$  b) $\frac{5}{8} = \frac{625}{1000} = 0{,}625$

*Zweite Möglichkeit:*

a) $\frac{27}{10} = 27:10$; $27 : 10 = 2{,}7$
```
27 : 10 = 2,7
 70
  0
```

b) $\frac{5}{8} = 5:8$; $5 : 8 = 0{,}625$
```
5 : 8 = 0,625
50
 20
  40
   0
```

Perioden

**2)** Für gebrochene Zahlen, für die es keine Darstellung durch Zehnerbrüche gibt, verfährt man ähnlich wie bei der zweiten Möglichkeit. In diesem Falle bricht die Division nicht ab, sondern bestimmte Grundziffern bzw. Gruppen von Grundziffern wiederholen sich ständig. Diese sich wiederholenden Ziffern heißen **Perioden.** Nach der Anzahl der Grundziffern in einer Periode spricht man von 1; 2; 3; ...; $n$-stelligen Perioden.

Auf den Seiten 72 und 73 wird gezeigt, daß man auch in diesem Fall das schriftliche Verfahren der Division anwenden darf.

a) $\frac{4}{3} = 4 : 3$

$4 : 3 = 1{,}333\ldots$; kürzer: $\frac{4}{3} = 1{,}\overline{3}$

$$\begin{array}{l} 10 \\ \;10 \\ \;\;10 \\ \;\;\;1 \\ \;\;\;\vdots \end{array}$$

(gelesen: Eins – Komma – drei; Periode drei).
Die Periode ist 1-stellig.

b) $\frac{178}{55} = 178 : 55$

$178 : 55 = 3{,}23636\ldots$; kürzer: $\frac{178}{55} = 3{,}2\overline{36}$

$$\begin{array}{l} 130 \\ \;200 \\ \;\;350 \\ \;\;\;200 \\ \;\;\;\;350 \\ \;\;\;\;\;20 \\ \;\;\;\;\;\vdots \end{array}$$

(gelesen: Drei – Komma – Zwei – Drei – Sechs; Periode Drei – Sechs).
Die Periode ist 2-stellig

c) $\frac{5}{12} = 5 : 12$

$5 : 12 = 0{,}4166\ldots$; kürzer: $\frac{5}{12} = 0{,}41\overline{6}$

$$\begin{array}{l} 50 \\ \;20 \\ \;\;80 \\ \;\;\;80 \\ \;\;\;\;8 \\ \;\;\;\;\vdots \end{array}$$

Endliche und unendliche Dezimalbrüche

**DEFINITION 58: Ein Dezimalbruch, der vor oder hinter dem Komma eine letzte Stelle mit von 0 verschiedener Ziffer besitzt, heißt endlicher Dezimalbruch.**
**Ein Dezimalbruch, in dessen Dezimalstellen Perioden auftreten, heißt periodischer Dezimalbruch. Periodische Dezimalbrüche sind unendlich.**

Dezimalbrüche, bei denen die Periode unmittelbar hinter dem Komma beginnt, heißen **reinperiodisch.** Treten zwischen dem Komma und der Periode noch andere Ziffern, sogenannte **Vorperioden,** auf, so nennt man solche Dezimalbrüche **gemischtperiodisch.**

**Umwandlung von Dezimalbrüchen in gemeine Brüche**

Man kann auch umgekehrt jeden endlichen oder periodischen Dezimalbruch in einen gemeinen Bruch umwandeln.

1) *Endliche Dezimalbrüche:*

**a)** $0{,}64 = \frac{64}{100} = \frac{16}{25}$  **b)** $35{,}22 = \frac{3522}{100} = \frac{1761}{50}$

2) *Periodische Dezimalbrüche:*

Hier wird ohne Beweis benutzt, daß man einige Rechenoperationen mit periodischen Dezimalbrüchen genauso ausführen darf wie mit endlichen Dezimalbrüchen.

**a)** $0{,}\bar{3}$ ist in einen gemeinen Bruch umzuwandeln.

$$\begin{aligned} x &= 0{,}\bar{3} \\ \hline 10\,x &= 3{,}\bar{3} \\ x &= 0{,}\bar{3} \quad (-) \\ \hline 9\,x &= 3 \\ x &= \frac{3}{9} = \frac{1}{3} \end{aligned}$$

Also gilt: $0{,}\bar{3} = \frac{1}{3}$.

**b)** $6{,}4\overline{27}$ ist in einen gemeinen Bruch umzuwandeln.

$$\begin{aligned} x &= 6{,}4\overline{27} \\ \hline 1000\,x &= 6427{,}\overline{27} \\ 10\,x &= 64{,}\overline{27} \quad (-) \\ \hline 990\,x &= 6363 \\ x &= \frac{6363}{990} = \frac{707}{110} \end{aligned}$$

Also gilt: $6{,}4\overline{27} = \frac{707}{110}$.

**c)** $0{,}\bar{9}$ ist in einen gemeinen Bruch umzuwandeln.

$$\begin{aligned} x &= 0{,}\bar{9} \\ \hline 10\,x &= 9{,}\bar{9} \\ x &= 0{,}\bar{9} \quad (-) \\ \hline 9\,x &= 9 \\ x &= 1 \end{aligned}$$

Also gilt: $0{,}\bar{9} = 1$.

**SATZ 59: Für jede gebrochene Zahl gibt es eine Darstellung als Dezimalbruch. Dieser ist entweder endlich oder periodisch.**
**Umgekehrt stellt jeder endliche oder periodische Dezimalbruch eine gebrochene Zahl dar.**

*Bemerkung:* Es gibt auch unendliche Dezimalbrüche, die nicht periodisch sind, z. B. 0,515115111511115 ... Solche Dezimalbrüche stellen keine gebrochenen Zahlen dar. Es sind Darstellungen *irrationaler Zahlen* (↗ 74; Def. 85).

**Das Rechnen mit gebrochenen Zahlen in Dezimalbruchdarstellung**

Das Rechnen mit gebrochenen Zahlen in Dezimalbruchdarstellung nennt man auch kürzer „Rechnen mit Dezimalbrüchen".

Für das Rechnen mit *endlichen* Dezimalbrüchen gelten die

folgenden Regeln: Treten in einer Aufgabe auch periodische Dezimalbrüche auf, so muß man diese entweder runden oder in gemeine Brüche umwandeln.

**Vergleichen von Dezimalbrüchen**

**a)** Von zwei Dezimalbrüchen mit verschiedener Stellenzahl vor dem Komma ist derjenige größer, der mehr Stellen vor dem Komma hat.

**b)** Zwei Dezimalbrüche mit gleicher Anzahl von Stellen vor dem Komma werden ohne Berücksichtigung des Kommas wie natürliche Zahlen verglichen. Dazu müssen sie jedoch durch Anfügen von Nullen gleichnamig gemacht werden.

B

■ Es sind 13,9 und 13,11 zu vergleichen.
*Gleiche Anzahl von Dezimalen:* 13,90 und 13,11.
*Vergleich:* 13,90 > 13,11; denn 1390 > 1311

**Addieren und Subtrahieren**

Dezimalbrüche werden schriftlich addiert bzw. subtrahiert, indem sie zunächst so untereinander geschrieben werden, daß Stellen mit dem gleichen Stellenwert in derselben Spalte stehen (kurz: Komma unter Komma). Dann verfährt man genau so wie bei der Addition bzw. Subtraktion natürlicher Zahlen.
Das Komma wird im Ergebnis zwischen Einer- und Zehntelstelle gesetzt.

■ **a)**

$$\begin{array}{r} 25{,}38 \\ 103{,}009 \\ 0{,}5 \\ +\ 13{,}71 \\ \hline 142{,}599 \end{array}$$

**b)**

$$\begin{array}{r} 841{,}36 \\ -\ 27{,}053 \\ -\ 0{,}123 \\ -\ 122{,}4 \\ \hline 691{,}784 \end{array}$$

**Multiplizieren**

Dezimalbrüche werden schriftlich multipliziert, indem man sie zunächst ohne Rücksicht auf das Komma wie natürliche Zahlen multipliziert.
Das Komma setzt man dann so, daß das Ergebnis so viel Dezimalstellen hat, wie die beiden Faktoren zusammen besitzen. Wenn nötig, müssen Nullen ergänzt werden.

■ **a)**

$$\begin{array}{r} 735{,}06 \cdot 5{,}204 \\ \hline 3675\,30\phantom{000} \\ 147\,0120\phantom{0} \\ 2\,94024 \\ \hline 3825{,}25224 \end{array}$$

**b)**

$$\begin{array}{r} 0{,}047 \cdot 0{,}0092 \\ \hline 423 \\ 94 \\ \hline 0{,}0004324 \end{array}$$

Ein Dezimalbruch wird mit 10, 100, 1000, ... multipliziert, indem man das Komma um 1, 2, 3, ... Stellen nach rechts versetzt.

**Dividieren**

Ein Dezimalbruch wird durch eine natürliche Zahl schriftlich dividiert, indem man wie bei der Division natürlicher Zahlen verfährt. Nach der Division der Einer des Dividenden wird im Ergebnis ein Komma gesetzt.
Ist der Divisor ein Dezimalbruch, so multipliziert man zunächst Dividenden und Divisor mit 10, 100, 1000, . . . , je nachdem, ob der Divisor 1, 2, 3, . . . Dezimalstellen hat. Damit ist der Divisor wieder eine natürliche Zahl.

**a)** 1337,19 : 87

1337,19 : 87 = 15,37
467
321
609
0

**b)** 1,58445 : 35,21

158,445 : 3521 = 0,045
1584
15844
14084
17605
17605
0

**c)** 273 : 1,2

2730 : 12 = 227,5
33
90
60
0

**d)** 26,47 : 5,6

264,7 : 56 = $4{,}7267\overline{857142}$
407
150
380
440
→480
320
400
80
240
160
→48
⋮

Ein Dezimalbruch wird durch 10, 100, 1000, . . . dividiert, indem man das Komma um 1, 2, 3, . . . Stellen nach links versetzt.

Eine gebrochene Zahl ist eine Klasse von Brüchen, die durch Kürzen oder Erweitern auseinander hervorgehen. Es werden nur Brüche gebildet, deren Nenner ungleich Null ist.

| Beziehung | Definition | Eigenschaften |
|---|---|---|
| Kleiner-Beziehung<br>$\frac{a}{b} < \frac{c}{d}$ | $\frac{a}{b} < \frac{c}{d}$ genau dann, wenn $a \cdot d < b \cdot c$. | Es gilt genau einer der Fälle<br>1) $\frac{a}{b} < \frac{c}{d}$ 2) $\frac{a}{b} = \frac{c}{d}$ 3) $\frac{c}{d} < \frac{a}{b}$<br>Wenn $\frac{a}{b} < \frac{c}{d}$ und $\frac{c}{d} < \frac{e}{f}$, so $\frac{a}{b} < \frac{e}{f}$.<br>Gebrochene Zahlen haben keinen Nachfolger. |

## 2. GEBROCHENE ZAHLEN

| Rechenoperationen mit gebrochenen Zahlen | | | |
|---|---|---|---|
| **Operation** | **Ausführbarkeit** | **Eigenschaften** | |
| Addition<br>$\frac{a}{b}+\frac{c}{d}=\frac{ad+bc}{bd}$ | Uneingeschränkt ausführbar | $\frac{a}{b}+\frac{c}{d}=\frac{c}{d}+\frac{a}{b}$<br>$\frac{a}{b}+\left(\frac{c}{d}+\frac{e}{f}\right)=\left(\frac{a}{b}+\frac{c}{d}\right)+\frac{e}{f}$<br>$\frac{a}{b}+0=\frac{a}{b}$<br>Wenn $\frac{a}{b}<\frac{c}{d}$, so $\frac{a}{b}+\frac{x}{y}<\frac{c}{d}+\frac{x}{y}$ | $\frac{a}{b}\cdot\left(\frac{c}{d}+\frac{e}{f}\right)=\frac{a}{b}\cdot\frac{c}{d}+\frac{a}{b}\cdot\frac{e}{f}$ |
| Multiplikation<br>$\frac{a}{b}\cdot\frac{c}{d}=\frac{ac}{bd}$ | Uneingeschränkt ausführbar | $\frac{a}{b}\cdot\frac{c}{d}=\frac{c}{d}\cdot\frac{a}{b}$<br>$\frac{a}{b}\cdot\left(\frac{c}{d}\cdot\frac{e}{f}\right)=\left(\frac{a}{b}\cdot\frac{c}{d}\right)\cdot\frac{e}{f}$<br>$\frac{a}{b}\cdot 1=\frac{a}{b}$<br>$\frac{a}{b}\cdot\frac{b}{a}=1;\ (a\neq 0)$<br>$\frac{a}{b}\cdot 0=0$<br>Wenn $\frac{a}{b}<\frac{c}{d}$, so $\frac{a}{b}\cdot\frac{x}{y}<\frac{c}{d}\cdot\frac{x}{y}$<br>$\left(\frac{x}{y}\neq 0\right)$ | |
| Subtraktion (Umkehrung der Addition)<br>$\frac{a}{b}-\frac{c}{d}=\frac{ad-bc}{bd}$ | Nicht uneingeschränkt ausführbar. Ausführbar genau dann, wenn $\frac{a}{b}\geqq\frac{c}{d}$. | $\frac{a}{b}-\frac{a}{b}=0$<br>$\frac{a}{b}-0=\frac{a}{b}$<br>Wenn $\frac{a}{b}<\frac{c}{d}$, so $\frac{a}{b}-\frac{x}{y}<\frac{c}{d}-\frac{x}{y}$<br>(Falls die Subtraktionen ausführbar sind.) | |
| Division (Umkehrung der Multiplikation)<br>$\frac{a}{b}:\frac{c}{d}=\frac{a}{b}\cdot\frac{d}{c}$<br>$\left(\frac{c}{d}\neq 0\right)$ | Uneingeschränkt ausführbar (auf die Multiplikation zurückgeführt) | $\frac{a}{b}:\frac{a}{b}=1;\ \left(\frac{a}{b}\neq 0\right)$<br>$\frac{a}{b}:1=\frac{a}{b};\ 1:\frac{a}{b}=\frac{b}{a}\left(\frac{a}{b}\neq 0\right)$<br>$0:\frac{a}{b}=0;\ \left(\frac{a}{b}\neq 0\right)$<br>Wenn $\frac{a}{b}<\frac{c}{d}$, so $\frac{a}{b}:\frac{x}{y}<\frac{c}{d}:\frac{x}{y};\left(\frac{x}{y}\neq 0\right)$ | |
| Wegen der Definition $\frac{a}{b}:\frac{c}{d}=\frac{a}{b}\cdot\frac{d}{c}$ kann jede Division durch eine Multiplikation ersetzt werden. | | | |

# 3. RATIONALE ZAHLEN

**Verwendung der Variablen**

In den Abschnitten 1 und 2 wurden Buchstaben wie $a$, $b, \ldots, x, y$ als Variable nur für natürliche Zahlen verwendet. Daher konnten Variablen für gebrochene Zahlen nur mit Hilfe von zwei Buchstaben geschrieben werden, z. B. $\frac{a}{b}$ oder $x:y$.

In diesem Kapitel werden nun Buchstaben als Variablen für gebrochene Zahlen verwendet.



**Rationale Zahlen als Klassen von Differenzen**

Zum Aufbau des Bereichs der rationalen Zahlen werden alle Differenzen gebrochener Zahlen gebildet. Diese Differenzen sollen nicht ausgerechnet werden, sondern sie werden zur Darstellung der Zahlen des neuen Bereichs, also der rationalen Zahlen, benutzt. Daher werden sie in Klammern gesetzt: $(a - b)$.
Faßt man in diesen Differenzen Minuend und Subtrahend als Maßzahlen für Streckenlängen auf, so lassen sich alle Differenzen durch Streckenabtragung auf einer Geraden veranschaulichen, auf der ein Punkt $A$ festgelegt ist.

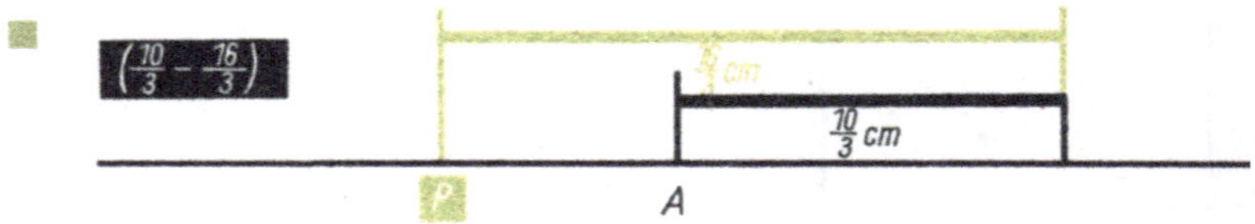


**Zuordnung von Punkten und Zahlen**

Dabei wird jeder Differenz eindeutig ein Punkt $P$ der Geraden zugeordnet. Umgekehrt sind jedem dieser Punkte unendlich viele Differenzen zugeordnet.

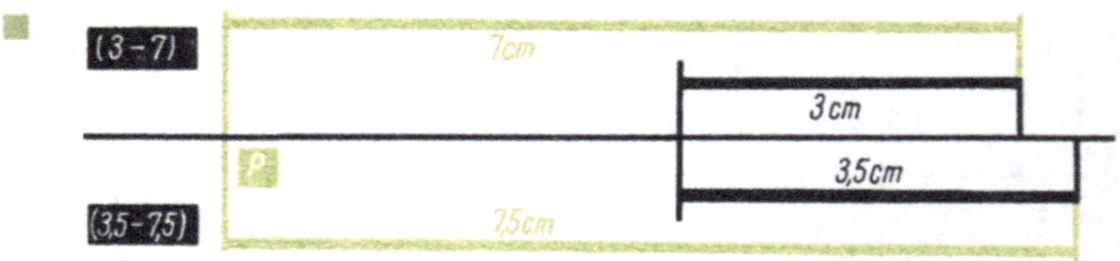


**Die Differenzen $(3 - 7)$ und $(3{,}5 - 7{,}5)$ sind demselben Punkt $P$ zugeordnet, und es gilt**
**$3 + 7{,}5 = 7 + 3{,}5$.**

So wie in diesem Beispiel sind beliebige Differenzen $(a - b)$ und $(c - d)$ genau dann demselben Punkt der Geraden zugeordnet, wenn gilt:

| |
|---|
| $a + d = b + c$ |

Alle Differenzen, die ein und demselben Punkt zugeordnet sind, werden jeweils zu einer Klasse zusammengefaßt. Differenzen $(a - b)$ und $(c - d)$ liegen also genau dann in einer Klasse, wenn gilt: $a + d = b + c$.

**DEFINITION 60: Jede Klasse von Differenzen, die demselben Punkt zugeordnet sind, heißt rationale Zahl.**

Zahlengerade

Damit ist jede rationale Zahl einem Punkt der Geraden zugeordnet. Dadurch wird diese Gerade zu einer **Zahlengeraden.**

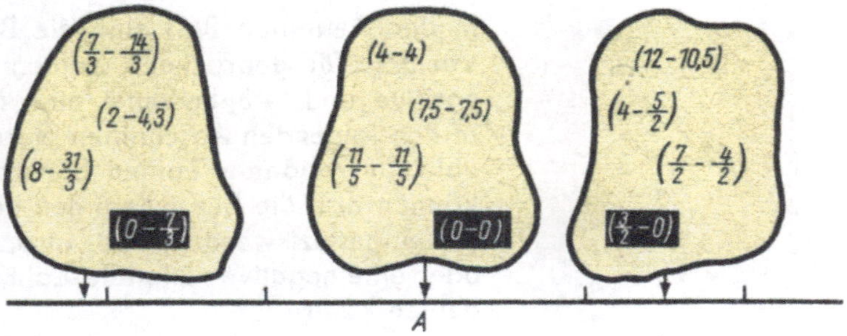


**DEFINITION 61: Die rationale Zahl, in der die Differenz $(a - 0)$ vorkommt, wird mit „$+a$" (gelesen: plus $a$) bezeichnet.**
**Die rationale Zahl, in der die Differenz $(0 - b)$ vorkommt, wird mit „$-b$" (gelesen: minus $b$) bezeichnet.**
**Die rationale Zahl, in der die Differenz $(0 - 0)$ vorkommt, wird nur mit „0" (Null) bezeichnet.**

**Vorzeichen**

In den Bezeichnungen „$+a$" bzw. „$-b$" für rationale Zahlen heißen die Zeichen „+" bzw. „−" die **Vorzeichen** der rationalen Zahlen.

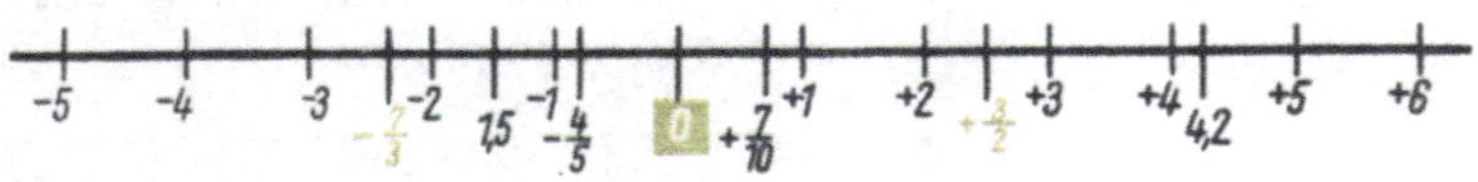


**Positive rationale Zahl**
**negative rationale Zahl**

**DEFINITION 62: Die rationalen Zahlen, die auf der Zahlengeraden rechts von 0 liegen, heißen positiv. Das sind die rationalen Zahlen mit dem Vorzeichen „+".**
**Die rationalen Zahlen, die auf der Zahlengeraden links von 0 liegen, heißen negativ. Das sind die rationalen Zahlen mit dem Vorzeichen „−".**

| Beliebige Differenz | Differenz in derselben Klasse der Form $(a - 0)$ bzw. $(0 - b)$ | Bezeichnung der rationalen Zahlen |
|---|---|---|
| $(16 - 3)$ | $(13 - 0)$ | $+13$ |
| $\left(\frac{39}{7} - \frac{60}{7}\right)$ | $\left(0 - \frac{21}{7}\right)$ | $-\frac{21}{7} = -3$ |
| $\left(\frac{23}{9} - \frac{31}{9}\right)$ | $\left(0 - \frac{8}{9}\right)$ | $-\frac{8}{9}$ |

In der Definition B 61 sind die Buchstaben $a$ und $b$ noch Variable für gebrochene Zahlen, d. h., $+a$ bedeutet eine positive und $-b$ bedeutet eine negative rationale Zahl. In den folgenden Abschnitten werden Buchstaben als Variable für rationale Zahlen benutzt. Für diese Buchstaben können also die Bezeichnungen beliebiger rationaler Zahlen eingesetzt werden, d. h. also, daß z. B. $a$ eine positive oder eine negative rationale Zahl oder auch die Zahl 0 bedeuten kann.

**Entgegengesetzte rationale Zahlen**

**DEFINITION 63: Rationale Zahlen, die sich nur durch das Vorzeichen unterscheiden, heißen zueinander entgegengesetzt. Die Zahl 0 ist zu sich selbst entgegengesetzt.**

Zueinander entgegengesetzte Zahlen liegen auf der Zahlengeraden symmetrisch zur Null.

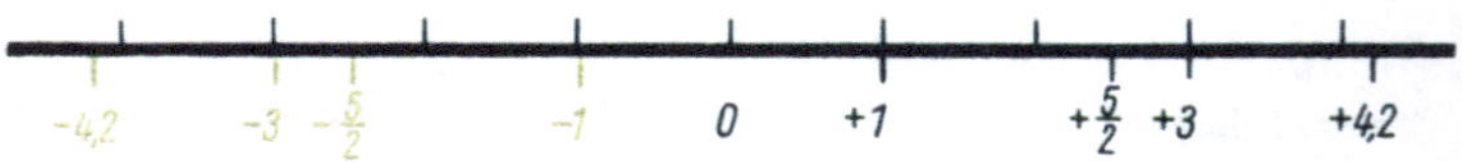


Der Übergang von einer rationalen Zahl zur entgegengesetzten Zahl wird durch das Vorsetzen eines Minuszeichens angegeben.

| Rationale Zahl $a$ | Entgegengesetzte Zahl $-a$ | Entgegengesetzte der entgegengesetzten Zahl $-(-a)$ |
|---|---|---|
| $+2$ | $-(+2) = -2$ | $-(-2) = +2$ |
| $+\frac{4}{9}$ | $-\left(+\frac{4}{9}\right) = -\frac{4}{9}$ | $-\left(-\frac{4}{9}\right) = +\frac{4}{9}$ |
| $-3{,}75$ | $-(-3{,}75) = +3{,}75$ | $-(+3{,}75) = -3{,}75$ |
| $-9{,}7$ | $-(-9{,}7) = +9{,}7$ | $-(+9{,}7) = -9{,}7$ |

Es gilt stets

$$-(-a) = a$$

**Absoluter Betrag**

▶ **DEFINITION 64:**

$$|a| = \begin{cases} a, \text{ falls } a \text{ positiv oder } a = 0 \\ -a, \text{ falls } a \text{ negativ} \end{cases}$$

**$|a|$ heißt der absolute Betrag der Zahl $a$, kürzer: Betrag von $a$.**

■

| $a$ | $+3$ | $-0{,}9$ | $0$ | $-\frac{7}{9}$ | $+\frac{7}{9}$ | $+8{,}1$ | $-8{,}1$ |
|---|---|---|---|---|---|---|---|
| $\|a\|$ | $+3$ | $+0{,}9$ | $0$ | $+\frac{7}{9}$ | $+\frac{7}{9}$ | $+8{,}1$ | $+8{,}1$ |

Der Betrag einer Zahl ist stets positiv oder Null. Zueinander entgegengesetzte Zahlen haben denselben Betrag. Jeder positiven rationalen Zahl und der Null (kürzer: jeder nichtnegativen Zahl) entspricht genau eine gebrochene Zahl und umgekehrt.

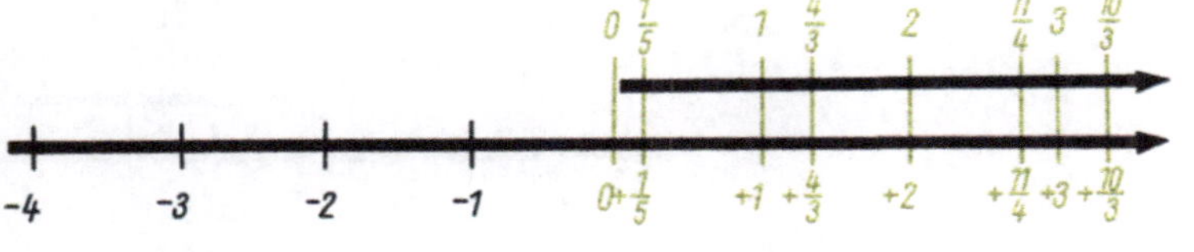


**Ordnung**
(↗ 40)

Die nichtnegativen rationalen Zahlen werden entsprechend den gebrochenen Zahlen geordnet.

▶ **DEFINITION 65: Von zwei beliebigen rationalen Zahlen ist diejenige kleiner, die auf der Zahlengeraden weiter links liegt.**

Aus der Definition B 65 folgt:
Jede positive rationale Zahl ist größer als Null und auch größer als jede negative. Jede negative rationale Zahl ist kleiner als Null. Es gilt also

$0 < a$, falls $a$ positiv,
und $a < 0$, falls $a$ negativ.

■ **a)** $+19{,}3 < +19{,}35$ **b)** $0 < +0{,}001$ **c)** $-18 < -17$
**d)** $-30{,}4 < 0$ **e)** $-4 < +4$

Falls $a$ und $b$ negativ: $a < b$ genau dann, wenn $|a| > |b|$.
Falls $a$ und $b$ positiv: $a < b$ genau dann, wenn $|a| < |b|$.
Da die positiven rationalen Zahlen und die Null entsprechend den gebrochenen Zahlen geordnet sind, gilt folgender Satz:

**SATZ 66: Beim Vergleichen verhalten sich die nicht negativen rationalen Zahlen wie die gebrochenen Zahlen.**

Daher kann man beim Vergleichen die nicht negativen rationalen Zahlen durch die entsprechenden gebrochenen Zahlen ersetzen und umgekehrt.

a) $19{,}3 < 19{,}35$ b) $0 < 0{,}001$ c) $-18 < -17$
d) $-30{,}4 < 0$ e) $-4 < 4$

Für keine rationale Zahl gibt es einen unmittelbaren Nachfolger (↗ 21).

**Rechenoperationen mit rationalen Zahlen**
**Addition**

**SATZ 67: Positive rationale Zahlen werden wie die ihnen zugeordneten gebrochenen Zahlen addiert. Daher kann man positive rationale Zahlen bei der Addition durch die ihnen zugeordneten gebrochenen Zahlen ersetzen und umgekehrt.**

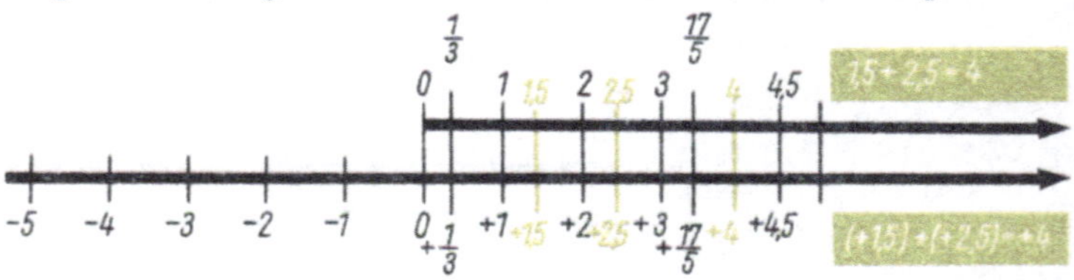


Insbesondere kann man also die Beträge rationaler Zahlen durch gebrochene Zahlen ersetzen. Das gilt auch für die Subtraktion von Beträgen, sofern die Subtraktion der entsprechenden gebrochenen Zahlen ausführbar ist.
Zur Unterscheidung von Vor- und Operationszeichen werden die rationalen Zahlen in Klammern gesetzt.

**SATZ 68: Die Summe negativer rationaler Zahlen ist gleich der zur Summe ihrer Beträge entgegengesetzten Zahl.**

**SATZ 69: Die Summe zweier entgegengesetzter Zahlen ist 0.**

**SATZ 70: Der Betrag der Summe zweier rationaler Zahlen mit verschiedenen Vorzeichen und verschiedenen Beträgen ist gleich der Differenz der Beträge der Summanden.
Das Vorzeichen der Summe ist gleich dem Vorzeichen des Summanden mit dem größeren Betrag.**

■ **a)** $(-2) + (+6)$

Betrag der Summe: $+4$
Vorzeichen der Summe: plus } $(-2) + (+6) = +4$

**b)** $(+4{,}2) + (-5)$

Betrag der Summe: $+0{,}8$
Vorzeichen der Summe: minus } $(+4{,}2) + (-5) = -0{,}8$

*Bemerkung*: Die in Satz B 70 ausgesprochene Regel läßt sich auch ohne den Begriff der Differenz, jedoch dann wesentlich umständlicher, formulieren.

**Eigenschaften der Addition**

Kommutativität (↗ 20)

▶ **SATZ 71: Die Addition rationaler Zahlen ist kommutativ.**

$a + b = b + a$

Assoziativität (↗ 20)

▶ **SATZ 72: Die Addition rationaler Zahlen ist assoziativ.**

$a + (b + c) = (a + b) + c$

Auf Grund der Kommutativität und der Assoziativität der Addition rationaler Zahlen ist in Summen mit mehr als zwei Summanden die Reihenfolge der Summanden beliebig.

Monotonie (↗ 22)

▶ **SATZ 73: Die Addition ist bezüglich der Kleiner-Beziehung monoton. Für rationale Zahlen $a$, $b$ und $x$ gilt stets:**

Wenn $a < b$, so $a + x < b + x$.

**Subtraktion** (↗ 21)

Die Subtraktion ist die Umkehrung der Addition. Man schreibt $x = b - a$ statt $a + x = b$.

■
$(+5) - (+2) = +3$; denn $(+3) + (+2) = +5$
$(+5) + (-2) = -3$
$(+3) - (+9) = -6$; denn $(-6) + (+9) = +3$
$(+3) + (-9) = -6$
$(+7) - (-4) = +11$; denn $(+11) + (-4) = +7$
$(+7) + (+4) = +11$
$(-2) - (+12) = -14$; denn $(-14) + (+12) = -2$
$(-2) + (-12) = -14$
$(-13) - (-4) = -9$; denn $(-9) + (-4) = -13$
$(-13) + (+4) = -9$
$(-6) - (-9) = +3$; denn $(+3) + (-9) = -6$
$(-6) + (+9) = -3$

**SATZ 74: Eine rationale Zahl wird subtrahiert, indem man die zu ihr entgegengesetzte Zahl addiert.**

Da es zu jeder rationalen Zahl eine entgegengesetzte Zahl (↗ 60) gibt und da die Addition rationaler Zahlen uneingeschränkt ausführbar ist, gilt der folgende Satz:

Ausführbarkeit

**SATZ 75: Im Bereich der rationalen Zahlen ist die Subtraktion uneingeschränkt ausführbar.**

B

Monotonie (↗ 22)

Da jede Subtraktion durch eine Addition ersetzt werden kann, ist auch die Subtraktion bezüglich der Kleiner-Beziehung monoton.

| Wenn $a < b$, so $a - x < b - x$. |
|---|

**Multiplikation**

**SATZ 76: Ein Produkt rationaler Zahlen, in dem beide Faktoren gleiches Vorzeichen haben, ist gleich dem Produkt der Beträge (↗ 61).**
**Ein Produkt rationaler Zahlen, in dem die beiden Faktoren verschiedene Vorzeichen haben, ist gleich der zum Produkt der Beträge entgegengesetzten Zahl.**
**Für jede rationale Zahl $a$ gilt:**

| $a \cdot 0 = 0$ |
|---|

*Bemerkung:* Beträge sind nicht negativ und werden daher wie die ihnen zugeordneten gebrochenen Zahlen multipliziert.

**a)** $(+4{,}5) \cdot (+1{,}5) = +6{,}75$; denn $4{,}5 \cdot 1{,}5 = 6{,}75$
**b)** $(-2) \cdot (-3) = +6$
**c)** $\left(+\frac{7}{3}\right) \cdot \left(-\frac{6}{9}\right) = -\frac{14}{9} = -1{,}\bar{5}$

**Eigenschaften der Multiplikation**
Kommutativität (↗ 23)

**SATZ 77: Die Multiplikation rationaler Zahlen ist kommutativ.**

| $a \cdot b = b \cdot a$ |
|---|

Assoziativität (↗ 23)

**SATZ 78: Die Multiplikation rationaler Zahlen ist assoziativ.**

| $a \cdot (b \cdot c) = (a \cdot b) \cdot c$ |
|---|

Auf Grund der Kommutativität und der Assoziativität der Multiplikation ist in Produkten mit mehr als zwei Faktoren die Reihenfolge der Faktoren beliebig.

Vorzeichen eines Produktes

Das Vorzeichen (↗ 59) eines Produkts wird durch die Anzahl der negativen Faktoren bestimmt. Ist diese gerade, so ist das Produkt positiv, anderenfalls negativ.
Ein Produkt ist genau dann gleich 0, wenn wenigstens ein Faktor gleich 0 ist.

Distributivität (↗ 24)

▶ **SATZ 79: Die Multiplikation ist bezüglich der Addition distributiv.**

$$a \cdot (b + c) = a \cdot b + a \cdot c$$

Monotonie (↗ 28)

▶ **SATZ 80: Für rationale Zahlen $a$, $b$ und positive rationale Zahlen $x$ gilt stets:**

**Wenn $a < b$, so $a \cdot x < b \cdot x$.**

**Für rationale Zahlen $a$, $b$ und negative rationale Zahlen $x$ gilt:**

**Wenn $a < b$, so $a \cdot x > b \cdot x$.**

Die Multiplikation ist also bezüglich der Kleiner-Beziehung nur mit der Einschränkung $x > 0$ monoton. Für negative Faktoren $x$ und für $x = 0$ bleibt die Kleiner-Beziehung nicht erhalten.

**a)** $a = -3;\ b = +5;\ x = -2$
Es gilt $-3 < +5$, aber $(-3) \cdot (-2) > (+5) \cdot (-2)$
$6 > -10$

**b)** $a = -4;\ b = -1;\ x = -2$
Es gilt $-4 < -1$, aber $(-4) \cdot (-2) > (-1) \cdot (-2)$
$8 > 2$

**c)** $a = +3;\ b = +8;\ x = -2$
Es gilt $+3 < +8$, aber $(+3) \cdot (-2) > (+8) \cdot (-2)$
$-6 > -16$

**d)** $a = -2;\ b = +3{,}4;\ x = 0$
Es gilt $-2 < +3{,}4$, aber $(-2) \cdot 0 = (+3{,}4) \cdot 0$
$0 = 0$

**Division** (↗ 27)

Die Division ist die Umkehrung der Multiplikation. Man schreibt
$a : b = x$ statt $x \cdot b = a$
Daraus ergibt sich nach den Regeln über das Vorzeichen eines Produkts (↗ 64; Satz 76) das Vorzeichen des Quotienten $x$. Der Betrag von $x$ ist gleich dem Quotienten der Beträge von $a$ und $b$. Dies sind nichtnegative rationale Zahlen, sie werden also wie die ihnen zugeordneten gebrochenen Zahlen dividiert. Damit ist die Division rationaler Zahlen auf die Multiplikation zurückgeführt.

B

Ausführbarkeit

▶ **SATZ 81: Die Division rationaler Zahlen ist uneingeschränkt ausführbar.**

▶ **SATZ 82: Ein Quotient rationaler Zahlen, in dem Dividend und Divisor gleiches Vorzeichen haben, ist gleich dem Quotienten der Beträge.**
**Ein Quotient rationaler Zahlen, in dem Dividend und Divisor verschiedene Vorzeichen haben, ist gleich der zum Quotienten der Beträge entgegengesetzten Zahl.**

Die Division durch 0 liefert kein eindeutig bestimmtes Ergebnis und ist daher auch im Bereich der rationalen Zahlen ausgeschlossen.
Wie im Bereich der gebrochenen Zahlen kann man auch im Bereich der rationalen Zahlen den Bruchstrich als Divisionszeichen auffassen.

$$a : b = \frac{a}{b} \qquad (b \neq 0)$$

Aus Satz B 82 folgt:

$$\frac{a}{-b} = \frac{-a}{b} = -\frac{a}{b} \qquad (b \neq 0)$$

Ist $a \neq 0$, so heißt $\frac{1}{a} = 1 : a$ das **Reziproke von** $a$. (↗ 47; Def. 52)

**Die gebrochenen Zahlen als Teilbereich der rationalen Zahlen**

Beim Vergleichen und bei allen Rechenoperationen kann man die nichtnegativen rationalen Zahlen durch die gebrochenen Zahlen ersetzen. Nach dieser Ersetzung bilden die gebrochenen Zahlen einen Teilbereich des Bereichs der rationalen Zahlen.

**Ganze Zahlen**

Die rationalen Zahlen
$\ldots, -3, -2, -1, 0, +1, +2, +3, \ldots$
heißen ganze rationale Zahlen (kurz: ganze Zahlen).

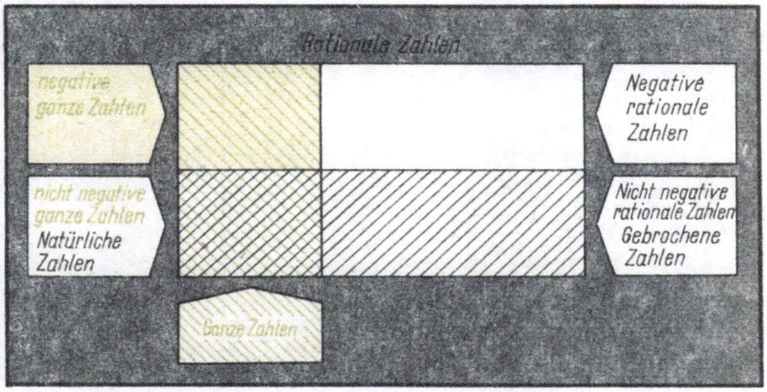


B

Jede rationale Zahl läßt sich in der Form $\frac{p}{q}$, $(q \neq 0)$ darstellen, wobei $p$ und $q$ ganze Zahlen sind. Durch Kürzen kann man stets erreichen, daß $p$ und $q$ teilerfremd (↗ 35) sind.
Durch Ausführung der Division $p : q$ erhält man Dezimalbruchdarstellungen (↗ 51) für rationale Zahlen. Dies sind entweder endliche oder periodische Dezimalbrüche (↗ 53) mit dem entsprechenden Vorzeichen.

| Definition | Eigenschaften |
|---|---|
| Rationale Zahlen $a$ und $b$ heißen **entgegengesetzt**, falls sie sich nur durch das Vorzeichen unterscheiden. | Zu jeder rationalen Zahl $a$ gibt es genau eine entgegengesetzte Zahl $-a$.<br>Null ist zu sich selbst entgegengesetzt.<br>$-(-a) = a$<br>Entgegengesetzte Zahlen liegen auf der Zahlengeraden symmetrisch zur Null. |
| **Absoluter Betrag**<br>$\lvert a \rvert = \begin{cases} a, & \text{falls } a \geqq 0 \\ -a, & \text{falls } a < 0 \end{cases}$ | Für jede Zahl $a$ gilt $\lvert a \rvert \geqq 0$. |

| | |
|---|---|
| **Kleiner-Beziehung**<br>$a < b$ genau dann, wenn<br>1) $a < 0$ und $b > 0$<br>oder<br>2) $a < 0$ und $b = 0$<br>oder<br>3) $\|a\| < \|b\|$, falls<br>$a > 0$ und $b > 0$<br>oder<br>4) $\|a\| > \|b\|$, falls<br>$a < 0$ und $b < 0$. | Es gilt genau einer der Fälle<br>$a < b$, $a = b$, $a > b$.<br>Wenn $a < b$ und $b < c$, so $a < c$.<br>Es gibt keine kleinste rationale Zahl.<br>Rationale Zahlen haben keinen unmittelbaren Nachfolger. |

| Definition | Ausführbarkeit | Eigenschaften | |
|---|---|---|---|
| Addition<br>(↗ 67 und 63;<br>Sätze 67 bis 73) | uneingeschränkt ausführbar | $a + b = b + a$<br>$a + (b + c) = (a + b) + c$<br>$a + 0 = a$<br>$a + (-a) = 0$<br>Wenn $a < b$, so<br>$a + x < b + x$ | $a \cdot (b + c) = a \cdot b + a \cdot c$ |
| Multiplikation<br>(↗ 64; Sätze 76 bis 80) | uneingeschränkt ausführbar | $a \cdot b = b \cdot a$<br>$a \cdot (b \cdot c) = (a \cdot b) \cdot c$<br>$a \cdot 1 = a$; $a \cdot 0 = 0$;<br>$a \cdot \frac{1}{a} = 1$, $(a \neq 0)$<br>Wenn $a < b$, so<br>$a \cdot x < b \cdot x$, $(x > 0)$ | |
| Subtraktion<br>$a - b = a + (-b)$<br>(↗ 63; Sätze 74 und 75) | uneingeschränkt ausführbar<br>(Auf die Addition zurückgeführt.) | $a - a = a + (-a) = 0$<br>$a - 0 = a$ | |
| Division<br>(↗ 66; Sätze 81 und 82) | uneingeschränkt ausführbar | $\left.\begin{array}{l} a:a = 1 \\ a:1 = a \\ 0:a = 0 \end{array}\right\}$ $(a \neq 0)$ … $(a \neq 0)$<br>$\left.\begin{array}{l} a:b = \frac{a}{b} \\ \frac{a}{-b} = \frac{-a}{b} = -\frac{a}{b} \end{array}\right\} b \neq 0$ | |

# 4. REELLE ZAHLEN

**Zwischen zwei beliebigen rationalen Zahlen *a* und *b* liegen unendlich viele weitere rationale Zahlen.**

■ $a = 1{,}5;\ b = 1{,}6$

Zwischen 1,5 und 1,6 liegt $\frac{1{,}5 + 1{,}6}{2} = 1{,}55$

Zwischen 1,50 und 1,55 liegt $\frac{1{,}50 + 1{,}55}{2} = 1{,}525$

Zwischen 1,500 und 1,525 liegt $\frac{1{,}500 + 1{,}525}{2} = 1{,}5125$

Zwischen 1,5000 und 1,5125 liegt $\frac{1{,}5000 + 1{,}5125}{2} = 1{,}50625$

⋮ ⋮ ⋮

Zwischen 1,5 und 1,6 liegen also die Zahlen 1,55; 1,525; 1,5125; 1,50625; ...

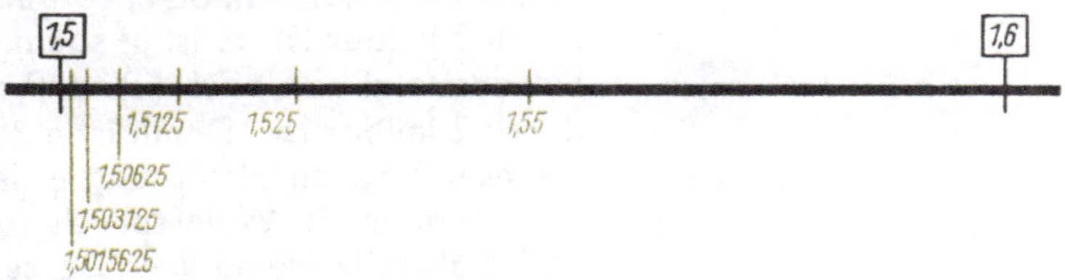


Dieses Verfahren läßt sich beliebig weit fortsetzen. Damit erhält man also unendlich viele rationale Zahlen, die zwischen 1,5 und 1,6 liegen.

**Punkte auf der Zahlengeraden**

Es gibt aber auf der Zahlengeraden unendlich viele Punkte, denen keine rationale Zahl zugeordnet ist.

■

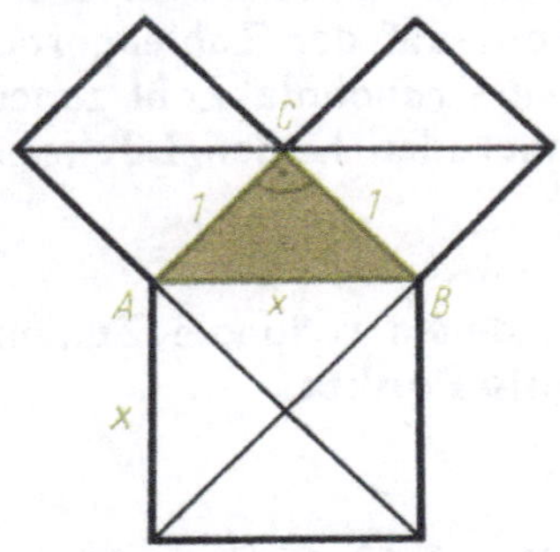


In diesem Bild ist ein gleichschenklig-rechtwinkliges Dreieck *ABC* (Kathetenlänge 1) mit den Quadraten über seiner Hypotenuse und seinen Katheten dargestellt. Alle eingezeichneten Teildreiecke sind kongruent. Daher ist das Hypotenusenquadrat doppelt so groß wie ein Kathetenquadrat, die Maßzahl seines Flächeninhalts also gleich 2.

B

Die Quadratseite $\overline{AB}$ hat bei der gewählten Längeneinheit keine rationale Zahl als Maßzahl ihrer Länge. Das wird indirekt bewiesen.

*Beweis*: Angenommen, die Länge der Quadratseite $\overline{AB}$ hätte die rationale Maßzahl $x$. Dann ließe sich $x$ folgendermaßen darstellen (↗ 67; Übersicht):

(1) $x = \frac{p}{q}$ ($p, q$ ganze teilerfremde Zahlen (↗ 35), $q \neq 0$)

Quadratfläche: $x^2 = 2$

Einsetzen aus (1): $\frac{p^2}{q^2} = 2 \quad | \cdot q^2$

(2) $p^2 = 2\,q^2$

Da $2\,q^2$ durch 2 teilbar ist, ist auch $p^2$ und damit $p$ durch 2 teilbar. (Wäre nämlich $p$ nicht durch 2 teilbar, enthielte also $p$ nicht den Faktor 2, so auch $p^2$ nicht). Wenn aber $p$ durch 2 teilbar ist, so ist $p^2$ sogar durch 4 teilbar.

Daraus folgt nun nach (2), daß auch $2\,q^2$ durch 4, also $q^2$ durch 2 teilbar ist. Damit ist $q$ durch 2 teilbar.

Insgesamt haben also $p$ und $q$ den gemeinsamen Teiler 2. Das ist aber ein Widerspruch zur Gleichung (1), in der $p$ und $q$ als teilerfremd vorausgesetzt wurden.

Die Annahme, daß die Länge der Quadratseite $\overline{AB}$ eine rationale Maßzahl hat, hat also zu einem Widerspruch geführt und ist daher falsch, *w. z. b. w.*

**Lücken der Zahlengeraden**

Trägt man die Strecke $\overline{AB}$ aus dem zweiten Bild von Seite 69 von 0 aus auf der Zahlengeraden ab, so ist dem Punkt $B$ also keine rationale Zahl zugeordnet. Solche Punkte der Zahlengeraden heißen **Lücken**.

**Rationale Punkte**

Punkte, denen rationale Zahlen zugeordnet sind, heißen **rationale Punkte**.

**Reelle Zahlen als Klassen von Intervallschachtelungen**
Intervall,
Intervallänge

**DEFINITION 83: Sind $a$ und $b$ zwei rationale Zahlen mit $a < b$, so heißt die Menge aller rationalen Zahlen, die aus $a$ und $b$ selbst und allen dazwischen liegenden rationalen Zahlen besteht, ein Intervall.**

**Die den Zahlen $a$ und $b$ auf der Zahlengeraden zugeordneten Punkte heißen Endpunkte des Intervalls. Sie bestimmen eine Strecke, deren Länge auch als Intervallänge bezeichnet wird.**

**Intervallschachtelung**

Obgleich den Lücken auf der Zahlengeraden keine rationalen Zahlen zugeordnet sind, kann man jedoch rationale Zahlen angeben, die einer solchen Lücke sowohl von links als auch von rechts immer näher kommen. Eine Lücke auf der Zahlengeraden läßt sich mit solchen rationalen Zahlen in immer kürzer werdende Intervalle einschließen.

Es gibt keine rationale Zahl $x$ mit $x^2 = 2$.
Durch eine Folge von Intervallen, die man durch fortgesetztes Halbieren erhält, läßt sich diese Lücke L folgendermaßen einschließen:

| $a$ | $b$ | $a^2$ ($<2$) | $b^2$ ($>2$) |
|---|---|---|---|
| $1$ | $2$ | $1$ | $4$ |
| $\frac{2}{2}$ | $\frac{3}{2}$ | $1$ | $\frac{9}{4}$ |
| $\frac{5}{4}$ | $\frac{6}{4}$ | $\frac{25}{16}$ | $\frac{36}{16}$ |
| $\frac{11}{8}$ | $\frac{12}{8}$ | $\frac{121}{64}$ | $\frac{144}{64}$ |
| $\frac{22}{16}$ | $\frac{23}{16}$ | $\frac{484}{256}$ | $\frac{529}{256}$ |
| $\frac{45}{32}$ | $\frac{46}{32}$ | $\frac{2025}{1024}$ | $\frac{2116}{1024}$ |
| ⋮ | ⋮ | ⋮ | ⋮ |

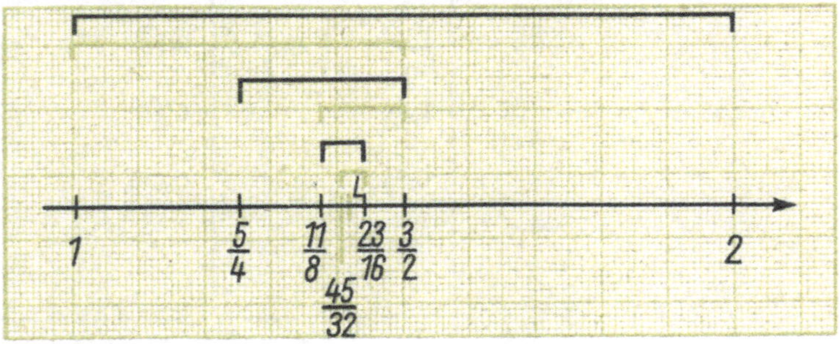


Die Lücke L kann man auch durch andere Folgen immer kürzer werdender Intervalle einschließen, beispielsweise durch fortgesetzte Zehnteilung.

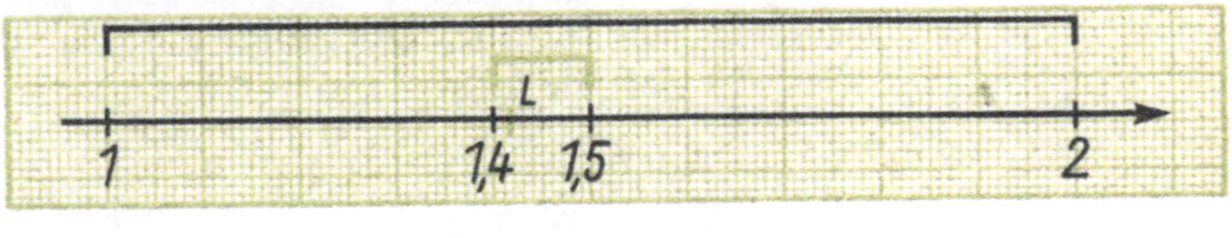

| $a$ | $b$ | $a^2$ ($>2$) | $b^2$ ($>2$) |
|---|---|---|---|
| 1 | 2 | 1 | 4 |
| 1,4 | 1,5 | 1,96 | 2,25 |
| 1,41 | 1,42 | 1,9881 | 2,0164 |
| 1,414 | 1,415 | 1,999396 | 2,002225 |
| . | . | . | . |
| . | . | . | . |
| . | . | . | . |

B

Dieses Verfahren zur Einschließung einer Lücke heißt **Intervallschachtelung.** Statt durch eine fortgesetzte Teilung der Intervalle in 2 oder 10 Teile, kann man eine Lücke auch durch fortgesetzte Teilung in 3, 4, 5, 6, . . . Teile einschließen.

**Jede Lücke läßt sich durch unendlich viele Intervallschachtelungen einschließen.**

Auch rationale Punkte lassen sich durch Intervallschachtelungen einschließen.

Der der Zahl $\frac{4}{9}$ zugeordnete Punkt läßt sich folgendermaßen einschließen.

| $a$ | $b$ | $a < \frac{4}{9} < b$ |
|---|---|---|
| 0 | 1 | $0 < \frac{4}{9} < 1$ |
| 0,4 | 0,5 | $\frac{4}{10} < \frac{4}{9} < \frac{5}{10}$ |
| 0,44 | 0,45 | $\frac{44}{100} < \frac{4}{9} < \frac{45}{100}$ |
| 0,444 | 0,445 | $\frac{444}{1000} < \frac{4}{9} < \frac{445}{1000}$ |
| . | . | . |
| . | . | . |
| . | . | . |

Die Zahl $\frac{4}{9}$ kann durch keinen endlichen Dezimalbruch dargestellt werden, denn jeder Dezimalbruch $a$ ist kleiner und jeder Dezimalbruch $b$ ist größer als $\frac{4}{9}$. Deshalb ist die Dezimaldarstellung für $\frac{4}{9}$ der periodische Dezimalbruch $0,\overline{4}$:

$0,\overline{4} = \frac{4}{9}$.

Diesen periodischen Dezimalbruch erhält man auch durch das einfachere schriftliche Divisionsverfahren. Damit ist die Anwendung dieses Verfahrens, auch wenn es nicht abbricht, gerechtfertigt.
Ebenso lassen sich solche Punkte durch Intervallschachtelungen einschließen, denen durch endliche Dezimalbrüche darstellbare Zahlen zugeordnet sind. Jede Intervallschachtelung schließt genau einen Punkt ein. Umgekehrt läßt sich jeder Punkt der Zahlengeraden durch Intervallschachtelungen einschließen. Diese Intervallschachtelungen werden dem jeweiligen Punkt zugeordnet.

**Reelle Zahlen**

▶ **DEFINITION 84: Jede Klasse von Intervallschachtelungen, die ein und demselben Punkt zugeordnet sind, heißt reelle Zahl.**

Im Bereich der reellen Zahlen ist jeder Zahl eindeutig ein Punkt der Zahlengeraden, aber auch *umgekehrt* jedem Punkt eindeutig eine Zahl zugeordnet.
Jetzt gibt es also auf der Zahlengeraden keine Lücken mehr, und jede Streckenlänge hat eine reelle Maßzahl. Auch dem Endpunkt, der auf der Zahlengeraden abgetragenen Diagonale des Einheitsquadrates (↗ Beispiel S. 69) ist jetzt eine Zahl zugeordnet. Diese Zahl wird z. B. durch die Intervallschachtelungen im Beispiel auf Seite 71 dargestellt und mit „$\sqrt{2}$“ bezeichnet. Das Quadrat dieser Zahl ist gleich 2. Der Beweis dieser Behauptung erfordert gründlichere Kenntnisse über Intervallschachtelungen und wird deshalb hier übergangen. Damit ist die Gleichung $x^2 = 2$ lösbar. Eine Lösung ist $\sqrt{2}$, die andere $-\sqrt{2}$.
*Bemerkung*: Allgemein ist jede Gleichung $x^n = a$; ($a \geqq 0$; $n = 1, 2, \ldots$) (↗ 133; Def. 21 und 134; Def. 24) im Bereich der reellen Zahlen lösbar. Es gibt genau eine nichtnegative Zahl $x$, die diese Gleichung erfüllt. Das ist $\sqrt[n]{a}$ (↗ 147; Def. 32). Ist $n$ ungerade, so gibt es auch für $a < 0$ genau eine negative reelle Zahl $x$, die die Gleichung erfüllt. Das ist die Zahl $x = -\sqrt[n]{-a}$.

■ **a)** $x^4 = 81$ **b)** $x^7 = -128$

$x = \sqrt[4]{81} = 3$ $\quad x = -\sqrt[7]{-(-128)} = -\sqrt[7]{128} = -2$

**Irrationale Zahlen**

**DEFINITION 85: Reelle Zahlen, die rationalen Punkten zugeordnet sind, heißen rationale reelle Zahlen.
Alle anderen reellen Zahlen heißen irrational.
Die rationalen reellen Zahlen und die irrationalen reellen Zahlen bilden zusammen den Bereich der reellen Zahlen.**

Man kann zeigen, daß sich die rationalen reellen Zahlen beim Rechnen und Vergleichen wie die ihnen entsprechenden rationalen Zahlen verhalten. Deshalb spricht man kurz von rationalen und irrationalen Zahlen. Diese bilden zusammen also den Bereich der reellen Zahlen.

B

**Unendliche Dezimalbrüche als Bezeichnungen für reelle Zahlen**

*Gebrochene Zahlen* sind Klassen von Brüchen. Jeder Bruch einer Klasse dient zur Bezeichnung der jeweiligen gebrochenen Zahl.
*Rationale Zahlen* sind Klassen von Differenzen. Die Bezeichnung einer rationalen Zahl wird aus einer bestimmten Differenz der jeweiligen Klasse gewonnen. Das ist die Differenz, in der Minuend oder Subtrahend gleich Null ist.
*Reelle Zahlen* sind Klassen von Intervallschachtelungen. Die Bezeichnungen für die reellen Zahlen werden aus denjenigen Intervallschachtelungen gewonnen, die durch fortgesetzte Zehnteilung entstehen. Dabei erhält man für die reellen Zahlen folgende Bezeichnungen:
**a)** Für die **rationalen** Zahlen erhält man endliche oder periodische Dezimalbrüche. Wegen $0,\overline{9} = 1$ können dabei periodische Dezimalbrüche mit der Periode 9 durch endliche ersetzt werden (↗ 54; Beispiel **c**).
**b)** Für die **irrationalen Zahlen** erhält man unendliche nichtperiodische Dezimalbrüche.
Jede reelle Zahl hat also einen bestimmten Dezimalbruch als Bezeichnung. Umgekehrt ist auch jeder Dezimalbruch die Bezeichnung einer bestimmten reellen Zahl. Daher sagt man statt „Dezimalbruch" auch „Dezimalzahl". Da ein unendlicher nichtperiodischer Dezimalbruch nicht vollständig angegeben werden kann, müssen für irrationale Zahlen rationale Zahlen als Näherungswerte angegeben werden.
Das kann mit beliebiger Genauigkeit geschehen. Es müssen dabei nur genügend viele Dezimalstellen berücksichtigt werden.

| | |
|---|---|
| $\sqrt{2} \approx 1,4$ | $\sqrt{2} \approx 1,4142$ |
| $\sqrt{2} \approx 1,41$ | $\sqrt{2} \approx 1,41421$ |
| $\sqrt{2} \approx 1,414$ | $\sqrt{2} \approx 1,414213$ |

**Ordnung**

Von zwei verschiedenen reellen Zahlen ist diejenige kleiner, die auf der Zahlengeraden weiter links liegt.

▶ **SATZ 86: Für reelle Zahlen $a$ und $b$ gilt genau einer der folgenden drei Fälle:**
**$a < b$ oder $a = b$ oder $a > b$.**

**Rechenoperationen mit reellen Zahlen**

▶ Mit Hilfe der Rechenoperationen im Bereich der rationalen Zahlen lassen sich die entsprechenden Rechenoperationen im Bereich der reellen Zahlen definieren. Es gelten auch hier wieder die bekannten Rechengesetze (Kommutativität, Assoziativität, Monotonie usw.).

B

**Rechnen mit Näherungswerten**

▶ **SATZ 87: Beim Rechnen mit Näherungswerten, die mit verschiedener Genauigkeit vorgegeben sind, hat das Ergebnis der Rechnung höchstens die Genauigkeit, mit der jeweils der Näherungswert mit geringster Genauigkeit in die Rechnung eingegangen ist.**
**Ist ein Näherungswert mit $n$ zuverlässigen wesentlichen Ziffern (↗ 77) als Näherungswert von geringster Genauigkeit eingegangen, so kann das Ergebnis sinnvoll nur durch einen Näherungswert mit ebenfalls $n$ wesentlichen Ziffern angegeben werden.**

Näherungswerte werden durch das Zeichen „$\approx$" gekennzeichnet. Gelesen: „angenähert gleich" oder „rund" oder „nahezu gleich" oder „etwa gleich".
*Bemerkung:* Falls auf Grund des gegebenen Sachzusammenhanges keine Mißverständnisse möglich sind, setzt man auch das Gleichheitszeichen, z. B. bei logarithmischen Berechnungen. Derartige Näherungswerte werden unter Beachtung der Rundungsregeln durch Dezimalbrüche mit ausschließlich zuverlässigen Ziffern angegeben, so daß aus deren Darstellung bereits auf ihre Genauigkeit geschlossen und auf eine besondere Kennzeichnung durch das Zeichen „$\approx$" verzichtet werden kann.

**Rundungsregeln**

| Abrunden | |
|---|---|
| Steht am Ende einer Ziffer eine der Grundziffern 1, 2, 3, 4, so bleibt die unmittelbar davor stehende Grundziffer beim Runden *unverändert*. Die gerundete Zahl ist *kleiner* als die vorgegebene Zahl. | Beispiel: 4281, 4282, 4283, 4284 $\}\approx 4280$ |

B

| Aufrunden | |
|---|---|
| Steht am Ende einer Ziffer eine der Grundziffern<br>6, 7, 8, 9,<br>so wird die unmittelbar davor stehende Grundziffer beim Runden um 1 *erhöht*.<br>Die gerundete Zahl ist größer als die vorgegebene Zahl. | Beispiel:<br>4286, 4287, 4288, 4289 } ≈ 4290<br>Beachte!<br>5497 ≈ 5500 |

| Regel für 5 (TGL 1333) | |
|---|---|
| *In Wissenschaft und Technik* | |
| **1. Fall:**<br>Folgen nach 5 weitere wesentliche Ziffern, so wird aufgerundet. | 17 503 ≈ 18 000<br>0,1951 ≈ 0,2 |
| **2. Fall:**<br>Ist 5 letzte wesentliche Ziffer und ist nicht bekannt, ob sie durch Rechnung entstanden ist, so wird auf eine gerade Zahl gerundet (Gerade-Zahl-Regel) | 8975 ≈ 8980<br>(aufrunden, weil 7 ungerade)<br>89,65 ≈ 89,6<br>(abrunden, weil 6 gerade) |
| **3. Fall:**<br>Ist 5 letzte wesentliche Ziffer und ist bekannt, daß sie durch Aufrunden (Abrunden) entstanden ist, so wird abgerundet (aufgerundet).<br>*Bemerkung*: Nach TGL 1333 ist eine durch Aufrunden entstandene 5 durch einen Punkt über der 5 zu kennzeichnen: $\dot{5}$.<br>Eine durch Abrunden entstandene 5 ist durch einen Strich unter der 5 zu kennzeichnen: $\underline{5}$. Von dieser Festlegung darf nur aus technischen Gründen abgewichen werden. | 397,482 ≈ 397,5<br>≈ 397<br>(entstanden durch Aufrunden, also Abrunden)<br>397,528 ≈ 397,$\underline{5}$<br>≈ 398<br>(entstanden durch Abrunden, also Aufrunden) |
| *Im Bankwesen und Geschäftsleben* | |
| Steht am Ende einer Ziffer die Grundziffer 5, so wird stets aufgerundet. | 34 528,00 M ≈ 35 000,00 M<br>34 482,00 M ≈ 34 500,00 M<br>≈ 35 000,00 M |

Beispiele für das Rechnen mit Näherungswerten

Das Volumen eines Quaders ist zu berechnen.
*Gegeben:* $a = 123{,}5$ cm; $b = 2{,}5$ m; $c = 2563{,}0$ mm
*Vereinheitlichen der Größenangaben:*
$a = 1{,}235$ m; $b = 2{,}5$ m; $c = 2{,}5630$ m
*Eingabewert mit geringster Genauigkeit:* $b = 2{,}5$ m.

Die Kante $b$ ist mit einer Maßzahl mit $n = 2$ wesentlichen Ziffern gegeben. Das Ergebnis kann sinnvoll auch nur mit zwei wesentlichen Ziffern angegeben werden.
*Lösung:* Runden der anderen Eingabewerte auf $n + 1 = 3$ wesentliche Ziffern, Ergebnis runden auf $n = 2$ wesentliche Ziffern: $a \approx 1{,}24$ m; $b = 2{,}5$ m; $c \approx 2{,}6$ m
Als Ergebnis erhält man rechnerisch $V = 8{,}0600\ \text{m}^3$. Auf zwei geltende Ziffern gerundet: $V \approx 8{,}1\ \text{m}^3$.

■ Der Flächeninhalt eines Kreises ist zu berechnen.
Gegeben: $r = 1250$ mm; $\pi = 3{,}14$
$A = \pi r^2 = 3{,}14 \cdot 1250^2\ \text{mm}^2 = 3{,}14 \cdot 1562500\ \text{mm}^2$
$A = 4906250\ \text{mm}^2$
$A \approx 4910000\ \text{mm}^2 = 4{,}91\ \text{m}^2$
Da $\pi$ nur mit drei zuverlässigen Ziffern als Eingabewert verwendet wurde, würden mehr als drei Ziffern im Ergebnis eine ungerechtfertigte Genauigkeit vortäuschen.

Wesentliche Ziffern

Unter den **wesentlichen Ziffern** (auch **geltende Ziffern** genannt) versteht man alle Ziffern der Ziffernfolge dieser Zahl mit Ausnahme der Nullen, die links von der ersten und rechts von der letzten von Null verschiedenen Grundziffer in der Ziffernfolge stehen.
Alle wesentlichen Ziffern einer Ziffernfolge sind zuverlässige Ziffern, d. h. die (von rechts) erste ist nach den Rundungsregeln gerundet.

■ **a)** $354608519 \approx \underbrace{354609}_{\text{6 wesentliche Ziffern}}000 \approx \underbrace{355}_{\text{3 wesentliche Ziffern}}000000$

**b)** $0{,}000\underbrace{370050}_{\text{5 wesentliche Ziffern}} \approx 0{,}000\underbrace{37}_{\text{2 wesentliche Ziffern}}$

**c)** $40000{,}00\ \text{km} = 40000000\ \text{m} = 4000000000\ \text{cm}$

1 wesentliche Ziffer

Zuverlässige Ziffern

Unter den **zuverlässigen Ziffern** einer reellen Zahl versteht man diejenige, die bis zu einer bestimmten Stelle zu deren Ziffernfolge gehören, wobei die letzte nach den Rundungsregeln (↗ 75) gerundet ist.

B

Rechnen mit reellen Zahlen

**a)** Zu 12 soll die Summe 8 + 5 addiert und die Differenz 10 − 3 subtrahiert werden.
$12 + (8 + 5) - (10 - 3) = 12 + 13 - 7 = 18$
**b)** Die Summe aus der Summe 3 + 4 und der Differenz 5 − 2 ist mit dem Faktor 3 zu multiplizieren.
$\{(3 + 4) + (5 - 2)\}\, 3 = \{7 + 3\}\, 3 = 10 \cdot 3 = 30$

Auflösen von Klammern

(1) Steht vor der Klammer ein *Pluszeichen*, so kann die Klammer weggelassen werden.
(2) Steht vor der Klammer ein *Minuszeichen*, so kann die Klammer weggelassen werden, wenn man die Plus- und Minuszeichen in der Klammer in die jeweils entgegengesetzten Zeichen verändert.

Setzen von Klammern

(1) Soll vor der Klammer ein Pluszeichen stehen, so kann man die Klammer ohne weiteres setzen.
(2) Soll vor der Klammer ein Minuszeichen stehen, so sind alle Plus- und Minuszeichen, die in der Klammer stehen sollen, in die entgegengesetzten Zeichen zu verändern.

Auflösen →

$$a + (b + c) = a + b + c$$
$$a + (b - c) = a + b - c$$
$$a - (b + c) = a - b - c$$
$$a - (b - c) = a - b + c$$
$$a - (-b + c) = a + b - c$$
$$a - (-b - c) = a + b + c$$

← Setzen

Multiplikation von Summen

Für alle reellen Zahlen *a*, *b*, *c*, *d* gilt:

Ausmultiplizieren →

$$(a + b)(c + d) = ac + ad + bc + bd$$
$$(a + b)(c - d) = ac - ad + bc - bd$$
$$(a - b)(c + d) = ac + ad - bc - bd$$
$$(a - b)(c - d) = ac - ad - bc + bd$$

← Ausklammern

Binomische Formeln

Für alle reellen Zahlen *a*, *b* gilt:
$(a + b)^2 = a^2 + 2ab + b^2$
$(a + b)(a - b) = a^2 - b^2$

**Pascalsches Dreieck**

Berechnet man $(a+b)^n$ für $n \geqq 0$, $n$ ganz, so erkennt man nach folgender Anordnung ein Bildungsgesetz für die Koeffizienten. (Blaise Pascal, 1623–1662, franz. Mathematiker)

$$\begin{array}{ll}
(a \pm b)^0 = 1 \ldots\ldots\ldots\ldots & 1 \\
(a \pm b)^1 = a \pm b \ldots\ldots\ldots & 1\ 1 \\
(a \pm b)^2 = a^2 \pm 2\,a\,b + b^2 \ldots\ldots & 1\ 2\ 1 \\
(a \pm b)^3 = a^3 \pm 3\,a^2\,b + 3\,a\,b^2 \pm b^3 \ldots & 1\ 3\ 3\ 1 \\
(a \pm b)^4 = a^4 \pm 4\,a^3\,b + 6\,a^2\,b^2 \pm 4\,a\,b^3 + b^4 & 1\ 4\ 6\ 4\ 1 \\
\vdots \qquad\qquad \vdots & \vdots
\end{array}$$

**Division von Summen durch eine Zahl**

Für alle reellen Zahlen $a, b, c, x$; $(x \neq 0)$ gilt:

$$(a+b+c) : x = a : x + b : x + c : x = \frac{a}{x} + \frac{b}{x} + \frac{c}{x}$$

Summen werden durch eine Zahl dividiert, indem man jeden Summanden durch diese Zahl dividiert.

**Division von Summen durch Summen**

■ **a)**

$$\begin{array}{l}
(6\,x^2 + 7\,x + 2) : (3\,x + 2) = 2\,x + 1 \\
\underline{-(6\,x^2 + 4\,x)} \\
\qquad\quad 3\,x + 2 \\
\qquad\quad \underline{-(3\,x + 2)} \\
\qquad\qquad\quad 0
\end{array}$$

**b)**

$$\begin{array}{l}
(3\,x^2 + 8\,x + 6) : (3\,x + 2) = x + 2 + \dfrac{2}{3\,x + 2} \\
\underline{-(3\,x^2 + 2\,x)} \\
\qquad\quad 6\,x + 6 \\
\qquad\quad \underline{-(6\,x + 4)} \\
\qquad\qquad\quad 2
\end{array}$$

Algorithmus (Rechenvorschrift):
(1) Man sucht ein Glied des Dividenden [$6\,x^2$], das durch ein Glied des Divisors dividiert werden kann [$3\,x$].
(2) Man bildet das Produkt aus dem erhaltenen Quotienten [$2\,x$] und dem Divisor [$3\,x + 2$].
(3) Man subtrahiert dieses Produkt [$6\,x^2 + 4\,x$] vom Dividenden.

Nun sind zwei Fälle möglich:
1. Fall: Differenz ist Null; die Division ist ohne Rest durchgeführt.
2. Fall: Differenz ist nicht Null; die Schritte (1), (2) und (3) werden wiederholt.
Fall 2.1.: Nach endlich vielen Schritten wird die Differenz Null (↗ Beispiel a)
Fall 2.2.: Differenz wird nie Null (↗ Beispiel b); das Verfahren wird an geforderter Stelle abgebrochen (Division mit Rest)

B

Weitere Beispiele

a) $135\, m^2 n^2 - 45\, m^2 n + 45\, m n^2 - 15 m n$
$= 15\, m n\, (9\, m n - 3\, m + 3\, n - 1)$
$= 15\, m n\, [3\, m\, (3\, n - 1) + (3\, n - 1)]$
$= 15\, m n\, [(3\, n - 1)\, (3\, m + 1)]$
$= 15\, m n\, (3\, n - 1)\, (3\, m + 1)$

b) $$\frac{4\, x^2 + 12\, x y + 9\, y^2}{20\, x + 30\, y} = \frac{(2\, x + 3\, y)^2}{10\, (2\, x + 3\, y)} = \frac{1}{10}\, (2\, x + 3\, y)$$

c) $$\frac{\dfrac{a^2 - 2\, a b + b^2}{a^2 + 2\, a b + b^2}}{\dfrac{a^2 - b^2}{a + b}} = \frac{(a - b)^2}{(a + b)^2} : \frac{(a + b)\, (a - b)}{a + b} = \frac{(a - b)^2}{(a + b)^2} \cdot \frac{a + b}{(a + b)\, (a - b)} = \frac{a - b}{(a + b)^2}$$

**Arithmetisches Mittel (Durchschnitt)**

▶ **DEFINITION 88: Das arithmetische Mittel $\bar{a}$ von $n$ Zahlen oder Größenangaben $a_1, a_2, \ldots, a_n$ ist der Quotient aus der Summe dieser Zahlen und deren Anzahl.**

$$\bar{a} = \frac{a_1 + a_2 + \cdots + a_n}{n}$$

■ Während eines Tages wurden folgende Temperaturen gemessen:

| Uhrzeit | $0^{00}$ | $3^{00}$ | $6^{00}$ | $9^{00}$ | $12^{00}$ | $15^{00}$ | $18^{00}$ | $21^{00}$ |
|---|---|---|---|---|---|---|---|---|
| Temp. $t$ in °C | 10 | 8 | 6 | 11 | 16 | 20 | 17 | 12 |

Die Durchschnittstemperatur $\bar{t}$ dieses Tages (das arithmetische Mittel) ist:

$$\bar{t} = \frac{10 + 8 + 6 + 11 + 16 + 20 + 17 + 12}{8} = \frac{100}{8} = 12{,}5$$

# Funktionen

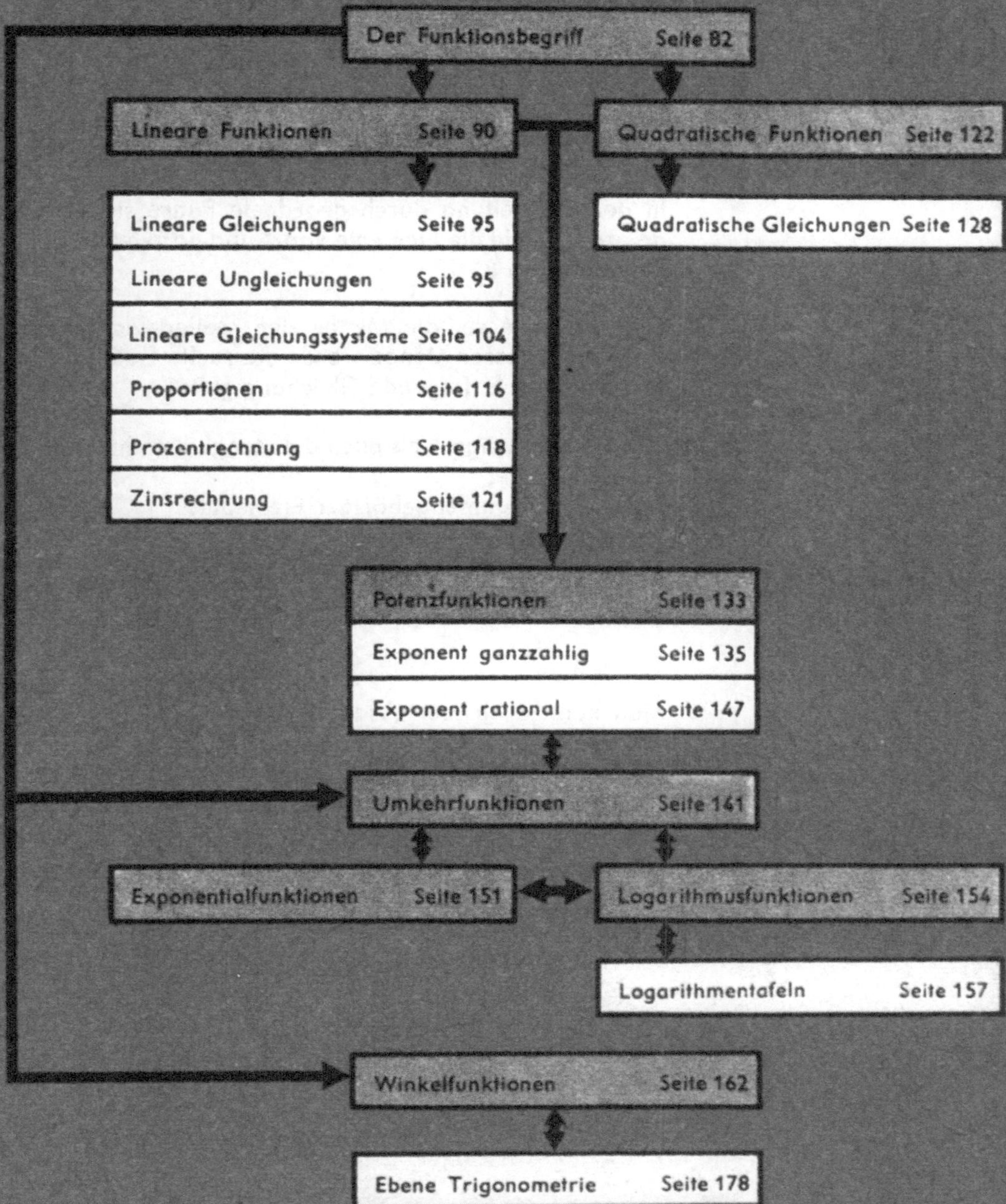
Der Funktionsbegriff Seite 82
Lineare Funktionen Seite 90
Quadratische Funktionen Seite 122
Lineare Gleichungen Seite 95
Lineare Ungleichungen Seite 95
Lineare Gleichungssysteme Seite 104
Proportionen Seite 116
Prozentrechnung Seite 118
Zinsrechnung Seite 121
Quadratische Gleichungen Seite 128
Potenzfunktionen Seite 133
Exponent ganzzahlig Seite 135
Exponent rational Seite 147
Umkehrfunktionen Seite 141
Exponentialfunktionen Seite 151
Logarithmusfunktionen Seite 154
Logarithmentafeln Seite 157
Winkelfunktionen Seite 162
Ebene Trigonometrie Seite 178

# 1. DER FUNKTIONSBEGRIFF

**Darstellung von Zuordnungen**

<table>
<tr><th colspan="3">Darstellung von Zuordnungen</th></tr>
<tr><th>durch Pfeile</th><th>durch eine Tabelle</th><th>durch geordnete Paare</th></tr>
<tr><td>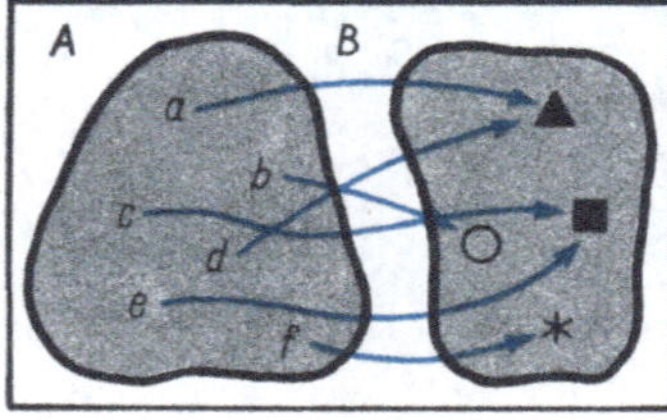</td><td>A | B<br>a | ▲<br>b | ○<br>c | ■<br>d | ▲<br>e | ■<br>f | ∗</td><td>[a; ▲]<br>[b; ○]<br>[c; ■]<br>[d; ▲]<br>[e; ■]<br>[f; ∗]</td></tr>
</table>

In der Darstellung durch geordnete Paare stehen jeweils an erster Stelle die Elemente von $A$ und an zweiter Stelle die Elemente von $B$.

Die Menge $A$ sei die Menge der reellen Zahlen. Jeder Zahl $x$ aus dieser Menge werde die reelle Zahl $y$ zugeordnet, für die z. B. folgende Gleichung gelte:
$y = x^2$.
Sowohl die Menge $A$ als auch die Menge $B$ enthält unendlich viele Elemente.
Auswahl zusammengehöriger Elemente:

| x | $-3$ | $-2$ | $-\frac{1}{2}$ | 0 | 1 | $\frac{5}{4}$ | $\sqrt{2}$ |
|---|---|---|---|---|---|---|---|
| y | 9 | 4 | $\frac{1}{4}$ | 0 | 1 | $\frac{25}{16}$ | 2 |

Man kann auch hier zusammengehörige Elemente als geordnete Paare schreiben, z. B. $[-3; 9]$, $[0; 0]$ usw.

Die Menge $A$ sei die Menge der Punkte eines Dreiecks. Durch eine Verschiebung der Ebene, in der das Dreieck liegt, wird jedem Dreieckspunkt $P$ ein Bildpunkt $P'$ eindeutig zugeordnet. Die Menge $B$ der Bildpunkte ist wiederum ein Dreieck.

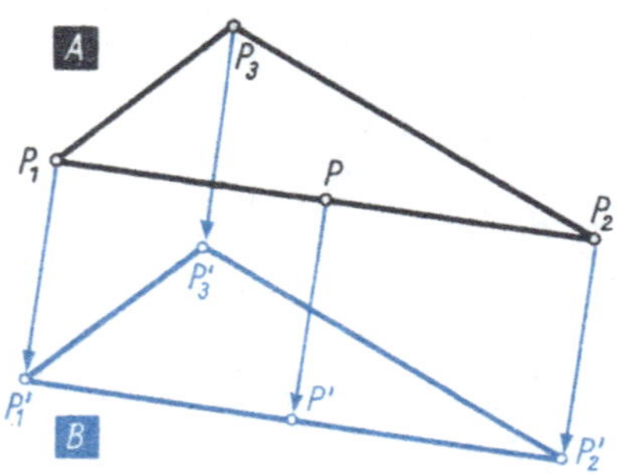

## 1. DER FUNKTIONSBEGRIFF

**Funktion**

▶ **DEFINITION 1: Werden den Elementen einer Menge $A$ eindeutig die Elemente einer Menge $B$ zugeordnet, so heißt die dabei entstehende Menge von geordneten Paaren eine Funktion.**

**Zur Bezeichnung von Funktionen benutzt man u. a. die Buchstaben $f, g, h, \varphi$.**

**Definitionsbereich, Wertevorrat**

**Die Menge $A$ heißt Definitionsbereich, die Menge $B$ Wertevorrat der Funktion.**

*Bemerkung:* Im folgenden werden Funktionen behandelt, bei denen Definitionsbereich und Wertevorrat Teilmengen (↗ 9) der Menge der reellen Zahlen sind.
Zur Angabe von Definitionsbereich und Wertevorrat benutzt man auch folgende Intervallschreibweise (↗ 70; Def. 83):

| Schreibweise | Bedeutung |
|---|---|
| **abgeschlossenes Intervall** | |
| $-3 \leqq x \leqq 5$ oder $\langle -3; 5 \rangle$  | Menge aller reellen Zahlen von $-3$ bis 5 (einschließlich $-3$ und 5) |
| **offenes Intervall** | |
| $-3 < x < 5$ oder $(-3; 5)$  | Menge aller reellen Zahlen zwischen $-3$ und 5 (also ausschließlich $-3$ und 5) |
| **rechts halboffenes Intervall** | |
| $-3 \leqq x < 5$ oder $\langle -3; 5)$  | Menge aller reellen Zahlen zwischen $-3$ und 5 (einschließlich $-3$) |
| **unendliche Intervalle** | |
| $-\infty < x < \infty$ oder $(-\infty; \infty)$  | Menge aller reellen Zahlen |

| unendliche Intervalle | |
|---|---|
| $-\infty < x \leqq 5$ oder $(-\infty; 5\rangle$  | Menge aller reellen Zahlen, die kleiner oder gleich 5 sind. |
| $-3 < x < \infty$ oder $(-3; \infty)$  | Menge aller reellen Zahlen, die größer als $-3$ sind. |

Argumente, Funktionswerte

**DEFINITION 2: Die Elemente des Definitionsbereichs einer Funktion nennt man auch Argumente.**
**Die Elemente des Wertevorrats nennt man die zu den betreffenden Argumenten gehörigen Funktionswerte.**

C

■ Beispiele für Variablen für

| Argumente | $x$ | $t$ | $a$ |
|---|---|---|---|
| Funktionswerte | $y = f(x)$ | $s = \varphi(t)$ | $V = g(a)$ |

Die Schreibweise $y = f(x)$ (gelesen $y$ gleich $f$ von $x$) bedeutet, daß die Zahl $y$ bei der Funktion $f$ dem Argument $x$ zugeordnet ist.
Die Argumentvariable, für die man aus dem Definitionsbereich beliebig einsetzen kann, heißt **unabhängige** Variable. Die Variable für Funktionswerte heißt **abhängige** Variable.

**Darstellung von Funktionen**

*1. Wertetabelle (Zahlenpaare)*

Falls eine Funktion aus *endlich* vielen Zahlenpaaren besteht, kann man diese Paare in Form einer Tabelle angeben. Diese Tabelle nennt man Wertetabelle.

■ Temperaturmessungen während eines Tages

| Uhrzeit | 0.00 | 3.00 | 6.00 | 9.00 | 12.00 | 15.00 | 18.00 | 21.00 |
|---|---|---|---|---|---|---|---|---|
| Temperatur in °C | 12 | 10 | 9 | 14 | 18 | 23 | 19 | 15 |

Besteht eine Funktion aus unendlich vielen Zahlenpaaren, so gibt man oft eine Auswahl der Zahlenpaare in einer Wertetabelle an.

2. *Funktionsgleichungen*

Kann man bei einer Funktion zu jedem Argument den Funktionswert mit Hilfe einer Gleichung errechnen, so nennt man die betreffende Gleichung eine **Funktionsgleichung**.

■ Jeder reellen Zahl $x$ soll ihr Dreifaches, vermindert um 5, zugeordnet werden. Diese Vorschrift läßt sich durch $y = 3x - 5$ angeben. Aus dieser Gleichung läßt sich zu jedem Argument $x$ der zugehörige Funktionswert $y$ berechnen. Beispiele:

| $x$ | $-3$ | $0,5$ | $0$ | $\sqrt{3}$ | $2$ |
|---|---|---|---|---|---|
| $y$ | $-14$ | $-3,5$ | $-5$ | $\approx 0,2$ | $1$ |

*Bemerkungen:*

(1) Statt „die Funktion mit der Gleichung $y = f(x)$" sagt man auch kürzer „die Funktion $y = f(x)$".

(2) Nicht jede Gleichung, in der zwei Variable auftreten, ist eine Funktionsgleichung.

■ $x^2 + y^2 = 25$

Setzt man für $x$ die Zahl 3 ein, so erhält man $9 + y^2 = 25$. Diese Gleichung wird sowohl von $+4$ als auch von $-4$ erfüllt. Der Zahl 3 werden also zwei verschiedene Zahlen zugeordnet, d. h. die Zuordnung ist nicht eindeutig.

3. *Graphische Darstellung (Bild einer Funktion)*

Zur graphischen Darstellung einer Funktion kann man ein Koordinatensystem verwenden, das aus zwei einander rechtwinklig schneidenden Zahlengeraden besteht.

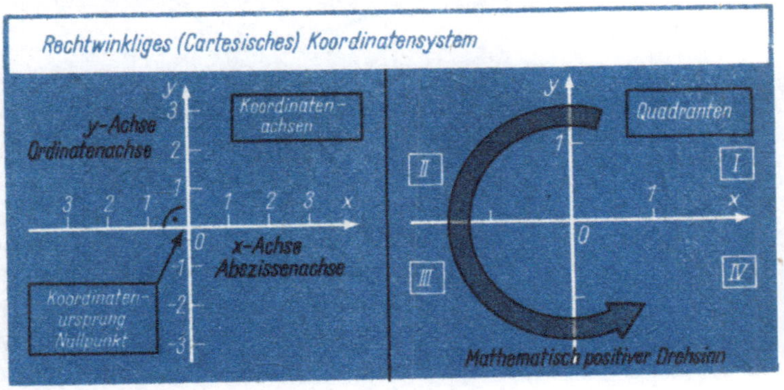


C

Durch ein solches Koordinatensystem wird jedem Punkt der Ebene eindeutig ein geordnetes Zahlenpaar und umgekehrt jedem geordneten Zahlenpaar eindeutig ein Punkt der Ebene zugeordnet.

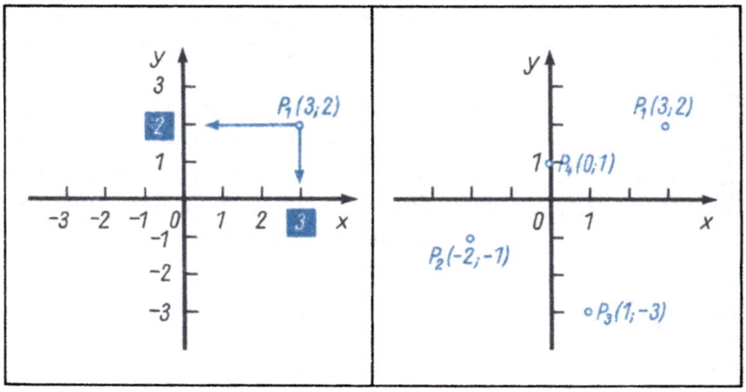


Damit ist auch jedem Zahlenpaar einer gegebenen Funktion ein Punkt im Koordinatensystem eineindeutig zugeordnet. Die Gesamtheit dieser Punkte nennt man **graphische Darstellung** oder **Bild** der Funktion.
Die graphische Darstellung einer Funktion ermöglicht einen anschaulichen Überblick über die Änderung der Funktionswerte.

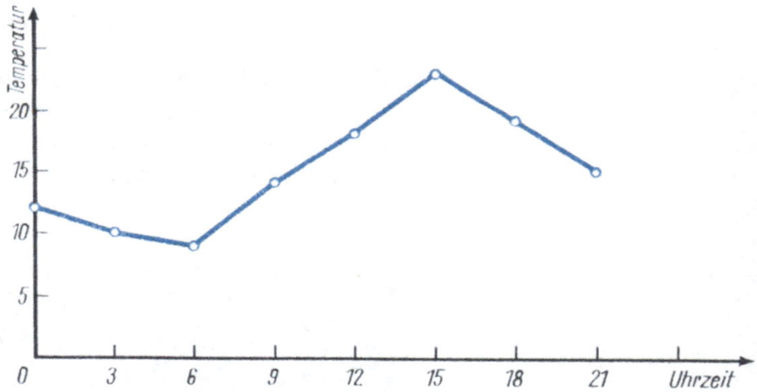


Das Bild dieser Funktion besteht aus acht einzelnen Punkten. Damit der Temperaturunterschied zwischen den einzelnen Messungen deutlicher sichtbar wird, verbindet man diese Punkte durch Strecken. Die Zwischenpunkte auf diesen Strecken gehören i.a. aber nicht zum Bild der Funktion und geben daher nicht den *tatsächlichen* Temperaturverlauf an.

■ Graphische Darstellung der Funktion $y=x^2$.

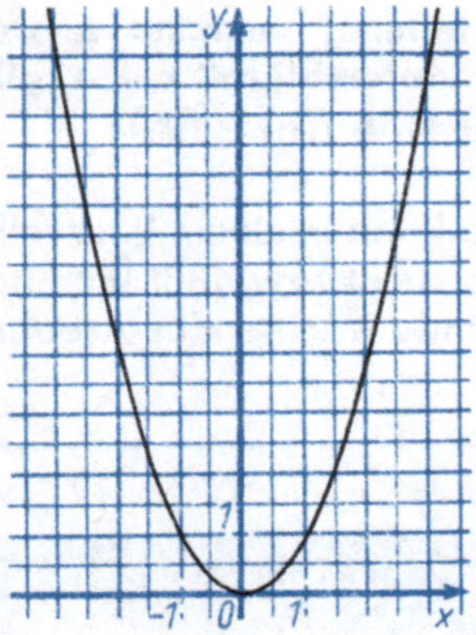


Wertetabelle:

| x | y |
|---|---|
| −3 | 9 |
| −2 | 4 |
| −1 | 1 |
| 0 | 0 |
| 1 | 1 |
| 2 | 4 |
| 3 | 9 |

Die Wertetabelle enthält eine für das Zeichnen notwendige Auswahl aus der Menge der zur Funktion gehörenden Paare.

Mit Hilfe der Funktionsgleichung kann man außer den eingezeichneten Punkten beliebig viele weitere Punkte ermitteln. Das Bild dieser Funktion besteht nicht aus getrennt liegenden Punkten wie das Bild im Beispiel über den Temperaturverlauf. Es besteht aus einer zusammenhängenden Kurve, von der hier ein Ausschnitt gezeigt wird. Man kann diese Kurve nicht vollständig zeichnen, da der Definitionsbereich der Funktion aus der Menge aller reellen Zahlen besteht.

Man kann den Definitionsbereich der Funktion mit der Gleichung $y = x^2$ z. B. auf die Menge aller reellen Zahlen $x$ einschränken, für die $-2 \leqq x \leqq 2$ gilt. Auf diese Weise erhält man eine andere Funktion; denn wegen der Einschränkung des Definitionsbereichs besteht sie nur aus einem Teil der Paare, die die ursprüngliche Funktion bildeten, obwohl sie dieselbe Funktionsgleichung besitzt. Das Bild der eingeschränkten Funktion läßt sich nun vollständig zeichnen.

Wird der Definitionsbereich nicht angegeben, so sollen alle die reellen Zahlen $x$ zum Definitionsbereich gehören, für die sich aus der Funktionsgleichung ein Funktionswert $y = f(x)$ berechnen läßt.

■ $y = \sqrt{25 - x^2}$

Da Wurzeln nur für nichtnegative Radikanden erklärt sind (↗ 147, Def. 32), lassen sich Funktionswerte nur für die reellen Zahlen $x$ berechnen, für die gilt: $x^2 \leqq 25$.

Daraus ergibt sich als Definitionsbereich die Menge der reellen Zahlen $x$ mit $-5 \leqq x \leqq 5$.

**Monotonie bei Funktionen**

**DEFINITION 3: Eine Funktion $f$ heißt in einem Intervall (↗ 70) ihres Definitionsbereichs monoton wachsend bzw. monoton fallend, wenn für je zwei Argumente $x_1$ und $x_2$ aus diesem Intervall mit $x_1 < x_2$ gilt:**
**$f(x_1) < f(x_2)$ bzw. $f(x_1) > f(x_2)$.**

Ist eine Funktion in einem Intervall monoton wachsend bzw. fallend, so steigt bzw. fällt ihr Bild ständig in diesem Intervall (im Sinne wachsender Argumente).

Monoton wachsende (fallende) Funktion

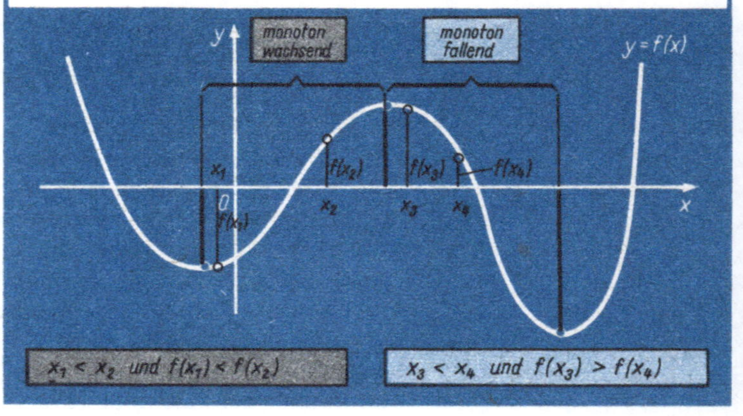


**Nullstellen von Funktionen**

Es gibt Funktionen, bei denen für gewisse Werte der unabhängigen Variablen $x$ der zugehörige Funktionswert $y = f(x)$ gleich Null ist. Das bedeutet, daß unter den Zahlenpaaren der Funktion solche vorkommen, die die Form [$x$; 0] haben. Diesen Paaren entsprechen bei der graphischen Darstellung der Funktion Punkte auf der $x$-Achse. Das Bild der Funktion schneidet also in diesen Punkten die $x$-Achse bzw. berührt diese.

**DEFINITION 4: Wenn die Werte $y = f(x)$ einer Funktion für bestimmte Werte von $x$ gleich Null sind, so heißen diese $x$-Werte Nullstellen der Funktion.**

Die Nullstellen einer Funktion sind die Abszissen derjenigen Punkte, in denen das Funktionsbild die $x$-Achse schneidet bzw. berührt.

| Nullstellen einer Funktion | | |
|---|---|---|
| **Funktionsgleichung** | **Wertetabelle** | **Bild der Funktion** |
| a) $y = x^2 + x - 2$<br><br>Die Funktion hat 2 Nullstellen | $x$ \| $y$<br>$-3$ \| $4$<br>$-2$ \| $0$<br>$-1$ \| $-2$<br>$0$ \| $-2$<br>$1$ \| $0$<br>$2$ \| $4$ | 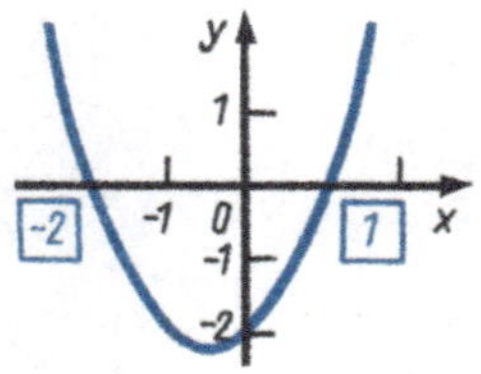 |
| b) $y = \frac{1}{x}$<br><br>Die Funktion hat keine Nullstellen | $x$ \| $y$<br>$-3$ \| $-0{,}33$<br>$-2$ \| $-0{,}5$<br>$-1$ \| $-1$<br>$1$ \| $1$<br>$2$ \| $0{,}5$<br>$3$ \| $0{,}33$ | 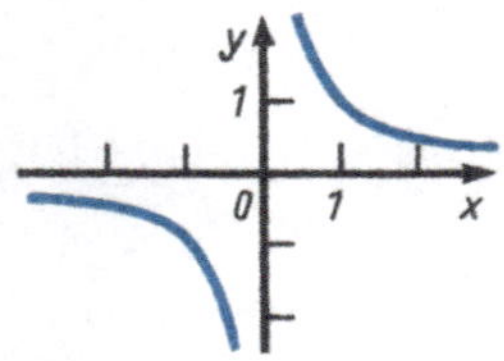 |

**Um die Nullstellen einer Funktion $y = f(x)$ zu bestimmen, setzt man $y$ gleich Null. Dadurch erhält man die Gleichung $f(x) = 0$, also eine Gleichung mit einer Variablen. Die Lösungen dieser Gleichung (↗ 96; Def. 7) sind die gesuchten Nullstellen.**

## 2. LINEARE FUNKTIONEN

**Die Funktion** $y = m\,x$
Schar von Funktionen

Für jede reelle Zahl $m$ erhält man eine bestimmte Funktionsgleichung. Durchläuft $m$ alle reellen Zahlen, so ist durch die Gleichung $y = m\,x$ eine **Schar** von Funktionen gegeben.
Definitionsbereich und Wertevorrat jeder dieser Funktionen mit $m \neq 0$ ist die Menge der reellen Zahlen:
*Definitionsbereich:* $-\infty < x < \infty$
*Wertevorrat:* $-\infty < y < \infty$
Für $m = 0$ enthält der Wertevorrat nur die Zahl 0.

**SATZ 5: Die Bilder der Funktionen $y = m\,x$ sind Geraden, die durch den Ursprung (↗ 85) verlaufen.**

*Beweis:* Alle Punkte des Bildes einer Funktion $y = m\,x$ liegen auf ein und derselben Geraden, die durch den Ursprung verläuft. Das erkennt man folgendermaßen: Die Koordinaten des Ursprungs (0; 0) erfüllen die Funktionsgleichung, denn es gilt: $0 = m \cdot 0$. Der Ursprung gehört also zum Bild der Funktion.
Die vom Ursprung verschiedenen Punkte $P_1(x_1; y_1)$ und $P_2(x_2; y_2)$ sollen ebenfalls zum Bild der Funktion gehören. Ihre Koordinaten erfüllen also die Funktionsgleichung:
$y_1 = m\,x_1$
$y_2 = m\,x_2$

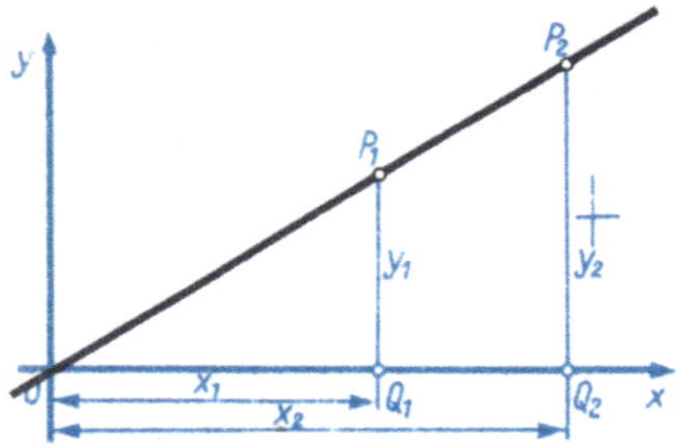


Die rechtwinkligen Dreiecke $OQ_1P_1$ und $OQ_2P_2$ sind ähnlich, denn es gilt

$\frac{y_1}{x_1} = m$ und $\frac{y_2}{x_2} = m$ (Ähnlichkeitssatz, ↗ 273).

Deshalb ist $\sphericalangle\, P_1OQ_1 = \sphericalangle\, P_2OQ_2$ und die Strecken $\overline{OP_1}$ und $\overline{OP_2}$ bilden mit der $x$-Achse denselben Winkel, d. h., sie liegen beide auf einer gemeinsamen Geraden. Damit liegen auch ihre Endpunkte $P_1$ und $P_2$ auf dieser Geraden durch den Ursprung. Wählt man statt $P_2$ einen beliebigen anderen Punkt, dessen Koordinaten die Funktionsgleichung erfüllen, so ergibt sich durch die gleichen Überlegungen,

daß er ebenfalls auf der durch $O$ und $P_1$ bestimmten Geraden liegt. Das bedeutet also, daß *alle* Punkte, die zum Bild der Funktion gehören, auf dieser Geraden liegen.
Damit steht aber noch keineswegs fest, daß auch alle Punkte, die auf dieser Geraden liegen, zum Bild der Funktion gehören. Es ist also noch zu beweisen: *Alle Punkte der Geraden gehören zum Bild der Funktion.*
Ist $P_1(x_1; y_1)$ ein vom Ursprung verschiedener Punkt des Funktionsbildes, so gilt für seine Koordinaten $y_1 = m\,x_1$, d. h. $\frac{y_1}{x_1} = m$.
Ist $P_2(x_2; y_2)$ ein beliebiger anderer Punkt auf der durch $O$ und $P_1$ gehenden Geraden, so gilt für seine Koordinaten wegen der Ähnlichkeit der Dreiecke $OQ_1P_1$ und $OQ_2P_2$:

$$\frac{y_2}{x_2} = \frac{y_1}{x_1}, \quad \text{also} \quad \frac{y_2}{x_2} = m.$$

Daraus folgt $y_2 = m\,x_2$. Also gehört $P_2$ zum Bild der Funktion. Da $P_2$ beliebig gewählt war, gilt dies für *jeden* Punkt der Geraden.
w. z. b. w.

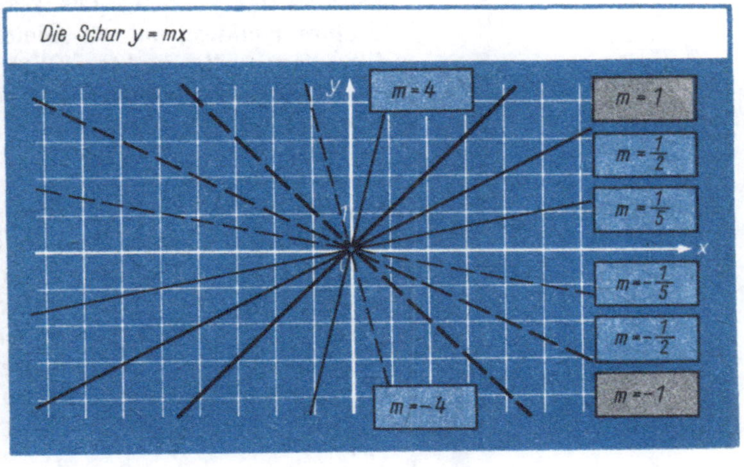


**Bild einer Schar von Funktionen**

Die Bilder der Funktionen $y = m\,x$ und $y = -m\,x$ sind symmetrisch in bezug auf die $x$-Achse und auf die $y$-Achse.
Die Richtung der jeweiligen Geraden hängt vom Koeffizienten $m$ ab.
Für $m > 0$ steigt die Gerade.
Für $m < 0$ fällt die Gerade.
Für $m = 0$ erhält man die Gleichung $y = 0$.

Das bedeutet: Die Funktionswerte sind unabhängig von $x$ stets gleich 0. Das Bild dieser Funktion ist die $x$-Achse.

Anstieg

▶ **DEFINITION 6: Der Koeffizient $m$ heißt der Anstieg der Geraden mit der Gleichung $y = m\,x$.**

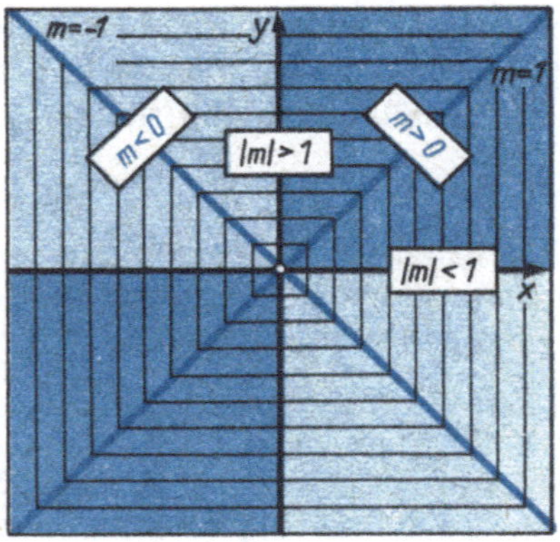


Die Bilder der durch $y = m\,x$ gegebenen Schar von Funktionen sind also alle Geraden durch den Ursprung mit Ausnahme der $y$-Achse. Die $y$-Achse kann nämlich nicht Bild einer Funktion mit der Gleichung $y = m\,x$ sein, denn auf ihr liegen alle Punkte $P(0; y)$, wobei für $y$ alle reellen Zahlen eingesetzt werden können. Die Zuordnung ist also nicht eindeutig.

**Die Funktionen**
$y = m\,x + b$

Der Summand $m\,x$ heißt das **lineare Glied**, der Summand $b$ das **absolute Glied** der Funktionsgleichung.
Das Bild einer bestimmten Funktion $y = m\,x + b$ erhält man dadurch, daß man das Bild der Funktion $y = m\,x$ um $b$ parallel zur $y$-Achse verschiebt. Für $b > 0$ erfolgt die Verschiebung in Richtung wachsender $y$-Werte, für $b < 0$ erfolgt die Verschiebung in Richtung fallender $y$-Werte.

■ $y = \frac{1}{2}x + 3 \left(m = \frac{1}{2}\,;\; b = 3\right)$

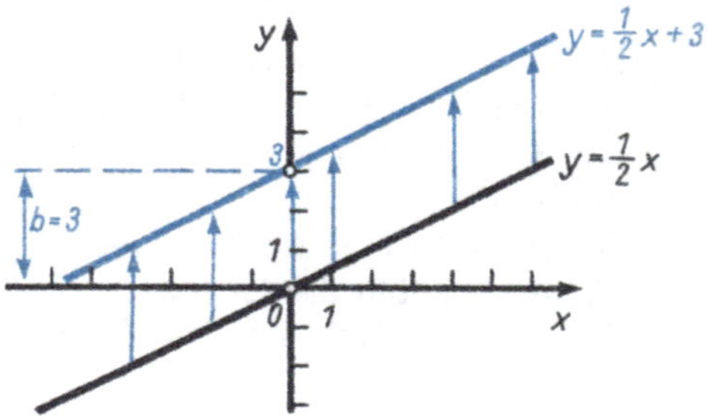

Da die Größe der Verschiebung auch auf der $y$-Achse abgelesen werden kann, gibt $b$ an, wo die Gerade $y = m\,x + b$ die $y$-Achse schneidet.

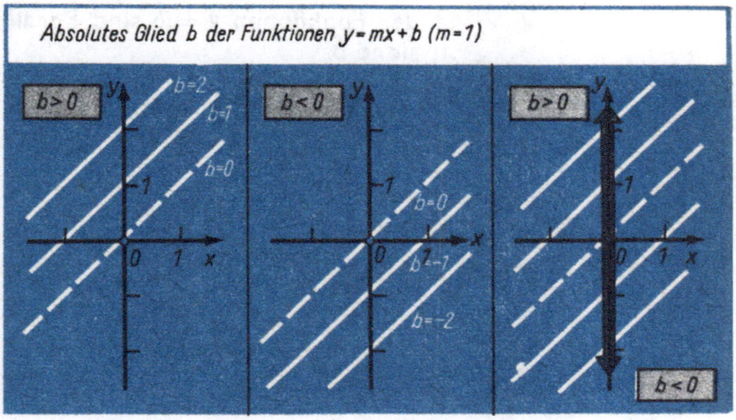


Die Funktionen $y = m\,x + b$ heißen **lineare Funktionen.** Ihre Bilder sind Geraden mit dem Anstieg $m$, die die $y$-Achse im Abstand $b$ vom Ursprung schneiden.
Die Funktionen $y = m\,x + b$ sind für $m > 0$ monoton wachsend, für $m < 0$ monoton fallend.

**Bild linearer Funktionen**

■ $y = 3\,x - 2$

**a)** Graphische Darstellung mit Hilfe einer Wertetabelle. Da eine Gerade durch zwei Punkte bestimmt ist, braucht die Wertetabelle nur zwei Paare zu enthalten

| x | −1 | 2 |
|---|---|---|
| y | −5 | 4 |

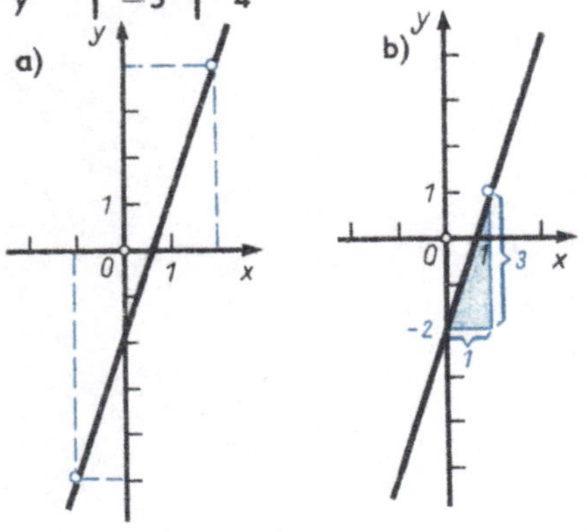


**b)** Graphische Darstellung unter Verwendung von $m$ und $b$

**Die Funktionen** $y = b$

Für $m = 0$ erhält man die speziellen linearen Funktionen $y = b$. Bei ihnen sind die Funktionswerte unabhängig von $x$ stets gleich $b$, oder mit anderen Worten, jeder reellen Zahl $x$ wird dieselbe Zahl $b$ zugeordnet. Das bedeutet, die Bilder der Funktionen $y = b$ sind Parallelen zur $x$-Achse im Abstand $b$.

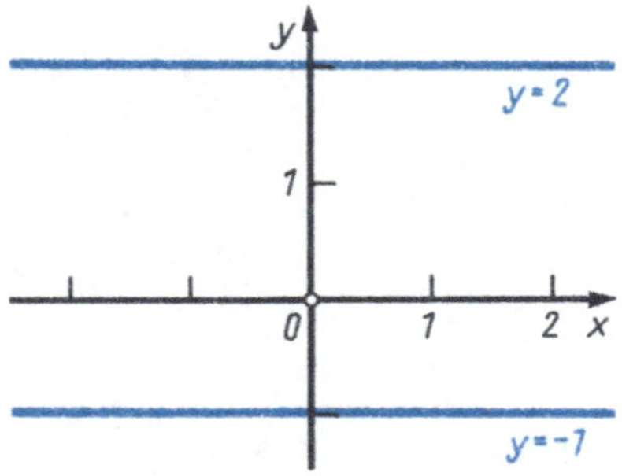


Explizite und implizite Form einer Funktionsgleichung

Ist eine Funktionsgleichung nach der abhängigen Variablen aufgelöst, so sagt man, die Gleichung sei in *expliziter* Form gegeben. In allen anderen Fällen hat die Gleichung *implizite* Form.

| Implizite Form | Explizite Form |
|---|---|
| $Ax + By = C \qquad (B \neq 0)$ | $y = -\frac{A}{B}x + \frac{C}{B} = mx + b$ |
| $4x + 3y = -9$ | $y = -\frac{4}{3}x - 3$ |

# 3. LINEARE GLEICHUNGEN UND UNGLEICHUNGEN

**Gleichungen**

Ausdrücke, in denen das Gleichheitszeichen „=" vorkommt, heißen **Gleichungen**.
Die durch das Gleichheitszeichen getrennten Teile einer Gleichung heißen *linke* bzw. *rechte* Seite dieser Gleichung.

**Ungleichungen**

Ausdrücke, in denen die Zeichen „<", „>", „≦", „≧" vorkommen, heißen **Ungleichungen**.
Wie bei den Gleichungen, unterscheidet man auch hier linke bzw. rechte Seiten der Ungleichungen. Gleichungen und Ungleichungen ohne Variable sind wahre oder falsche Aussagen (↗ 6).

■ **a)** $4 + 3 = 7$ (wahr) **b)** $5 \cdot 7 > 30$ (wahr)
**c)** $3 \cdot 0 = 3$ (falsch) **d)** $(5 + 4)^2 \leqq 10$ (falsch)

Von Gleichungen und Ungleichungen mit Variablen kann man zunächst nicht sagen, ob sie wahr oder falsch sind. Setzt man aber für die Variablen bestimmte reelle Zahlen ein, so entstehen entweder wahre oder falsche Aussagen.

■

| $x$ | $3x + 7 = 0$ | |
|---|---|---|
| $-2$ | $3(-2) + 7 = 0$ | f |
| $0$ | $3 \cdot 0 + 7 = 0$ | f |
| $-\frac{7}{3}$ | $3\left(-\frac{7}{3}\right) + 7 = 0$ | w |

| $a$ | $3a < 9$ | |
|---|---|---|
| $-2{,}5$ | $3(-2{,}5) < 9$ | w |
| $1$ | $3 \cdot 1 < 9$ | w |
| $3$ | $3 \cdot 3 < 9$ | f |

| $u$ | $v$ | $(u + v)^2 \geqq u^2 + v^2$ | |
|---|---|---|---|
| $-2$ | $3$ | $(-2 + 3)^2 \geqq (-2)^2 + 3^2$ | f |
| $-2$ | $-3$ | $(-2 - 3)^2 \geqq (-2)^2 + (-3)^2$ | w |
| $0$ | $0$ | $(0 + 0)^2 \geqq 0^2 + 0^2$ | w |

**Gleichungen bzw. Ungleichungen mit einer Variablen werden durch Einsetzen einer Zahl für diese Variable zu wahren oder falschen Aussagen.**
**Gleichungen bzw. Ungleichungen mit zwei Variablen werden durch Einsetzen von Zahlenpaaren zu wahren oder falschen Aussagen.**
***Bemerkung:***
**Enthalten Gleichungen bzw. Ungleichungen mehr als zwei Variablen, so muß man entsprechend der Anzahl der Variablen mehr als zwei Zahlen einsetzen, um wahre oder falsche Aussagen zu erhalten.**

Wird eine Gleichung oder Ungleichung mit Variablen beim Einsetzen zu einer wahren Aussage, so sagt man, daß sie durch die betreffende Zahl oder durch das betreffende Zahlenpaar erfüllt wird.

**Lösung einer Gleichung bzw. Ungleichung**

**DEFINITION 7: Jede Zahl (jedes Zahlenpaar), das eine Gleichung oder Ungleichung erfüllt, heißt Lösung.**

Allen Untersuchungen über Lösbarkeit von Gleichungen und Ungleichungen liegt der Bereich der reellen Zahlen zugrunde, wenn nichts anderes gesagt ist. Gibt es keine Lösung, so heißt die betreffende Gleichung oder Ungleichung *unlösbar*.
Eine Gleichung oder Ungleichung lösen, bedeutet, *sämtliche* Lösungen zu finden.

**Äquivalenz von Gleichungen (Ungleichungen)**

**DEFINITION 8: Zwei Gleichungen (zwei Ungleichungen) heißen gleichwertig oder äquivalent, wenn sie dieselben Lösungen besitzen.**

Beim Lösen einer Gleichung oder Ungleichung wird diese durch schrittweises Umformen vereinfacht. Eine Umformung, die eine Gleichung oder Ungleichung in eine dazu äquivalente Gleichung oder Ungleichung überführt, heißt **äquivalente Umformung**.
Um eine Gleichung mit einer Variablen (z. B. $x$) zu lösen, formt man sie so lange um, bis man Gleichungen der Form $x = a$ erhält, aus denen man die Lösungen unmittelbar ablesen kann. Deshalb sagt man kurz: $x = a$ ist eine Lösung der gegebenen Gleichung. Man bezeichnet diese Umformungen als Auflösen nach der Variablen $x$ oder als **Isolieren** der Variablen $x$.

Isolieren

Werden beim Lösen nur äquivalente Umformungen ausgeführt, so erhält man die gesuchten Lösungen. Anderenfalls können Lösungen fortfallen oder auch im Endergebnis Zahlen auftreten, die nicht zu den gesuchten Lösungen gehören.

**a)** Die Gleichung $3x(x-4) = 6(x-4)$ ist zu lösen.

$$\begin{aligned} 3x(x-4) &= 6(x-4) && \mid : (x-4) \\ 3x &= 6 && \mid : 3 \\ x &= 2 \end{aligned}$$

Als Lösung ergibt sich die Zahl 2. Dagegen hat die gegebene Gleichung die Zahlen 2 und 4 als Lösung. Die Division durch $x - 4$ ist also keine äquivalente Umformung.

■ b) $\sqrt{x+42} = x$ | *Quadrieren*
$x + 42 = x^2$ | *Ordnen*
$x^2 - x - 42 = 0$

Die letzte Gleichung hat die Lösungen $x_1 = 7$ und $x_2 = -6$. Die gegebene Gleichung hat aber nur die Lösung $x_1 = 7$.

Probe

Umformungen, bei denen wie in Beispiel a) Lösungen fortfallen, dürfen nicht vorgenommen werden. Dagegen lassen sich Umformungen wie in Beispiel b) oft nicht vermeiden. Um die dadurch auftretenden Zahlen, die nicht Lösungen sind, wieder auszusondern, macht man eine *Probe*. Dazu setzt man die erhaltenen Zahlen in die Ausgangsgleichung ein und prüft nach, ob dabei eine wahre Aussage entsteht.

■ $\sqrt{x+42} = x$

*Lösungen:* $x_1 = 7$, $x_2 = -6$

*Probe:*

$x_1 = 7$: $\sqrt{7+42} = 7$; $7 = 7$ (wahr)

$x_2 = -6$: $\sqrt{-6+42} = -6$; $6 = -6$ (falsch)

Außerdem ist die Probe eine Rechenkontrolle. Bei der Probe müssen nach dem Einsetzen beide Seiten der Gleichung getrennt ausgerechnet werden. Wiederholt man nämlich bei der Probe nichtäquivalente Umformungen aus dem Lösungsgang, so können aus falschen Aussagen wahre Aussagen entstehen. Dasselbe kann auch durch Wiederholung von Rechenfehlern aus dem Lösungsgang bewirkt werden.

■ Die Gleichung $\sqrt{x+3} = -5$ ist nicht lösbar, da die Wurzel nicht negativ sein kann.
Jemand „löst" die Gleichung folgendermaßen:

$\sqrt{x+3} = -5$ | *Quadrieren*
$x + 3 = 25$ | $-3$
$x = 22$

*Probe:*
$\sqrt{22+3} = -5$ | *Quadrieren (bei der Probe nicht zugelassen)*
$22 + 3 = 25$
$25 = 25$

*Richtig ausgeführte Probe:*
$\sqrt{22+3} = -5$
$\sqrt{25} = -5$
$5 = -5$

Da bei der Probe im ersten Fall eine nichtäquivalente Umformung des Lösungsganges (Quadrieren) wiederholt wurde, ist aus der falschen Aussage $\sqrt{22+3} = -5$ die wahre Aussage $22 + 3 = 25$ entstanden, obwohl $x = 22$ nicht Lösung der Gleichung ist.

Außer Variablen wie $x$, $y$, $z$, für die Lösungen gesucht werden, kommen in Gleichungen und Ungleichungen oft noch andere Variablen vor, die als beliebige, aber feste Zahlen betrachtet werden.

$$a x^2 = b + c \qquad x^2 = \frac{b+c}{a} \qquad x_1 = \sqrt{\frac{b+c}{a}} \qquad x_2 = -\sqrt{\frac{b+c}{a}}$$

$a = 4$, $b = 11$, $c = 5$:

$$4x^2 = 11 + 5 \qquad x^2 = 4 \qquad x_1 = 2 \qquad x_2 = -2$$

$a = -5$, $b = 17$, $c = -17$:

$$-5x^2 = 17 - 17 \qquad x^2 = 0 \qquad x_1 = x_2 = 0$$

$a = 3$, $b = 5$, $c = -8$:

$$3x^2 = 5 - 8 \qquad x^2 = -1$$

keine Lösungen

Setzt man für die Variablen $a$, $b$ und $c$ bestimmte Zahlen ein, so erhält man jeweils eine spezielle Gleichung. Erfüllen die für $a$, $b$ und $c$ eingesetzten Zahlen die Ungleichung $\frac{b+c}{a} \geqq 0$, so ist die betreffende Gleichung lösbar, und man erhält ihre Lösungen durch Einsetzen aus

$$x_1 = \sqrt{\frac{b+c}{a}} \quad \text{und} \quad x_2 = -\sqrt{\frac{b+c}{a}}.$$

**Lineare Gleichungen mit einer Variablen**

Jede lineare Funktion $y = m x + b$; $(m \neq 0)$ hat genau eine Nullstelle; denn ihr Bild ist eine Gerade, die zur $x$-Achse nicht parallel ist, die mit dieser also genau einen Schnittpunkt hat.
Zur Bestimmung dieser Nullstelle setzt man $y$ gleich 0 (↗ 89) und erhält
$m x + b = 0$.
Gleichungen der Form $m x + b = 0$ und alle Gleichungen, die sich durch äquivalente Umformungen auf diese Form bringen lassen, heißen **lineare Gleichungen mit einer Variablen.**

**Rechnerische Lösung von Gleichungen**

Das Lösen von Gleichungen erfolgt mit Hilfe äquivalenter Umformungen.

**Äquivalente Umformungen**

1. Zusammenfassung entsprechender Glieder, die auf derselben Seite der Gleichung stehen.
Entsprechende Glieder sind jeweils: Die absoluten Glieder (↗ 92), die linearen Glieder und Glieder, die die Variable in derselben Potenz enthalten.
2. Addition oder Subtraktion derselben Zahl oder desselben Vielfachen der Variablen bzw. gleicher Potenzen von ihr auf beiden Seiten.
3. Multiplikation beider Seiten mit derselben von Null verschiedenen Zahl. Division beider Seiten durch dieselbe von Null verschiedene Zahl.
4. Vertauschung der Seiten.

Diese Umformungen werden in der Reihenfolge angewendet, die einen möglichst bequemen Lösungsweg für die gegebene Gleichung ergibt.

■ **a)**
$$m x + b = 0,\ m \neq 0 \quad | -b$$
$$m x = -b \quad | :m$$
$$x = -\frac{b}{m}$$

*Probe:*
$$m\left(-\frac{b}{m}\right) + b = 0$$
$$-b + b = 0$$
$$0 = 0$$

**b)**
$$3x - \frac{2x+5}{7} = 16 - \frac{7x+19}{2} - \frac{2x+1}{3}$$

*Mit Hauptnenner (42) multiplizieren:*
$$42\left(3x - \frac{2x+5}{7}\right) = 42\left(16 - \frac{7x+19}{2} - \frac{2x+1}{3}\right)$$

*Auflösen der Klammern:*
$$126x - 6(2x+5) = 672 - 21(7x+19) - 14(2x+1)$$

*Auflösen der Klammern:*
$$126x - 12x - 30 = 672 - 147x - 399 - 28x - 14$$

*Zusammenfassen:*
$$114x - 30 = -175x + 259 \quad | +175x + 30$$
$$289x = 289 \quad | :289$$
$$x = 1$$

*Probe:*
$$3 \cdot 1 - \frac{2 \cdot 1 + 5}{7} = 16 - \frac{7 \cdot 1 + 19}{2} - \frac{2 \cdot 1 + 1}{3}$$
$$3 - 1 = 16 - 13 - 1$$
$$2 = 2$$

c) $5x + a = 2b - 3a \mid -a$
$5x = 2b - 4a \mid :5$
$x = \frac{2b - 4a}{5}$

*Probe:*
$5 \cdot \frac{2b - 4a}{5} + a = 2b - 3a$
$2b - 3a = 2b - 3a$

Auflösung derselben Gleichung nach $a$:
$5x + a = 2b - 3a \mid -5x + 3a$
$4a = 2b - 5x \mid :4$
$a = \frac{2b - 5x}{4}$

Die Probe verläuft wie oben.

**Nicht-äquivalente Umformungen**

**1)** Division beider Seiten einer Gleichung durch die Variable. Dabei fällt die Zahl Null als Lösung fort.
**2)** Division beider Seiten einer Gleichung durch eine Summe oder ein Produkt, in denen die Variable vorkommt. Dabei fallen die Zahlen als Lösungen fort, für die die betreffende Summe bzw. das betreffende Produkt Null wird.

**C**

■ **a)** $x(x - 7) = x(x - 3)$
*Klammern auflösen*
$x^2 - 7x = x^2 - 3x \mid -x^2 + 3x$
$-4x = 0 \mid :(-4)$
$x = 0$

*Probe:*
$0(0 - 7) = 0(0 - 3)$
$0 = 0$

Division der gegebenen Gleichung durch die Variable $x$:
$x(x - 7) = x(x - 3) \mid :x$
$x - 7 = x - 3$
Diese Gleichung ist nicht lösbar. Die Lösung $x = 0$ ist also fortgefallen.

**b)** $(x - 3)(x + 4) = (x - 7)(x - 3)$
*Klammern auflösen*
$x^2 + 4x - 3x - 12 = x^2 - 3x - 7x + 21$
$x^2 + x - 12 = x^2 - 10x + 21 \mid -x^2 + 10x + 12$
$11x = 33 \mid :11$
$x = 3$

*Probe;*
$(3 - 3)(3 + 4) = (3 - 7)(3 - 3)$
$0 \cdot 7 = -4 \cdot 0$
$0 = 0$

Division der gegebenen Gleichung durch $x - 3$:
$(x - 3)(x + 4) = (x - 7)(x - 3) \mid :(x - 3)$
$x + 7 = x - 7$
Diese Gleichung ist nicht lösbar. Die Lösung $x = 3$ ist also fortgefallen.

Umformungen, bei denen durch Division beider Seiten der Gleichung Lösungen wegfallen, dürfen nur dann vorgenommen werden, wenn man zuvor untersucht hat, für welche Werte der Variablen der Divisior gleich Null wird. Diese Werte sind Lösungen der gegebenen Gleichung.

**3)** Multiplikation beider Seiten einer Gleichung mit der Variablen. Dabei kommt die Zahl Null als Lösung hinzu.
„Die Zahl kommt als Lösung hinzu" bedeutet, daß die betreffende Zahl Lösung der durch Multiplikation entstandenen Gleichung ist. Diese Zahl ist im allgemeinen jedoch nicht Lösung der ursprünglich gegebenen Gleichung.

**4)** Multiplikation beider Seiten einer Gleichung mit einer Summe oder einem Produkt, in denen die Variable vorkommt. Dabei kommen die Zahlen als Lösungen hinzu, für die die betreffende Summe bzw. das betreffende Produkt Null wird.

■ $x - 1 = x$ Diese Gleichung hat keine Lösung.
Multiplikation der gegebenen Gleichung mit $x - 1$

$$
\begin{aligned}
x - 1 &= x & &\mid \cdot (x-1) \\
(x-1)^2 &= x(x-1) & &\mid \textit{Auflösen der Klammern} \\
x^2 - 2x + 1 &= x^2 - x & &\mid -x^2 + 2x \textit{ (Seiten vertauschen)} \\
x &= 1
\end{aligned}
$$

*Probe:*

$$
\begin{aligned}
1 - 1 &= 1 \\
0 &= 1
\end{aligned}
$$

Die Zahl 1 ist zwar Lösung der Gleichung
$(x - 1)^2 = x(x - 1)$,
aber nicht Lösung der gegebenen Gleichung.

**Lineare Gleichungen mit Brüchen**

Lineare Gleichungen, in denen Brüche auftreten, werden zunächst mit dem Hauptnenner dieser Brüche multipliziert.

■ **a)** $\dfrac{9}{x} + \dfrac{1}{2} = \dfrac{10}{x} + \dfrac{4}{9}$;   $(x \neq 0)$

Hauptnenner: $18x$

$$\frac{9}{x} + \frac{1}{2} = \frac{10}{x} + \frac{4}{9} \qquad \mid \cdot 18x$$

Diese Multiplikation ist eine äquivalente Umformung, da $x = 0$ nicht als Lösung hinzukommen kann. Diese Zahl mußte nämlich von vornherein ausgeschlossen werden, da für $x = 0$ die gegebene Gleichung keinen Sinn hat.

$$
\begin{aligned}
18x \cdot \frac{9}{x} + 18x \cdot \frac{1}{2} &= 18x \cdot \frac{10}{x} + 18x \cdot \frac{4}{9} & &\mid \textit{Kürzen} \\
162 + 9x &= 180 + 8x & &\mid -8x - 162 \\
x &= 18
\end{aligned}
$$

*Probe:*

$$\frac{9}{18} + \frac{1}{2} = \frac{10}{18} + \frac{4}{9}$$

$$1 = 1$$

**b)** $\frac{x+3}{x-2} = \frac{x-7}{x-4}$; $(x \neq 2; x \neq 4)$

Hauptnenner: $(x-2)(x-4)$

$$\frac{x+3}{x-2} = \frac{x-7}{x-4} \Big| \cdot (x-2)(x-4)$$

Auch hier ist diese Multiplikation eine äquivalente Umformung, da $x = 2$ und $x = 4$ ausgeschlossen sind.

$$(x-2)(x-4)\frac{x+3}{x-2} = (x-2)(x-4)\frac{x-7}{x-4}$$

*Kürzen und Klammern auflösen:*

$$x^2 - 4x + 3x - 12 = x^2 - 2x - 7x + 14$$

*Zusammenfassen:*

$$x^2 - x - 12 = x^2 - 9x + 14 \,|\, -x^2 + 9x + 12$$

$$8x = 26$$

$$x = \frac{13}{4}$$

*Probe:*

$$\frac{\frac{13}{4} + 3}{\frac{13}{4} - 2} = \frac{\frac{13}{4} - 7}{\frac{13}{4} - 4}$$

$$\frac{\frac{25}{4}}{\frac{5}{4}} = \frac{\frac{-15}{4}}{-\frac{3}{4}}$$

$$5 = 5$$

Graphische Lösung von Gleichungen

Jede lineare Gleichung mit einer Variablen (z. B. $x$) läßt sich durch äquivalente Umformungen auf die Form $m\,x + b = 0$; $(m \neq 0)$ bringen.

Die Lösung dieser Gleichung ist die Nullstelle der Funktion $y = m\,x + b$ (↗ 98).

Zur graphischen Lösung der Gleichung $m\,x + b = 0$ zeichnet man das Bild der Funktion $y = m\,x + b$ und liest die Nullstelle aus der Zeichnung ab.

Wegen der Zeichenungenauigkeit bekommt man nach diesem Verfahren im allgemeinen nicht die genaue Lösung.

■ $3x + 5 = 0$; zugehörige Funktionsgleichung: $y = 3x + 5$

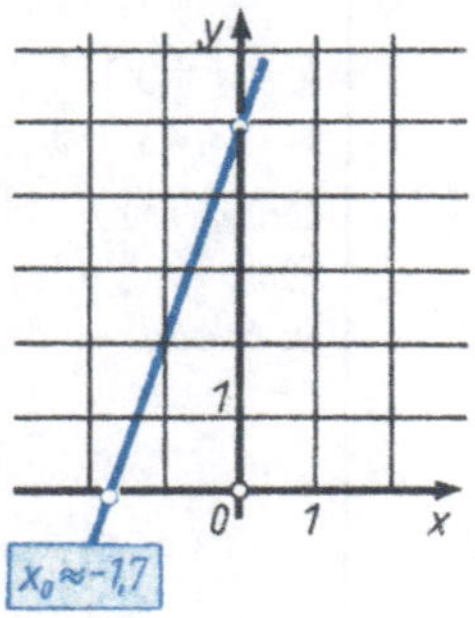


Nullstelle: $x \approx -1{,}7$

*Probe*:

$$3 \cdot (-1{,}7) + 5 = 0$$
$$-5{,}1 + 5 = 0$$
$$-0{,}1 = 0$$

Die Probe führt zu einer falschen Aussage. Im Rahmen der Zeichenungenauigkeit kann man sie jedoch durch die wahre Aussage $-0{,}1 \approx 0$ ersetzen. Daher ist $-1{,}7$ Näherungslösung (↗ 75) der gegebenen Gleichung.

**Lineare Gleichungen mit zwei Variablen**

Jede Gleichung, die durch äquivalente Umformungen auf die Form $Ax + Bx = C$ gebracht werden kann, heißt **lineare Gleichung mit zwei Variablen** ($x$ und $y$). In dieser Gleichung sind $B$, $A$ und $C$ feste reelle Zahlen. Die Variablen $x$ und $y$ treten nur in der ersten Potenz auf. Jedes Zahlenpaar $[x; y]$, das die Gleichung $Ax + By = C$ erfüllt, heißt *Lösung* dieser Gleichung (↗ 96; Def. 7).
Jede lineare Gleichung mit zwei Variablen hat unendlich viele Lösungen, ausgenommen der Fall $A = B = 0$ und $C \neq 0$.

■

| *Lineare Gleichungen mit zwei Variablen* | | |
|---|---|---|
| $A \neq 0, B \neq 0, C \neq 0$ | $A \neq 0, B \neq 0, C = 0$ | $A \neq 0, B = 0, C \neq 0$ |
| $3x + 4y = 7$ | $5x - y = 0$<br>$y = 5x$ | $\frac{1}{2}x + 0 \cdot y = 3$<br>$x = 6$ |
| *Lösungen sind z. B. die Paare* $[1; 1]$; $[-1; 2{,}5]$; $[0; \frac{7}{4}]$; $[\frac{7}{3}; 0]$ | *Lösungen sind Paare* $[x; 5x]$ (*x beliebig reell*) | *Lösungen sind Paare* $[6; y]$ (*y beliebig reell*) |
| 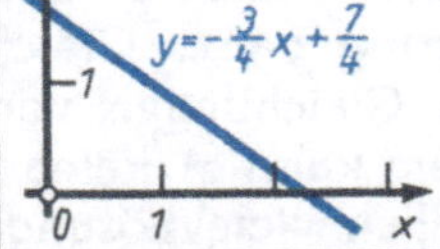 | 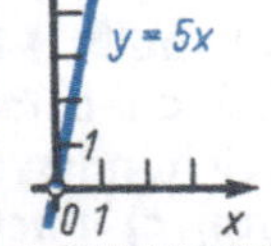 | 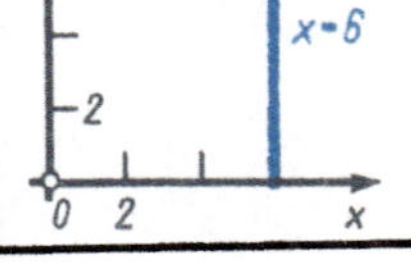 |

*Lineare Gleichungen mit zwei Variablen*

| $A \neq 0;\ B = 0;\ C = 0$ | $A = 0;\ B \neq 0;\ C \neq 0$ | $A = 0;\ B \neq 0;\ C = 0$ |
|---|---|---|
| $\frac{2}{3}x + 0 \cdot y = 0$<br>$x = 0$<br>*Lösungen sind Paare* $[0; y]$, *(y beliebig reell)*<br>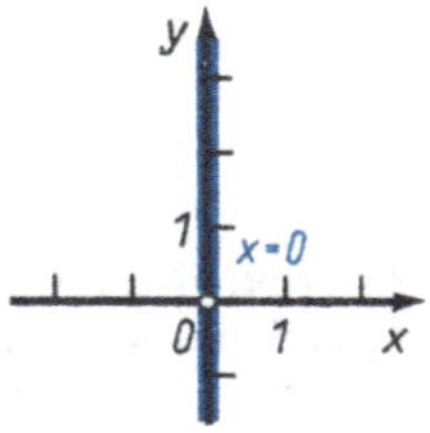<br> | $0 \cdot x + \frac{7}{5}y = \frac{3}{2}$<br>$y = \frac{15}{14}$<br>*Lösungen sind Paare* $[x; \frac{15}{14}]$, *(x beliebig reell)*<br>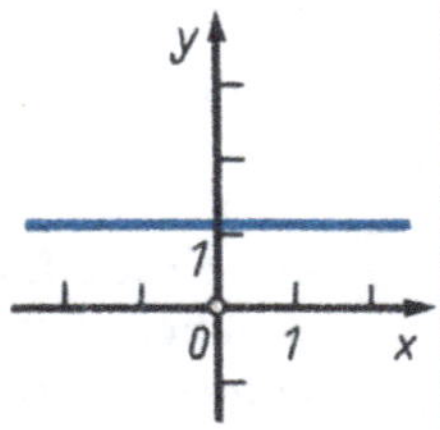<br> | $0 \cdot x - \frac{1}{10}y = 0$<br>$y = 0$<br>*Lösungen sind Paare* $[x; 0]$, *x beliebig reell*<br>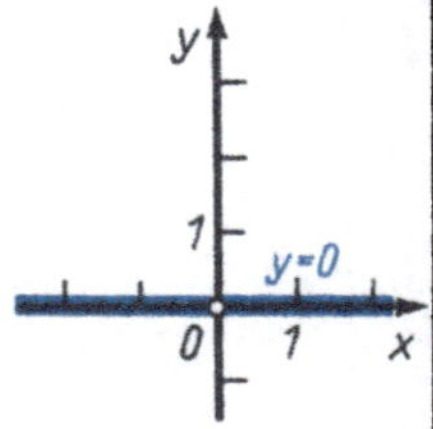<br> |

| $A = 0;\ B = 0;\ C \neq 0$ | $A = 0;\ B = 0;\ C = 0$ |
|---|---|
| $0 \cdot x + 0 \cdot y = 5$<br>$0 = 5$<br>*keine Lösung* | $0 \cdot x + 0 \cdot y = 0$<br>$0 = 0$<br>*Lösungen sind alle Zahlenpaare* $[x; y]$, *(x, y beliebig reell)*<br>*Die graphische Darstellung ist die ganze Ebene.* |

Die graphische Darstellung der Gleichung $Ax + By = C$ ist also stets eine Gerade, falls wenigstens einer der Koeffizienten $A$ und $B$ ungleich Null ist.

**Systeme linearer Gleichungen mit zwei Variablen**

Betrachtet man zwei Gleichungen und sucht die Zahlenpaare, die *beide* Gleichungen erfüllen, so nennt man diese Gleichungen **ein System von zwei linearen Gleichungen mit zwei Variablen.**

(1) $A_1 x + B_1 y = C_1$ Variable: $x, y$
(2) $A_2 x + B_2 y = C_2$ feste Zahlen: $A_1, B_1, C_1, \quad A_2, B_2, C_2$.

Jedes Zahlenpaar, das beide Gleichungen des Systems erfüllt, heißt **Lösung** dieses Gleichungssystems. Die Probe muß an *beiden* Gleichungen vorgenommen werden. Ein Gleichungssystem kann a) keine Lösung, b) genau eine Lösung, c) unendlich viele Lösungen haben.

■ **a)** (1) $3x + 4y = 3$ } keine Lösung
(2) $3x + 4y = 8$

**b)** (1) $2x - 4y = -8$ } Lösung: $x = 2$
(2) $-0{,}5x + 3y = 8$ $y = 3$

**c)** (1) $x + y = 2$ } Unendlich viele Lösungen
(2) $4x + 4y = 8$ (Jedes Paar, das die erste Gleichung erfüllt, erfüllt auch die zweite Gleichung)

Im Fall a) sagt man: Die Gleichungen des Systems widersprechen einander. So kann in Beispiel a) die Summe $3x + 4y$ nicht gleich 3 *und* gleich 8 sein.
Im Fall c) sagt man: Die Gleichungen des Systems sind abhängig. Im Beispiel c) ist Gleichung (2) durch Multiplikation mit 4 aus Gleichung (1) entstanden, also besteht das System eigentlich aus nur einer Gleichung.

**Rechnerische Lösung von Systemen linearer Gleichungen mit zwei Variablen**

Zur Lösung von Gleichungssystemen gibt es drei Verfahren:
*a) das Gleichsetzungsverfahren,*
*b) das Einsetzungsverfahren,*
*c) das Verfahren der gleichen Koeffizienten.*
Das Ziel jedes dieser Verfahren ist es, das Lösen von einem System mit zwei Variablen auf das Lösen von Gleichungen mit einer Variablen zurückzuführen. Man sagt: Eine der Variablen wird **eliminiert**.
Jedes Gleichungssystem kann mit jedem der drei Lösungsverfahren gelöst werden, falls es überhaupt lösbar ist.
In den folgenden Beispielen treten zunächst nur solche Systeme auf, die genau eine Lösung haben.

**Gleichsetzungsverfahren**

■ (1) $y = 1 + x$
(2) $y = 13 - 2x$

Wenn man die Existenz einer Lösung voraussetzt, so erfüllen die Zahlen des Lösungspaares beide Gleichungen. Auf den linken Seiten der beiden Gleichungen steht dann dieselbe Zahl, also auch auf den rechten Seiten, d. h. es gilt $1 + x = 13 - 2x$.
Die beiden rechten Seiten wurden gleichgesetzt. Dadurch ist die Variable $y$ eliminiert worden und eine Gleichung mit einer Variablen entstanden, die wie üblich gelöst wird:

$$1 + x = 13 - 2x \qquad | + 2x - 1$$
$$3x = 12$$
$$x = 4$$

Damit ist eine Zahl des Lösungspaares gefunden. Zur Bestimmung der anderen setzt man sie in eine der gegebenen Gleichungen ein: *Probe*:

(1) $y = 1 + 4$
$y = 5$

(1) $5 = 1 + 4$
$5 = 5$

(2) $5 = 13 - 2 \cdot 4$
$5 = 5$

**Einsetzungsverfahren** ■

(1) $9x - 5y = 3$
(2) $y = 8x - 13$

Unter der Voraussetzung der Existenz einer Lösung werden beide Gleichungen von den Zahlen des Lösungspaares erfüllt. Gleichung (2) besagt dann, daß man in Gleichung (1) $8x - 13$ für $y$ einsetzen und so die Variable $y$ eliminieren kann:

| | |
|---|---|
| (1) $9x - 5(8x - 13) = 3$ | *Klammer auflösen* |
| $9x - 40x + 65 = 3$ | *Zusammenfassen* |
| $-31x + 65 = 3$ | *−65* |
| $-31x = -62$ | *: (−31)* |
| $x = 2$ | *Einsetzen in (2)* |

(2) $y = 8 \cdot 2 - 13$
$y = 3$

*Probe:*

(1) $9 \cdot 2 - 5 \cdot 3 = 3$
$3 = 3$

(2) $3 = 8 \cdot 2 - 13$
$3 = 3$

**Verfahren der gleichen Koeffizienten** ■

(1) $6x - 4y = -28$
(2) $7x + 2y = -6$

Nimmt man wieder an, daß eine Lösung existiert, so werden von den Zahlen des Lösungspaares die gegebenen Gleichungen und auch alle bei den folgenden Umformungen auftretenden Gleichungen erfüllt.
Durch geeignetes Multiplizieren oder Dividieren beider Gleichungen erhält man für eine der Variablen gleiche Koeffizienten. Durch Addition oder Subtraktion der Gleichungen wird dann diese Variable eliminiert.

*Eliminieren von x:*

(1) $6x - 4y = -28 \quad | \cdot 7$
(2) $7x + 2y = -6 \quad | \cdot 6$

(1) $42x - 28y = -196$
(2) $42x + 12y = -36$

(1)−(2):
$-40y = -160$
$y = 4$

*Eliminieren von y:*

(1) $6x - 4y = -28 \quad | : 2$
(2) $7x + 2y = -6$

(1) $3x - 2y = -14$
(2) $7x + 2y = -6$

(1)+(2):
$10x = -20$
$x = -2$

*Einsetzen in (2):*

$$(2)\ 7x + 2 \cdot 4 = -6 \quad | -8$$
$$7x = -14 \quad | :7$$
$$x = -2$$

*Einsetzen in (2):*

$$(2)\ 7 \cdot (-2) + 2y = -6 \quad | +14$$
$$2y = 8 \quad | :2$$
$$y = 4$$

*Probe:*

$$(1)\ 6 \cdot (-2) - 4 \cdot 4 = -28$$
$$-28 = -28$$

$$(2)\ 7 \cdot (-2) + 2 \cdot 4 = -6$$
$$-6 = -6$$

Man kann mit Hilfe der drei genannten Verfahren entscheiden, ob ein gegebenes Gleichungssystem genau eine oder keine Lösung oder unendlich viele Lösungen hat.

■

$$(1)\ \frac{11}{4}x + \frac{11}{2}y = \frac{17}{4}$$
$$(2)\ \frac{x}{2} = 1 - y \quad | \cdot 2$$

---

$$(2)\ x = 2 - 2y \quad | \textit{Einsetzen in (1)}$$
$$(1)\ \frac{11}{4}(2 - 2y) + \frac{11}{2}y = \frac{17}{4}$$
$$\frac{11}{2} - \frac{11}{2}y + \frac{11}{2}y = \frac{17}{4}$$
$$\frac{11}{2} = \frac{17}{4}$$

Es hat sich ein Widerspruch ergeben. Das bedeutet, daß es kein Zahlenpaar gibt, das beide Gleichungen des gegebenen Systems erfüllt. Die beiden Gleichungen widersprechen einander.
Das erkennt man deutlich auch daran, daß man das gegebene Gleichungssystem auf folgende Form bringen kann:

$$(1)\quad x + 2y = \frac{17}{11}$$
$$(2)\quad x + 2y = 2$$

(↗ 105, Fall a)

---

■

$$(1)\quad x - 3y = 15$$
$$(2)\quad y = \frac{1}{3}x - 5 \quad | \textit{Einsetzen in (1)}$$

---

$$x - 3\left(\frac{1}{3}x - 5\right) = 15$$
$$x - x + 15 = 15$$
$$15 = 15$$

Es ist die wahre Aussage 15 = 15 entstanden.
Das System hat unendlich viele Lösungen. Jedes Zahlenpaar, das die eine Gleichung erfüllt, erfüllt auch die an-

C

dere. Die Gleichungen sind voneinander abhängig. Das zeigt auch folgende Umformung:

$$
\begin{array}{lll}
(1) & x - 3y = 15 & \\
(2) & y = \frac{1}{3}x - 5 & \mid (-3) \\
\hline
(1) & x - 3y = 15 & \\
(2) & -3y = -x + 15 & \mid +x \\
\hline
(1) & x - 3y = 15 & \\
(2) & x - 3y = 15 & (\nearrow 105,\ \text{Fall c)})
\end{array}
$$

Die Anwendung jeweils eines der drei Lösungsverfahren auf ein Gleichungssystem ergibt
a) einen Widerspruch, falls das System nicht lösbar ist,
b) die Lösung, falls das System genau eine Lösung hat,
c) eine wahre Aussage, falls das System unendlich viele Lösungen hat.

**Graphische Lösung von Systemen linearer Gleichungen mit zwei Variablen**

Zur graphischen Lösung eines Systems von zwei linearen Gleichungen mit zwei Variablen stellt man die Lösungen beider Gleichungen (↗ 104) in ein und demselben Koordinatensystem dar. Dadurch erhält man zwei Geraden, falls nicht in einer Gleichung $A = 0$ und $B = 0$ ist. Die Lösungen des Gleichungssystems sind diejenigen Zahlenpaare, die beide Gleichungen erfüllen. Die graphischen Darstellungen dieser Lösungen sind also diejenigen Punkte, die auf beiden Geraden liegen.
Hat das gegebene Gleichungssystem genau eine Lösung, so findet man diese als Koordinaten des Schnittpunktes der beiden Geraden in der graphischen Darstellung

| Graphische Lösung von Gleichungssystemen | | |
|---|---|---|
| *1. Fall:* 2 parallele nicht zusammenfallende Geraden | Gleichungen widersprechen einander | keine Lösungen |
| *2. Fall:* 2 einander schneidende Geraden | | genau eine Lösung |
| *3. Fall:* 2 zusammenfallende Geraden | Gleichungen sind voneinander abhängig | unendlich viele Lösungen |

**Wegen der Zeichenungenauigkeit erhält man im allgemeinen Näherungslösungen. Das ist auch bei der Probe zu berücksichtigen.**

■ (↗ 105, erstes Beispiel)

**a)** (1) $3x + 4y = 3$
(2) $3x + 4y = 8$

(1) $y = -\frac{3}{4}x + \frac{3}{4}$

(2) $y = -\frac{3}{4}x + 2$

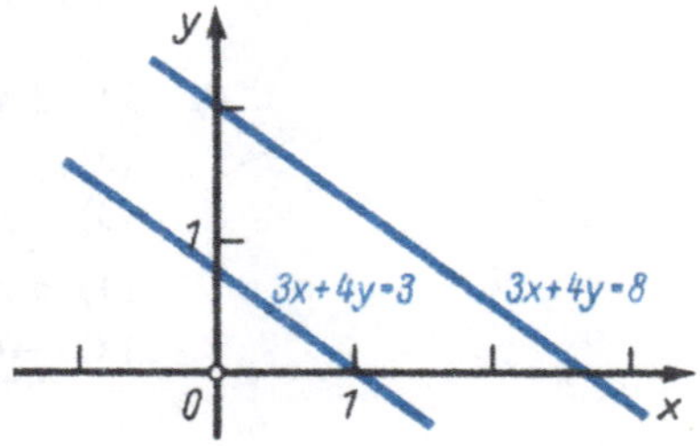


**b)** (1) $2x - 4y = -8$
(2) $-\frac{1}{2}x + 3y = 8$

(1) $y = \frac{1}{2}x + 2$

(2) $y = \frac{1}{6}x + \frac{8}{3}$

Man liest ab:
$x \approx 2;\ y \approx 3$

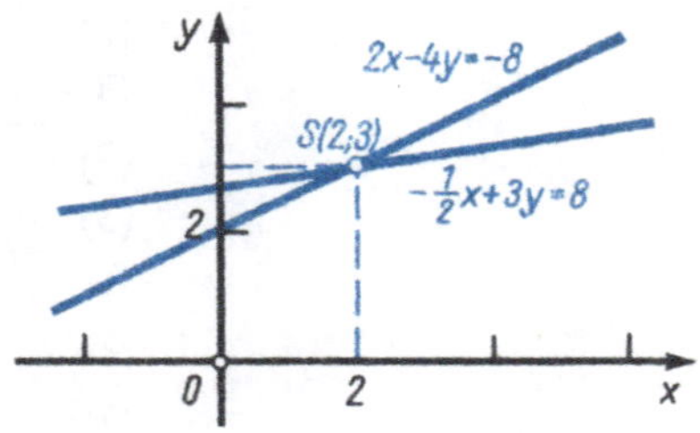


**c)** (1) $x + y = 2$
(2) $4x + 4y = 8$

(1) $y = -x + 2$
(2) $y = -x + 2$

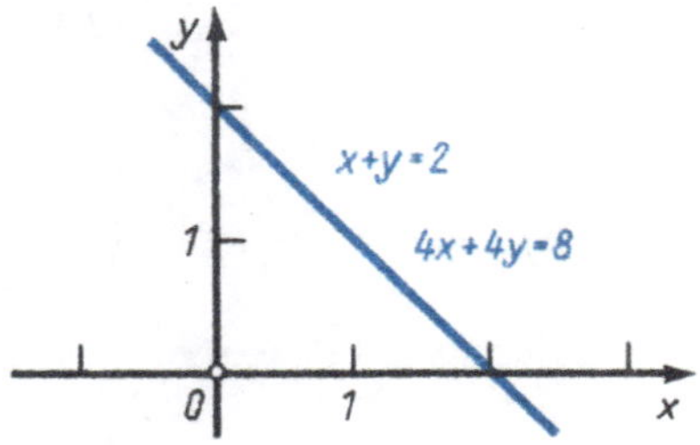


■ (1) $x + 5y = 2{,}3$
(2) $x + y = 1{,}5$

(1) $y = -\frac{1}{5}x + 0{,}46$

(2) $y = -x + 1{,}5$

Man liest ab:
$x \approx 1{,}4;\ y \approx 0{,}2$

*Probe:*

(1) $1{,}4 + 5 \cdot 0{,}2 \approx 2{,}3$
$2{,}4 \approx 2{,}3$

(2) $1{,}4 + 0{,}2 \approx 1{,}5$
$1{,}6 \approx 1{,}5$

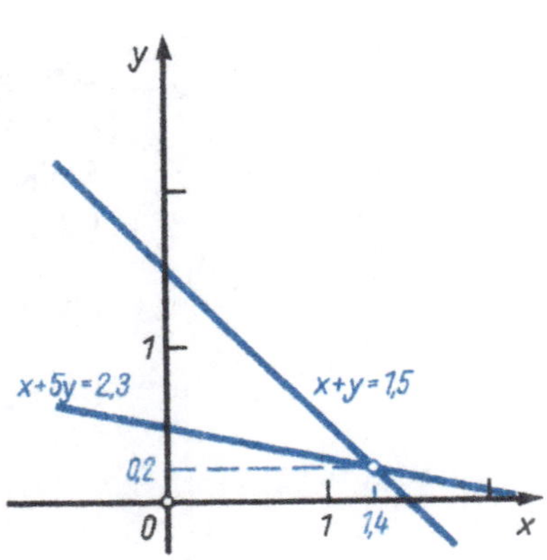

**Systeme von drei linearen Gleichungen mit drei Variablen**

Mit Hilfe derselben Lösungsverfahren wie bei Systemen von zwei linearen Gleichungen mit zwei Variablen werden die Anzahl der Gleichungen und die Anzahl der Variablen schrittweise verringert.

■

| | | |
|---|---|---|
| (1) | $3x + 4y + 3z = 1$ | $\cdot 2$ |
| (2) | $2x - y - z = 6$ | $\cdot (-3)$ |
| (3) | $x + 3y + 2z = -1$ | |
| (1) | $6x + 8y + 6z = 2$ | *Addition* |
| (2) | $-6x + 3y + 3z = -18$ | *von (1) und (2)* |
| (1′) | $11y + 9z = -16$ | |
| (1) | $3x + 4y + 3z = 1$ | |
| (2) | $2x - y - z = 6$ | |
| (3) | $x + 3y + 2z = -1$ | $\cdot (-2)$ |
| (2) | $2x - y - z = 6$ | *Addition von* |
| (3) | $-2x - 6y - 4z = 2$ | *(2) und (3)* |
| (2′) | $-7y - 5z = 8$ | |
| (1′) | $11y + 9z = -16$ | $\cdot 5$ |
| (2′) | $-7y - 5z = 8$ | $\cdot 9$ |
| (1′) | $55y + 45z = -80$ | *Addition von* |
| (2′) | $-63y - 45z = 72$ | *(1′) und (2′)* |
| | $-8y = -8$ | $:(-8)$ |
| | $y = 1$ | *Einsetzen in (2′)* |
| (2′) | $-7 \cdot 1 - 5z = 8$ | $+7$ |
| | $-5z = 15$ | $:(-5)$ |
| | $z = -3$ | |

$y = 1$ und $z = 3$ in (3) einsetzen:

$x + 3 \cdot 1 + 2 \cdot (-3) = -1$

$x = 2$

*Lösung:*

$x = 2;\ y = 1;\ z = -3$

*Probe:*

(1) $3 \cdot 2 + 4 \cdot 1 + 3(-3) = 1$
$1 = 1$

(2) $2 \cdot 2 - 1 + 3 = 6$
$6 = 6$

(3) $2 + 3 \cdot 1 + 2(-3) = -1$
$-1 = -1$

## 4. PROPORTIONALITÄT

**Zahlenvergleich durch Differenzen**

Zum Vergleich von Zahlen $a$ und $b$ kann man die Differenzen $a - b$ oder $b - a$ bilden.
Der Betrag $|a - b| = |b - a|$ dieser Differenzen gibt den „Unterschied" der Zahlen $a$ und $b$ an.

■ $a = -10{,}5$   $b = 3{,}9$    $|a - b| = |b - a| = 14{,}4$

Die beiden Zahlen unterscheiden sich um 14,4.

**durch Quotienten**

Zum Vergleich von Zahlen $a$ und $b$ ($a, b \neq 0$) kann man auch die Quotienten $\frac{a}{b}$ oder $\frac{b}{a}$ bilden.

**Das Verhältnis zweier Zahlen**

▶ **DEFINITION 9: Sind die Zahlen $a$ und $b$ von 0 verschieden, so heißt der Quotient $\frac{a}{b}$ (auch $a{:}b$ geschrieben) das Verhältnis von $a$ zu $b$.**

Sind $a$ und $b$ rationale Zahlen (↗ 59), so sind auch ihre Verhältnisse $\frac{a}{b}$ bzw. $\frac{b}{a}$ rationale Zahlen. Sie lassen sich daher als Quotienten ganzer Zahlen (↗ 67) schreiben. Das Verhältnis $\frac{\sqrt{2}}{7}$ z. B. ist dagegen irrational (↗ 74) und daher nicht als Quotient ganzer Zahlen darstellbar.

■ $a = -2{,}4$   $b = 6$    $\frac{a}{b} = \frac{-2{,}4}{6} = \frac{-2}{5} = -0{,}4$

Das Verhältnis von $-2{,}4$ zu 6 ist also gleich $-0{,}4$.

**Vergleich von Größenangaben**

In der Praxis werden nicht nur Zahlen, sondern auch Größenangaben miteinander verglichen. Größen sind z. B. Länge, Geschwindigkeit, Temperatur, Arbeit. Ihre charakteristische Eigenschaft besteht darin, daß sie gemessen werden können. Größenangaben bestehen aus einer Zahl, der **Maßzahl**, und einer **Einheit**. Zwei gleichartige Größenangaben können verglichen werden, indem man das Verhältnis ihrer Maßzahlen bildet. Dabei muß für Zahlenangaben ein und derselben Größe die gleiche Einheit verwendet werden. Sollen verschiedenartige Größenangaben verglichen werden, so wird dem Verhältnis der Maßzahlen eine Benennung hinzugefügt, die sich aus den Einheiten der zu vergleichenden Größenangaben ergibt.

Werden Größenangaben verglichen, so sagt man auch: es wird das Verhältnis der Größen gebildet.

■ a) Verhältnis der Spurweiten bei Modellbahn Spur TT und Reichsbahn:

$$\frac{12\ \text{mm}}{1435\ \text{mm}} \approx \frac{1}{120}$$

b) Von einem 2 Hektar großen Acker wurden 60 dt Weizen geerntet.

$$\frac{60\ \text{dt}}{2\ \text{ha}} = 30\,\frac{\text{dt}}{\text{ha}}.$$

**Der absolute Fehler**

Bei Angaben von Meß- und Näherungswerten treten stets Abweichungen vom wahren Wert auf.

▶ **DEFINITION 10: Die Differenz zwischen einem Meß- oder Näherungswert und dem wahren Wert einer Größe heißt absoluter Fehler.**

C

Je nach Vorzeichen dieser Differenz ist der absolute Fehler positiv oder negativ. Er hat dieselbe Maßeinheit wie die betrachtete Größe.

**Der relative Fehler**

**DEFINITION 11: Das Verhältnis des absoluten Fehlers zum wahren Wert heißt relativer Fehler.**

Der relative Fehler ist eine unbenannte Zahl, die dasselbe Vorzeichen hat wie der zugehörige absolute Fehler. Er wird oft in Prozenten angegeben. (↗ 118)

■ Mit Zirkel und Lineal wurde ein rechter Winkel konstruiert. Nachträgliche Messung ergab 89,5°.

| *absoluter Fehler* | *relativer Fehler* |
|---|---|
| $89{,}5° - 90° = -0{,}5°$ | $-\frac{0{,}5}{90} = -0{,}00\overline{5} \approx -0{,}6\,\%$ |

**Direkte Proportionalität**

**DEFINITION 12: Eine Größe $y$ heißt zu einer anderen Größe $x$ direkt proportional (geschrieben: $y \sim x$), wenn bei festgewählten Maßeinheiten folgendes gilt:**
**1. Jeder Maßzahl der ersten Größe ist genau eine Maßzahl der zweiten Größe zugeordnet (↗ 82) und umgekehrt.**

**2. Jede Maßzahl der einen Größe ergibt sich aus der zugeordneten Maßzahl der anderen Größe durch Multiplikation mit einem einheitlichen Faktor *k*. Dieser Faktor heißt Proportionalitätsfaktor.**

$$y = k \cdot x$$

*Bemerkung:* Aus dem jeweiligen Zusammenhang geht hervor, ob die Variablen zur Bezeichnung von Größen oder zur Bezeichnung von Maßzahlen verwendet werden.
Der Proportionalitätsfaktor hat eine Benennung, die sich aus den Einheiten der proportionalen Größen ergibt. Je nach Wahl dieser Einheiten kann der Proportionalitätsfaktor bei ein und demselben Sachverhalt verschieden sein.

■ Ein Pkw fährt mit einer konstanten Geschwindigkeit $v$ von $90\,\frac{\text{km}}{\text{h}}$. Die beiden Größen Fahrzeit $t$ und Weg $s$ sind proportional: $s \sim t$.
Mißt man den Weg in Kilometern und die Fahrzeit in Stunden, so ist 90 Proportionalitätsfaktor mit der Benennung $\frac{\text{km}}{\text{h}}$:

$$s = 90\,\frac{\text{km}}{\text{h}} \cdot t.$$

Mißt man dagegen den Weg in Kilometern und die Fahrzeit in Minuten, so ist wegen $90\,\frac{\text{km}}{\text{h}} = 1{,}5\,\frac{\text{km}}{\text{min}}$ die Zahl 1,5 Proportionalitätsfaktor:

$$s = 1{,}5\,\frac{\text{km}}{\text{min}} \cdot t.$$

**Graphische Darstellung der direkten Proportionalität**

Jede Gleichung $y = k \cdot x$, die den Zusammenhang zweier direkt proportionaler Größen angibt, ist die Gleichung einer linearen Funktion (↗ 90), deren Bild eine Gerade durch den Ursprung (↗ 91) ist. Stellt man einander zugeordnete Maßzahlen zweier direkt proportionaler Größen als Punkte in einem Koordinatensystem dar, so liegen diese Punkte auf einer solchen Geraden.

**Indirekte (umgekehrte) Proportionalität**

▶ **DEFINITION 13: Eine Größe *y* heißt zu einer anderen Größe *x* indirekt proportional, wenn bei festgewählten Maßeinheiten folgendes gilt:**
**1. Jeder Maßzahl der ersten Größe ist genau eine Maßzahl der zweiten Größe zugeordnet und umgekehrt.**

C

**2. Das Produkt der Maßzahlen ist konstant.**

| |
|---|
| $x \cdot y = c$ |

Aus $x \cdot y = c$ folgt $y = c \cdot \frac{1}{x}$, d. h. $y$ ist zum Reziproken (↗ 47) von $x$ direkt proportional: $y \sim \frac{1}{x}$. Daher bezeichnet man die Konstante $c$ auch bei der indirekten Proportionalität als **Proportionalitätsfaktor**. Er hat i. a. eine Benennung, die sich aus den Einheiten der indirekt proportionalen Größen ergibt, und hängt von der Wahl dieser Einheiten ab.

Die Gleichungen $y = c \cdot \frac{1}{x}$, die den Zusammenhang zweier indirekt proportionaler Größen angeben, sind nicht Gleichungen von linearen Funktionen, sondern von Potenzfunktionen ($y = c \cdot x^{-1}$) (↗ 137; Def. 26).

C

■ Für einen bestimmten Weg braucht
**a)** ein Omnibus 1 Stunde bei einer Durchschnittsgeschwindigkeit von 60 km · h$^{-1}$,
**b)** ein Mopedfahrer 2 Stunden bei einer Durchschnittsgeschwindigkeit von 30 km · h$^{-1}$,
**c)** ein Radfahrer 6 Stunden bei einer Durchschnittsgeschwindigkeit von 10 km · h$^{-1}$.

In allen drei Fällen ist das Produkt der Maßzahlen von Geschwindigkeit und Zeit gleich 60, also konstant. Das bedeutet: Bei einer bestimmten Weglänge sind Durchschnittsgeschwindigkeit und Zeit indirekt proportional. Bezeichnet man die Zeit mit $t$ und die Durchschnittsgeschwindigkeit mit $v$, so gilt $v \cdot t = s$. Dabei ist der konstante Proportionalitätsfaktor $s$ = 60 km der in allen drei Fällen zurückgelegte Weg.

**Gegenüberstellung**

**Direkte Proportionalität**

| | | | | | | |
|---|---|---|---|---|---|---|
| $x$ | 1 | 2 | 3 | 3,5 | 7 | 10 |
| $y$ | 6 | 12 | 18 | 21 | 42 | 60 |

**Indirekte Proportionalität**

| | | | | | | |
|---|---|---|---|---|---|---|
| $x$ | 0,5 | 1 | 2 | 5 | 7,5 | 10 |
| $y$ | 18 | 9 | 4,5 | 1,8 | 1,2 | 0,9 |

**Direkte Proportionalität**

Je *größer* die Werte von $x$ sind, desto *größer* sind die Werte von $y$.

Werden die Werte von $x$ verdoppelt, verdreifacht usw., so werden auch die entsprechenden Werte von $y$ verdoppelt, verdreifacht usw.

Werden die Werte von $x$ halbiert, gedrittelt usw., so werden auch die entsprechenden Werte von $y$ halbiert, gedrittelt usw.

Die Werte von $y$ ergeben sich aus den entsprechenden Werten von $x$ durch Multiplikation mit $k$.

$$y \sim x;\ y = k \cdot x$$

Die **Verhältnisse** einander zugeordneter Zahlen sind alle gleich dem Proportionalitätsfaktor $k$.

$$\frac{y}{x} = k$$

Das Verhältnis zweier beliebiger Werte von $x$ ist gleich dem Verhältnis der zugeordneten Werte von $y$.

**Indirekte Proportionalität**

Je *größer* die Werte von $x$ sind, desto *kleiner* sind die Werte von $y$.

Werden die Werte von $x$ verdoppelt, verdreifacht usw., so werden die entsprechenden Werte von $y$ halbiert, gedrittelt usw.

Werden die Werte von $x$ halbiert, gedrittelt usw., so werden die entsprechenden Werte von $y$ verdoppelt, verdreifacht usw.

Die Werte von $y$ ergeben sich aus den Reziproken der entsprechenden Werte von $x$ durch Multiplikation mit $c$.

$$y \sim \frac{1}{x};\ y = c \cdot \frac{1}{x}$$

Die **Produkte** einander zugeordneter Zahlen sind alle gleich dem Proportionalitätsfaktor $c$.

$$x \cdot y = c$$

Das Verhältnis zweier beliebiger Werte von $x$ ist gleich dem reziproken Verhältnis der zugeordneten Werte von $y$.

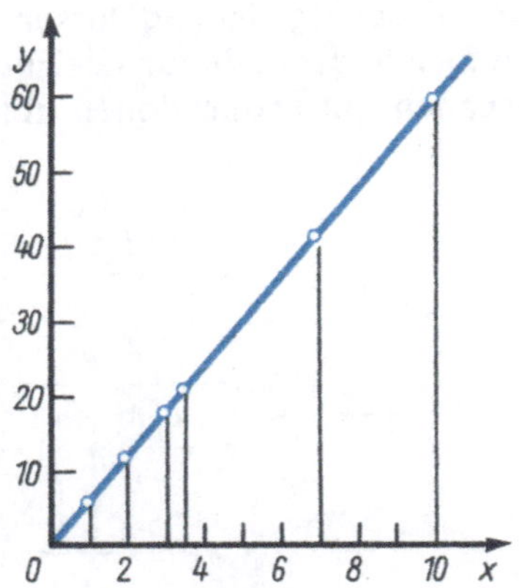


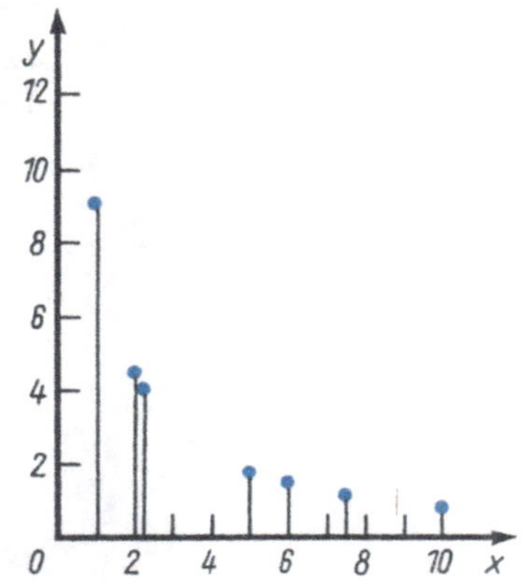

## 5. PROPORTIONEN

**Proportion (Verhältnisgleichung)**

▶ **DEFINITION 14: Eine Gleichung der Form**
$a:b = c:d \ (a, b, c, d \neq 0)$
**heißt Verhältnisgleichung oder Proportion.**
**Die Zahlen $a$, $b$, $c$ und $d$ heißen die Glieder der Proportion.**

Die Gleichung $a : b = c : d$ wird auch folgendermaßen gelesen: $a$ verhält sich zu $b$ wie $c$ zu $d$, kürzer: $a$ zu $b$ wie $c$ zu $d$. Statt $a : b = c : d$ schreibt man auch $\frac{a}{b} = \frac{c}{d}$ ↗ 111; Def. 9). Die Glieder werden nach ihrer Anordnung in der Proportion benannt.

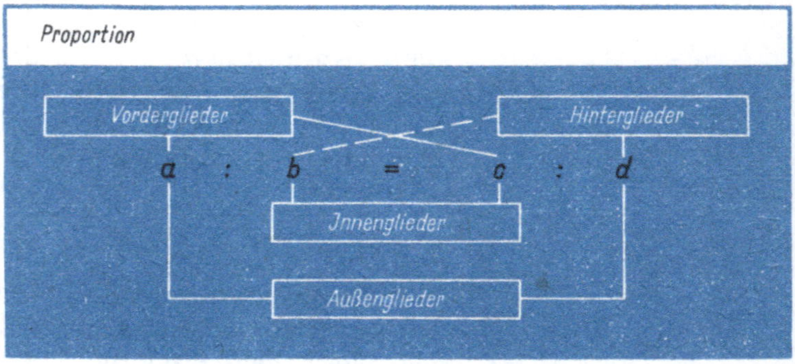


**Produktgleichung**

Wird die Proportion $a : b = c : d$ mit $b \cdot d$ multipliziert, so ergibt sich die Gleichung $a \cdot d = b \cdot c$. Sie heißt die zur gegebenen Proportion gehörige **Produktgleichung.**

▶ **SATZ 15: In jeder Proportion ist das Produkt der Innenglieder gleich dem Produkt der Außenglieder.**

Aus der Produktgleichung lassen sich durch Anwendung der Umformungsregeln für Gleichungen weitere Regeln für das Rechnen mit Proportionen ableiten.

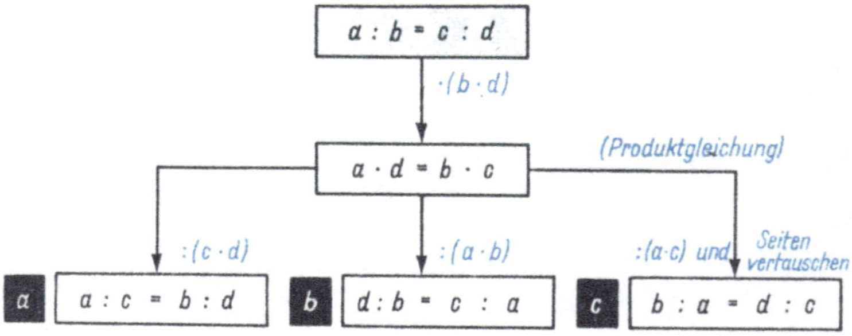

**SATZ 16: In jeder Proportion kann man vertauschen**
**a) die Innenglieder untereinander,**
**b) die Außenglieder untereinander,**
**c) die Innenglieder gegen die Außenglieder.**

| | | Produktgleichung |
|---|---|---|
| Gegebene Proportion | 2:4 = 5:10 | $4 \cdot 5 = 2 \cdot 10$ |
| Innenglieder vertauschen: | 2:5 = 4:10 | $5 \cdot 4 = 2 \cdot 10$ |
| Außenglieder vertauschen: | 10:4 = 5:2 | $4 \cdot 5 = 10 \cdot 2$ |
| Innen- gegen Außenglieder vertauschen: | 4:2 = 10:5 | $2 \cdot 10 = 4 \cdot 5$ |

**Fortlaufende Proportionen**

Treten in einer fortlaufenden Gleichung mehr als zwei Verhältnisse auf, so ist es üblich, diese fortlaufende Gleichung auch als **fortlaufende Proportion** zu schreiben. Statt $\frac{a_1}{b_1} = \frac{a_2}{b_2} = \frac{a_3}{b_3}$ schreibt man $a_1 : a_2 : a_3 = b_1 : b_2 : b_3$. Aus dieser fortlaufenden Proportion lassen sich beispielsweise folgende Proportionen ablesen:

$a_1 : b_1 = a_2 : b_2$
$a_3 : a_2 = b_3 : b_2$
$a_1 : a_3 = b_1 : b_3$

■ Statt 3 : 5 = 6 : 10 = 15 : 25 = 9 : 15 schreibt man auch
3 : 6 : 15 : 9 = 5 : 10 : 25 : 15

**Anwendungen der Proportionen**

In Aufgaben aus zahlreichen Gebieten der Praxis tritt Proportionalität zweier Größen auf. Solche Aufgaben werden mit Hilfe von Proportionen gelöst.

Vierte Proportionale

Sind dabei drei der vier Glieder einer Proportion gegeben und ist das vierte zu berechnen, so heißt dieses die **vierte Proportionale** der Proportion.

■ Bei der Verbrennung von Kohlenstoff entsteht das Gas Kohlendioxid. Dabei ist das Verhältnis der Kohlenstoffmenge zur Menge des entstehenden Kohlendioxids gleich 3 : 11.
Wieviel Gramm Kohlendioxid entstehen bei der Verbrennung von 10 g Kohlenstoff?

*Lösung:* Es mögen $x$ g Kohlendioxid entstehen. Dann gilt folgende Proportion:

$10 : x = 3 : 11$ | *Produktgleichung*
$3x = 110$ | *: 3*
$x \approx 36{,}7$

Bei der Verbrennung von 10 g Kohlenstoff entstehen etwa 36,7 g Kohlendioxid.

■ Welche Zeit benötigt ein Pkw für einen Autobahnabschnitt von 128,0 km, wenn er mit einer durchschnittlichen Geschwindigkeit von 85,0 km·h⁻¹ fährt?

*Lösung:* $85 \cdot x = 128$
$x = 1{,}5 = 1\text{ h }30\text{ min}$

Der Pkw benötigt bei einer durchschnittlichen Geschwindigkeit von 85,0 $\text{km}\cdot\text{h}^{-1}$ für die 128,0 km 1 Stunde und 30 Minuten.

**Prozentrechnung**
Vergleichszahl 100

Um zwei Verhältnisse (↗ 111), d. h. zwei Quotienten, bequem vergleichen zu können, kann man sie auf einen gemeinsamen Nenner bringen. Zweckmäßigerweise wählt man oft als gemeinsamen Nenner die Zahl 100.

■ In drei fünften Klassen werden die Anzahl der Schwimmer Stufe II verglichen.

| Klasse | Anzahl der Schüler | Anzahl der Schwimmer | Verhältnis der Zahl der Schwimmer zur Zahl der Schüler |
|---|---|---|---|
| 5a | 35 | 20 | $\frac{20}{35} \approx 0{,}57 = \frac{57}{100}$ |
| 5b | 31 | 19 | $\frac{19}{31} \approx 0{,}61 = \frac{61}{100}$ |
| 5c | 33 | 16 | $\frac{16}{33} \approx 0{,}48 = \frac{48}{100}$ |

Prozentbegriff

▶ **DEFINITION 17: Ein Hundertstel einer Zahl (Größenangabe) $G$ heißt ein Prozent,[1] dieser Zahl (Größenangabe). Für 1 Prozent schreibt man 1 %.**

1% von $G$ sind $\frac{G}{100}$. $p$% von $G$ sind $p \cdot \frac{G}{100} = \frac{p \cdot G}{100}$.

*Bezeichnungen:* $G$ heißt **Grundwert**; $p$ heißt **Prozentsatz**; $\frac{p \cdot G}{100}$ heißt **Prozentwert** und wird mit $W$ bezeichnet.

[1] procentum (lat.), von Hundert

Mit den Bezeichnungen gilt die Gleichung

$W = \frac{p \cdot G}{100}$ oder als Proportion

$$\frac{W}{p} = \frac{G}{100}$$

Da bei einem bestimmten Sachverhalt der Grundwert (die Zahl $G$) fest gegeben ist, ist $\frac{G}{100}$ eine feste Zahl. Das bedeutet, daß Prozentwerte und Prozentsatz direkt proportional sind (↗ 112f; Def. 12).

■ a) 1% von 17 sind $\frac{17}{100} = 0{,}17$

$G = 17$; $W = 0{,}17$; $p = 1$

b) 5% von 17 sind $5 \cdot \frac{17}{100} = \frac{85}{100} = 0{,}85$

$G = 17$; $W = 0{,}85$; $p = 5$

c) 23% von 53 m sind $23 \cdot \frac{53}{100}$ m $= \frac{1219}{100}$ m $= 12{,}19$ m

$G = 53$ m; $W = 12{,}19$ m; $p = 23$

Die Ergebnisse des letzten Beispiels auf Seite 118 lassen sich mit Hilfe des Prozentbegriffs folgendermaßen ausdrücken:
Die Klasse 5a hat 57% Schwimmer: $G = 35$; $W = 20$; $p \approx 57$.
Die Klasse 5b hat 61% Schwimmer: $G = 31$; $W = 19$; $p \approx 61$.
Die Klasse 5c hat 48% Schwimmer: $G = 33$; $W = 16$; $p \approx 48$.

**Grundaufgaben der Prozentrechnung**

Allgemein gilt: $W : p = G : 100$.

| Zu bestimmen ist $p$: | Zu bestimmen ist $W$: | Zu bestimmen ist $G$: |
|---|---|---|
| $p = \frac{W}{G} \cdot 100$ | $W = \frac{p \cdot G}{100}$ | $G = \frac{W}{p} \cdot 100$ |

**Vermehrter (verminderter) Grundwert**

Bei der Lösung von Aufgaben ist besonders auf Formulierungen wie „Erhöhung um" oder „Steigerung auf" bzw. „Verringerung um" oder „Senkung auf" zu achten. Derartige Formulierungen deuten auf vermehrten bzw. verminderten Grundwert hin. Der vermehrte Grundwert ist die Summe aus Grund- und Prozentwert. Der verminderte Grundwert ist die Differenz aus Grund- und Prozentwert.

■ Der Abgabepreis von 56,70 M je Stück an den Großhandel liege um 7,5% höher als der Selbstkostenpreis für einen Betrieb. Wieviel beträgt der Selbstkostenpreis?
*Gegeben:* Vermehrter Grundwert (Abgabepreis)
$G_2 = G + W = 56{,}70$
Prozentsatz: $p = 100 + 7{,}5 = 107{,}5$
*Gesucht:* Grundwert $G$ (Selbstkostenpreis)
*Lösung:* $G_2 : p = G : 100$

$$G = \frac{G_2 \cdot 100}{p} = \frac{56{,}70 \cdot 100}{107{,}5} \approx 52{,}74$$

Der Selbstkostenpreis beträgt 52,74 M je Stück.

■ Nach Einführung einer verbesserten Technologie verringern sich die Selbstkosten für ein Erzeugnis um 18% auf 32,80 M. Wieviel betragen die Selbstkosten mit der alten Technologie?
*Gegeben:* Verminderter Grundwert (neue Selbstkosten)
$G_1 = G - W = 32{,}80$
Prozentsatz: $p = 100 - 18 = 82$
*Gesucht:* Grundwert $G$ (alte Selbstkosten)
*Lösung:* $G_1 : p = G : 100$

$$G = \frac{G_1 \cdot 100}{p} = \frac{32{,}80 \cdot 100}{82} = 40$$

Vor der Einführung einer neuen Technologie betrugen die Selbstkosten je Stück 40,00 M.

**Prozentaufgaben mit indirekter Proportionalität**

■ Ein D-Zug durchfährt eine Strecke mit einer Durchschnittsgeschwindigkeit von $60\,\text{km} \cdot \text{h}^{-1}$.
Wieviel Prozent der ursprünglichen Fahrzeit beträgt die Zeitersparnis, wenn der Zug seine Geschwindigkeit um durchschnittlich $5\,\text{km} \cdot \text{h}^{-1}$ erhöht?
*Lösung:*
Der Geschwindigkeit $60\,\text{km} \cdot \text{h}^{-1}$ sind 100% der Fahrzeit zugeordnet.
Der Geschwindigkeit $65\,\text{km} \cdot \text{h}^{-1}$ sind $x$% der Fahrzeit zugeordnet.
Da Geschwindigkeit und Zeit indirekt proportional sind, sind die Produkte der einander zugeordneten Zahlen gleich (↗ 113f; Def. 13):
$60 \cdot 100 = 65 \cdot x$

$$x = \frac{60 \cdot 100}{65} \approx 92{,}3$$

Der Zug benötigt nur noch etwa 92,3% der ursprünglichen Zeit. Die Zeitersparnis beträgt also rund 7,7%.

**Promille**

In der Prozentrechnung wird die Zahl 100 als Vergleichszahl zugrunde gelegt. In vielen Fällen ist es nützlich, die Zahl 1000 als Vergleichszahl zu benutzen.

▶ **DEFINITION 18: Ein Tausendstel einer Zahl (Größenangabe) heißt ein Promille dieser Zahl (Größenangabe). Für 1 Promille schreibt man 1‰.**

**Zinsrechnung**

Die Zinsrechnung ist eine Anwendung der Prozentrechnung auf das Geldwesen, wobei der Prozentwert den Zinsen eines Geldbetrages für ein volles Jahr entspricht.

| Prozentrechnung | | Zinsrechnung | |
|---|---|---|---|
| Grundwert | $G$ | Grundbetrag | $G$ |
| Prozentsatz | $p$ | Zinssatz | $p$ |
| Prozentwert | $W$ | Zinsen | $Z$ |

Die Zinsen für ein Jahr erhält man aus der Proportion

$$Z:p = G:100 \quad (\nearrow 119); \qquad Z = \frac{G \cdot p}{100}$$

Für beliebige andere Zeiträume werden die Zinsen proportional zur Zeit berechnet.

| Zinsen für | | |
|---|---|---|
| $t$ Jahre: $Z = \frac{G \cdot p}{100} \cdot t$ | $t$ Monate: $Z = \frac{G \cdot p}{100} \cdot \frac{t}{12}$ | $t$ Tage: $Z = \frac{G \cdot p}{100} \cdot \frac{t}{360}$ |

*Bemerkungen:*

(1) Bei Zinsberechnungen wird zugrunde gelegt:
1 Jahr = 12 Monate
1 Monat = 30 Tage

(2) Bei der Berechnung der Zinsen nach den angegebenen Gleichungen wird vereinfachend angenommen, daß der Grundbetrag während des gesamten Zeitraums unverändert bleibt. In der Praxis werden jedoch die fälligen Zinsen jeweils dem Grundbetrag zugeschlagen und dann mit verzinst. Dadurch ergeben sich höhere Zinsbeträge, die nach der sogenannten *Zinseszinsrechnung* berechnet werden.

C

# 6. QUADRATISCHE FUNKTIONEN

Jede Funktion mit der Gleichung $y = A\,x^2 + B\,x + C$ heißt **quadratische** Funktion, wobei die Koeffizienten $A$, $B$, $C$ beliebige reelle Zahlen mit $A \neq 0$ sind.
Man nennt
$A\,x^2$ das *quadratische*,
$B\,x$ das *lineare* und
$C$ das *absolute Glied* der Funktionsgleichung.

**Die Funktion $y = x^2$**

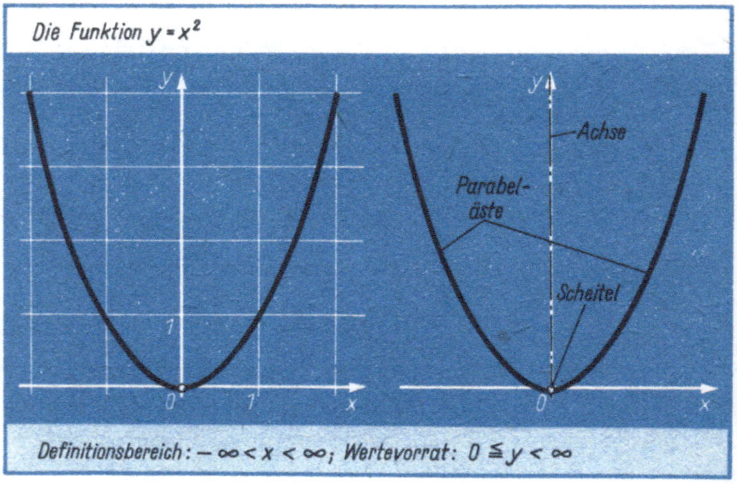


Einerseits ist das Quadrat einer reellen Zahl stets nichtnegativ. Im Wertevorrat treten also *nur* nichtnegative Zahlen auf. Andererseits ist jede nichtnegative reelle Zahl Quadrat einer reellen Zahl. Im Wertevorrat treten also auch *alle* nichtnegativen reellen Zahlen auf.

Normalparabel

Das Bild der Funktion $y = x^2$ ist eine **quadratische Parabel**. Man nennt sie auch **Normalparabel**.
Für $x = 0$ ergibt sich der kleinste Funktionswert, nämlich $y = 0$.
Wegen $x^2 = (-x)^2$ haben Parabelpunkte mit gleicher Ordinate den gleichen Abstand von der $y$-Achse. Das bedeutet, daß die $y$-Achse Symmetrieachse (↗ 222) der Parabel ist. Man nennt diese Symmetrieachse auch **Parabelachse.** Die beiden zueinander symmetrischen Teile der Parabel heißen **Parabeläste**.
Der Punkt, in dem eine Parabel ihre Symmetrieachse schneidet, heißt **Scheitel** dieser Parabel. Der Scheitel der Normalparabel liegt im Ursprung. Sie öffnet sich nach

oben. Die Richtungsangaben „nach oben“ bzw. „nach unten“ beziehen sich immer auf die übliche Lage der Koordinatenachsen. Im Intervall $-\infty < x \leqq 0$ ist die Funktion $y = x^2$ monoton fallend, im Intervall $0 \leqq x < \infty$ monoton wachsend (↗ 88, Def. 3).

**Die Funktionen $y = ax^2$ ($a \neq 0$)**

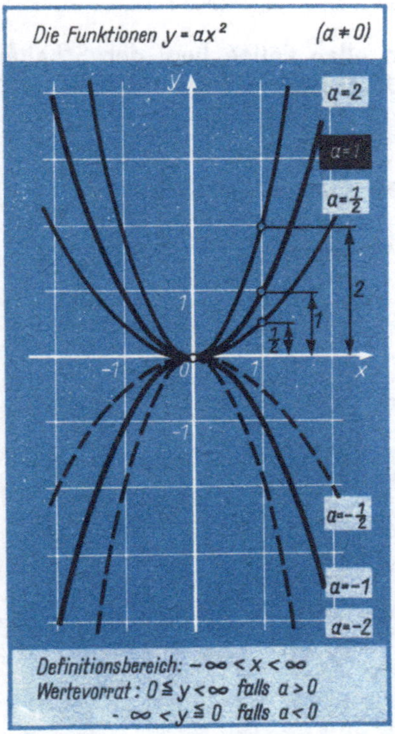




Der Übergang von $y = x^2$ zu $y = ax^2$ bedeutet, daß für jedes Argument $x$ der zugehörige Funktionswert der Funktion $y = x^2$ mit $a$ multipliziert wird. Dadurch wird die Normalparabel folgendermaßen verändert:

| | | |
|---|---|---|
| $\lvert a\rvert > 1$ | $a > 0$ | Streckung (↗ 268) der Normalparabel in Richtung der $y$-Achse<br>Öffnung nach oben |
| | $a < 0$ | Streckung der Normalparabel in Richtung der $y$-Achse und Spiegelung (↗ 219) an der $x$-Achse<br>Öffnung nach unten |
| $\lvert a\rvert = 1$ | $a = 1$ | keine Änderung<br>Öffnung nach oben |
| | $a = -1$ | Spiegelung der Normalparabel an der $x$-Achse<br>Öffnung nach unten |

| | | |
|---|---|---|
| $\lvert a \rvert < 1$ | $a > 0$ | Stauchung der Normalparabel in Richtung der y-Achse Öffnung nach oben |
| | $a < 0$ | Stauchung der Normalparabel in Richtung der y-Achse und Spiegelung an der x-Achse Öffnung nach unten |

In allen Fällen liegt der Scheitel der Normalparabel im Ursprung.

**Die Funktionen**
$y = x^2 + px + q$

*Definitionsbereich:*
$-\infty < x < \infty$
*Wertevorrat:*

$$-\frac{p^2}{4} + q \leqq y < \infty$$ (↗ 126)

Die Funktionen
$y = x^2 + e$

Die Funktionen $y = x^2 + e$

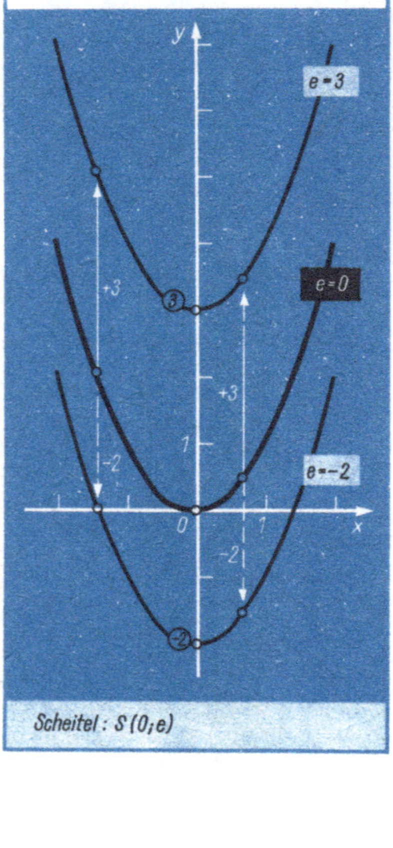


Scheitel: $S(0;e)$

Der Übergang von $y = x^2$ zu $y = x^2 + e$ bedeutet, daß für jedes Argument $x$ zum zugehörigen Funktionswert der Funktion $y = x^2$ die Zahl e addiert wird. Dadurch wird die Normalparabel um e in Richtung der y-Achse verschoben (↗ 92).

**Die Funktionen**
**$y = (x + d)^2$**

Die Funktionen
I) $y = x^2$ und II) $y = (x + d)^2$
unterscheiden sich dadurch, daß für jedes Argument $x$ der zugehörige Funktionswert $x^2$ der Funktion I) von der Funktion II) für $x - d$ angenommen wird. Es ist nämlich
$[(x - d) + d]^2 = x^2$
Das Bild der Funktion $y = (x + d)^2$ ist also die um $-d$ in Richtung der $x$-Achse verschobene Normalparabel.

Die Funktionen $y = (x + d)^2$

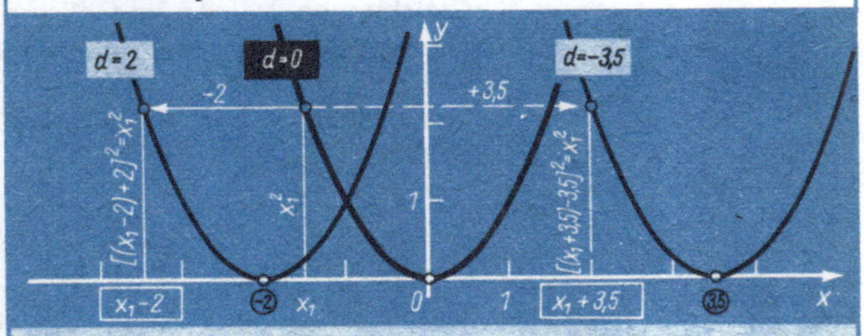


Scheitel: $S(-d; 0)$

**Die Funktionen**
**$y = (x + d)^2 + e$**

Der Übergang von $y = x^2$ zu $y = (x + d)^2 + e$ bedeutet, daß die Normalparabel um e in Richtung der $y$-Achse *und* um $-d$ in Richtung der $x$-Achse verschoben wird.
Der Scheitelpunkt S hat dann die Koordinaten $-d$ und e: $S(-d; e)$

Die Funktionen $y = (x + d)^2 + e$

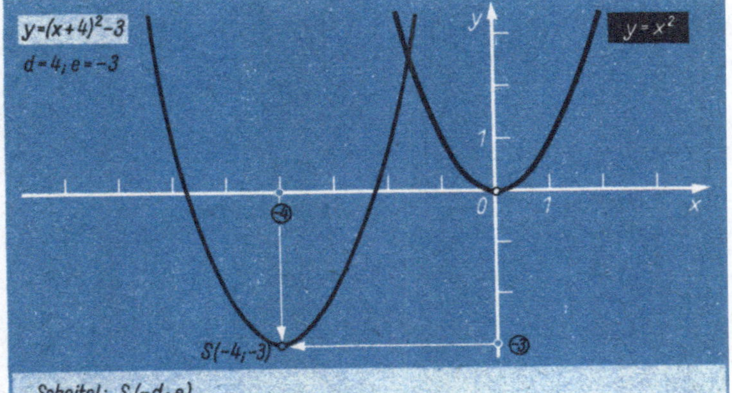


Scheitel: $S(-d; e)$

Aus $y = (x + d)^2 + e$
erhält man durch Ausrechnen
$y = x^2 + 2\,d\,x + d^2 + e$ | Zur Abkürzung setzt man $2d = p$
$y = x^2 + p\,x + q$ und $d^2 + e = q$.
Umgekehrt hat jede Funktion $y = x^2 + p\,x + q$ als Bild eine Normalparabel mit dem Scheitelpunkt $S\left(-\frac{p}{2}\,;\,-\frac{p^2}{4}+q\right)$, deren Symmetrieachse parallel zur $y$-Achse liegt und die sich nach oben öffnet.
Die Koordinaten des Scheitelpunktes ergeben sich aus den Gleichungen $2\,d = p$ und $d^2 + e = q$.
Die Anzahlen der Nullstellen der Funktionen
$y = x^2 + p\,x + q$
lassen sich jeweils an der Ordinate des Scheitelpunktes ablesen:

| $-\frac{p^2}{4}+q<0$ | $-\frac{p^2}{4}+q=0$ | $-\frac{p^2}{4}+q>0$ |
|---|---|---|
| zwei Nullstellen | eine Nullstelle | keine Nullstelle |
| Scheitelpunkt unterhalb der $x$-Achse | Scheitelpunkt liegt auf der $x$-Achse | Scheitelpunkt liegt oberhalb der $x$-Achse |
| 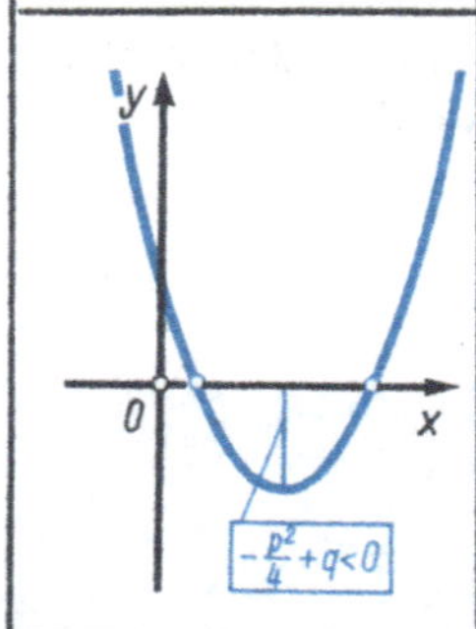 | 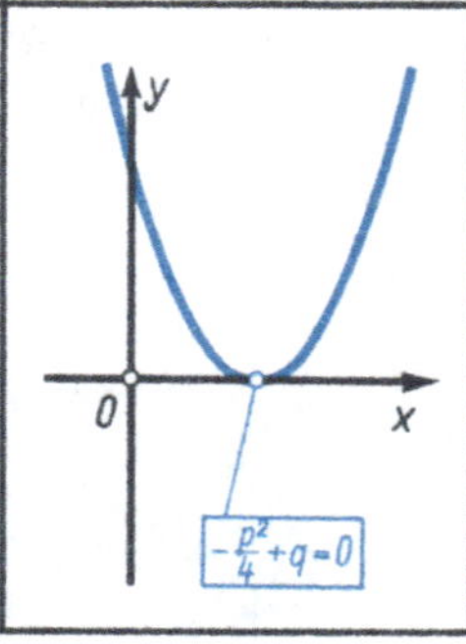 | 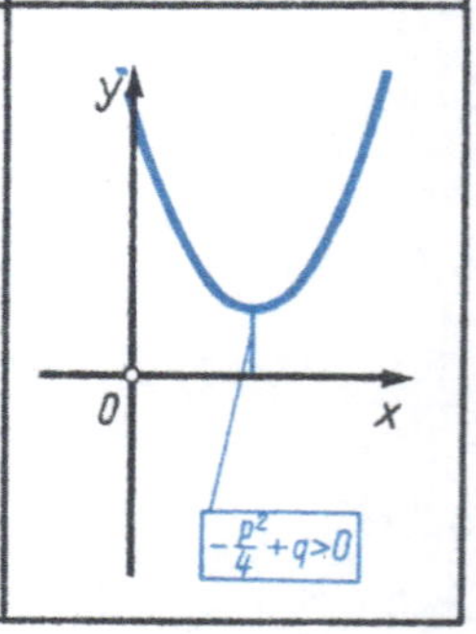 |



**Die Funktionen**
**$y = A\,x^2 + B\,x + C$;**
**$(A \neq 0)$**

*Definitionsbereich;*
$-\infty < x < \infty$
*Wertevorrat;*
$$-\frac{B^2}{4A} + C \leqq y < \infty\text{, falls } A > 0$$
$$-\infty < y \leqq -\frac{B^2}{4A} + C\text{, falls } A < 0.$$

Die Funktionen mit einer solchen Gleichung heißen **quadratische Funktionen**. Die Gleichungen der zuvor behandelten quadratischen Funktionen sind Spezialfälle dieser Gleichung:

**a)** $y = x^2$ erhält man für $A = 1$; $B = C = 0$
**b)** $y = a\,x^2$ erhält man für $A = a$; $B = C = 0$
**c)** $y = x^2 + p\,x + q$ erhält man für $A = 1$; $B = p$; $C = q$

Durch Ausklammern von $A$ erhält man aus $y = A\,x^2 + B\,x + C$ die Gleichung

$$y = A\left(x^2 + \frac{B}{A}x + \frac{C}{A}\right) = A\,(x^2 + p\,x + q);\ \left(\frac{B}{A} = p;\ \frac{C}{A} = q\right)$$

Das Bild dieser Funktion ergibt sich dadurch, daß die Ordinaten aller Punkte der Normalparabel mit der Gleichung $y = x^2 + p\,x + q$ auf das $|A|$-fache gestreckt oder gestaucht und eventuell (falls $A < 0$) an der $x$-Achse gespiegelt werden (↗ 123f, Tabelle).

Der Scheitel $S$ der Normalparabel mit der Gleichung $y = x^2 + p\,x + q$ hat die Koordinaten $-\frac{p}{2}$ und $-\frac{p^2}{4} + q$ oder:

$$S\left(-\frac{B}{2A};\ -\frac{B^2}{4A^2} + \frac{C}{A}\right).$$

Der Scheitel $S'$ der Parabel mit der Gleichung $y = A\,x^2 + B\,x + C$ hat dann die Koordinaten

$$S'\left(-\frac{B}{2A};\ -\frac{B^2}{4A} + C\right)$$

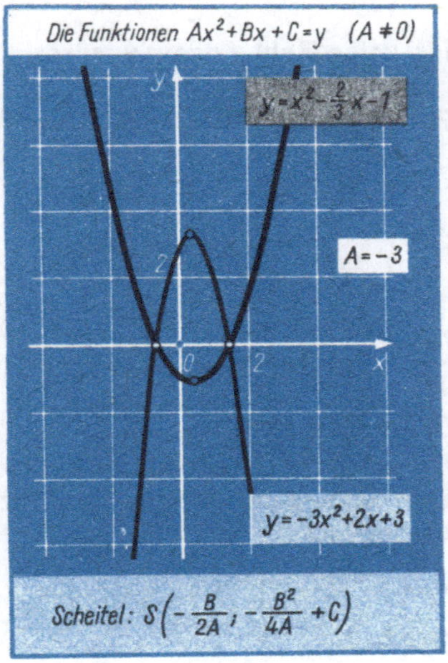


Die Anzahl der Nullstellen einer allgemeinen quadratischen Funktion

$$y = A\,x^2 + B\,x + C = A\left(x^2 + \frac{B}{A}x + \frac{C}{A}\right)$$

ist gleich der Anzahl der Nullstellen der Funktion

$$y = x^2 + \frac{B}{A}x + \frac{C}{A};$$

denn $A\left(x^2 + \frac{B}{A}x + \frac{C}{A}\right) = 0$ gilt genau für die Werte von $x$, für die auch

$$x^2 + \frac{B}{A}x + \frac{C}{A} = 0$$

gilt. (Beachte $A \neq 0$!)

## 7. QUADRATISCHE GLEICHUNGEN

**Rechnerische Lösung**

Zur Bestimmung eventuell vorhandener Nullstellen (↗ 89) einer allgemeinen quadratischen Funktion
$y = A x^2 + B x + C$; $(A \neq 0)$ ist die Gleichung
$A x^2 + B x + C = 0$
zu lösen.
Je nach der Anzahl der Nullstellen hat diese Gleichung zwei Lösungen oder eine Lösung oder sie hat keine Lösung.
Wegen $A \neq 0$ läßt sich die Gleichung durch $A$ dividieren:
$x^2 + p x + q = 0; \left(p = \frac{B}{A}; q = \frac{C}{A}\right)$

**Normalform der quadratischen Gleichung**

Da sich jede quadratische Gleichung auf diese Normalform bringen läßt, genügt es, die Lösungen für die Normalform anzugeben.
Äquivalente Umformungen der Normalform zur Bestimmung der Lösungen:

$$x^2 + p x + q = 0 \quad \Big| -q$$

$$x^2 + p x = -q \quad \Big| +\left(\frac{p}{2}\right)^2 \text{ (Quadratische Ergänzung)}$$

$$x^2 + p x + \left(\frac{p}{2}\right)^2 = \left(\frac{p}{2}\right)^2 - q \quad \Big| \text{ (binomische Formel, ↗ 78)}$$

$$\left(x + \frac{p}{2}\right)^2 = \left(\frac{p}{2}\right)^2 - q$$

Für $\left(\frac{p}{2}\right)^2 - q < 0$ gibt es keine Lösung $x$, da $\left(x + \frac{p}{2}\right)^2$ für keine Zahl $x$ negativ wird.

Für $\left(\frac{p}{2}\right)^2 - q \geqq 0$ kann man wie folgt weiter äquivalent umformen:

$$\left(x + \frac{p}{2}\right)^2 = \left(\sqrt{\left(\frac{p}{2}\right)^2 - q}\right)^2 \quad \Big| -\left(\sqrt{\left(\frac{p}{2}\right)^2 - q}\right)^2$$

$$\left(x + \frac{p}{2}\right)^2 - \left(\sqrt{\left(\frac{p}{2}\right)^2 - q}\right)^2 = 0 \quad \Big| \text{ (binomische Formel)}$$

$$\left(x + \frac{p}{2} - \sqrt{\left(\frac{p}{2}\right)^2 - q}\right)\left(x + \frac{p}{2} + \sqrt{\left(\frac{p}{2}\right)^2 - q}\right) = 0$$

Da ein Produkt genau dann gleich 0 ist, wenn mindestens ein Faktor gleich 0 ist (↗ 24; Satz 7), sind folgende Zahlen Lösungen:

$x_1 = -\frac{p}{2} + \sqrt{\left(\frac{p}{2}\right)^2 - q}$; für $x_1$ wird der erste Faktor gleich 0.

$x_2 = -\frac{p}{2} - \sqrt{\left(\frac{p}{2}\right)^2 - q}$; für $x_2$ wird der zweite Faktor gleich 0.

$$\boxed{x_{1,2} = -\frac{p}{2} \pm \sqrt{\left(\frac{p}{2}\right)^2 - q}}$$

**Diskriminante**

Der Radikand (↗ 147) $D = \left(\frac{p}{2}\right)^2 - q$ ist für die Anzahl der Lösungen entscheidend. Er heißt daher **Diskriminante.** Die Scheitelpunktsordinate des Bildes der zur gegebenen Gleichung gehörenden Funktion ist gleich $-D$ (↗ 126; Tabelle).

| Diskriminante $D$ | Anzahl der Lösungen von $x^2 + px + q = 0$ | Anzahl der Nullstellen von $y = x^2 + px + q$ |
|---|---|---|
| $\left(\frac{p}{2}\right)^2 - q > 0$ | zwei Lösungen $x_{1,2} = -\frac{p}{2} \pm \sqrt{\left(\frac{p}{2}\right)^2 - q}$ | zwei Nullstellen |
| $\left(\frac{p}{2}\right)^2 - q = 0$ | eine Lösung $x_{1,2} = -\frac{p}{2}$ | eine Nullstelle |
| $\left(\frac{p}{2}\right)^2 - q < 0$ | keine Lösung | keine Nullstelle |

■ **a)** $x^2 + \frac{1}{8}x - \frac{21}{32} = 0$

$$x_{1,2} = -\frac{1}{16} \pm \sqrt{\frac{1 + 168}{256}}$$

$$= -\frac{1}{16} \pm \frac{13}{16}$$

$$x_1 = \frac{3}{4}$$

$$x_2 = -\frac{7}{8}$$

*Probe:*

(Lösung $x_1$)

$$\left(\frac{3}{4}\right)^2 + \frac{1}{8} \cdot \frac{3}{4} - \frac{21}{32} = 0$$

$$\frac{18}{32} + \frac{3}{32} - \frac{21}{32} = 0$$

$$0 = 0$$

(Lösung $x_2$)

$$\left(-\frac{7}{8}\right)^2 + \frac{1}{8}\left(-\frac{7}{8}\right) - \frac{21}{32} = 0$$

$$\frac{49}{64} - \frac{7}{64} - \frac{21}{32} = 0$$

$$0 = 0$$

**b)** *Probe:*

$x^2 - 4{,}2\,x + 4{,}41 = 0$ $\qquad 2{,}1^2 - 4{,}2 \cdot 2{,}1 + 4{,}41 = 0$

$x_{1,2} = 2{,}1 \pm \sqrt{4{,}41 - 4{,}41}$ $\qquad 0 = 0$

$x_{1,2} = 2{,}1$

**c)** $x^2 - 1{,}3\,x + 9{,}5 = 0$

$x_{1,2} = 0{,}65 \pm \sqrt{0{,}65^2 - 9{,}5}$

Wegen $0{,}65^2 - 9{,}5 < 0$ hat die Gleichung keine Lösung.

**SATZ 19: Sind $x_1$ und $x_2$ Lösungen der quadratischen Gleichung $x^2 + px + q = 0$, so läßt sich die linke Seite dieser Gleichung folgendermaßen in ein Produkt aus zwei in $x$ linearen Faktoren zerlegen:**

$$x^2 + px + q = (x - x_1) \cdot (x - x_2)$$

*Beweis:*

$$(x - x_1) \cdot (x - x_2) = x^2 - (x_1 + x_2)\,x + x_1 x_2 \qquad (*)$$

Da $x_1$ und $x_2$ die Lösungen der Gleichung $x^2 + px + q = 0$ sind, gilt:

$$x_1 = -\frac{p}{2} + \sqrt{D} \qquad \left[D = \left(\frac{p}{2}\right)^2 - q\right]$$

$$x_2 = -\frac{p}{2} - \sqrt{D}$$

$$x_1 + x_2 = -p$$

$$x_1 \cdot x_2 = \left(-\frac{p}{2} + \sqrt{D}\right)\left(-\frac{p}{2} - \sqrt{D}\right)$$

$$= \left(\frac{p}{2}\right)^2 - D$$

$$= \left(\frac{p}{2}\right)^2 - \left(\frac{p}{2}\right)^2 + q$$

$$x_1 \cdot x_2 = q$$

Setzt man dies in Gleichung (*) ein, so erhält man:

$(x - x_1)(x - x_2) = x^2 + px + q$ *w. z. b. w.*

**Vietascher Wurzelsatz**[1]

**SATZ 20: Für die Lösungen $x_1$ und $x_2$ der quadratischen Gleichung $x^2 + px + q = 0$ gilt:**

$$x_1 + x_2 = -p \quad \text{und} \quad x_1 \cdot x_2 = q$$

Die Lösungen einer Gleichung werden häufig auch **Wurzeln** dieser Gleichung genannt.

Der *Vieta*sche Wurzelsatz kann zur Probe benutzt werden.

[1] Francois Viète (1540—1603), Französischer Mathematiker

■ $x^2 + \frac{2}{5}x - 0{,}32 = 0$

$$x_{1,2} = -\frac{1}{5} \pm \sqrt{\frac{1+8}{25}}$$

$$= -\frac{1}{5} \pm \frac{3}{5}$$

$$x_1 = \frac{2}{5}; \qquad x_2 = -\frac{4}{5}$$

*Probe:*

$$x_1 + x_2 = -\frac{2}{5} = -p$$

$$x_1 \cdot x_2 = -\frac{8}{25} = -0{,}32 = q$$

**Spezialfälle der Gleichung** $x^2 + px + q = 0$

Die folgenden Spezialfälle sind wie jede quadratische Gleichung mit der Lösungsformel (↗ 129) lösbar. Sie lassen sich jedoch kürzer folgendermaßen lösen.

1) $p = 0$, also $x^2 + q = 0$

$$x^2 = -q \begin{cases} \text{Für } q > 0\text{: keine Lösung} \\ \text{Für } q = 0\text{: eine Lösung } x_{1,2} = 0 \\ \text{Für } q < 0\text{: zwei Lösungen } x_{1,2} = \pm\sqrt{-q} \end{cases}$$

2) $q = 0$, also $x^2 + px = 0$

$$x(x+p) = 0 \begin{cases} \text{Für } p = 0\text{: eine Lösung } x_{1,2} = 0 \\ \text{Für } p \neq 0\text{: zwei Lösungen } x_1 = 0, x_2 = -p \end{cases}$$

**Graphische Lösung**

Schnittpunkte auf der x-Achse

Jede quadratische Gleichung mit einer Variablen läßt sich durch äquivalente Umformungen auf die Normalform $x^2 + px + q = 0$ bringen. Die Lösungen dieser Gleichungen sind die Nullstellen (↗ 88) der Funktion $y = x^2 + px + q$. Zur graphischen Lösung der Gleichung $x^2 + px + q = 0$ zeichnet man daher das Bild der Funktion $y = x^2 + px + q$ (verschobene Normalparabel, Öffnung nach oben) und liest die Nullstellen aus der Zeichnung ab. Wegen der Zeichenungenauigkeit bekommt man nach diesem Verfahren im allgemeinen nicht die genauen Lösungen.

■ 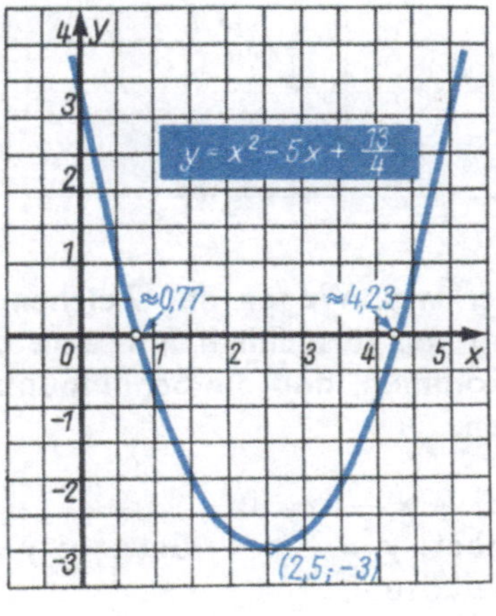


$x^2 - 5x + \frac{13}{4} = 0$

Wir bestimmen die Scheitelpunktkoordinaten (↗ 126): S (2,5; −3)

Wir tragen S (2,5; −3) in ein Koordinatensystem ein. Wir zeichnen das Funktionsbild (Schablone an S anlegen).

Ablesen der Nullstellen: $x_1 \approx 0{,}8$; $x_2 \approx 4{,}2$:

*Probe:* (Vietascher Wurzelsatz)

$x_1 + x_2 = 0{,}8 + 4{,}2 = 5 = -p$

$x_1 \cdot x_2 = 0{,}8 \cdot 4{,}2 = 3{,}36 \approx q$

**Schnittpunkte auf der Normalparabel**

Eine Umformung der Gleichung
$x^2 + p\,x + q = 0$
ergibt
$x^2 = -p\,x - q$
Die Lösungen dieser Gleichung sind diejenigen Zahlen $x$, für die die Funktionen
$y = x^2$ und
$y = -p\,x - q$
gleiche Funktionswerte haben. In der graphischen Darstellung sind das die Abszissen der Schnittpunkte beider Funktionsbilder. Ein Vorteil dieses Verfahrens gegenüber dem ersten besteht darin, daß man die Normalparabel $y = x^2$ nur einmal zu zeichnen braucht. Es genügt dann, bei jeder Gleichung die jeweilige Gerade $y = -p\,x - q$ durch die Kante eines Lineals darzustellen, um die gesuchten Abszissen abzulesen.
Je nach Anzahl der Lösungen der gegebenen Gleichung hat die betreffende Gerade mit der Parabel zwei Punkte (Sekante), einen Punkt (Tangente) oder keinen Punkt (Passante) gemeinsam (↗ 253).

■

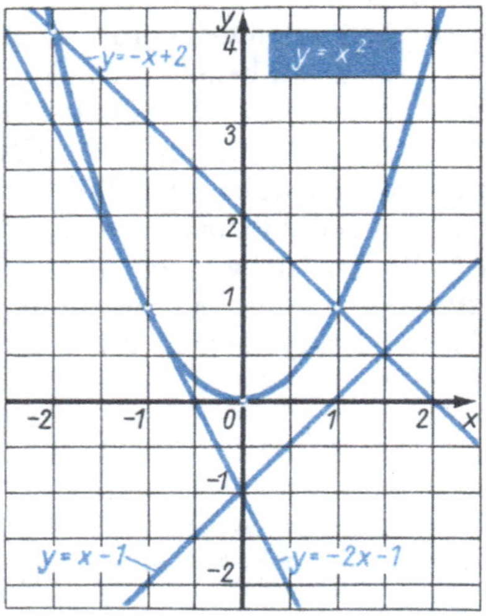


a) $x^2 + x - 2 = 0$
Parabel: $y = x^2$
Gerade: $y = -x + 2$
$x_1 \approx -2$
$x_2 \approx 1$

b) $x^2 + 2\,x + 1$
Parabel: $y = x^2$
Gerade: $y = -2\,x - 1$
$x_1 = x_2 \approx -1$

*Bemerkung:* Wegen der Zeichenungenauigkeit ist es nicht sicher, ob tatsächlich nur eine Lösung vorliegt. Es kann vorkommen, daß die Schnittpunkte sehr dicht beieinander liegen.

c) $x^2 - x + 1 = 0$
Parabel: $y = x^2$ Gerade: $y = x - 1$
keine Lösung

## 8. DIE POTENZFUNKTIONEN $y = x^k$; ($k$ GANZE ZAHL)

**Der Potenzbegriff**

**DEFINITION 21: Ein Produkt $a \cdot a \cdot \ldots \cdot a$ aus $n$ Faktoren $a$ ($n \geqq 2$) heißt Potenz.**

Man schreibt: $\underbrace{a \cdot a \cdot \ldots \cdot a}_{n \text{ Faktoren}} = a^n$

$a$ heißt die **Basis**, $n$ der **Exponent** der Potenz $a^n$.

a) $3 \cdot 3 \cdot 3 \cdot 3 \cdot 3 = 3^5 = 243$

b) $\frac{2}{3} \cdot \frac{2}{3} \cdot \frac{2}{3} \cdot \frac{2}{3} = \left(\frac{2}{3}\right)^4 = \frac{16}{81}$

c) $(-5) \cdot (-5) \cdot (-5) = (-5)^3 = -125$

d) $0 \cdot 0 \cdot 0 \cdot 0 \cdot 0 \cdot 0 = 0^6 = 0$

**Vorzeichen von Potenzen**

Es gilt:

$$\left.\begin{array}{l} \text{Wenn } a \geqq 0, \text{ so } a^{2m} \geqq 0 \\ \text{Wenn } a < 0, \text{ so } a^{2m} > 0 \\ \text{Wenn } a \geqq 0, \text{ so } a^{2m+1} \geqq 0 \\ \text{Wenn } a < 0, \text{ so } a^{2m+1} < 0 \end{array}\right\} \text{(Für alle natürlichen Zahlen } m \geqq 1)$$

| | $n$ gerade | $n$ ungerade |
|---|---|---|
| $a \geqq 0$ | $a^n \geqq 0$ | $a^n \geqq 0$ |
| $a < 0$ | $a^n > 0$ | $a^n < 0$ |

**SATZ 22: Für beliebige reelle Zahlen $a \neq 0$ gilt:**

$$(-a)^{2m} = a^{2m} \text{ und } (-a)^{2m+1} = -a^{2m+1} \qquad (m \geqq 1).$$

a) $6^4 = 1296$
$(-6)^4 = 1296$
$(-6)^4 = 6^4$

b) $0{,}2^5 = 0{,}00032$
$(-0{,}2)^5 = -0{,}00032$
$(-0{,}2)^5 = -0{,}2^5$

Für 0 und 1 gilt:

$$0^n = 0 \text{ und } 1^n = 1 \qquad (n \geqq 2)$$

Daher folgt aus Satz C 22 für $a = -1$:

$(-1)^{2k} = 1^{2k} = 1$

$(-1)^{2k+1} = -1^{2k+1} = -1$

**Rechnen mit Potenzen (Potenzgesetze)**

Für das Rechnen mit Potenzen gelten die folgenden Regeln (Potenzgesetze), wobei $a \neq 0$; $b \neq 0$ ist. Für die natürlichen Zahlen $m$ und $n$ wird zunächst wie in Definition C 21 $m \geqq 2$ und $n \geqq 2$ festgesetzt. Diese Einschränkung für die Exponenten wird später fallen gelassen (↗ 134, Def. 24).

C

**SATZ 23:**

| | gleiche Basis und gleicher Exponent | |
|---|---|---|
| Addition Subtraktion | $x \cdot a^n \pm y \cdot a^n = (x \pm y) \cdot a^n$ ($x, y$ beliebig reell) | |
| | gleiche Basis | gleicher Exponent |
| Multiplikation | $a^m \cdot a^n = a^{m+n}$ | $a^n \cdot b^n = (a \cdot b)^n$ |
| Division | $\frac{a^m}{a^n} = a^{m-n}$ $(m - n \geqq 2)$ | $\frac{a^n}{b^n} = \left(\frac{a}{b}\right)^n$ |
| Potenzierung | $(a^m)^n = a^{m \cdot n} = (a^n)^m$ | |

Addition/Subtraktion:

a) $3\,a^5 + 0{,}8\,a^5 = 3{,}8\,a^5$ b) $\frac{1}{3}x^7 - \frac{4}{9}x^7 + \frac{1}{18}x^7 = \frac{-1}{18}x^7$

Multiplikation:

c) $a^4 \cdot a^3 = (a \cdot a \cdot a \cdot a) \cdot (a \cdot a \cdot a) = a \cdot a \cdot a \cdot a \cdot a \cdot a \cdot a = a^7$

d) $a^3 \cdot b^3 = (a \cdot a \cdot a) \cdot (b \cdot b \cdot b) = (a\,b) \cdot (a\,b) \cdot (a\,b) = (a\,b)^3$

Division:

e) $\frac{a^8}{a^5} = \frac{a \cdot a \cdot a \cdot a \cdot a \cdot a \cdot a \cdot a}{a \cdot a \cdot a \cdot a \cdot a} = a^3$

f) $\frac{x^4}{y^4} = \frac{x \cdot x \cdot x \cdot x}{y \cdot y \cdot y \cdot y} = \frac{x}{y} \cdot \frac{x}{y} \cdot \frac{x}{y} \cdot \frac{x}{y} = \left(\frac{x}{y}\right)^4$

Potenzierung:

g) $(a^3)^4 = (a^3) \cdot (a^3) \cdot (a^3) \cdot (a^3) = a^{3+3+3+3} = a^{4 \cdot 3}$
$= a^{4+4+4} = (a^4) \cdot (a^4) \cdot (a^4) = (a^4)^3$

*Bemerkung:* Beachte den Unterschied zwischen $(a^m)^n$ und $a^{(m^n)}$.

$(2^3)^2 = 8^2 = 64$ dagegen $2^{(3^2)} = 2^9 = 512$
Statt $a^{(m^n)}$ schreibt man kürzer $a^{m^n}$.

**Erste Erweiterung des Potenzbegriffes**

Der Potenzbegriff wird durch folgende Festlegung auf alle natürlichen Zahlen als Exponenten ausgedehnt.

**DEFINITION 24:**

(1) $a^0 = 1$; $(a \neq 0)$; (2) $a^1 = a$

Diese Definitionen sind sinnvoll. Für den so erweiterten Potenzbegriff gelten nämlich die Rechenregeln aus Satz C 23 weiter.

■ **a) Beispiel für die Regel $a^m \cdot a^n = a^{m+n}$:**
$a^0 \cdot a^4 = 1 \cdot a^4 = a^4 = a^{0+4}$

**b) Beispiel für die Regel $(a^m)^n = a^{m \cdot n}$:**
$(a^1)^7 = a^7 = a^{1 \cdot 7}$

*Bemerkung:*
Bei der Definition $a^0 = 1$ muß $a = 0$ ausgeschlossen werden, da sich sonst Widersprüche ergeben würden.

**Die Potenzfunktionen**
$y = x^n$ ($n = 0, 1, 2, \ldots$)
Die Funktionen
$y = x^{2m}$ ($m = 1, 2, \ldots$)

Die Bilder der Funktionen $y = x^2$, $y = x^4$, ... heißen Parabeln 2., 4., 6., ... Grades. Sie liegen symmetrisch zur $y$-Achse; denn nach Satz C 22 (↗ 133) gilt $(-x)^{2m} = x^{2m}$. Also gehört zu einer beliebigen Zahl $x$ und der zu ihr entgegengesetzten Zahl $-x$ derselbe Funktionswert.

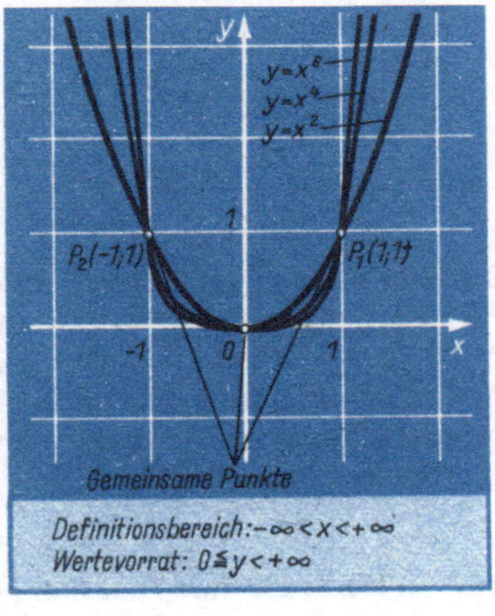


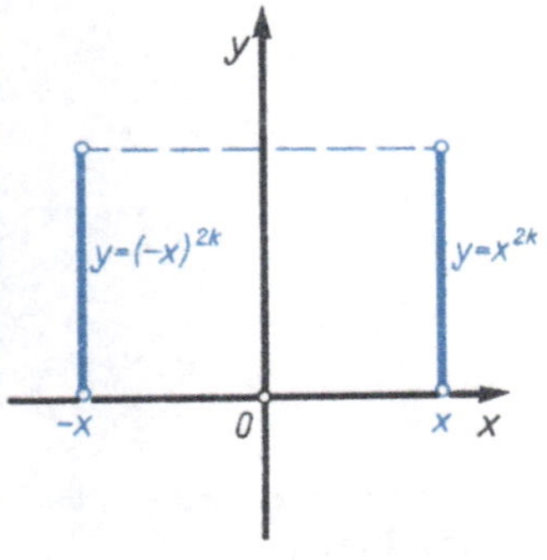


**Die Funktionen**
$y = x^{2m-1}$ ($m = 1, 2, 3, \ldots$)

Definitionsbereich: $-\infty < x < \infty$

Wertevorrat: $-\infty < x < \infty$

Die Bilder der Funktionen $y = x^3$, $y = x^5$, ... heißen Parabeln 3., 5., ... Grades. Sie liegen punktsymmetrisch zum Ursprung; denn nach Satz C 22 gilt $(-x)^{2m-1} = -x^{2m-1}$. Also unterscheiden sich der zu einer beliebigen Zahl $x \neq 0$ gehörende Funktionswert und der zur entgegengesetzten Zahl (↗ 60) $-x$ gehörende Funktionswert nur durch das Vorzeichen.

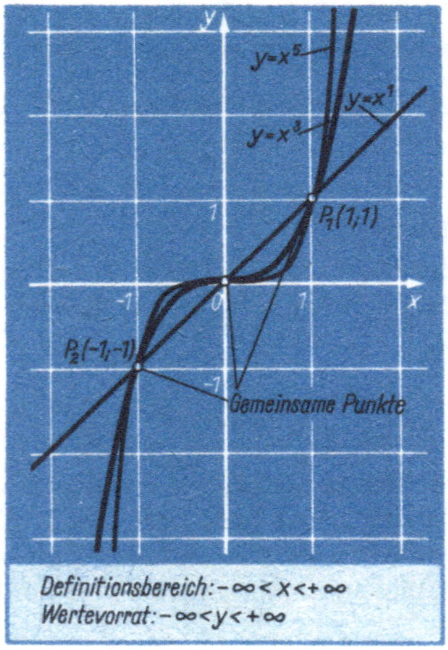


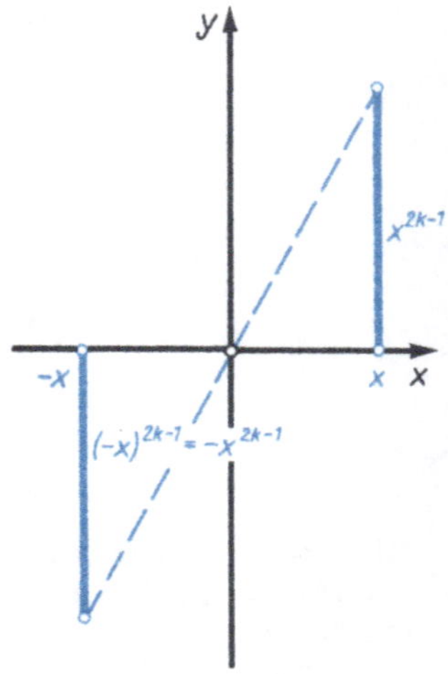


Die Funktion $y = x^0$

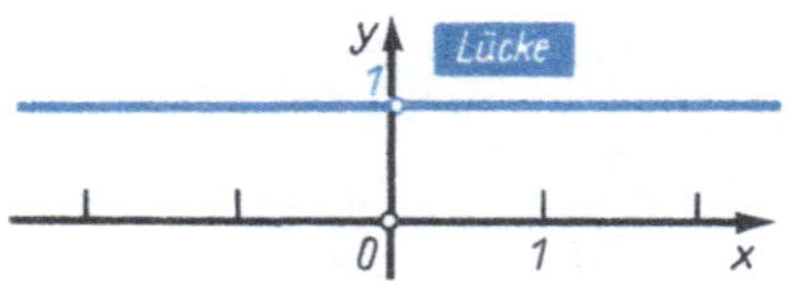


Definitionsbereich: alle reellen Zahlen $x$ mit $x \neq 0$.
Wertevorrat: Die Zahl 1

Das Bild dieser Funktion besteht aus allen Punkten auf der Parallelen zur $x$-Achse im Abstand $+1$, ausgenommen der Punkt (0; 1). Nach Definition C 24 (↗ 134) ist nämlich die Potenz $x^0$ für alle $x \neq 0$ gleich 1, für $x = 0$ jedoch nicht definiert. Man sagt, das Bild der Funktion $y = x^0$ hat bei $x = 0$ eine Lücke.

**Gerade, ungerade Funktionen**
(↗ 170; 222)

**DEFINITION 25: Eine Funktion $y = f(x)$ heißt gerade, wenn für jedes $x$ aus ihrem Definitionsbereich $f(-x) = f(x)$ gilt. Eine Funktion $y = f(x)$ heißt ungerade, wenn für jedes $x$ aus ihrem Definitionsbereich $f(-x) = -f(x)$ gilt.**

Die Bilder gerader Funktionen besitzen die $y$-Achse als Symmetrieachse.
Die Bilder ungerader Funktionen sind punktsymmetrisch zum Ursprung.
Die Potenzfunktionen $y = x^{2m}$; ($m = 0, 1, 2, \ldots$) sind gerade Funktionen.
Die Potenzfunktionen $y = x^{2m-1}$, ($m = 1, 2, 3, \ldots$) sind ungerade Funktionen.

*Bemerkung:*
Im allgemeinen ist eine Funktion weder gerade noch ungerade, wie es das Beispiel der Funktion $f(x) = x^2 - 4x + 1$ zeigt:
$f(2) = 4 - 8 + 1 = -3$; $f(-2) = 4 + 8 + 1 = 13$.

**Die Potenzfunktionen $y = x^{-n}$; ($n = 1, 2, 3, \ldots$) Zweite Erweiterung des Potenzbegriffs**

Die Potenzen mit negativen ganzzahligen Exponenten werden so definiert, daß die Rechenregeln aus Satz C 23 auch für Potenzen mit beliebigen ganzzahligen Exponenten gelten. (Dies läßt sich auf Grund der folgenden Definition beweisen. Hier werden nur einige Beispiele gerechnet.)

▶ **DEFINITION 26:**

$$a^{-n} = \frac{1}{a^n}; \; (a \neq 0, \; n \text{ natürlich})$$

■ **a)** Beispiel für die Regel $a^m \cdot a^n = a^{m+n}$:

$$a^{-3} \cdot a^{-5} = \frac{1}{a^3} \cdot \frac{1}{a^5} = \frac{1}{a^{3+5}} = a^{-(3+5)} = a^{(-3)+(-5)}$$

$$x^2 \cdot x^{-4} = x^2 \cdot \frac{1}{x^4} = \frac{1}{x^2} = x^{-2} = x^{2+(-4)}$$

**b)** Beispiel für die Regel $(a^m)^n = a^{m \cdot n}$:

$$(a^{-2})^{-3} = \left(\frac{1}{a^2}\right)^{-3} = \frac{1}{\left(\frac{1}{a^2}\right)^3} = \frac{1}{\frac{1}{a^6}} = a^6 = a^{(-2)\cdot(-3)}$$

$$(b^5)^{-4} = \frac{1}{(b^5)^4} = \frac{1}{b^{5\cdot 4}} = b^{-5\cdot 4} = b^{5\cdot(-4)}$$

▶ **SATZ 27: Für alle ganzen Zahlen $k$ und beliebige reelle Zahlen $a$; ($a \neq 0$) gilt**

$$a^{-k} = \frac{1}{a^k}$$

*Beweis:*
**a)** $k > 0$; In diesem Fall gilt die Gleichung auf Grund von Definition C 26
**b)** $k = 0$; In diesem Fall gilt die Gleichung nach Definition C 24

**c)** $k < 0$; In diesem Fall gibt es eine positive ganze Zahl $m$ mit $k = -m$. Dann gilt:

$$\frac{1}{a^k} = \frac{1}{a^{-m}}$$

$$= \frac{1}{\frac{1}{a^m}} \quad \text{(nach Definition C 26)}$$

$$= a^m$$

$$= a^{-k} \quad w. z. b. w.$$

Die Funktionen $y = x^{-2m}$; ($m = 1, 2, 3, \ldots$)

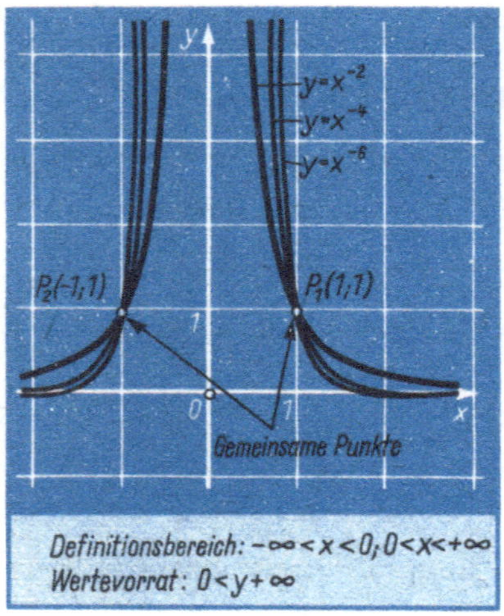


Definitionsbereich: alle reellen Zahlen $x$ mit $x \neq 0$
Wertevorrat: $0 < y < \infty$

C

Wegen

$$(-x)^{-2m} = \frac{1}{(-x)^{2m}} = \frac{1}{x^{2m}} = x^{-2m}$$

sind diese Potenzfunktionen gerade, ihre Bilder liegen also symmetrisch zur $y$-Achse. Die Bilder dieser Funktionen bestehen jeweils aus zwei getrennten Teilen (zwei Ästen). Sie nähern sich beliebig dicht der $x$-Achse und zwar um so mehr, je mehr der Betrag von $x$ zunimmt. Dabei wird die $x$-Achse selbst jedoch nicht erreicht, da die Funktionswerte stets größer als 0 sind.

Man sagt, die Bilder nähern sich **asymptotisch** der $x$-Achse. Entsprechend nähern sich die Bilder asymptotisch der $y$-Achse, wenn der Betrag von $x$ immer kleiner wird.

Die Funktionen
$y = x^{-(2m-1)}$;
($m = 1, 2, 3, \ldots$)

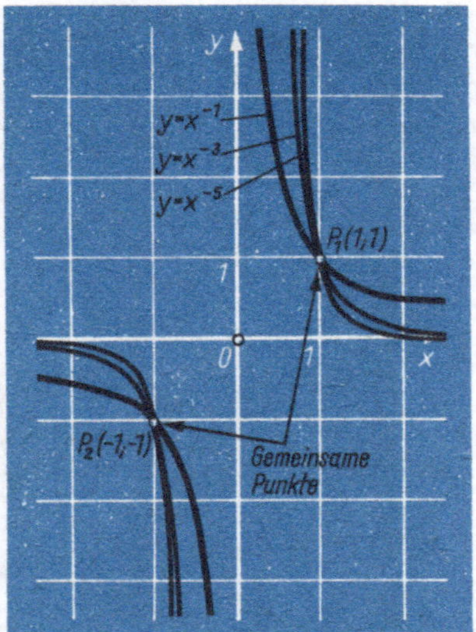


Definitionsbereich: $-\infty < x < 0;\ 0 < x < +\infty$
Wertevorrat: $-\infty < y < 0;\ 0 < y < +\infty$

Definitionsbereich:
alle reellen Zahlen $x$
mit $x \neq 0$
Wertevorrat:
alle reellen Zahlen $y$
mit $y \neq 0$

Wegen

$$(-x)^{-(2m-1)} = \frac{1}{(-x)^{2m-1}} = \frac{1}{-x^{2m-1}} = -x^{-(2m-1)}$$

sind diese Potenzfunktionen ungerade, ihre Bilder liegen also punktsymmetrisch zum Ursprung. Die Bilder bestehen aus zwei Ästen, die sich asymptotisch den Koordinatenachsen annähern.

## Zusamenfassender Überblick über die Potenzfunktionen $y = x^k$ ($k$ beliebige ganze Zahl)

| $y = x^k$ | $k$ positiv | | $k$ negativ | | $k = 0$ |
|---|---|---|---|---|---|
| | gerade | ungerade | gerade | ungerade | |
| Definitionsbereich | $-\infty < x < \infty$ | $-\infty < x < \infty$ | $-\infty < x < \infty$ außer $x = 0$ | $-\infty < x < \infty$ außer $x = 0$ | $-\infty < x < \infty$ außer $x = 0$ |
| Wertevorrat | $0 \leq y < \infty$ | $-\infty < y < \infty$ | $0 < y < \infty$ | $-\infty < y < \infty$ außer $y = 0$ | $y = 1$ |

Die **Definitionsbereiche** der Potenzfunktionen ergeben sich einfach aus der Tatsache, daß man außer der Null *jede* reelle Zahl mit einem beliebigen ganzzahligen Exponenten potenzieren kann. Die Zahl Null kann nicht mit negativen Exponenten potenziert werden, da das eine Division durch Null bedeuten würde. Ebenso ist $0^0$ nicht definiert.

Die **Wertevorräte** der Potenzfunktionen bestehen aus allen den Zahlen $y$, für die es eine Zahl $x$ gibt, so daß $y = x^k$ gilt. Daß das auch alle in der Tabelle jeweils angegebenen reellen Zahlen sind, folgt aus der Lösbarkeit der Gleichung $x^k = y$ bei vorgegebenem $y$ und $k$ (↗ 73).

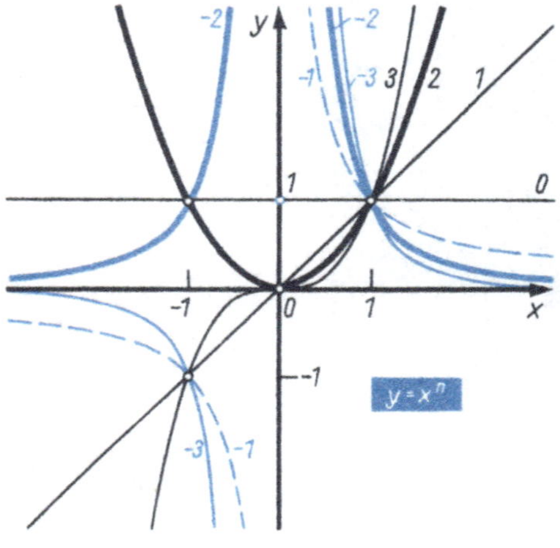


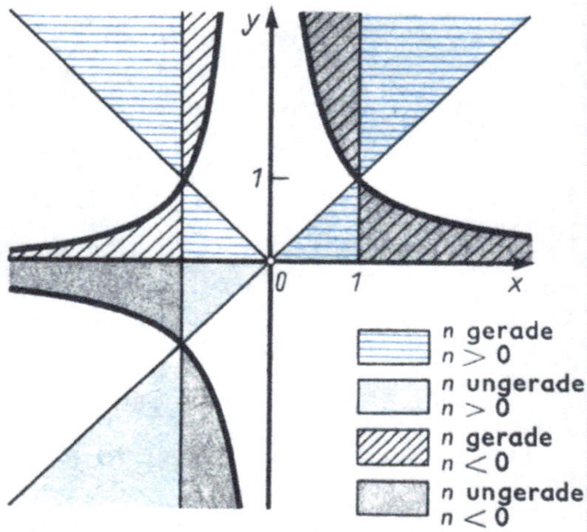


| $y = x^k$ | $k$ positiv | | $k$ negativ | |
|---|---|---|---|---|
| | gerade | ungerade | gerade | ungerade |
| Gemeinsame Punkte | $(-1;1)$ $(1;1)$ $(0;0)$ | $(-1;-1)$ $(1;1)$ $(0;0)$ | $(-1;1)$ $(1;1)$ | $(-1;-1)$ $(1;1)$ |
| steigend | $0 \leqq x < \infty$ | $-\infty < x < \infty$ | $-\infty < x < 0$ | |
| fallend | $-\infty < x \leqq 0$ | | $0 < x < \infty$ | $-\infty < x < 0$ und $0 < x < \infty$ |

## 9. DER BEGRIFF DER UMKEHRFUNKTION

**Umkehrbar eindeutige Funktionen, eineindeutige Funktionen**

▶ **DEFINITION 28: Eine Funktion $y = f(x)$ heißt umkehrbar eindeutig oder eineindeutig, wenn nicht nur jedem Element des Definitionsbereichs (Argument) genau ein Funktionswert zugeordnet ist, sondern auch umgekehrt zu jedem Funktionswert genau ein Argument gehört (↗ 84).**

■ **a)** Die Funktion $y = x^2$ ist nicht eineindeutig; denn zu jedem Funktionswert $y > 0$ gehören zwei Argumente $x_1$ und $x_2$ mit $x_1 = -x_2$.
**b)** Die Funktion $y = 2x - 1$ ist eineindeutig, denn zu jedem Funktionswert $y$ gehört genau ein Argument $x$.

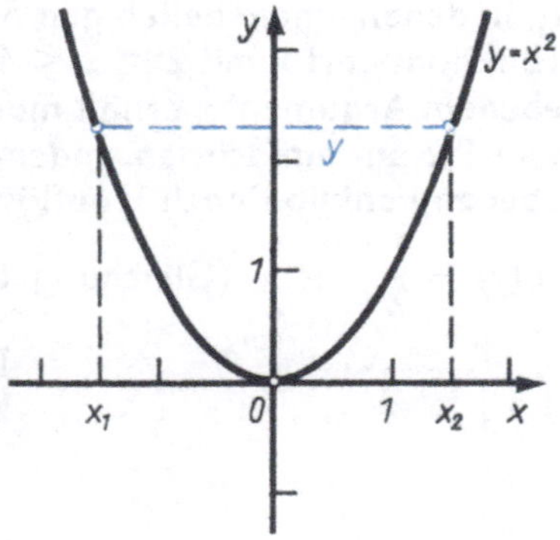


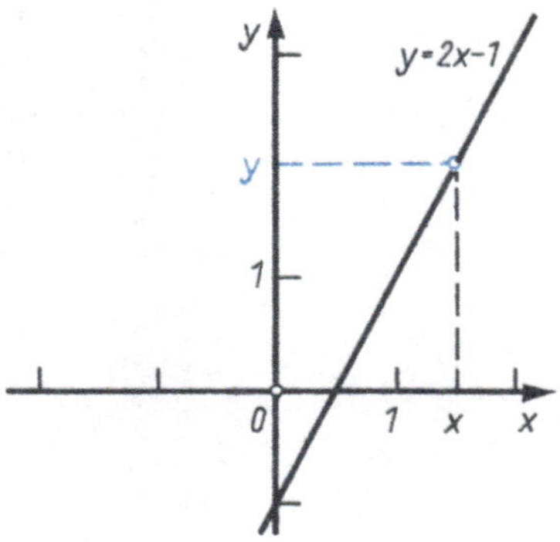


Vertauscht man die Reihenfolge der Elemente in allen Paaren einer Funktion, so ist die dabei entstehende Paarmenge genau dann wieder eine Funktion, wenn die gegebene Funktion eineindeutig ist. Denn nur dann ist die durch die Vertauschung entstandene Zuordnung auch wieder eindeutig.

▶ **DEFINITION 29: Durch Vertauschung der Elemente in allen Paaren $[x; y]$ einer eineindeutigen Funktion $f$ entsteht eine Funktion, die aus den Paaren $[y; x]$ besteht. Diese Funktion heißt Umkehrfunktion oder inverse Funktion zu der gegebenen Funktion.**

Nach der in dieser Definition angegebenen Vertauschung ist der Definitionsbereich der gegebenen Funktion der Wertevorrat ihrer Umkehrfunktion und der Wertevorrat der gegebenen Funktion der Definitionsbereich ihrer Umkehrfunktion.
Zur Unterscheidung von der ursprünglichen Funktion $f$ bezeichnet man ihre Umkehrfunktion mit $\bar{f}$ oder mit einem anderen Buchstaben wie etwa $g$, $h$, $\gamma$. Sehr gebräuchlich ist auch die Bezeichnung $f^{-1}$.

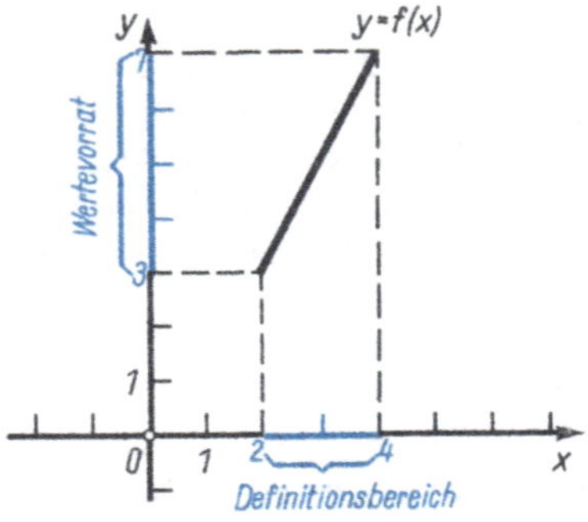


$y = f(x) = 2x - 1$
Definitionsbereich: $2 \leqq x \leqq 4$
Wertevorrat: $3 \leqq y \leqq 7$

Die zugehörige Umkehrfunktion besteht aus allen Paaren $[y; x]$, in denen einem beliebigen Argument $y$ mit $3 \leqq y \leqq 7$ ein Funktionswert $x$ mit $2 \leqq x \leqq 4$ zugeordnet ist. Zu vorgegebenem Argument $y$ erhält man den zugehörigen Funktionswert $x$ am einfachsten, indem man die Gleichung der gegebenen Funktion nach $x$ auflöst:

$x = g(y) = \frac{1}{2}y + \frac{1}{2}$ (Gleichung der Umkehrfunktion)



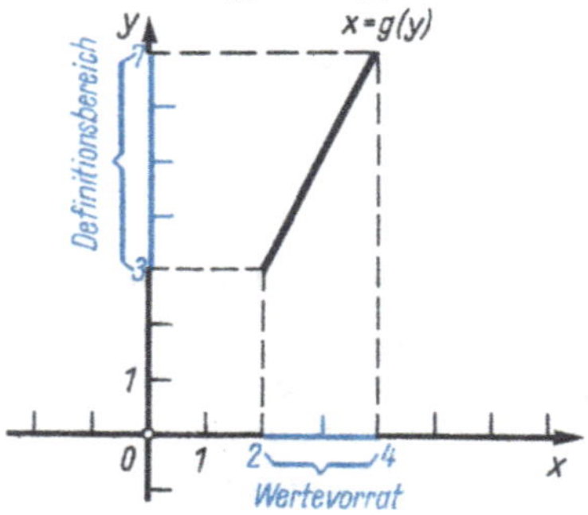


Definitionsbereich $3 \leqq y \leqq 7$
Wertevorrat: $2 \leqq x \leqq 4$

Im Unterschied zur Funktion $y = f(x)$ sind jetzt bei der Funktion $x = g(y)$ die Argumente auf der $y$-Achse und die Funktionswerte auf der $x$-Achse aufgetragen. Daher haben beide Funktionen dasselbe Bild.

Das Achsenkreuz wird durch Klappung um die Gerade $y = x$ in die gewohnte Lage gebracht, d. h., die Achse für die Argumente zeigt nach rechts und die Achse für die Funktionswerte zeigt nach oben:

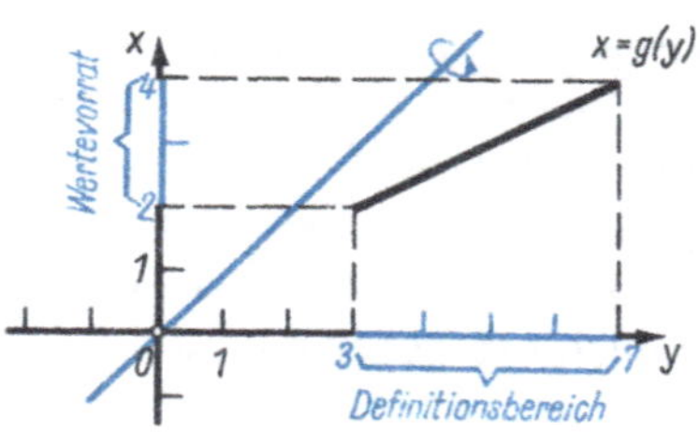


$x = g(y) = \frac{1}{2}y + \frac{1}{2}$
(Gleichung der Umkehrfunktion)
Definitionsbereich: $3 \leqq y \leqq 7$
Wertevorrat: $2 \leqq x \leqq 4$

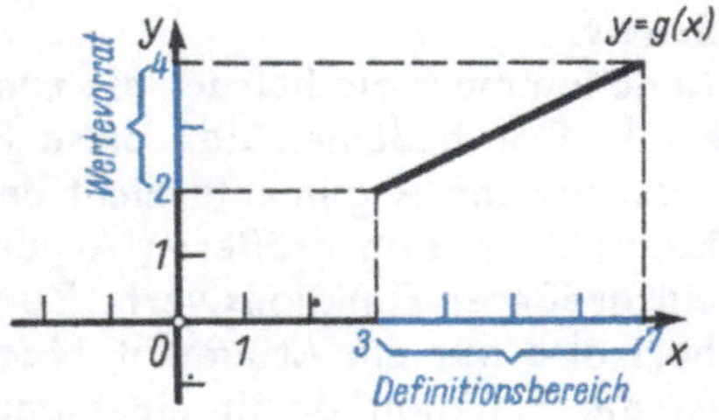


Übergang zur gewohnten Bezeichnung der Variablen und Achsen:

$y = g(x) = \frac{1}{2}x + \frac{1}{2}$

(Gleichung der Umkehrfunktion)

Definitionsbereich: $3 \leqq x \leqq 7$

Wertevorrat: $2 \leqq y \leqq 4$

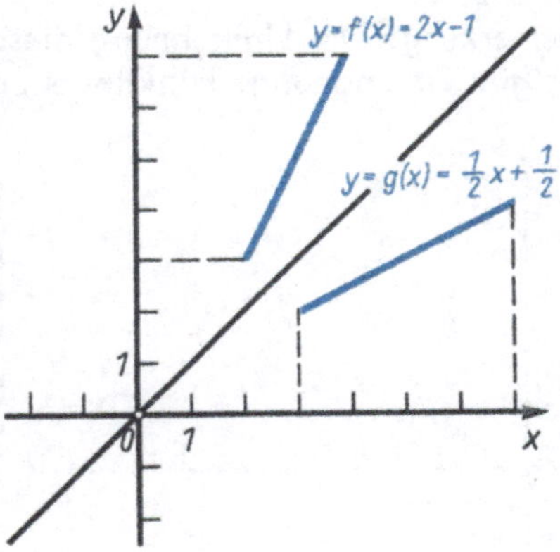


Zeichnet man das Bild der Funktion $y = f(x)$ und das Bild ihrer Umkehrfunktion $y = g(x)$ in ein und dasselbe Achsenkreuz, so liegen diese Bilder wegen der Klappung des Achsenkreuzes achsensymmetrisch zur Geraden $y = x$.

Bildet man die Umkehrfunktion von $y = g(x)$, so erhält man wieder die ursprünglich gegebene Funktion $y = f(x)$:

| | |
|---|---|
| $y = \frac{1}{2}x + \frac{1}{2}$ | Auflösen nach $x$: |
| $x = 2y - 1$ | Vertauschung der Variablenbezeichnung: |
| $y = 2x - 1$ | Das ist die gegebene Funktion. |

▶ **SATZ 30: Bildet man zu einer gegebenen Funktion deren Umkehrfunktion und von dieser wiederum die Umkehrfunktion, so erhält man die gegebene Funktion.**

Dieser Satz ergibt sich aus der Tatsache, daß man nach zweimaliger Vertauschung der Elemente in allen Paaren einer Funktion wieder die ursprüngliche Paarmenge erhält.
Die Funktion $y = x^2$ ist in dem Definitionsbereich $-\infty < x < \infty$ nicht eineindeutig (↗ 141, Beispiel a), hat also keine Umkehrfunktion.
Funktionen, die eine Umkehrfunktion besitzen, nennt man auch kurz **umkehrbar**.

▶ **SATZ 31: Wenn eine Funktion monoton (↗ 88) ist, so ist sie eineindeutig und damit umkehrbar.**



C

*Beweis:*
Angenommen, die betrachtete Funktion sei monoton wachsend. Das bedeutet, daß diese Funktion für irgend zwei verschiedene Argumente nicht denselben Wert annehmen kann; denn zum größeren Argument gehört auch immer ein größerer Funktionswert. Zu jedem Funktionswert gehört also nur ein Argument. Nach Definition C 28 (↗ 141) ist die Funktion damit eineindeutig. Falls die betrachtete Funktion monoton fallend ist, verläuft die Überlegung ganz entsprechend.
*w. z. b. w.*
*Bemerkung:* Die Umkehrung dieses Satzes gilt nicht, d. h., es gibt eineindeutige Funktionen, die nicht monoton sind.

■

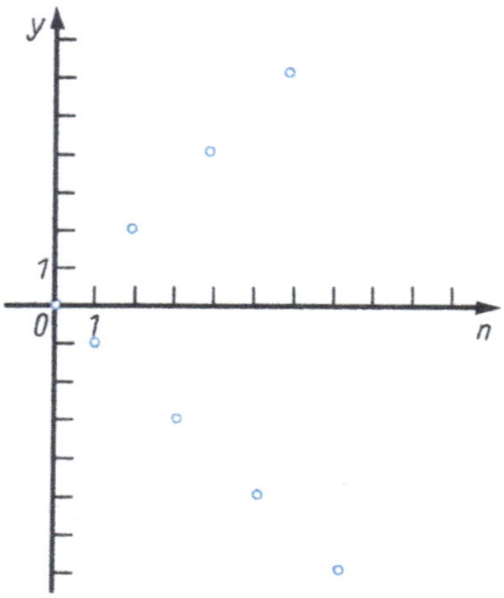


$y = f(n) = (-1)^n\, n$
Definitionsbereich: Menge der natürlichen Zahlen
Wertevorrat: Menge der positiven geraden und der negativen ungeraden Zahlen

Wertetabelle

| $n$ | 0 | 1 | 2 | 3 | 4 | 5 | 6 | 7 | ... |
|---|---|---|---|---|---|---|---|---|---|
| $y$ | 0 | −1 | 2 | −3 | 4 | −5 | 6 | −7 | ... |

Diese Funktion ist eineindeutig und damit umkehrbar:
**a)** Zu jedem Argument $n$ gehört genau ein Funktionswert $y$.
**b)** Umgekehrt gehört auch zu jedem Funktionswert $y$ genau ein Argument $n$.
Die Funktion ist aber nicht monoton.
**a)** Sie ist nicht monoton wachsend.
Beispielsweise gilt für $n_1 = 2$ und $n_2 = 5$: $n_1 < n_2$ aber $f(n_1) > f(n_2)$, denn $f(n_1) = 2$ und $f(n_2) = -5$.
**b)** Sie ist auch nicht monoton fallend.
Beispielsweise gilt für $n_1 = 3$ und $n_2 = 4$: $n_1 < n_2$ aber $f(n_1) < f(n_2)$, denn $f(n_1) = -3$ und $f(n_2) = 4$.

**Aus nicht eineindeutigen Funktionen kann man oft durch Einschränkung des Definitionsbereichs eineindeutige und damit umkehrbare Funktionen gewinnen.**

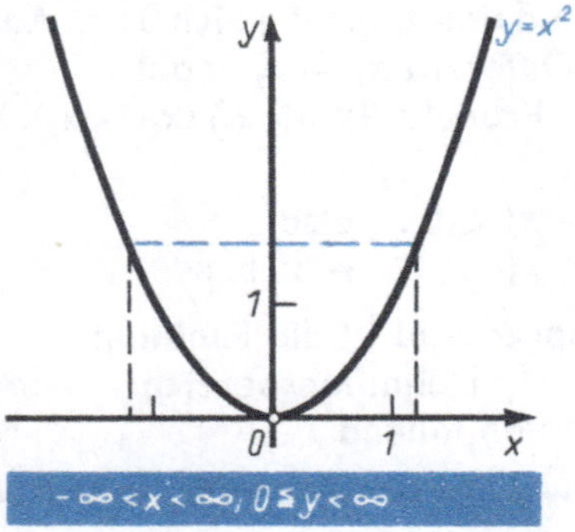


■ $y = x^2$ **Definitionsbereich:** $-\infty < x < \infty$

**Einschränkung des Definitionsbereichs:** $y = x^2$

**Definitionsbereich:** $0 \leqq x < \infty$

**Diese Funktion ist monoton wachsend, also auch eineindeutig.**

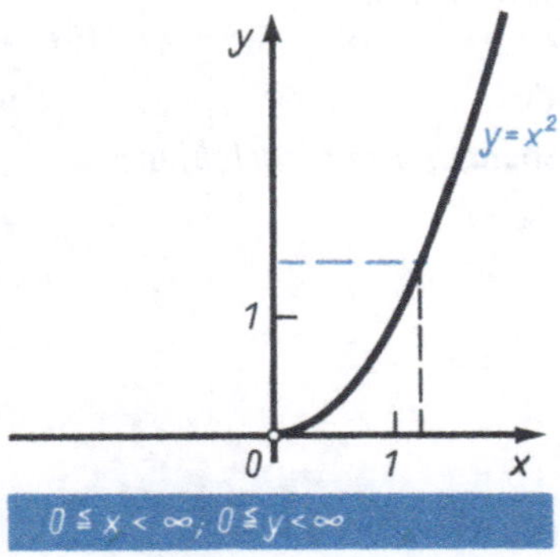


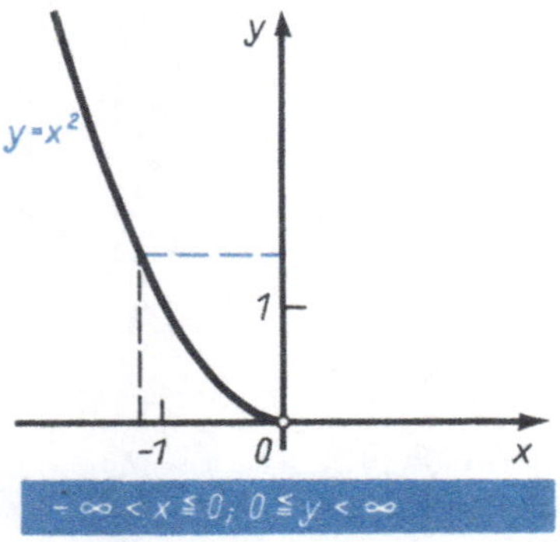


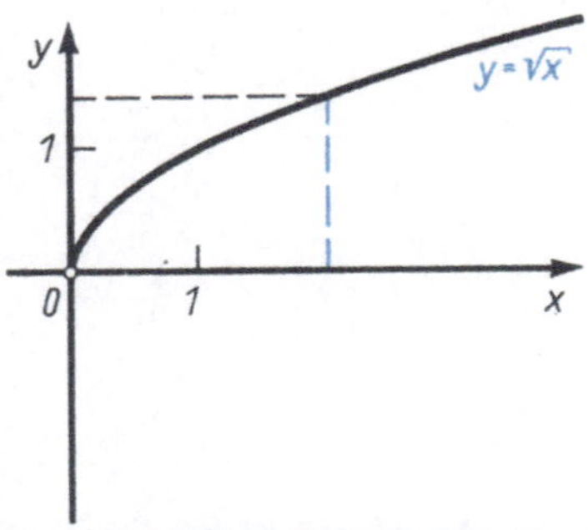


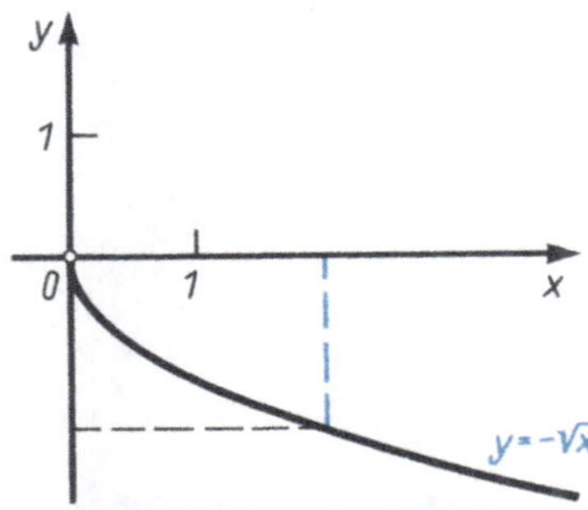


***Beweis:***

**Für beliebige Argumente $x_1$ und $x_2$ mit $x_1 < x_2$ aus dem Definitionsbereich $0 \leqq x < \infty$ gilt:**

**$f(x_1) < f(x_2)$, d. h. $x_1^2 < x_2^2$.**

Das kann man folgendermaßen zeigen:

$x_1^2 - x_2^2 = (x_1 + x_2)(x_1 - x_2)$

Nun ist aber $x_1 + x_2 > 0$, da beide Argumente nicht negativ sind und $x_2$ nicht gleich 0 ist. Außerdem ist wegen $x_1 < x_2$ die Differenz $x_1 - x_2$ negativ.

Das Produkt $(x_1 + x_2)(x_1 - x_2)$ ist also negativ. Daher gilt

$x_1^2 - x_2^2 < 0$, also

$x_1^2 < x_2^2$. *w. z. b. w.*

Entsprechend ist die Funktion

$y = x^2$ Definitionsbereich: $-\infty < x \leqq 0$

monoton fallend.

*Bildung der Gleichung der Umkehrfunktion:*

$y = x^2$

*Auflösen nach x:*

| | |
|---|---|
| für $0 \leqq x < \infty$ | für $-\infty < x \leqq 0$ |
| $x = \sqrt{y}$ | $x = -\sqrt{y}$ |

*Umbenennung der Variablen:*

| | |
|---|---|
| $y = \sqrt{x}$ | $y = -\sqrt{x}$ |

C

## 10. DIE POTENZFUNKTIONEN $y = x^{\frac{1}{n}}$ ($n \neq 0$; $n$ NATÜRL. ZAHL)

**Der Wurzelbegriff**

Zu jeder nichtnegativen Zahl $a$ und zu jeder positiven ganzen Zahl $n$ gibt es genau eine nichtnegative reelle Zahl, die Lösung der Gleichung $x^n = a$ ist.

▶ **DEFINITION 32: Ist $a$ eine beliebige nichtnegative reelle Zahl und $n$ eine positive ganze Zahl, so bezeichnet man die nichtnegative reelle Zahl $b$, für die $b^n = a$ gilt, mit $b = \sqrt[n]{a}$ (gelesen: $n$-te Wurzel aus $a$).**

Die Zahl $a$ heißt **Radikand**, die Zahl $n$ heißt **Wurzelexponent.** Die Operation, die den Zahlen $n$ und $a$ die Zahl $b = \sqrt[n]{a}$ zuordnet, heißt **Radizieren** oder **Wurzelziehen.**

Nach Definition C 32 ist $\sqrt[n]{a}$ diejenige nichtnegative Zahl, deren $n$-te Potenz gleich $a$ ist. Es gilt also

$$\left(\sqrt[n]{a}\right)^n = a\,.$$

Statt $\sqrt[2]{a}$ (auch gelesen: Quadratwurzel aus $a$) schreibt man kürzer $\sqrt{a}$ (gelesen: Wurzel aus $a$). Für $\sqrt[3]{a}$ liest man auch: Kubikwurzel aus $a$.

Nach Definition C 32 ist $\sqrt[1]{a} = a$. Daher wird das Zeichen $\sqrt[1]{\phantom{a}}$ üblicherweise nicht benutzt.

**Dritte Erweiterung des Potenzbegriffes** auf beliebige rationale Exponenten

▶ **DEFINITION 33: Ist $a$ eine beliebige positive Zahl, $m$ eine beliebige ganze Zahl und $n$ eine beliebige positive ganze Zahl, so wird die Potenz $a^{\frac{m}{n}}$ durch folgende Gleichung definiert:**

$$a^{\frac{m}{n}} = \sqrt[n]{a^m}$$

Falls $\frac{m}{n} > 0$, so ist die Definitionsgleichung auch für $a = 0$ sinnvoll, denn es gilt

$$0^{\frac{m}{n}} = \sqrt[n]{0^m} = \sqrt[n]{0} = 0$$

▶ **DEFINITION 34:**

$$0^{\frac{m}{n}} = 0\,, \text{ falls } \frac{m}{n} > 0$$

Für $m = 1$ ergibt sich aus der Definition C 33 der Spezialfall

$$a^{\frac{1}{n}} = \sqrt[n]{a} \qquad (a \geqq 0)$$

C

Die Definition C 33 erweitert den Potenzbegriff auf rationale Exponenten so, daß die Potenzgesetze (↗ 134, Satz 23) weiter gelten.
Die Potenzgesetze für Potenzen mit gebrochen rationalen Exponenten in Wurzelschreibweise werden auch **Wurzelgesetze** genannt.

■ a) $\frac{\sqrt[3]{x^2 y^4}}{\sqrt[3]{4 z^2}} \cdot \sqrt[3]{\frac{x^4 y^5}{2 z^4}} = \sqrt[3]{\frac{x^2 y^4}{4 z^2}} \cdot \sqrt[3]{\frac{x^4 y^5}{2 z^4}} = \sqrt[3]{\frac{x^2 y^4 \cdot x^4 y^5}{4 z^2 \cdot 2 z^4}}$

$= \sqrt[3]{\frac{x^6 y^9}{8 z^6}} = \frac{x^2 y^3}{2 z^2}$

b) $\sqrt[3]{x^2} \cdot \sqrt[6]{x^2} = \sqrt[3]{x^2} \cdot \sqrt[3]{x} = \sqrt[3]{x^3} = x$

c) $(\sqrt[3]{5})^6 = \sqrt[3]{5^6} = 5^{\frac{6}{3}} = 5^2 = 25$

Für $a \geqq 0$ gilt $\left(\sqrt[n]{a}\right)^n = \sqrt[n]{a^n} = a$

Falls der Wurzelexponent gerade ist, existiert $\sqrt[n]{a^n}$ auch für $a < 0$. In diesem Fall gilt jedoch: $\sqrt[n]{a^n} = |a|$; ($n$ gerade).

■ a) $\sqrt[6]{2^6} = (\sqrt[6]{2})^6 = 2$

b) $\sqrt[6]{(-2)^6} = \sqrt[6]{64} = 2 = |-2|$ und nicht etwa

$\sqrt[6]{(-2)^6} = (\sqrt[6]{-2})^6 = -2$, denn $\sqrt[6]{-2}$ existiert nicht.

**Rationalmachen des Nenners**

Steht im Nenner eines Bruches eine Wurzel, so gelingt es mitunter, durch Erweitern oder Kürzen die Wurzel zu beseitigen. Das nennt man **Rationalmachen** des Nenners.

■ a) $\frac{a}{\sqrt[3]{b}} = \frac{a \cdot \sqrt[3]{b^2}}{\sqrt[3]{b} \cdot \sqrt[3]{b^2}} = \frac{a\sqrt[3]{b^2}}{b}$

b) $\frac{\sqrt{18} - \sqrt{12}}{\sqrt{18} + \sqrt{12}} = \frac{(\sqrt{18} - \sqrt{12})(\sqrt{18} - \sqrt{12})}{(\sqrt{18} + \sqrt{12})(\sqrt{18} - \sqrt{12})}$

$= \frac{18 - 2\sqrt{12 \cdot 18} + 12}{18 - 12} = \frac{30 - 12\sqrt{6}}{6} = 5 - 2\sqrt{6}$

**Die Potenzfunktionen $y = x^{\frac{1}{n}}$**

**Die Funktionen $y = x^{\frac{1}{2m}}$ ($m = 1, 2, 3, \ldots$)**

Jede Potenzfunktion $y = x^{2m}$; ($m = 1, 2, \ldots$) ist für $x \geqq 0$ monoton steigend und daher eineindeutig (↗ 135, Bild). In diesem Bereich ist sie also umkehrbar (↗ 143).

$y = x^{2m}$ Definitionsbereich: $0 \leqq x < \infty$

Umkehrfunktion:
- $x = \sqrt[2m]{y} = y^{\frac{1}{2m}}$ Definitionsbereich: $0 \leqq y < \infty$
- $y = \sqrt[2m]{x} = x^{\frac{1}{2m}}$ Definitionsbereich: $0 \leqq x < \infty$

## 10. DIE POTENZFUNKTIONEN $y = x^{\frac{1}{n}}$; ($n \neq 0$; $n$ NATÜRL. ZAHL)

Die Potenzfunktionen $y = x^{\frac{1}{2m}} = \sqrt[2m]{x}$ heißen auch **Wurzelfunktionen.** Sie sind die Umkehrfunktionen (↗ 141) der Potenzfunktionen $y = x^{2m}$ mit dem Definitionsbereich $0 \leqq x < \infty$. Die Bilder dieser Wurzelfunktionen liegen daher achsensymmetrisch zu den Bildern der entsprechenden Potenzfunktionen bezüglich der Geraden $y = x$.

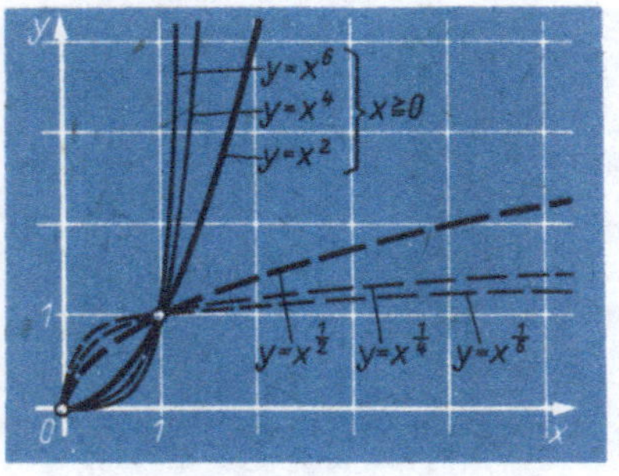


Auch die Funktionen $y = x^{2m}$ mit dem Definitionsbereich $-\infty < x \leqq 0$ sind monoton (fallend) und daher umkehrbar. Als Umkehrungen erhält man die Funktionen

$y = -x^{\frac{1}{2m}} = -\sqrt[2m]{x}$ Definitionsbereich $0 \leqq x < \infty$.

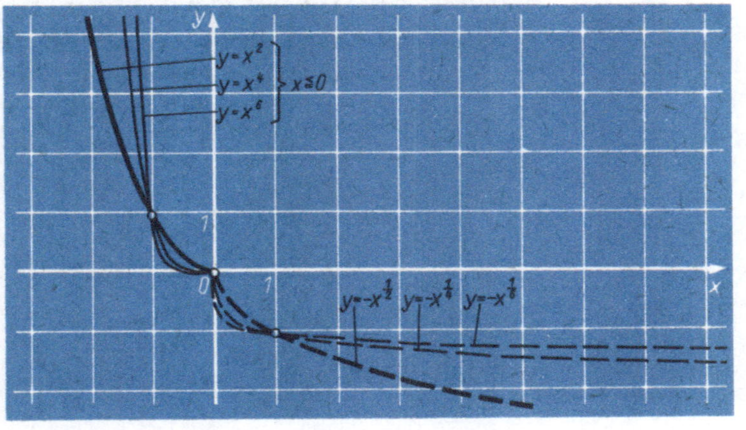


Die Funktionen $y = x^{\frac{1}{2m-1}}$ ($m = 1, 2, 3, \ldots$)

Jede Potenzfunktion $y = x^{2m-1}$ ($m = 1, 2, \ldots$) ist für $x \geqq 0$ monoton steigend und daher eineindeutig. (↗ 136). Sie ist also in diesem Bereich umkehrbar.

$y = x^{2m-1}$ Definitionsbereich: $0 \leqq x < \infty$

| | | |
|---|---|---|
| Umkehrfunktion | $x = \sqrt[2m-1]{y} = y^{\frac{1}{2m-1}}$ | Definitionsbereich: $0 \leqq y < \infty$ |
| | $y = \sqrt[2m-1]{x} = x^{\frac{1}{2m-1}}$ | Definitionsbereich: $0 \leqq x < \infty$ |

Diese Wurzelfunktionen sind also die Umkehrfunktionen der Potenzfunktionen $y = x^{2m-1}$ mit dem Definitionsbereich $0 \leqq x < \infty$. Die Bilder der Funktionen $y = \sqrt[2m-1]{x}$ liegen also achsensymmetrisch zu den Bildern der Funktionen $y = x^{2m-1}$ bezüglich der Geraden $y = x$.

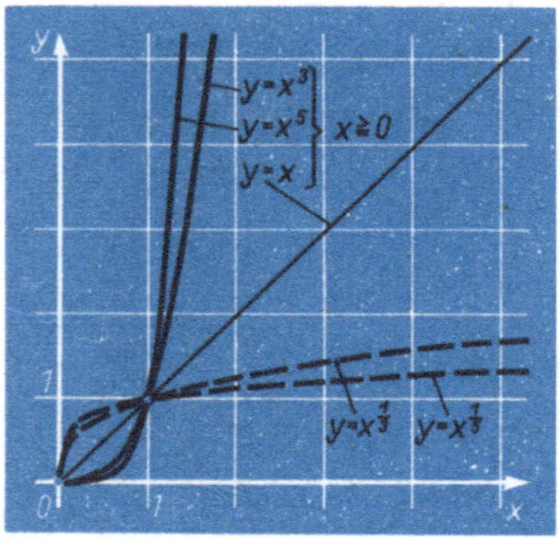




Die Potenzfunktionen $y = x^{2m-1}$ sind im Gegensatz zu den Potenzfunktionen $y = x^{2m}$ für $-\infty < x < \infty$, also auf der ganzen $x$-Achse, monoton (steigend) und damit umkehrbar. Die Umkehrfunktionen sind aber nicht durch eine einzige Gleichung darstellbar, da Wurzeln nur für nicht negative Radikanden definiert sind (↗ 147; Def. C 33).

| Potenzfunktion | Umkehrfunktion |
|---|---|
| $y = x^{2m-1}$ Definitionsbereich: $-\infty < x < \infty$ | $y = \begin{cases} \sqrt[2m-1]{x}, & \text{für } 0 \leqq x < \infty \\ -\sqrt[2m-1]{-x}, & \text{für } -\infty\ x < 0 \end{cases}$ |

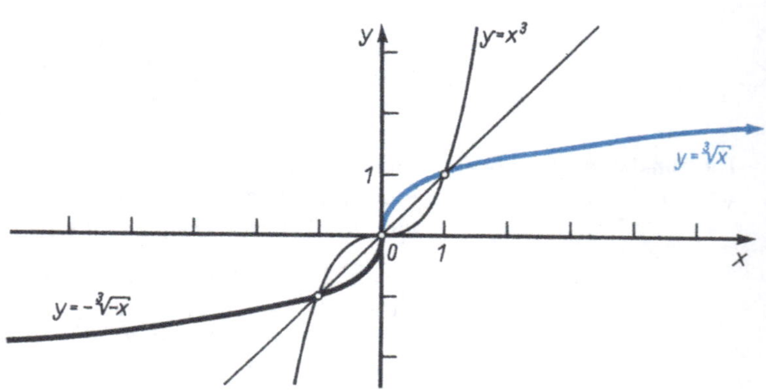

## 11. DIE EXPONENTIALFUNKTIONEN $y = a^x$; $(a > 0)$

**Vierte Erweiterung des Potenzbegriffs**

Auf Grund folgender Überlegungen läßt sich der Potenzbegriff für $a > 0$ sogar auf beliebige reelle Zahlen als Exponenten erweitern.

■ Die Potenz $3^{\sqrt{2}}$ wird folgendermaßen durch eine Intervallschachtelung (↗ 72) definiert.

| Intervallschachtelung für $\sqrt{2}$ | | Näherungswerte für $3^{r_n}$ | Näherungswerte für $3^{s_n}$ |
|---|---|---|---|
| $r_n$ | $s_n$ | | |
| 1 | 2 | 3 | 9 |
| 1,4 | 1,5 | 4,6 | 5,2 |
| 1,41, | 1,42 | 4,71 | 4,76 |
| 1,414 | 1,415 | 4,728 | 4,733 |
| 1,4142 | 1,4143 | 4,7287 | 4,7293 |
| 1,41421 | 1,41422 | 4,72879 | 4,72884 |

Die Näherungswerte für die reellen Zahlen $3^{r_n}$ und $3^{\ n}$ bilden ihrerseits eine Intervallschachtelung, die dieselbe reelle Zahl erfaßt, wie die durch die reellen Zahlen $3^{r_n}$ und $3^{s_n}$ selbst gebildete Schachtelung. Diese Zahl wird als $3^{\sqrt{2}}$ definiert. Sie ist unabhängig von der für $\sqrt{2}$ gewählten Schachtelung eindeutig bestimmt.
Es gilt $3^{\sqrt{2}} = 4{,}728\ldots$
Auf die Beweise dieser Behauptungen muß wegen ihrer Schwierigkeiten verzichtet werden.
Für den so erweiterten Potenzbegriff gelten die Potenzgesetze (↗ 134; Satz 23).

**Exponentialfunktionen**

Für jedes feste $a > 0$ bilden die durch die Gleichung $y = a^x$ gegebenen Paare $[x; y]$ eine Funktion, deren Definitionsbereich das Intervall $-\infty < x < \infty$, also die Menge aller reellen Zahlen ist.
Diese Funktionen heißen **Exponentialfunktionen.**

■ $a = 2: \quad y = 2^x$

$a = 10: \quad y = 10^x$

$a = \frac{1}{2}: \quad y = \left(\frac{1}{2}\right)^x = 2^{-x}$

$a = \frac{1}{10}: \quad y = \left(\frac{1}{10}\right)^x = 10^{-x}$

$a = 1: \quad y = 1^x$

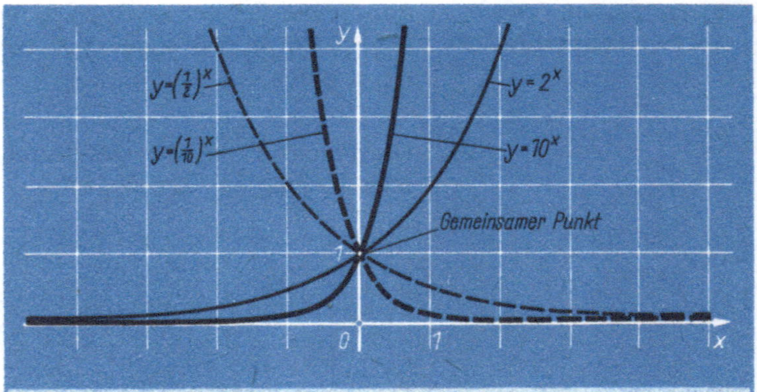


Definitionsbereich: $-\infty < x < \infty$
Wertevorrat: $0 < y < \infty$

Die Bilder der Funktionen $y = a^x$ liegen achsensymmetrisch bezüglich der $y$-Achse zu den Bildern der entsprechenden Funktionen $y = a^{-x} = \left(\frac{1}{a}\right)^x$, denn für entgegengesetzte Argumente werden die gleichen Funktionswerte angenommen.
Für $a > 1$ sind die Exponentialfunktionen monoton wachsend. Für kleiner werdende Argumente nähern sich ihre Bilder asymptotisch (↗ 138) der $x$-Achse.
Für $0 < a < 1$ sind die Exponentialfunktionen monoton fallend. Für größer werdende Argumente nähern sich ihre Bilder asymptotisch der $x$-Achse.

Für $a = 1$ ergibt sich $y = 1^x$, also die *konstante Funktion* $y = 1$.
Keine Exponentialfunktion hat eine Nullstelle. Die Bilder aller Exponentialfunktionen verlaufen durch den Punkt $(0; 1)$, denn für beliebiges $a \neq 0$ gilt $a^0 = 1$, insbesondere also für $a > 0$.
Der Wertevorrat jeder Exponentialfunktion $y = a^x$; $(a > 0)$ ist die Menge der positiven reellen Zahlen.
Das erkennt man folgendermaßen
1) Jede solche Funktion hat wegen der positiven Basis *nur* positive Funktionswerte.
2) Es treten auch *alle* positiven reellen Zahlen als Funktionswerte auf, denn zu jedem positiven $y$ gibt es genau eine reelle Zahl $x$, für die $y = a^x$ bei fest vorgegebenem $a > 0$ und $a \neq 1$ gilt.
Beide Behauptungen werden mit Hilfe von Intervallschachtelungen bewiesen.

**Die Zahl e**

In den Naturwissenschaften und in der Technik tritt häufig eine Exponentialfunktion auf, deren Basis irrational (↗ 74) ist und mit e bezeichnet wird. Ein Näherungswert dieser Zahl ist
$e \approx 2{,}718281828459.$

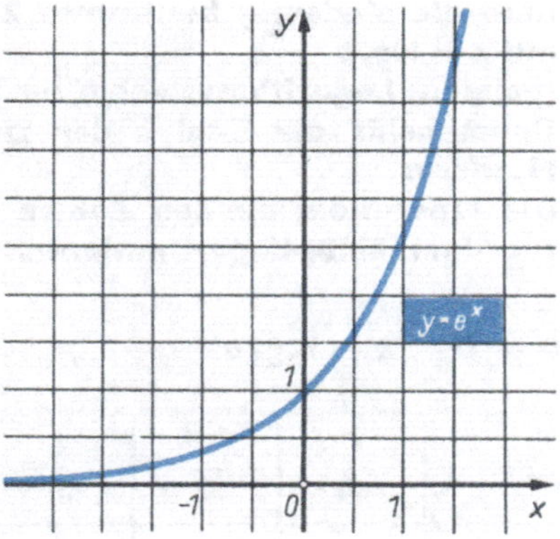


■ Der Zerfall eines radioaktiven Elements wird durch folgende Funktion beschrieben:
$f(t) = n\,e^{-kt}$
Dabei gibt der jeweilige Funktionswert $f(t)$ die Anzahl der zur Zeit $t$ vorhandenen radioaktiven Atome an, wenn $n$ die Anzahl der zum Zeitpunkt $t = 0$ vorhandenen radioaktiven Atome ist. Die Zahl $k$ ist eine für das betreffende Element charakteristische Konstante.

*Bemerkung*: Prinzipiell kann man Exponentialfunktionen auch für Basen $a \leqq 0$ definieren. Dies erweist sich jedoch als wenig sinnvoll, da diese Funktionen im Fall $a < 0$ nur für ganzzahlige Argumente definiert sind.
Im Fall $a = 0$ erhält man die Funktion $y = 0^x$; $(x \neq 0)$. Ihr Bild ist die $x$-Achse ohne den Ursprung.

**Additionstheorem für Exponentialfunktionen**

Wegen $a^{x_1+x_2} = a^{x_1} \cdot a^{x_2}$; $(a > 0)$ gilt für alle Exponentialfunktionen $y = f(x) = a^x$ folgendes **Additionstheorem**:

$$f(x_1 + x_2) = f(x_1) \cdot f(x_2)$$

## 12. DIE LOGARITHMUSFUNKTIONEN $y = \log_a x$ $(a > 0;\ a \neq 1)$

Zu jeder positiven Zahl $b$ und zu jeder positiven Zahl $a \neq 1$ gibt es genau eine Zahl $x$, die Lösung der Gleichung $b = a^x$ ist.

Der Logarithmus

**DEFINITION 35: Ist $a > 0$, $a \neq 1$ und $b > 0$, so bezeichnet man die eindeutig bestimmte Zahl $x$, für die $b = a^x$ gilt, mit $x = \log_a b$**
**(gelesen: Logarithmus von $b$ zur Basis $a$).**
**Dabei heißt die Zahl $b$ der zum Logarithmus gehörige Numerus.**
**Die Operation, die den Zahlen $a$ und $b$ die Zahl $x = \log_a b$ zuordnet, heißt Logarithmieren.**

$b = 2^x$; $\quad x = \log_2 b$

| $2^x$ | $\frac{1}{64}$ | $\frac{1}{32}$ | $\frac{1}{16}$ | $\frac{1}{8}$ | $\frac{1}{4}$ | $\frac{1}{2}$ |
|---|---|---|---|---|---|---|
| $x$ | −6 | −5 | −4 | −3 | −2 | −1 |

| 1 | 2 | 4 | 8 | 16 | 32 | 64 | $b$ |
|---|---|---|---|---|---|---|---|
| 0 | 1 | 2 | 3 | 4 | 5 | 6 | $\log_2 b$ |

Logarithmengesetze

**SATZ 36:**

1) $\log_a (b_1 \cdot b_2) = \log_a b_1 + \log_a b_2$

2) $\log_a \left(\frac{b_1}{b_2}\right) = \log_a b_1 - \log_a b_2$

3) $\log_a b^c = c \log_a b$,

für $c = \frac{1}{n}$ ergibt sich hieraus: $\log_a \sqrt[n]{b} = \frac{1}{n} \log_a b$

*Beweis zu 1)*
Setzt man $\log_a b_1 = x_1$ und $\log_a b_2 = x_2$, so folgt
$b_1 = a^{x_1}$ und $b_2 = a^{x_2}$.
Dann ist $b_1 \cdot b_2 = a^{x_1} \cdot a^{x_2} = a^{x_1+x_2}$, also
$\log_a (b_1 \cdot b_2) = x_1 + x_2$.
Setzt man in dieser Gleichung für $x_1$ und $x_2$ aus den ersten Gleichungen $\log_a b_1$ bzw. $\log_a b_2$ ein, so folgt:
$\log_a (b_1 \cdot b_2) = \log_a b_1 + \log_a b_2$,
w. z. b. w.

C

**Die Logarithmusfunktion**

Jede Exponentialfunktion $y = a^x$; $(a \neq 1)$ ist monoton, also eineindeutig und damit umkehrbar.

| | | | | |
|---|---|---|---|---|
| | $y = a^x \; (a \neq 1)$ | Def.-Ber. | $-\infty < x < \infty$ | (↗ 141 f) |
| | | Wertevorr. | $0 < y < \infty$ | |
| Umkehrfunktion | $x = \log_a y$ | Def.-Ber. | $0 < y < \infty$ | |
| | | Wertevorr. | $-\infty < x < \infty$ | |
| | $y = \log_a x$ | Def.-Ber. | $0 < x < \infty$ | |
| | | Wertevorr. | $-\infty < y < \infty$ | |

Die Logarithmusfunktionen $y = \log_a x$; $(a \neq 1)$ sind also die Umkehrfunktionen der Exponentialfunktionen $y = a^x$; $(a \neq 1)$ und umgekehrt. Ihre Bilder liegen zueinander achsensymmetrisch bezüglich der Geraden $y = x$.

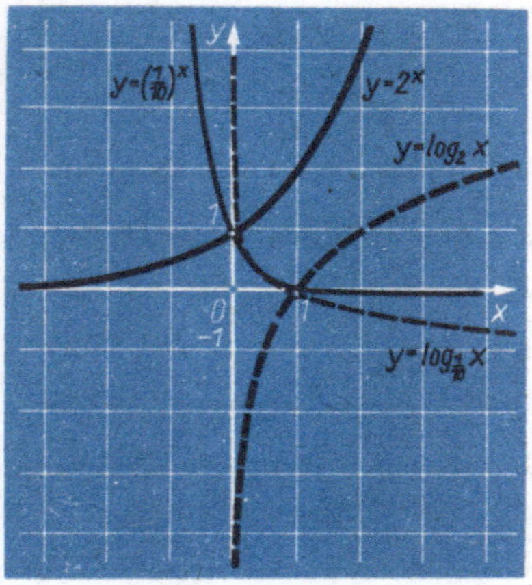


Für $a > 1$ sind die Logarithmusfunktionen monoton wachsend. Für kleiner werdende Argumente nähern sich ihre Bilder asymptotisch (↗ 138) der negativen $y$-Achse.
Für $0 < a < 1$ sind die Logarithmusfunktionen monoton fallend. Für kleiner werdende Argumente nähern sich ihre Bilder asymptotisch der positiven $y$-Achse.
Alle Logarithmusfunktionen haben als einzige Nullstelle $x = 1$, d. h., ihre Bilder verlaufen durch den Punkt $(1; 0)$. Für jede Basis $a$ gilt also $\log_a 1 = 0$ (wegen $a^0 = 1$). Ebenso gilt $\log_a a = 1$ (wegen $a^1 = a$).

**Dekadischer und natürlicher Logarithmus**

Für das Rechnen mit Logarithmen werden üblicherweise die Basen 10 (dekadischer Logarithmus) und e (natürlicher Logarithmus) (↗ 153) verwendet. Zur Abkürzung wird dabei folgende Schreibweise verabredet:

statt $\log_{10} x$ schreibt man $\lg x$
(gelesen: Logarithmus $x$ oder l – g – $x$),
statt $\log_e x$ schreibt man $\ln x$
(gelesen: Logarithmus naturalis $x$ oder l – n – $x$).
Die Logarithmen mit diesen Basen lassen sich auf Grund folgender Zusammenhänge ineinander umrechnen.
Man setzt

(1) $x = 10^y$; daraus folgt

(2) $y = \lg x$

Aus Gleichung (1) folgt durch Logarithmieren

$$\ln x = \ln 10^y$$

oder $\ln x = y \cdot \ln 10$

Daraus erhält man durch Einsetzen für $y$ aus Gleichung (2):

$$\ln x = \lg x \cdot \ln 10$$
$$\lg x = \ln x \cdot \frac{1}{\ln 10}$$

Aus den Umrechnungsgleichungen erhält man für $x = e$:

$$\lg e = \frac{1}{\ln 10}$$

Damit kann man die Umrechnungsgleichungen auch in folgender Form schreiben:

$$\ln x = \lg x \cdot \frac{1}{\lg e}$$
$$\lg x = \ln x \cdot \lg e$$

Es gilt $\lg e = \dfrac{1}{\ln 10} = 0{,}4343$ (auf vier Dezimalen genau)

$\ln 10 = \dfrac{1}{\lg e} = 2{,}3026$ (auf vier Dezimalen genau)

Allgemein gilt für beliebige Basen folgende Umrechnungsgleichung:

$$\log_a x = \log_b x \cdot \frac{1}{\log_b a}$$

■ Gegeben: $\lg x = 1{,}5832$ Gesucht: $\ln x$
$\ln x = 1{,}5832 \cdot 2{,}3026 = 3{,}6455$

# 13. GEBRAUCH DER LOGARITHMENTAFELN

Jede positive Zahl $x$ läßt sich in der Form $r \cdot 10^k$ darstellen, wobei $k$ eine ganze Zahl und $r$ eine reelle Zahl ist mit $1 \leqq r < 10$.

▶ **SATZ 37: Der dekadische Logarithmus jeder positiven reellen Zahl $x$ läßt sich folgendermaßen darstellen:**
**$\lg x = \lg r + k$ mit $1 \leqq r < 10$, (also $0 \leqq \lg r < 1$) und $k$ ganzzahlig.**

*Beweis:*
Die Zahl $x$ wird dargestellt als $x = r \cdot 10^k$; $(1 \leqq r < 10)$

Dann gilt:
$$\begin{aligned} \lg x &= \lg (r \cdot 10^k) \\ &= \lg r + \lg 10^k \\ &= \lg r + k \cdot \lg 10 \\ &= \lg r + k \end{aligned}$$
*w. z. b. w.*

**Mantisse, Kennzahl** ▶ **DEFINITION 38: In der Darstellung des dekadischen Logarithmus für $\lg x$ heißt $\lg r$ die Mantisse und $k$ die Kennzahl des betreffenden Logarithmus.**

Wenn man also die dekadischen Logarithmen für Numeri zwischen 1 und 10, d. h. die Mantissen kennt, so kann man durch Addition der entsprechenden Kennzahl zur Mantisse die Logarithmen für beliebige Numeri finden. Da die Dezimaldarstellungen (↗ 52) der Mantissen mit „0, . . .“ beginnen, genügt es, in einer Logarithmentafel nur die Ziffern anzugeben, die auf das Komma folgen. Die Logarithmen sind im allgemeinen irrationale Zahlen (↗ 74). Daher müssen diese Angaben gerundet werden. Je nach Genauigkeit spricht man von vier-, fünf- oder siebenstelligen Logarithmentafeln.

■
$$\begin{aligned} \lg 4863 &= \lg (4{,}863 \cdot 10^3) \\ &= \lg 4{,}863 + \lg 10^3 = \lg 4{,}863 + 3 = 3{,}6869 \end{aligned}$$
$$\begin{aligned} \lg 486{,}3 &= \lg (4{,}863 \cdot 10^2) \\ &= \lg 4{,}863 + \lg 10^2 = \lg 4{,}863 + 2 = 2{,}6869 \end{aligned}$$
$$\begin{aligned} \lg 48{,}63 &= \lg (4{,}863 \cdot 10^1) \\ &= \lg 4{,}863 + \lg 10^1 = \lg 4{,}863 + 1 = 1{,}6869 \end{aligned}$$
$$\begin{aligned} \lg 4{,}863 &= \lg (4{,}863 \cdot 10^0) \\ &= \lg 4{,}863 + \lg 10^0 = \lg 4{,}863 + 0 = 0{,}6869 \end{aligned}$$
$$\begin{aligned} \lg 0{,}4863 &= \lg (4{,}863 \cdot 10^{-1}) \\ &= \lg 4{,}863 + \lg 10^{-1} = \lg 4{,}863 - 1 = 0{,}6869 - 1 \end{aligned}$$
$$\begin{aligned} \lg 0{,}04863 &= \lg (4{,}863 \cdot 10^{-2}) \\ &= \lg 4{,}863 + \lg 10^{-2} = \lg 4{,}863 - 2 = 0{,}6869 - 2 \end{aligned}$$

C

Für das Rechnen mit Logarithmen ist es zweckmäßig, positive Kennzahlen vor das Komma zu schreiben, die negativen dagegen hinter die Mantisse zu schreiben.

**Regeln für das Aufsuchen von dekadischen Logarithmen in der Tafel**

**a)** Die Mantisse ergibt sich aus der geltenden Ziffernfolge des Numerus ohne Rücksicht auf die Stellung des Kommas. Dabei beginnt die „geltende Ziffernfolge" mit der ersten von 0 verschiedenen Ziffer von links.

**b)** Die Kennzahl ergibt sich aus der Stellung des Kommas.

| | |
|---|---|
| Numerus: $N \geqq 1$ | Numerus: $0 < N < 1$ |
| Kennzahl: $k \geqq 0$ | Kennzahl: $k < 0$ |
| Die Kennzahl $k$ ist um 1 kleiner als die Anzahl der Stellen des Numerus vor dem Komma. | Der Betrag der Kennzahl $k$ ist gleich der Anzahl der Nullen vor der geltenden Ziffernfolge des Numerus, einschließlich der Null vor dem Komma. |

■ **a)** $x = 635{,}8$

*Gesucht:* $\lg x$

*Kennzahl:* $k = 2$

$\lg x = 2, \ldots$

*Geltende Ziffernfolge des Numerus:* 6358

*Mantisse:* 8034

$\lg x = 2{,}8034$

$$\frac{d}{n} = \frac{D}{10}; \quad d = \frac{D \cdot n}{10}$$

$$d = \frac{7 \cdot 8}{10} \approx 6$$

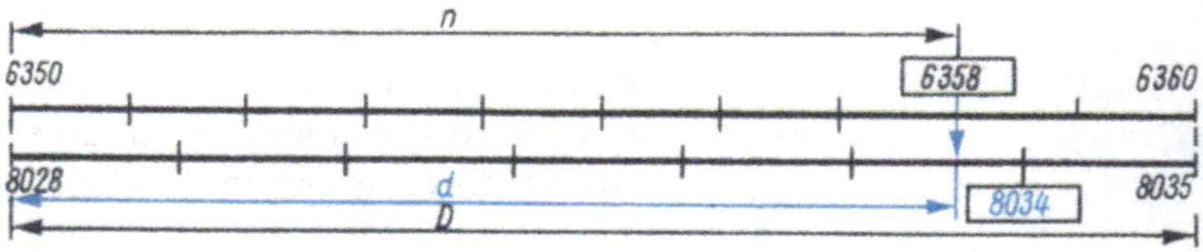


**b)** $\lg x = 0{,}2860 - 3$

*Gesucht:* $x$

*Mantisse:* 2860

*Geltende Ziffernfolge des Numerus:* 1932

$x = 0{,}001932$

$$\frac{d}{n} = \frac{D}{10}; \quad n = \frac{10 \cdot d}{D}$$

$$n = \frac{10 \cdot 4}{22} \approx 2$$

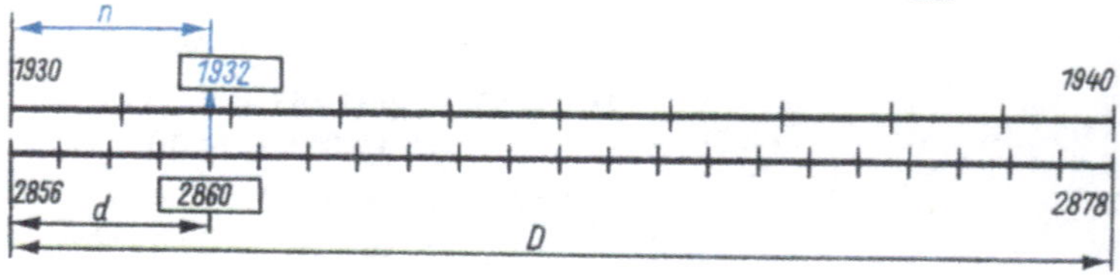

**Mit Hilfe der Logarithmen lassen sich numerische Rechnungen leichter ausführen.**

■ **a)** $x = \dfrac{84{,}52^3 \cdot \sqrt[3]{164{,}2} \cdot 0{,}3}{\sqrt{111{,}2} \cdot 0{,}0092^3} = \dfrac{z}{n}$

| N | lg N | |
|---|---|---|
| 84,52 | 1,9270 | ·3 |
| 164,2 | 2,2153 | :3 |
| 111,2 | 2,0461 | :2 |
| 0,0092 | 0,9638 − 3 | ·3 |
| $84{,}52^3$ | 5,7810 | } + |
| $\sqrt[3]{164{,}2}$ | 0,7384 | |
| 0,3 | 0,4771 − 1 | |
| z | 6,9965 − 1 | } − |
| $\sqrt{111{,}2}$ | 1,0230 | } + |
| $0{,}0092^3$ | 2,8914 − 9 | |
| n | 3,9144 − 9 | |
| x | 11,0821 | |

$x = 120800000000$

■ **b)** $x = \dfrac{6{,}438 \cdot 0{,}1749 + \sqrt[4]{83510}}{14{,}98^2 \cdot 4{,}502} = \dfrac{z}{n}$

| N | lg N | |
|---|---|---|
| 83 510 | 4,9218 | :4 |
| 14,98 | 1,1755 | ·2 |
| 6,438 | 0,8088 | } + |
| 0,1749 | 0,2427 − 1 | |
| + { 1,126 | 0,0515 | |
| $\sqrt[4]{83\,510}$ | 1,2304 | |
| 17,00 } | 1,2304 | |
| 18,126 | 1,2584 = | |
| z ≈ 18,13 | 3.2584 − 2 | } − |
| $14{,}98^2$ | 2,3510 | } + |
| 4,502 | 0,6534 | |
| n | 3,0044 | |
| x | 0,2540 − 2 | |

$x = 0{,}01795$

## 14. DIE WINKELFUNKTIONEN

**Winkelmaße**

Die Maßeinheiten für die Winkelmessung werden als Bruchteile eines Vollwinkels (↗ 212) definiert.

Altgrad

**Maßeinheit 1° (ein Grad):** der 360. Teil eines Vollwinkels
$1° = 60'$ (Minuten); $1' = 60''$ (Sekunden)

Neugrad

**Maßeinheit $1^g$ (ein Neugrad oder Gon):** der 400. Teil eines Vollwinkels
$1^g = 100^c$ (Neuminuten); $1^c = 100^{cc}$ (Neusekunden)

Bogenmaß

**Maßeinheit 1 rad (ein Radiant):** der $2\pi$-te Teil eines Vollwinkels
$1 \text{ rad} \approx 57{,}30°$
Durch diese Maßeinheit wird jedem Winkel $\alpha$ eine **Maßzahl** $\operatorname{arc} \alpha$, das **Bogenmaß** des betreffenden Winkels, zugeordnet. Zeichnet man diesen Winkel als Zentriwinkel in einen beliebigen Kreis ein, so ergibt sich sein Bogenmaß auch als Verhältnis der Länge des zugehörigen Bogens zur Länge des Radius. Dieses Verhältnis ist für alle Kreise gleich, da alle Kreissektoren mit demselben Zentriwinkel ähnlich sind.

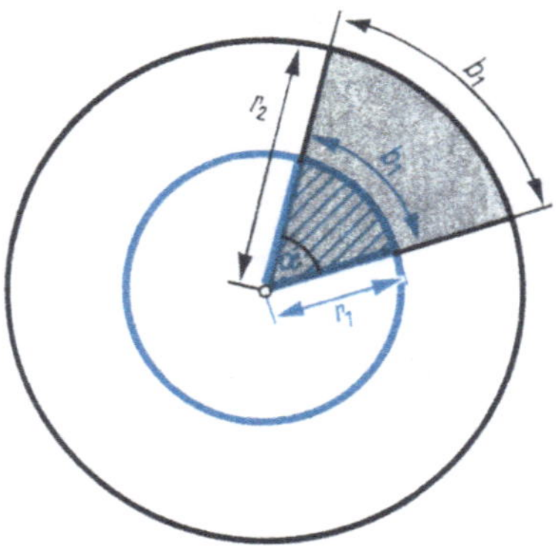


Es gilt also
$$\frac{b_1}{r_1} = \frac{b_2}{r_2}$$

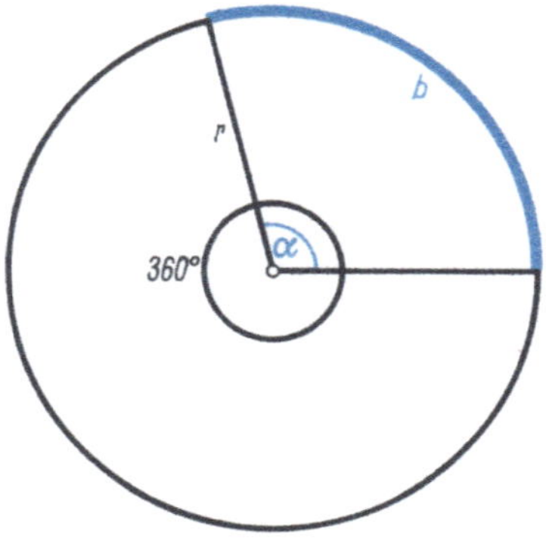


Für einen beliebigen Kreis gilt:
$$\frac{\alpha°}{360°} = \frac{b}{2\pi r},$$
daraus folgt

$$\frac{b}{r} = \frac{2\pi}{360°} \cdot \alpha° \quad (*)$$

Das Verhältnis $\frac{b}{r}$ ist also genau dann gleich 1, wenn $\alpha$ der $2\pi$-te Teil eines Vollwinkels ist, d. h. $\frac{b}{r} = 1$ genau dann, wenn $\alpha = 1$ rad.

Allgemein gilt: $\frac{b}{r} = \operatorname{arc} \alpha$.

Aus Gleichung (*) folgt dann

$$\operatorname{arc} \alpha = \frac{\pi}{180°} \cdot \alpha°$$

**Erweiterung des Winkelbegriffs**

Die Schenkel eines Winkels (↗199) können auch als Original und Bild bei der Drehung (↗216) eines Strahls um seinen Anfangspunkt angesehen werden. So ist im folgenden Bild der Strahl *a'* das Bild des Strahls *a* bei einer Drehung um den Winkel $\alpha$ mit dem Anfangspunkt *O* des Strahls *a* als Drehzentrum.

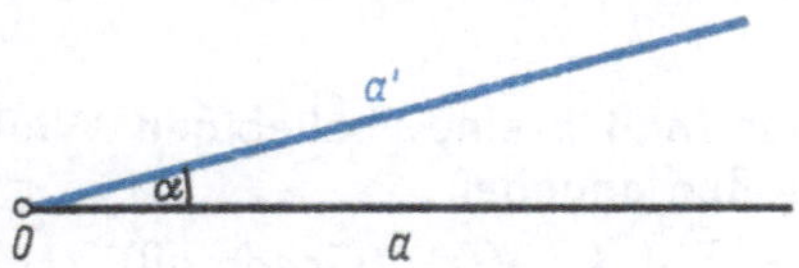


**Positive, negative Drehrichtung**

Als **positive Drehrichtung** wird die der Bewegung des Uhrzeigers entgegengesetzte Richtung festgesetzt.. Die **negative Drehrichtung** ist die Richtung, in der sich der Uhrzeiger bewegt.

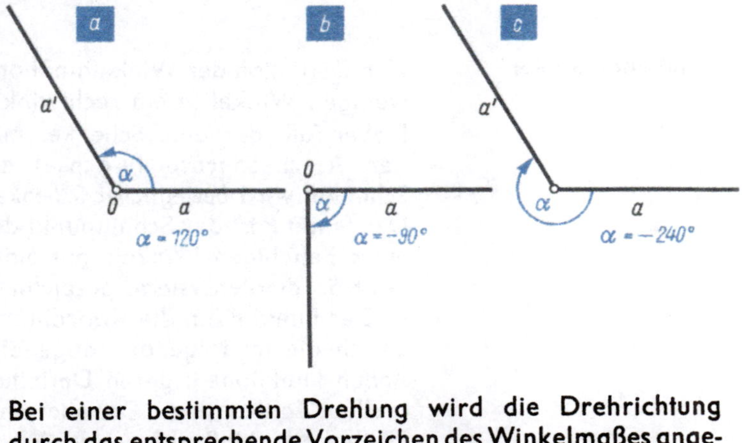


Bei einer bestimmten Drehung wird die Drehrichtung durch das entsprechende Vorzeichen des Winkelmaßes angegeben. Das Zeichen „+" wird wie üblich weggelassen.

**Winkel über 360°**

Bei der Betrachtung trigonometrischer Funktionen erweist es sich als notwendig, auch Winkel zu definieren, deren Maß dem Betrag nach größer als 360° (bzw. $2\pi$ oder $400^g$) ist. Dazu zählt man bei einer Drehung über den Vollwinkel hinaus im Sinne der ursprünglichen Messung über 360° bzw. −360° je nach Drehrichtung weiter.

■ $\alpha = 1000° = 280° + 2 \cdot 360°$ $\qquad$ $\alpha = -1395° = 45° - 4 \cdot 360°$

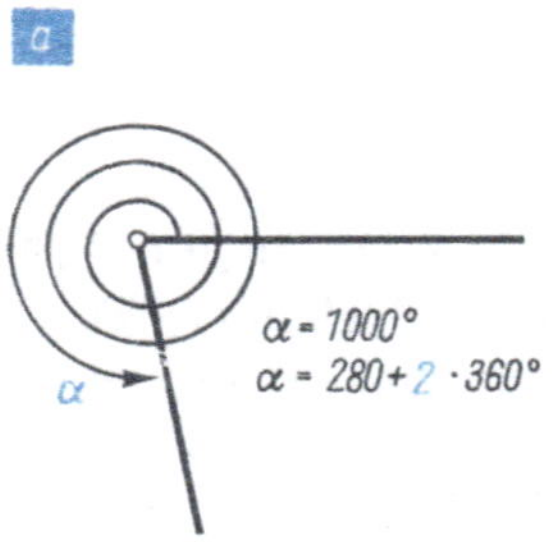


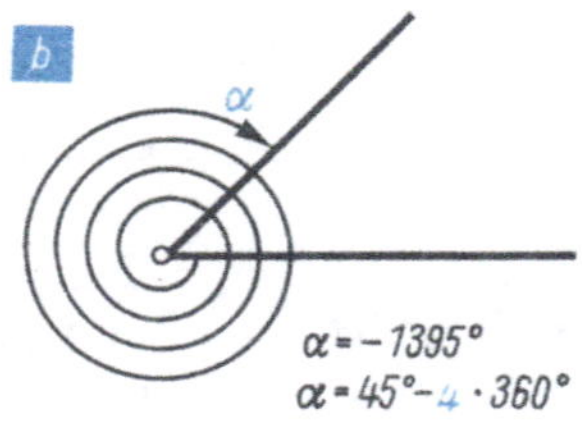


**Hauptwert des Winkels**

Das Maß $x$ eines beliebigen Winkels läßt sich folgendermaßen angeben:

$x = \bar{x} + k \cdot 360°$ (Gradmaß)
$x = \bar{x} + k \cdot 2\pi$ (Bogenmaß) $\}$ $k$ ganze Zahl

Dabei ist $\bar{x}$ ein Winkelmaß zwischen 0° und 360° bzw. zwischen 0 und $2\pi$. Man nennt $\bar{x}$ den **Hauptwert** von $x$.

**Winkelfunktionen**

Zur Definition der Winkelfunktionen zeichnet man den jeweiligen Winkel in ein rechtwinkliges Koordinatensystem. Dabei fällt der eine Schenkel mit der positiven Richtung der Abszissenachse ($u$-Achse) zusammen. Der andere Schenkel wird *beweglicher Schenkel* genannt.
Der Punkt $P$ ist der Schnittpunkt des beweglichen Schenkels eines beliebigen Winkels mit einem um den Ursprung $O$ des Koordinatensystems gezeichneten Kreis mit dem Radius $r$. Der Punkt $P$ hat die Koordinaten $u$ und $v$.
Durch die im folgenden angegebenen Zuordnungen entstehen Funktionen, deren Definitionsbereiche Mengen von reellen Zahlen sind. Da aber in diesem Fall die reellen Zahlen als Maßzahlen von Winkeln aufgefaßt werden, sprechen wir von „Winkel"funktionen.

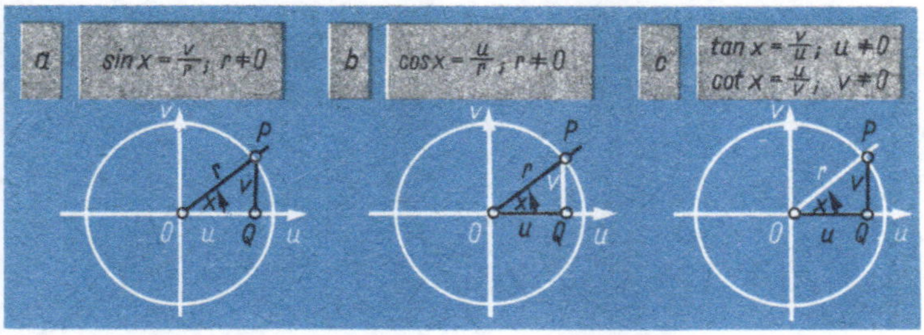


**Sinus, Kosinus**

**DEFINITION 39: Der Sinus eines Winkels mit dem Maß $x$ ist das Verhältnis der Ordinate $v$ des Punktes $P$ zum Radius $r$ des Kreises.**

$\sin x = \frac{v}{r}$, $(-\infty < x < \infty)$, **(gelesen: Sinus $x$)**

**DEFINITION 40: Der Kosinus eines Winkels mit dem Maß $x$ ist das Verhältnis der Abszisse $u$ des Punktes $P$ zum Radius $r$ des Kreises.**

$\cos x = \frac{u}{r}$, $(-\infty < x < \infty)$, **(gelesen: Kosinus $x$)**

**Tangens, Kotangens**

**DEFINITION 41: Der Tangens eines Winkels mit dem Maß $x$ ist das Verhältnis der Ordinate $v$ zur Abszisse $u$ des Punktes $P$, $(u \neq 0)$.**

$\tan x = \frac{v}{u}$, $[-\infty < x < \infty$ **und** $x \neq (2k+1)\frac{\pi}{2}$; **$k$ ganz]**, **(gelesen: Tangens $x$)**

**DEFINITION 42: Der Kotangens eines Winkels mit dem Maß $x$ ist das Verhältnis der Abszisse $u$ zur Ordinate $v$ des Punktes $P$, $(v \neq 0)$.**

$\cot x = \frac{u}{v}$, $(-\infty < x < \infty$ **und** $x \neq k \cdot \pi$; **$k$ ganz)**, **(gelesen: Kotangens $x$)**

*Bemerkung:* Diese Definitionen der Winkelfunktionen sind unabhängig von der Wahl des Kreises und damit von der Größe des Radius $r$. Auf Grund der Ähnlichkeit der Dreiecke $OQ_1P_1$ und $OQ_2P_2$ gilt nämlich

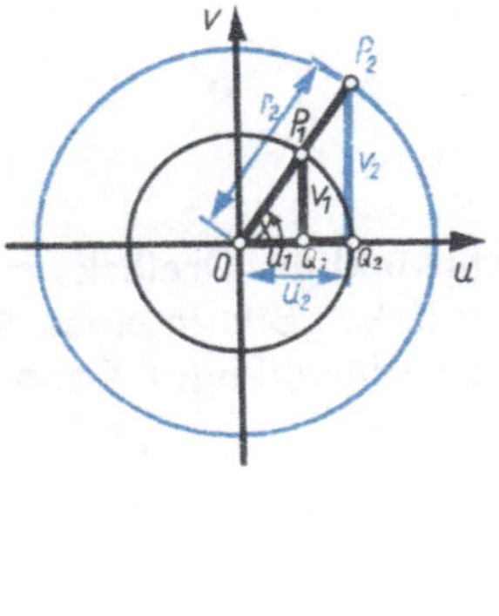

$$\sin x = \frac{v_1}{r_1} = \frac{v_2}{r_2}$$

$$\cos x = \frac{u_1}{r_1} = \frac{u_2}{r_2}$$

$$\tan x = \frac{v_1}{u_1} = \frac{v_2}{u_2}$$

$$\cot x = \frac{u_1}{v_1} = \frac{u_2}{v_2}$$

**Winkelfunktionen im rechtwinkligen Dreieck**

Für Winkel zwischen 0° und 90° lassen sich die Funktionswerte der Winkelfunktionen als Seitenverhältnisse im rechtwinkligen Dreieck auffassen.

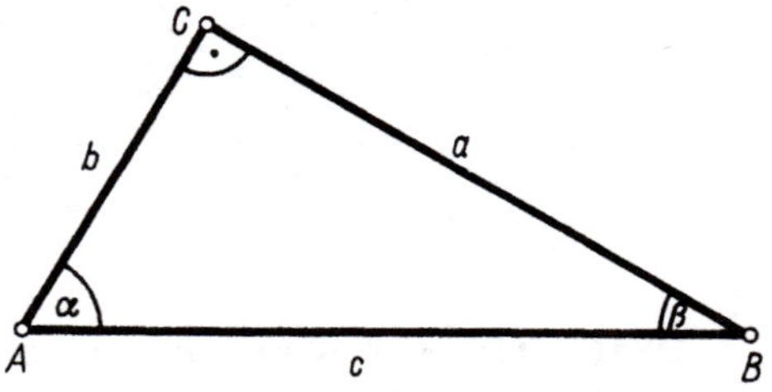


**SATZ 43: Im rechtwinkligen Dreieck mit $\gamma = 90°$ gilt**

| | |
|---|---|
| $\sin\alpha = \frac{a}{c}$ <br> $\sin\beta = \frac{b}{c}$ | Der Sinus eines Winkels ist gleich dem Längenverhältnis von **Gegenkathete** zu **Hypotenuse.** |
| $\cos\alpha = \frac{b}{c}$ <br> $\cos\beta = \frac{a}{c}$ | Der Kosinus eines Winkels ist gleich dem Längenverhältnis von **Ankathete** zu **Hypotenuse.** |
| $\tan\alpha = \frac{a}{b}$ <br> $\tan\beta = \frac{b}{a}$ | Der Tangens eines Winkels ist gleich dem Längenverhältnis von **Gegenkathete** zu **Ankathete.** |
| $\cot\alpha = \frac{b}{a}$ <br> $\cot\beta = \frac{a}{b}$ | Der Kotangens eines Winkels ist gleich dem Längenverhältnis von **Ankathete** zu **Gegenkathete.** |

*Beweis:*

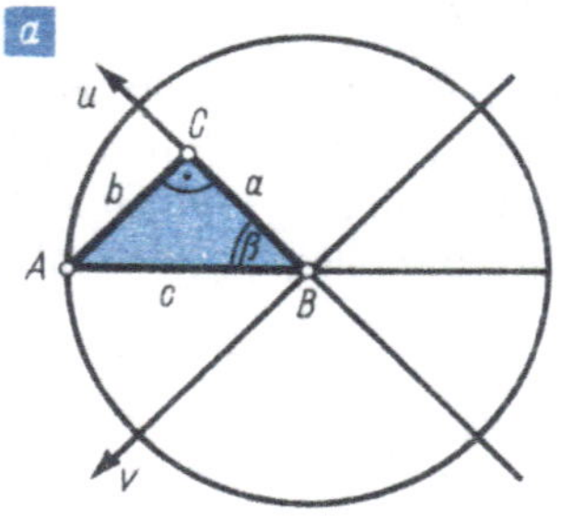


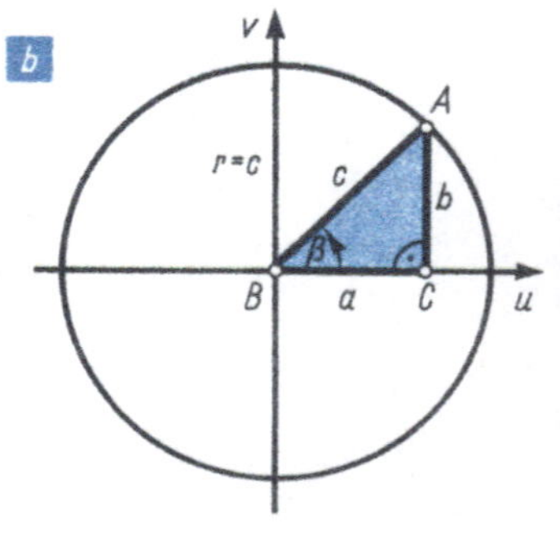


Jedes rechtwinklige Dreieck mit der Hypotenuse $c$ läßt sich wie im linken Bild in einen Kreis mit dem Radius $r = c$ und in ein rechtwinkliges Koordinatensystem einzeichnen.

Nach der Drehung dieses Koordinatensystems in die gewohnte Lage liest man auf Grund der Definitionen C 39 bis 42 die Behauptungen unmittelbar ab.
Beim Beweis für den Winkel $\alpha$ muß das Dreieck zunächst um eine seiner Seiten geklappt werden.

**Darstellung der Winkelfunktionswerte am Einheitskreis**

Im folgenden Bild ist ein Winkel $x$ in einen Kreis mit dem Radius $r = 1$, einen sogenannten Einheitskreis, eingezeichnet. Die in den Punkten $A$ bzw. $B$ an diesen Kreis gelegten Tangenten heißen **Haupt-** bzw. **Nebentangente.**

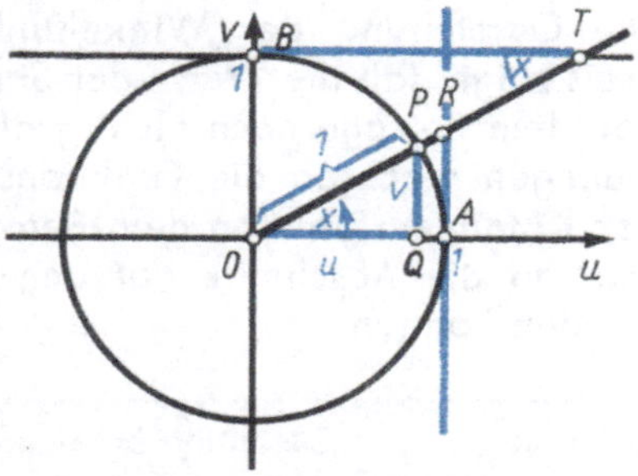


Wegen der Unabhängigkeit von der Wahl des Kreises gilt:

| | |
|---|---|
| $\sin x = \frac{v}{1} = v$ | Der Sinus eines Winkels ist gleich der Ordinate des Schnittpunktes seines beweglichen Schenkels mit dem Einheitskreis. |
| $\cos x = \frac{u}{1} = u$ | Der Kosinus eines Winkels ist gleich der Abszisse des Schnittpunktes seines beweglichen Schenkels mit dem Einheitskreis. |
| $\tan x = \frac{v}{u} = \frac{\overline{AR}}{\overline{OA}} = \frac{\overline{AR}}{1} = \overline{AR}$ ($\Delta OQP \sim \Delta OAR$) | Der Tangens eines Winkels ist gleich der Ordinate des Schnittpunktes seines beweglichen Schenkels mit der Haupttangente. |
| $\cot x = \frac{u}{v} = \frac{\overline{BT}}{\overline{OB}} = \frac{\overline{BT}}{1} = \overline{BT}$ ($\Delta OQP \sim \Delta OTB$) | Der Kotangens eines Winkels ist gleich der Abszisse des Schnittpunktes seines beweglichen Schenkels mit der Nebentangente. |

Falls der bewegliche Schenkel die Haupt- bzw. Nebentangente nicht schneidet, wird der Schnittpunkt der Verlängerung des beweglichen Schenkels über $O$ hinaus mit der jeweiligen Tangente betrachtet (Bild Seite 166).

C

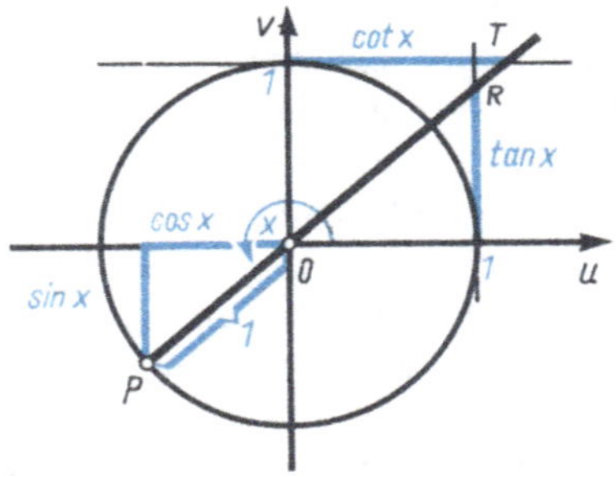


Die Darstellung der Winkelfunktionswerte am Einheitskreis zeigt, daß die Werte der Sinus- und der Kosinusfunktion dem Betrage nach nicht größer als 1 werden können. Dagegen wachsen die Funktionswerte der Tangens- und der Kotangensfunktion dem Betrage nach über alle Grenzen, da die Abschnitte auf den Tangenten beliebig lang werden können.

| Funktion | Definitionsbereich | Wertevorrat |
|---|---|---|
| $y = \sin x$ | $-\infty < x < \infty$ | $-1 \leqq y \leqq 1$ |
| $y = \cos x$ | $-\infty < x < \infty$ | $-1 \leqq y \leqq 1$ |
| $y = \tan x$ | $-\infty < x < \infty$ und $x \neq (2k+1)\frac{\pi}{2}$ (k ganz) | $-\infty < y < \infty$ |
| $y = \cot x$ | $\infty < x < \infty$ und $x \neq k \cdot \pi$ (k ganz) | $-\infty < y < \infty$ |

Obwohl man anschaulich zu erkennen glaubt, daß *jede* reelle Zahl aus den angegebenen Intervallen als Maßzahl der entsprechenden Streckenlänge im Wertevorrat auch wirklich auftritt, muß dies bewiesen werden. Darauf soll aber hier verzichtet werden.

An der Darstellung am Einheitskreis kann man unmittelbar ablesen, welche Vorzeichen die Funktionswerte für Winkel aus den einzelnen Quadranten haben.

| | I | II | III | IV |
|---|---|---|---|---|
| sin x | + | + | − | − |
| cos x | + | − | − | + |
| tan x | + | − | + | − |
| cot x | + | − | + | − |

Weiterhin liest man ab:

| | 0° <br> 0 | 90° <br> $\frac{\pi}{2}$ | 180° <br> $\pi$ | 270° <br> $\frac{3}{2}\pi$ | 360° <br> $2\pi$ |
|---|---|---|---|---|---|
| sin *x* | 0 | 1 | 0 | −1 | 0 |
| cos *x* | 1 | 0 | −1 | 0 | 1 |
| tan *x* | 0 | — | 0 | — | 0 |
| cot *x* | — | 0 | — | 0 | — |

**Funktionswerte einiger spezieller Winkel**

In einem gleichschenklig rechtwinkligen Dreieck gilt:
$c^2 = 2a^2$; $c = a\sqrt{2}$ (Satz des *Pythagoras*, ↗ 278)

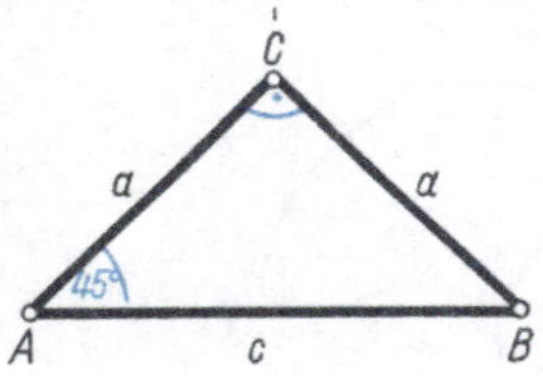


$$\sin 45° = \frac{a}{c} = \frac{a}{a\sqrt{2}} = \frac{1}{2}\sqrt{2}$$

$$\cos 45° = \frac{a}{c} = \frac{1}{2}\sqrt{2}$$

$$\tan 45° = \frac{a}{a} = 1$$

$$\cot 45° = \frac{a}{a} = 1$$

In einem gleichseitigen Dreieck gilt:

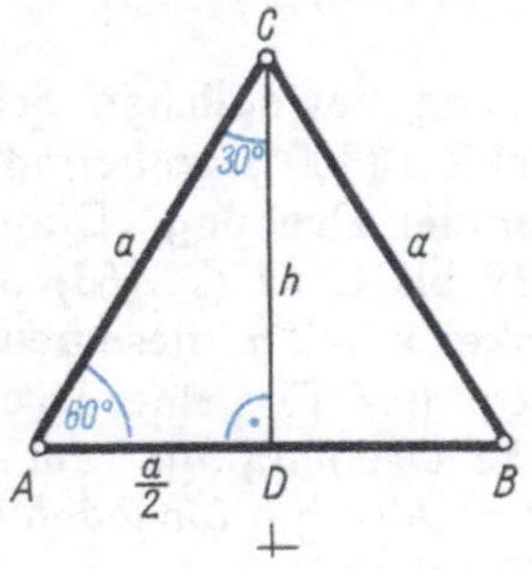


$$h^2 = a^2 - \left(\frac{a}{2}\right)^2 = \frac{3a^2}{4};$$

$$h = \frac{a}{2}\sqrt{3}$$

Im Dreieck *ADC* gilt:

$$\sin 30° = \frac{\frac{a}{2}}{a} = \frac{1}{2};$$

$$\sin 60° = \frac{h}{a} = \frac{\frac{a}{2}\sqrt{3}}{a} = \frac{1}{2}\sqrt{3}$$

$$\cos 30° = \frac{h}{a} = \frac{\frac{a}{2}\sqrt{3}}{a} = \frac{1}{2}\sqrt{3}; \quad \cos 60° = \frac{\frac{a}{2}}{a} = \frac{1}{2}$$

$$\tan 30° = \frac{\frac{a}{2}}{h} = \frac{\frac{a}{2}}{\frac{a}{2}\sqrt{3}} = \frac{1}{3}\sqrt{3}; \quad \tan 60° = \frac{h}{\frac{a}{2}} = \frac{\frac{a}{2}\sqrt{3}}{\frac{a}{2}} = \sqrt{3}$$

$$\cot 30° = \frac{h}{\frac{a}{2}} = \frac{\frac{a}{2}\sqrt{3}}{\frac{a}{2}} = \sqrt{3}; \quad \cot 60° = \frac{\frac{a}{2}}{h} = \frac{\frac{a}{2}}{\frac{a}{2}\sqrt{3}} = \frac{1}{3}\sqrt{3}$$

| | 0° <br> 0 | 30° <br> $\frac{\pi}{6}$ | 45° <br> $\frac{\pi}{4}$ | 60° <br> $\frac{\pi}{3}$ | 90° <br> $\frac{\pi}{2}$ |
|---|---|---|---|---|---|
| sin x | 0 | $\frac{1}{2}$ | $\frac{1}{2}\sqrt{2}$ | $\frac{1}{2}\sqrt{3}$ | 1 |
| cos x | 1 | $\frac{1}{2}\sqrt{3}$ | $\frac{1}{2}\sqrt{2}$ | $\frac{1}{2}$ | 0 |
| tan x | 0 | $\frac{1}{3}\sqrt{3}$ | 1 | $\sqrt{3}$ | – |
| cot x | – | $\sqrt{3}$ | 1 | $\frac{1}{3}\sqrt{3}$ | 0 |

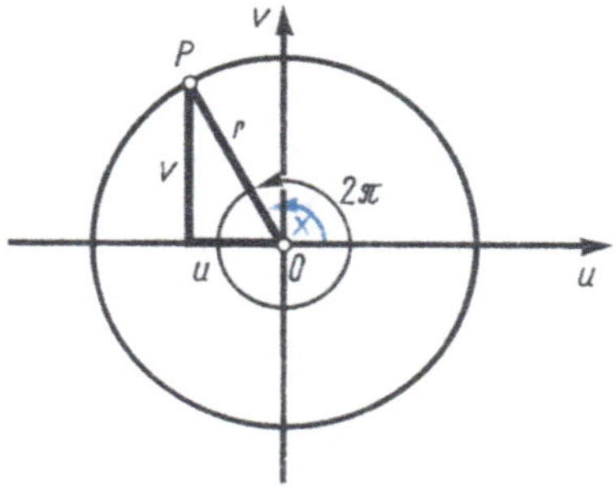


C

**Periodizität der Winkelfunktionen**

Dreht man den beweglichen Schenkel eines beliebigen Winkels $x$ um $2\pi$ (360°), so befindet er sich in der gleichen Lage wie vor der Drehung. Damit sind alle in den Definitionen C 39 bis C 42 (↗ 163) auftretenden Verhältnisse für den Winkel $x + 2\pi$ dieselben wie für den Winkel $x$. Das gilt nicht nur für eine Drehung um $2\pi$, sondern auch für jede Drehung um ein ganzzahliges Vielfaches $k \cdot 2\pi$ von $2\pi$. Also gilt für jeden Winkel $x$ aus dem jeweiligen Definitionsbereich:

$$\left.\begin{aligned} \sin x &= \sin(x + k \cdot 2\pi) \\ \cos x &= \cos(x + k \cdot 2\pi) \\ \tan x &= \tan(x + k \cdot 2\pi) \\ \cot x &= \cot(x + k \cdot 2\pi) \end{aligned}\right\} \quad (k \text{ ganzzahlig})$$

▶ **DEFINITION 44: Eine Funktion $f$ heißt periodisch, wenn es eine Zahl $a > 0$ gibt, so daß für jedes $x$ gilt:**
**$f(x) = f(x + a)$**
**Jede solche Zahl $a$ heißt Periode.**

▶ **SATZ 45: Die Winkelfunktionen sind periodische Funktionen.**

■ Perioden der Winkelfunktionen sind beispielsweise
$2\pi$, $(k = 1)$; $4\pi$, $(k = 2)$; $100\pi$, $(k = 50)$.

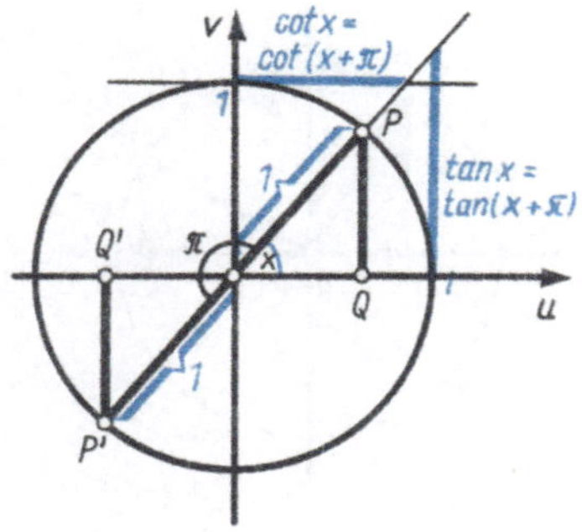


Für die Sinus- und Kosinusfunktion ist $2\pi$ die kleinste Periode. Für die Tangens- und Kotangensfunktion ist $\pi$ die kleinste Periode.

Für sie gilt also:

$$\left.\begin{aligned} \tan x &= \tan(x + k\pi) \\ \cot x &= \cot(x + k\pi) \end{aligned}\right\} \quad (k \text{ ganz})$$

**Beziehungen zwischen Funktionswerten von Winkeln aus verschiedenen Quadranten (Quadrantenbeziehungen)**

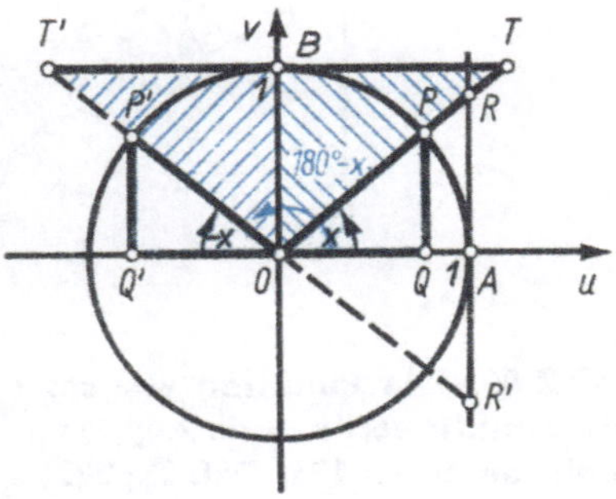


| Wegen der Kongruenz (↗ 205) der Dreiecke | gilt |
|---|---|
| *OP'Q'* und *OQP* | $\overline{P'Q'} = \overline{PQ}$, also |
| *OP'Q'* und *OQP* | $\overline{OQ'} = \overline{OQ}$, also |
| *OAR'* und *OAR* | $\overline{AR'} = \overline{AR}$, also |
| *OBT'* und *OBT* | $\overline{BT'} = \overline{BT}$, also |

Entsprechend ergeben sich die Beziehungen für Winkel im III. und IV. Quadranten..

| | |
|---|---|
| $\sin(180° + x) = -\sin x$ | $\sin(360° - x) = -\sin x$ |
| $\cos(180° + x) = -\cos x$ | $\cos(360° - x) = \cos x$ |
| $\tan(180° + x) = \tan x$ | $\tan(360° - x) = -\tan x$ |
| $\cot(180° + x) = \cot x$ | $\cot(360° - x) = -\cot x$ |

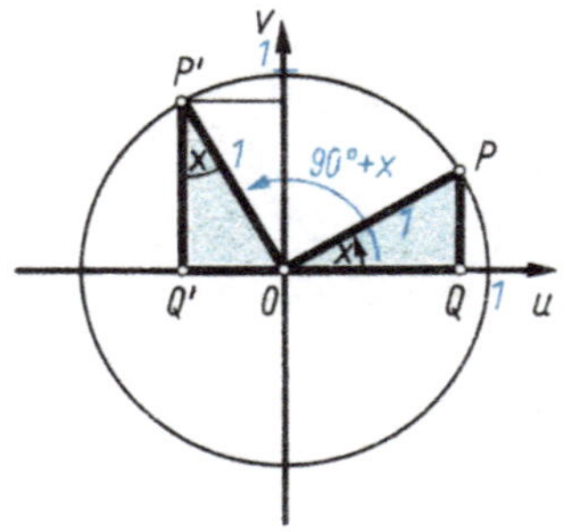


Wegen der Kongruenz (↗205) der Dreiecke $OQ'P'$ und $OQP$ gilt:

$\sin(90° + x) = \cos x$
$\cos(90° + x) = -\sin x$

Entsprechend ergibt sich:

$\sin(90° \pm x) = \cos x$
$\cos(90° \pm x) = \mp \sin x$
$\tan(90° \pm x) = \mp \cot x$
$\cot(90° \pm x) = \mp \tan x$
$\sin(270° \pm x) = -\cos x$
$\cos(270° \pm x) = \pm \sin x$
$\tan(270° \pm x) = \mp \cot x$
$\cot(270° \pm x) = \mp \tan x$

**Funktionswerte negativer Winkel**

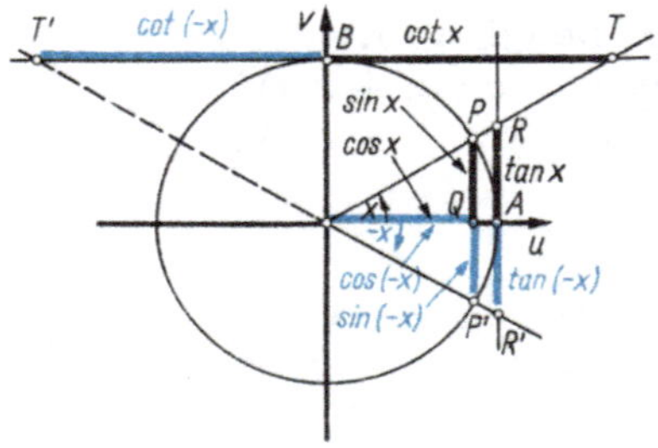


Wegen der Kongruenz (↗ 205) entsprechender Dreiecke gilt:

$\sin(-x) = -\sin x$
$\cos(-x) = \cos x$
$\tan(-x) = -\tan x$
$\cot(-x) = -\cot x$

**SATZ 46: Die Funktion $y = \cos x$ ist eine gerade Funktion. Die Funktionen $y = \sin x$; $y = \tan x$; $y = \cot x$ sind ungerade Funktionen. (↗ 136, Def. 25; 222)**

**Graphische Darstellung der Winkelfunktionen**

Zur graphischen Darstellung der Winkelfunktionen kann man die Funktionswerte dem Einheitskreis entnehmen.

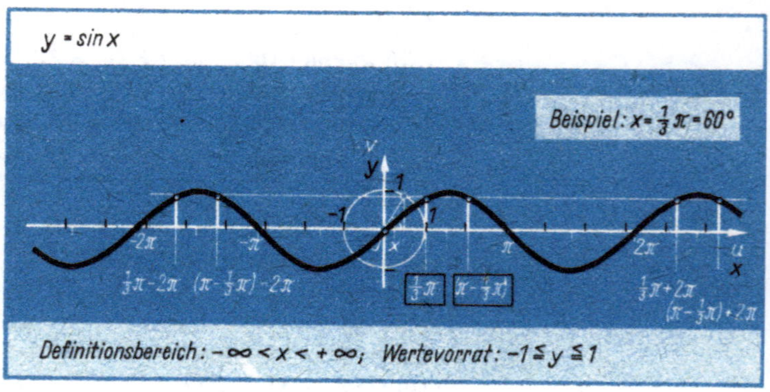

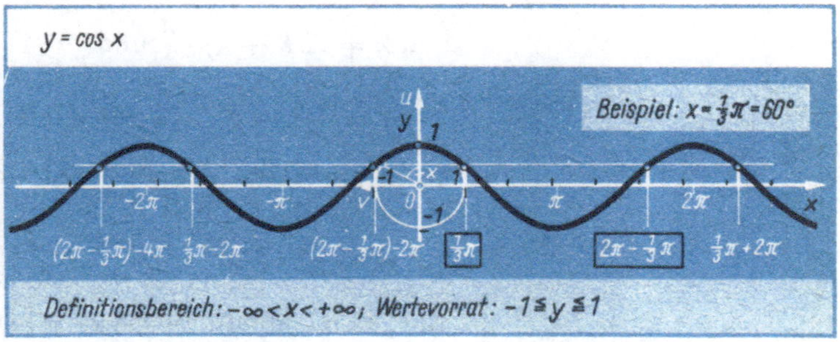


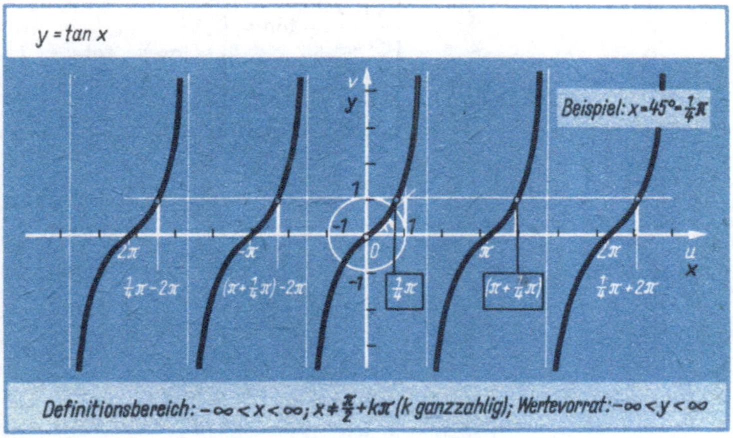


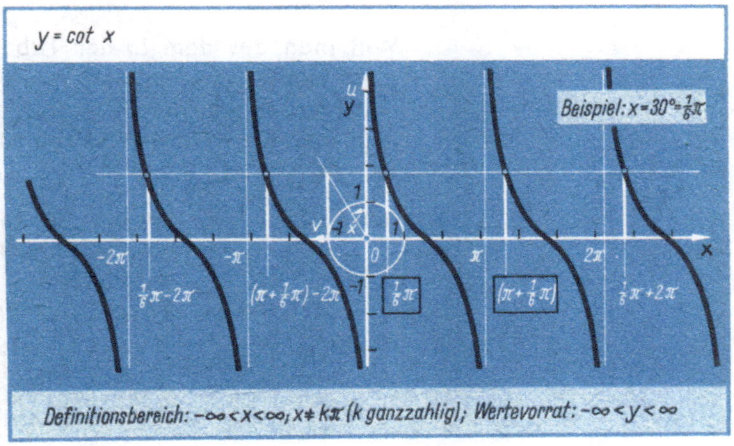


**Beziehungen zwischen den Winkelfunktionen**

Auf Grund der Definitionen der Winkelfunktionen gilt:

$$\frac{\sin x}{\cos x} = \frac{v}{r} : \frac{u}{r} = \frac{v}{u} = \tan x\,, \text{ falls } \cos x \neq 0,$$

d. h. $x \neq (2\,k + 1) \cdot \frac{\pi}{2}$ und

$\frac{\cos x}{\sin x} = \frac{u}{r} : \frac{v}{r} = \frac{u}{v} = \cot x$, falls $\sin x \neq 0$, d. h. $x \neq k \cdot \pi$.

Aus diesen Gleichungen folgt: $\tan x \cdot \cot x = 1$.

Weiterhin gilt (↗ 163):

$$\sin^2 x + \cos^2 x = \frac{v^2}{r^2} + \frac{u^2}{r^2} = \frac{v^2 + u^2}{r^2} = \frac{r^2}{r^2} = 1\,.$$

„$\sin^2 x$“ ist eine abkürzende Schreibweise für „$(\sin x)^2$“.

$$\left.\begin{array}{l} \frac{\sin x}{\cos x} = \tan x \\ \frac{\cos x}{\sin x} = \cot x \end{array}\right\} \quad \tan x \cdot \cot x = 1 \qquad \sin^2 x + \cos^2 x = 1$$

| | $\sin^2 x$ | $\cos^2 x$ | $\tan^2 x$ | $\cot^2 x$ |
|---|---|---|---|---|
| $\sin^2 x$ | — | $1 - \cos^2 x$ | $\frac{\tan^2 x}{1 + \tan^2 x}$ | $\frac{1}{1 + \cot^2 x}$ |
| $\cos^2 x$ | $1 - \sin^2 x$ | — | $\frac{1}{1 + \tan^2 x}$ | $\frac{\cot^2 x}{1 + \cot^2 x}$ |
| $\tan^2 x$ | $\frac{\sin^2 x}{1 - \sin^2 x}$ | $\frac{1 - \cos^2 x}{\cos^2 x}$ | — | $\frac{1}{\cot^2 x}$ |
| $\cot^2 x$ | $\frac{1 - \sin^2 x}{\sin^2 x}$ | $\frac{\cos^2 x}{1 - \cos^2 x}$ | $\frac{1}{\tan^2 x}$ | — |

Will man aus dem in der Tabelle angegebenen Quadrat eines Funktionswertes diesen selbst bestimmen, so muß man beachten, in welchem Quadranten der betreffende Winkel liegt bzw. für welche Winkel die in der Formel auftretenden Funktionen definiert sind.

■ $\cos^2 x = \frac{1}{1 + \tan^2 x}$ gilt für jeden Winkel $x$ aus dem Definitionsbereich der Tangensfunktion.

$\cos x = \sqrt{\frac{1}{1 + \tan^2 x}}$ gilt nur für solche Winkel, für die $\cos x > 0$ gilt. Das sind alle Winkel $x$ aus dem I. und IV. Quadranten mit $x \neq (2\,k + 1)\,\frac{\pi}{2}$.

$\cos x = -\sqrt{\frac{1}{1 + \tan^2 x}}$ gilt nur für solche Winkel, für die $\cos x < 0$ gilt. Das sind alle Winkel $x$ aus dem II. und III. Quadranten mit $x \neq (2\,k + 1)\,\frac{\pi}{2}$.

**Additionstheoreme der Winkelfunktionen**

$$\sin(x+y) = \sin x \cos y + \sin y \cos x \quad (1a)$$
$$\sin(x-y) = \sin x \cos y - \sin y \cos x \quad (1b)$$
$$\cos(x+y) = \cos x \cos y - \sin x \sin y \quad (2a)$$
$$\cos(x-y) = \cos x \cos y + \sin x \sin y \quad (2b)$$
$$\tan(x+y) = \frac{\tan x + \tan y}{1 - \tan x \tan y} \quad (3a)$$
$$\tan(x-y) = \frac{\tan x - \tan y}{1 + \tan x \tan y} \quad (3b)$$
$$\cot(x+y) = \frac{\cot x \cot y - 1}{\cot y + \cot x} \quad (4a)$$
$$\cot(x-y) = \frac{\cot x \cot y + 1}{\cot y - \cot x} \quad (4b)$$

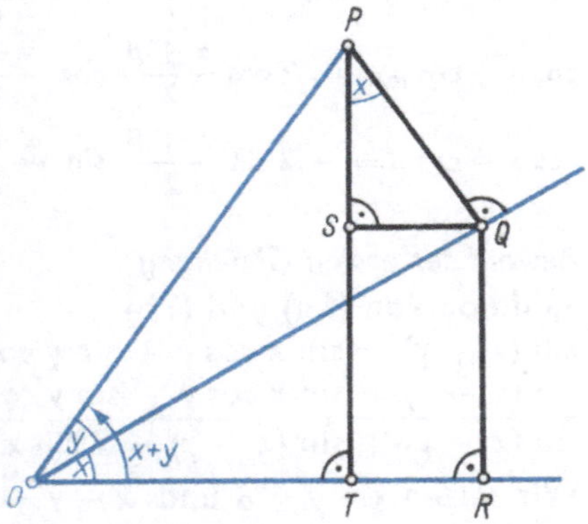


Beweis zu (1) für spitze Winkel $x$ und $y$:
$\sphericalangle\, ROQ = \sphericalangle\, SPQ$ (Schenkel stehen paarweise aufeinander senkrecht, ↗ 231, Satz 33).

$$\sin(x+y) = \frac{\overline{PT}}{\overline{OP}} = \frac{\overline{ST} + \overline{SP}}{\overline{OP}} = \frac{\overline{QR}}{\overline{OP}} + \frac{\overline{SP}}{\overline{OP}}$$

$$= \frac{\overline{QR}}{\overline{OQ}} \cdot \frac{\overline{OQ}}{\overline{OP}} + \frac{\overline{PQ}}{\overline{OP}} \cdot \frac{\overline{SP}}{\overline{PQ}} \quad \text{(Erweiterung mit } \overline{OQ}, \text{ bzw. } \overline{PQ}\text{).}$$

$\sin(x+y) = \sin x \cdot \cos y + \sin y \cdot \cos x$

Die Gültigkeit dieser Gleichung läßt sich auch für *beliebige* Winkel $x$ und $y$ nachweisen. Dieser Beweis soll hier nicht geführt werden.

Ersetzt man in der ersten Gleichung $y$ durch $-y$, so erhält man wegen

$\cos(-y) = \cos y$ und $\sin(-y) = -\sin y$

$\sin(x-y) = \sin x \cos y - \sin y \cos x$.

**Folgerungen aus den Additionstheoremen**

Setzt man in (1a) bis (4a) $y = x$, so erhält man die sogenannten **Doppelwinkelformeln:**

**Doppelwinkelformeln**

$$\sin 2x = 2 \sin x \cos x$$
$$\cos 2x = \cos^2 x - \sin^2 x$$
$$\tan 2x = \frac{2 \tan x}{1 - \tan^2 x}$$
$$\cot 2x = \frac{\cot^2 x - 1}{2 \cot x}$$

Durch Addition und Subtraktion von (1 a) und (1 b), bzw. (2 a) und (2 b) und anschließende Umbenennung ergibt sich:

$$\sin\alpha + \sin\beta = 2\sin\frac{\alpha+\beta}{2}\cos\frac{\alpha-\beta}{2}$$
$$\sin\alpha - \sin\beta = 2\sin\frac{\alpha-\beta}{2}\cos\frac{\alpha+\beta}{2}$$
$$\cos\alpha + \cos\beta = 2\cos\frac{\alpha+\beta}{2}\cos\frac{\alpha-\beta}{2}$$
$$\cos\alpha - \cos\beta = -2\sin\frac{\alpha+\beta}{2}\sin\frac{\alpha-\beta}{2}$$

*Beweis der ersten Gleichung*

Addition von (1 a) und (1 b):

$$\sin(x+y) = \sin x \cos y + \sin y \cos x \qquad (1\,a)$$
$$\sin(x-y) = \sin x \cos y - \sin y \cos x \quad (+) \qquad (1\,b)$$
$$\sin(x+y) + \sin(x-y) = 2 \sin x \cos y$$

Wir setzen $x + y = \alpha$ und $x - y = \beta$.

$$x + y = \alpha$$
$$x - y = \beta$$
$$2x = \alpha + \beta$$
$$2y = \alpha - \beta$$
$$x = \frac{\alpha+\beta}{2}$$
$$y = \frac{\alpha-\beta}{2}$$

Daraus ergibt sich:

$$\sin\alpha + \sin\beta = 2\sin\frac{\alpha+\beta}{2}\cos\frac{\alpha-\beta}{2}, \qquad \textit{w. z. b. w.}$$

**Die Funktionen**
$y = a \sin x$

*Definitionsbereich:* $-\infty < x < \infty$;
*Wertevorrat:* $-|a| \leqq y \leqq |a|$

Die Werte der Funktion $y = a \sin x$ erhält man, indem man die Werte der Funktion $y = \sin x$ mit $a$ multipliziert (↗ 123). Gilt $|a| \neq 1$, so ergibt sich dadurch ein anderer Wertevorrat.

| | | |
|---|---|---|
| $\lvert a\rvert > 1$ | $a > 0$ | Dehnung der Sinuskurve in Richtung der $y$-Achse |
| | $a < 0$ | Dehnung der Sinuskurve in Richtung der $y$-Achse und Spiegelung an der $x$-Achse |
| $\lvert a\rvert = 1$ | $a = 1$ | keine Änderung |
| | $a = -1$ | Spiegelung der Sinuskurve an der $x$-Achse |
| $\lvert a\rvert < 1$ | $a > 0$ | Stauchung der Sinuskurve in Richtung der $y$-Achse |
| | $a < 0$ | Stauchung der Sinuskurve in Richtung der $y$-Achse und Spiegelung an der $x$-Achse |

■ $y = \sin x$
Wertevorrat: $-1 \leqq y \leqq 1$
$y = 3 \sin x$
Wertevorrat: $-3 \leqq y \leqq 3$
$y = -3 \sin x$
Wertevorrat: $-3 \leqq y \leqq 3$

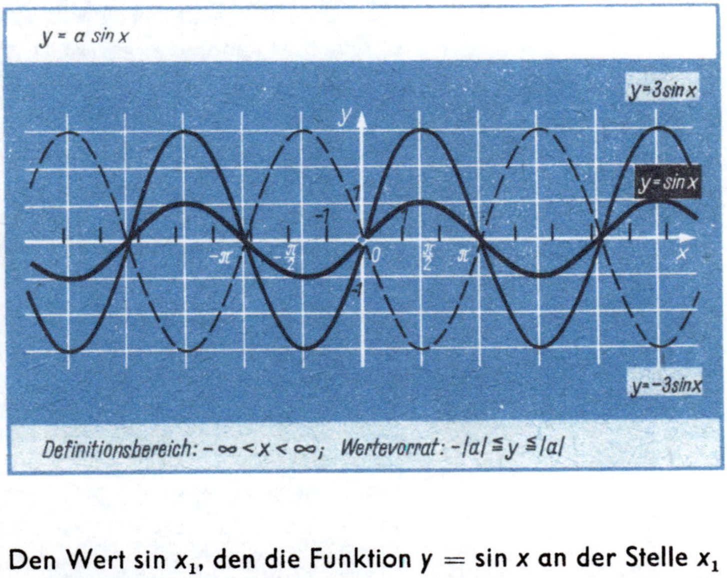


**Die Funktionen**
$y = \sin b\,x \; (b \neq 0)$

Den Wert $\sin x_1$, den die Funktion $y = \sin x$ an der Stelle $x_1$ annimmt, nimmt die Funktion $y = \sin b\,x$ an der Stelle $\frac{x_1}{b}$ an; denn es gilt:

$$\sin\left(b \cdot \frac{x_1}{b}\right) = \sin x_1$$

| | | |
|---|---|---|
| $\|b\| > 1$ | $b > 0$ | Stauchung in Richtung der $x$-Achse |
| | $b < 0$ | Stauchung in Richtung der $x$-Achse und Spiegelung an der $y$-Achse |
| $\|b\| = 1$ | $b = 1$ | keine Änderung |
| | $b = -1$ | Spiegelung an der $y$-Achse |
| $\|b\| < 1$ | $b > 0$ | Dehnung in Richtung der $x$-Achse |
| | $b < 0$ | Dehnung in Richtung der $x$-Achse und Spiegelung an der $y$-Achse |

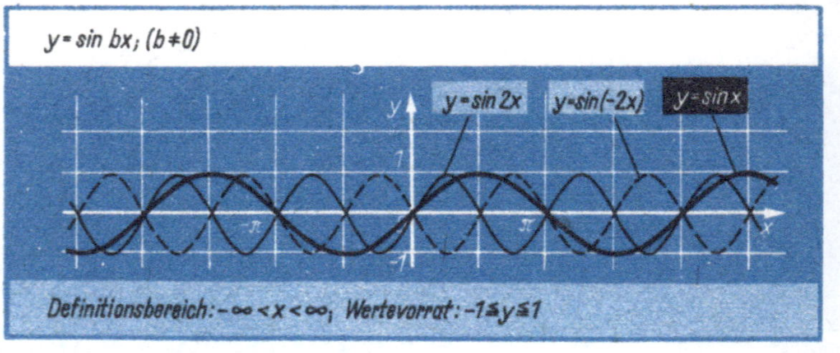


*Bemerkung:* Da $y = \sin x$ eine ungerade Funktion ist (↗ 136), gilt $\sin(-bx) = -\sin bx$.
Daher kann die Spiegelung an der $y$-Achse durch die Spiegelung an der $x$-Achse ersetzt werden.

$y = \sin(x + c)$

Das Bild der Funktion $y = \sin(x + c)$ ist gegenüber dem Bild der Funktion $y = \sin x$ um $-c$ parallel zur $x$-Achse verschoben (↗ 125).

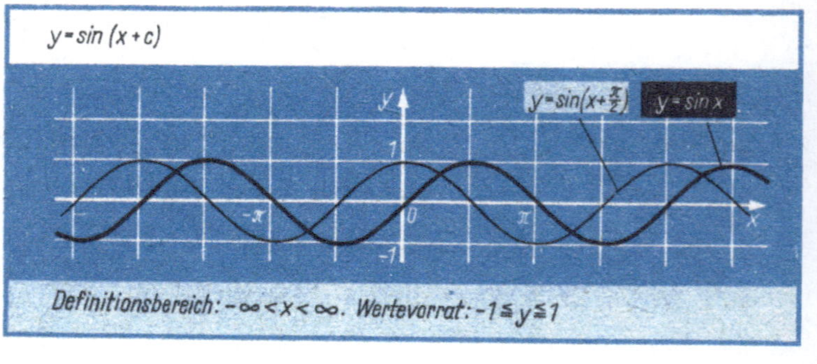

*Bemerkung:* Aus dem Bild auf Seite 176 kann man die Beziehung $\sin\left(x+\frac{\pi}{2}\right) = \cos x$ ablesen (↗ 170).

$y = a \sin (b x + c)$; $(b \neq 0)$

Das Bild der Funktion $y = a \sin (b x + c) = a \sin\left[b\left(x+\frac{c}{b}\right)\right]$ erhält man aus dem Bild der Funktion $y = \sin x$ durch folgende Transformationen:

1. Dehnung oder Stauchung in Richtung der $y$-Achse: $y = a \sin x$
2. Dehnung oder Stauchung in Richtung der $x$-Achse: $y = a \sin b x$
3. Verschiebung um $-\frac{c}{b}$ parallel zur $x$-Achse: $y = a \sin\left[b\left(x+\frac{c}{b}\right)\right]$

Für $a < 0$ oder $b < 0$ kommen die entsprechenden Spiegelungen hinzu

■ $y = 2 \sin\left[\frac{3}{4}x - \frac{3}{2}\right] = 2 \sin\left[\frac{3}{4}(x-2)\right]$

1. $y = 2 \sin x$

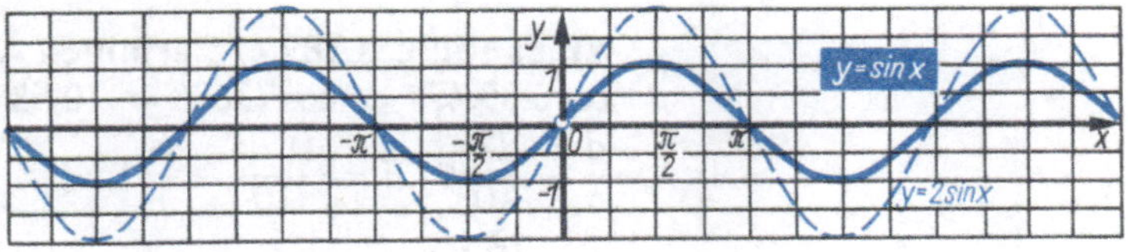


2. $y = 2 \sin \frac{3}{4} x$

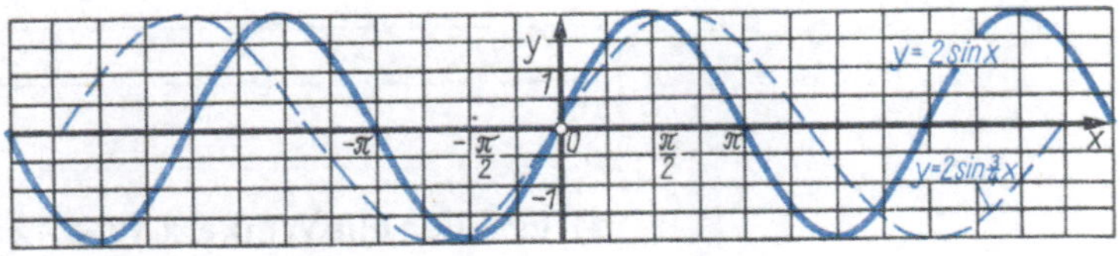


3. $y = 2 \sin\left[\frac{3}{4}(x-2)\right]$

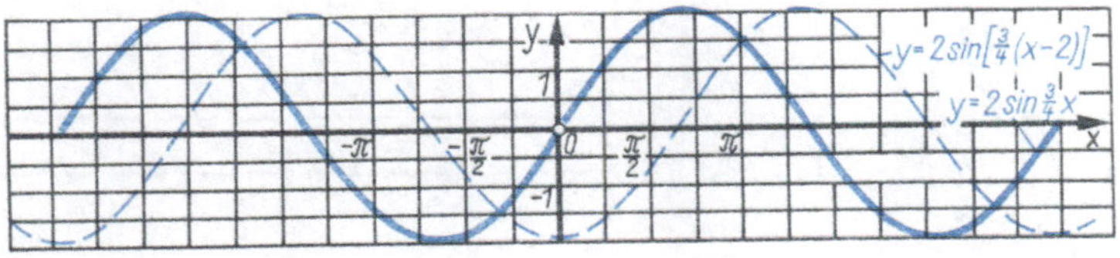

## 15. EBENE TRIGONOMETRIE

Die Frage, ob ein Dreieck durch gegebene Stücke eindeutig bestimmt ist, kann mit Hilfe der Kongruenzsätze entschieden werden.
Ist das Dreieck eindeutig bestimmt, so kann es aus den gegebenen Stücken sowohl konstruiert als auch mit Hilfe der Winkelfunktionen berechnet werden. Mit solchen Berechnungen beschäftigt sich die ebene Trigonometrie. Daher nennt man die Winkelfunktionen auch **trigonometrische Funktionen.**

**Die Tafeln der Winkelfunktionswerte und ihrer Logarithmen**

Zur numerischen Durchführung trigonometrischer Berechnungen sind die Funktionswerte der Winkelfunktionen tabelliert worden. Auf Grund der Quadrantenbeziehungen (↗ 170) genügt es, nur die Werte für Winkel von 0° bis 90° anzugeben. Dabei können wegen der Beziehungen
$\cos x = \sin(90° - x)$ und $\cot x = \tan(90° - x)$ (↗ 170)
die Werte der Sinus- und Kosinusfunktionen bzw. der Tangens- und Kotangensfunktionen jeweils in ein und derselben Tafel aufgeführt werden. Die Kosinus- und Kotangensfunktionen sind im Intervall von 0° bis 90° monoton fallend. Daher ist $d$ beim Interpolieren die Differenz zum größeren Funktionswert.

■ **a)** Es soll cos 289,47° ermittelt werden.
$\cos 289{,}47° = \cos(360° - 70{,}53°) = \cos 70{,}53°$

$$\frac{d}{n} = \frac{D}{10}; \quad d = \frac{D \cdot n}{10}$$

$$d = \frac{16 \cdot 3}{10} \approx 5$$

$\cos 289{,}47° = 0{,}3333$

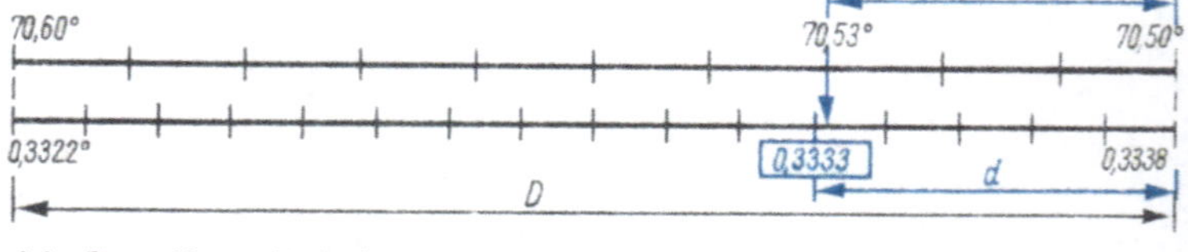


**b)** Es sollen alle Winkel $x$ mit $\cot x = -1{,}787$ ermittelt werden.

$$\frac{d}{n} = \frac{D}{10}$$

$$n = \frac{10 \cdot d}{D} = \frac{10 \cdot 2}{7} \approx 3$$

$x' = 29{,}23°$

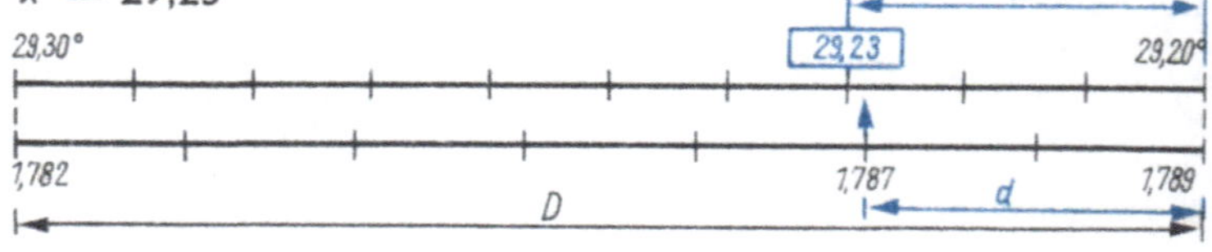

Da der Kotangenswert negativ ist, gilt für die gesuchten Winkel aus dem II. und IV. Quadranten

$x_1 = 180° - x'$ $\qquad x_2 = 360° - x'$

$x_1 = 150{,}77°$ $\qquad x_2 = 330{,}77°$

Da 180° die kleinste Periode der Kotangensfunktion ist (↗ 169), erhält man sämtliche gesuchten Winkel durch

$x = 150{,}77° + k \cdot 180°$, (*k* ganzzahlig).

**Berechnung rechtwinkliger Dreiecke**

Je nach Art der gegebenen Dreiecksstücke sind folgende Fälle möglich (Bild C 92):

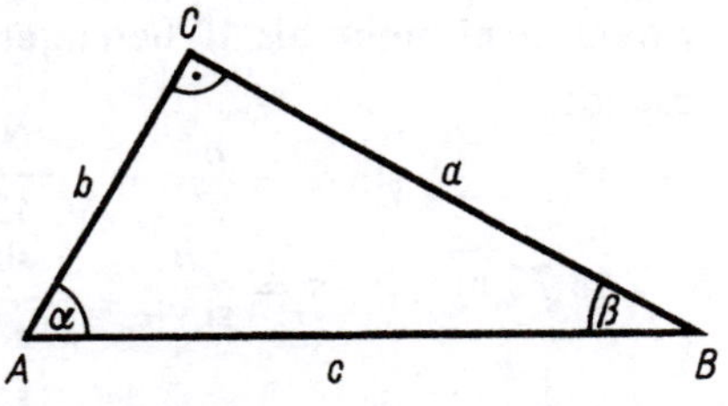


| Gegeben | |
|---|---|
| **1. Fall:** Hypotenuse und eine Kathete: *a, c* | $\sin\alpha = \frac{a}{c}$; $\beta = 90° - \alpha$<br>$b = \sqrt{c^2 - a^2}$ oder $\cos\alpha = \frac{b}{c}$<br>$b = c \cdot \cos\alpha$ |
| **2. Fall:** Beide Katheten: *a, b* | $\tan\alpha = \frac{a}{b}$; $\beta = 90° - \alpha$<br>$c = \sqrt{a^2 + b^2}$ oder $\sin\alpha = \frac{a}{c}$; $c = \frac{a}{\sin\alpha}$ |
| **3. Fall:** Ein Winkel und die Gegenkathete: *α, a* | $\cot\alpha = \frac{b}{a}$; $b = a\cot\alpha$; $\beta = 90° - \alpha$<br>$c = \sqrt{a^2 + b^2}$ oder $\sin\alpha = \frac{a}{c}$; $c = \frac{a}{\sin\alpha}$ |
| **4. Fall:** Ein Winkel und die Ankathete: *α, b* | $\tan\alpha = \frac{a}{b}$; $a = b \cdot \tan\alpha$<br>$\beta = 90° - \alpha$<br>$c = \sqrt{a^2 + b^2}$ oder $\cos\alpha = \frac{b}{c}$; $c = \frac{b}{\cos\alpha}$ |

| Gegeben | |
|---|---|
| 5. Fall:<br>Ein Winkel und die Hypotenuse<br>$\alpha$, $c$ | $\sin\alpha = \frac{a}{c}$; $a = c \cdot \sin\alpha$; $\beta = 90° - \alpha$<br>$b = \sqrt{c^2 - a^2}$ oder $\cos\alpha = \frac{b}{c}$<br>$b = \cos\alpha$ |

■ Eine Eisenbahnlinie soll über eine Brücke von 13,70 m Höhe geführt werden. Wie lang muß die zur Brücke ansteigende Strecke mindestens sein, wenn der Steigungswinkel nicht mehr als 1° betragen soll?

*Lösung:*

$\alpha = 1°$ $\qquad \sin\alpha = \frac{h}{s}$

$h = 13{,}70$ m $\qquad s = \frac{h}{\sin\alpha}$

| $N$ | $\lg N$ |
|---|---|
| 13,70 | 1,1367 } − |
| sin 1° | 0,2419 − 2 |
| $s$ | 0,8948 + 2 |
| $s$ | 2,8948 |

$s = 785$ m

Die ansteigende Strecke muß mindestens 785 m lang sein.

**Berechnung gleichschenkliger Dreiecke**

Jedes gleichschenklige Dreieck wird durch seine Symmetrieachse (↗ 288) in zwei kongruente (↗ 306) rechtwinklige Teildreiecke zerlegt. Dadurch treten bei der Berechnung eines gleichschenkligen Dreiecks dieselben Fälle auf wie beim rechtwinkligen Dreieck.

■

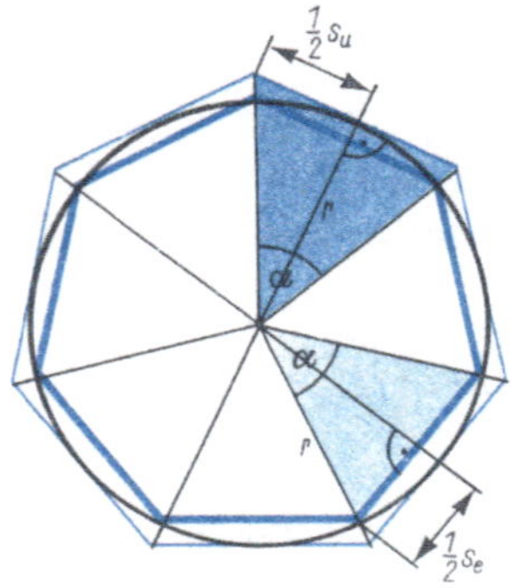

Einem Kreis mit dem Radius $r = 3$ cm ist je ein regelmäßiges 7-Eck ein- bzw. umbeschrieben. Die Seitenlängen sind zu berechnen.

*Lösung:*

$r = 3{,}00$ cm

$\alpha = \frac{360°}{7} = 51{,}43°$ $\qquad \frac{\alpha}{2} = 25{,}71°$

$\sin\frac{\alpha}{2} = \frac{\frac{1}{2}s_e}{r} = \frac{s_e}{2r}$ $\qquad \tan\frac{\alpha}{2} = \frac{\frac{1}{2}s_u}{r} = \frac{s_u}{2r}$

$s_e = 2r\sin\frac{\alpha}{2}$ $\qquad s_u = 2r\tan\frac{\alpha}{2}$

| $N$ | $\lg N$ | |
|---|---|---|
| $2r$ | 0,7782 | } + |
| $\sin\frac{\alpha}{2}$ | 0,6373 − 1 | |
| $s_e$ | 1,4155 − 1 | |
| $s_e$ | 0,4155 | |

$s_e = 2{,}60$ cm

| $N$ | $\lg N$ | |
|---|---|---|
| $2r$ | 0,7782 | } + |
| $\tan\frac{\alpha}{2}$ | 0,6826 − 1 | |
| $s_u$ | 1,4608 − 1 | |
| $s_u$ | 0,4608 | |

$s_u = 2{,}89$ cm

**Berechnung von schiefwinkligen Dreiecken**
Sinussatz

Mit Hilfe der folgenden Sätze lassen sich Stücke eines beliebigen Dreiecks berechnen.

▶ **SATZ 47 (Sinussatz):**
**In jedem Dreieck sind die Verhältnisse der Seiten zu den Sinus ihrer Gegenwinkel untereinander gleich.**

$$\frac{a}{\sin\alpha} = \frac{b}{\sin\beta} = \frac{c}{\sin\gamma}$$

In anderer Fassung:

**In jedem Dreieck verhalten sich die Seiten zueinander wie die Sinus ihrer Gegenwinkel.**

$$a : b : c = \sin\alpha : \sin\beta : \sin\gamma$$

*Beweis:*

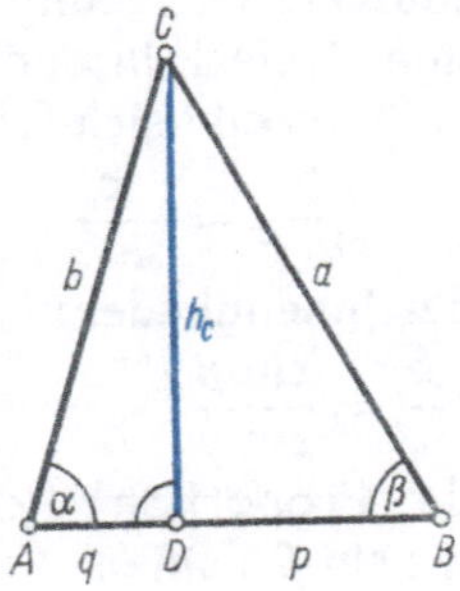


Es gilt

$$\sin\alpha = \frac{h_c}{b}; \quad h_c = b\sin\alpha \quad (\triangle ADC)$$

$$\sin\beta = \frac{h_c}{a}; \quad h_c = a\sin\beta \quad (\triangle BCD)$$

$$a\sin\beta = b\sin\alpha \quad | : \sin\alpha\sin\beta$$

$$\frac{a}{\sin\alpha} = \frac{b}{\sin\beta}$$

Führt man dieselbe Überlegung mit der Höhe $h_a$ durch, so erhält man:

$$\frac{b}{\sin\beta} = \frac{c}{\sin\gamma}$$

Insgesamt also $\frac{a}{\sin\alpha} = \frac{b}{\sin\beta} = \frac{c}{\sin\gamma}$.

Damit ist der Sinussatz jedoch nur für alle spitzwinkligen Dreiecke bewiesen.

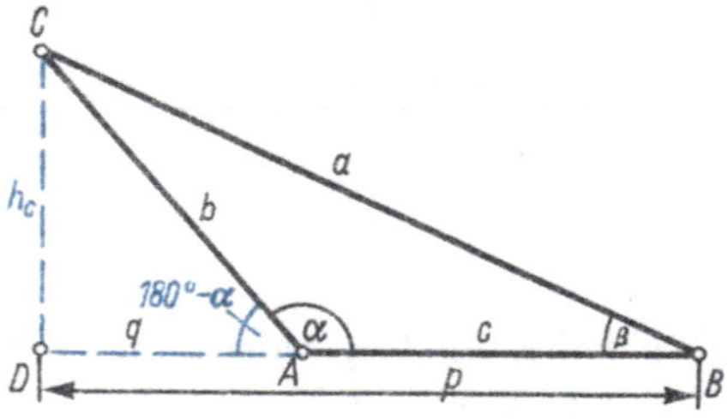


Für stumpfwinklige Dreiecke gilt:

$\sin(180° - \alpha) = \frac{h_c}{b}$; $h_c = b \sin(180 - \alpha)$ ($\triangle ADC$)

$\sin\beta = \frac{h_c}{a}$; $h_c = a \sin\beta$ ($\triangle BCD$)

$a \sin\beta = b \sin(180° - \alpha)$

Wegen $\sin(180° - \alpha) = \sin\alpha$ (↗ 169) folgt

$a \sin\beta = b \sin\alpha$, also wieder $\frac{a}{\sin\alpha} = \frac{b}{\sin\beta}$.

Wie beim spitzwinkligen Dreieck ergibt sich dann weiter

$\frac{a}{\sin\alpha} = \frac{b}{\sin\beta} = \frac{c}{\sin\gamma}$.

Der Sinussatz gilt auch für rechtwinklige Dreiecke. Setzt man beispielsweise $\gamma = 90°$, so ergibt sich aus

$\frac{a}{\sin\alpha} = c$ und $\frac{b}{\sin\beta} = c$

$\frac{a}{\sin\alpha} = \frac{b}{\sin\beta} = c$

Da $c = \frac{c}{1} = \frac{c}{\sin\gamma}$ ($\gamma = 90°$, also $\sin\gamma = 1$), gilt auch hier wieder die behauptete Gleichung. Damit ist der Sinussatz für *jedes* beliebige Dreieck in der einen Fassung bewiesen. Die andere Fassung ergibt sich folgendermaßen:

$\frac{a}{\sin\alpha} = \frac{b}{\sin\beta}$ $\quad$ $\frac{b}{\sin\beta} = \frac{c}{\sin\gamma}$

Vertauschung der Innenglieder:

$\frac{a}{b} = \frac{\sin\alpha}{\sin\beta}$ $\quad$ $\frac{b}{c} = \frac{\sin\beta}{\sin\gamma}$

Als fortlaufende Proportion (↗ 117):

$a : b : c = \sin\alpha : \sin\beta : \sin\gamma$.

**SATZ 48: In jedem Dreieck ist das Verhältnis einer jeden Seite zum Sinus ihres Gegenwinkels gleich dem Durchmesser des Dreiecksumkreises (↗ 310).**

$$\frac{a}{\sin \alpha} = \frac{b}{\sin \beta} = \frac{c}{\sin \gamma} = 2r$$

Beweis:

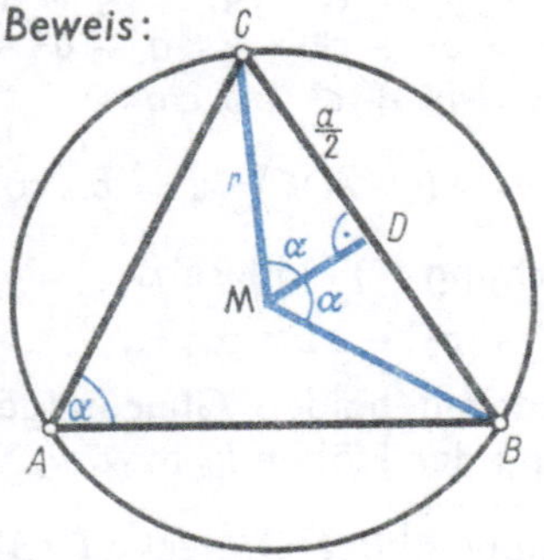


$\sphericalangle BMC = 2\alpha$, denn $\sphericalangle BMC$ ist der zum Peripheriewinkel $\sphericalangle BAC = \alpha$ gehöriger Zentriwinkel über dem Bogen $\overset{\frown}{BC}$.

$\sphericalangle BMD = \sphericalangle CMD = \alpha$,

denn $\overline{MD}$ ist Symmetrieachse im gleichschenkligen Dreieck $\triangle BCM$.

$$\sin \alpha = \frac{\frac{a}{2}}{r} \quad (\triangle MBD),$$

daraus folgt

$$\frac{a}{\sin \alpha} = 2r.$$

Daraus folgt zusammen mit dem Sinussatz

$$\frac{a}{\sin \alpha} = \frac{b}{\sin \beta} = \frac{c}{\sin \gamma} = 2r, \qquad \textit{w. z. b. w.}$$

Der Beweis dieses Satzes für stumpfwinklige und rechtwinklige Dreiecke wird hier nicht mehr ausgeführt.

**SATZ 49 (Kosinussatz):**
**In jedem Dreieck ist das Quadrat einer Seite gleich der Summe der Quadrate der beiden anderen Seiten, vermindert um das doppelte Produkt aus diesen Seiten und dem Kosinus des von ihnen eingeschlossenen Winkels.**

$$a^2 = b^2 + c^2 - 2bc \cos \alpha$$
$$b^2 = a^2 + c^2 - 2ac \cos \beta$$
$$c^2 = a^2 + b^2 - 2ab \cos \gamma$$

*Beweis:*

a) spitzwinklige Dreiecke (↗ 181; Bild unten):

$h_c^2 = b^2 - q^2$ (Satz des Phytagoras, △ ADC)

$h_c^2 = a^2 - p^2$ (Satz des Pythagoras, △ BCD)

$$a^2 - p^2 = b^2 - q^2$$
$$a^2 = b^2 + p^2 - q^2$$
$$a^2 = b^2 + (c - q)^2 - q^2; \quad (p = c - q)$$
$$a^2 = b^2 + c^2 - 2\,c\,q + q^2 - q^2$$
$$a^2 = b^2 + c^2 - 2\,c\,q \qquad (*)$$

$\cos\alpha = \frac{q}{b}$ (△ ADC) $q = b \cdot \cos\alpha$,

in Gleichung (*) eingesetzt:

$a^2 = b^2 + c^2 - 2\,b\,c\cos\alpha$ .

Die anderen beiden Gleichungen erhält man unter Verwendung der Höhen $h_a$ bzw. $h_b$.

b) stumpfwinklige Dreiecke (↗ 182; Bild oben):

$h_c^2 = b^2 - q^2$ (Satz des Pythagoras, △ ADC)

$h_c^2 = a^2 - p^2$ (Satz des Pythagoras, △ BCD)

$$a^2 - p^2 = b^2 - q^2$$
$$a^2 = b^2 + p^2 - q^2$$
$$a^2 = b^2 + (c + q)^2 - q^2; \quad (p = c + q)$$
$$a^2 = b^2 + c^2 + 2\,c\,q + q^2 - q^2$$
$$a^2 = b^2 + c^2 + 2\,c\,q \qquad (**)$$

$\cos(180° - \alpha) = \frac{q}{b}$ (△ ADC)

$-\cos\alpha = \frac{q}{b} \qquad q = -b\cos\alpha$,

in Gleichung (**) eingesetzt:

$a^2 = b^2 + c^2 - 2\,b\,c\cos\alpha$ .

Entsprechend findet man auch in diesem Fall die anderen Gleichungen.

c) rechtwinklige Dreiecke:

Da $\alpha = 90°$ und damit $\cos\alpha = 0$, folgt aus

$a^2 = b^2 + c^2$ (Satz des Pythagoras)

$a^2 = b^2 + c^2 - 2\,b\,c\cos\alpha$

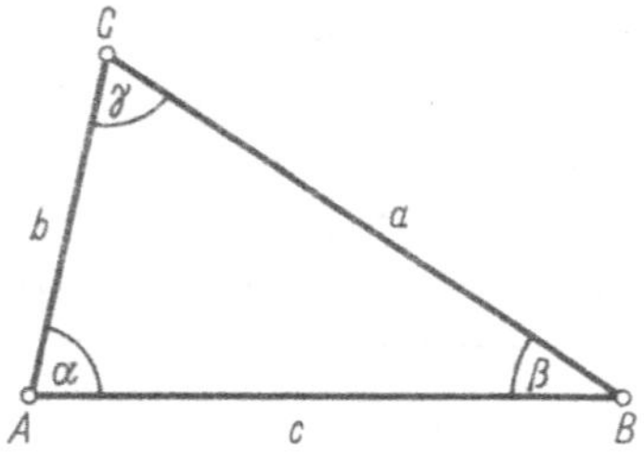

Für die Seiten $b$ und $c$ verläuft der Beweis mit den spitzen Winkeln $\beta$ und $\gamma$ wie im Fall a). Damit ist der Kosinussatz für alle möglichen Fälle bewiesen.

**Berechnung des Flächeninhalts eines Dreiecks**

▶ **SATZ 50: Der Flächeninhalt eines jeden Dreiecks ist gleich dem halben Produkt aus zwei Seiten und dem Sinus des von ihnen eingeschlossenen Winkels.**

| | | |
|---|---|---|
| $A = \frac{1}{2} b\, c \sin \alpha$ | $A = \frac{1}{2} a\, c \sin \beta$ | $A = \frac{1}{2} a\, b \sin \gamma$ |

*Beweis* (↗ 181; *Bild* unten):

$$A = \frac{1}{2} c \cdot h_c \qquad (*)$$

$$\sin \alpha = \frac{h_c}{b}; \quad h_c = b \sin \alpha \ (\triangle\, ADC)$$

$$\sin \beta = \frac{h_c}{a}; \quad h_c = a \sin \beta \ (\triangle\, BCD)$$

Für $h_c$ in (*) eingesetzt:

$$A = \frac{1}{2} b\, c \sin \alpha \quad \text{und} \quad A = \frac{1}{2} a\, c \sin \beta.$$

Die dritte Gleichung erhält man bei Verwendung von $h_a$ oder $h_b$. Der Beweis für stumpfwinklige und rechtwinklige Dreiecke verläuft wie bei den entsprechenden Fällen im Beweis des Sinussatzes (↗ 181), *w. z. b. w.*

Nach dem Sinussatz gilt für jedes Dreieck

$$b = \frac{c}{\sin \gamma} \cdot \sin \beta \, .$$

Setzt man dies für $b$ in die erste Gleichung von Satz 50 ein, so ergibt sich

$$A = \frac{1}{2} \cdot \frac{c}{\sin \gamma} \cdot \sin \beta \cdot c \cdot \sin \alpha \quad \text{oder}$$

$$A = \frac{c^2}{2} \cdot \frac{\sin \alpha \cdot \sin \beta}{\sin \gamma} \, .$$

Entsprechend gilt

$$A = \frac{b^2}{2} \cdot \frac{\sin \alpha \cdot \sin \gamma}{\sin \beta}$$

$$A = \frac{a^2}{2} \cdot \frac{\sin \beta \cdot \sin \gamma}{\sin \alpha}$$

Nach Satz C 48 (↗ 183) gilt für jedes Dreieck

$$\frac{b}{\sin \beta} = 2r \quad \text{bzw.} \quad \frac{c}{\sin \gamma} = 2r, \quad \text{d. h.}$$

$$b = 2r \sin \beta \quad \text{bzw.} \quad c = 2r \sin \gamma \, .$$

Setzt man dies für $b$ und $c$ in die erste Gleichung von Satz C 50 ein, so erhält man

$$A = \frac{1}{2} \cdot 2\,r \sin\beta \cdot 2\,r \sin\gamma \cdot \sin\alpha \quad \text{oder}$$

$$A = 2\,r^2 \sin\alpha \sin\beta \sin\gamma\,.$$

Je nach Art der gegebenen Dreiecksstücke sind folgende Fälle der Dreiecksberechnung möglich (vier Grundaufgaben, ↗ Kongruenzsätze, Seite 237).

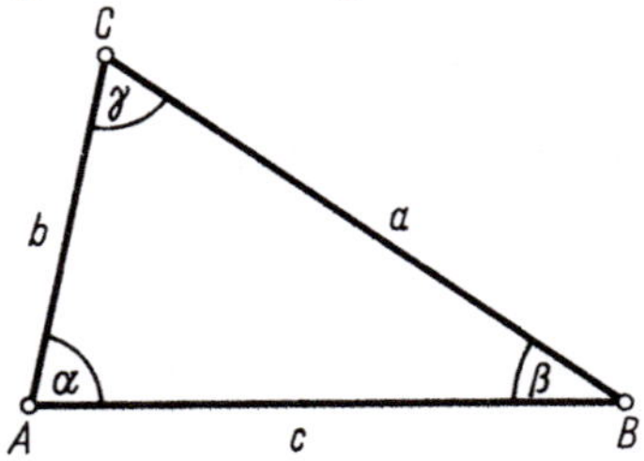


| Gegeben | Anfangsschritt | Berechnung der übrigen Stücke |
|---|---|---|
| $c, \beta, \gamma$ (sww) Im Fall wsw wird zunächst der dritte Winkel berechnet und dann wie hier weitergerechnet. | Sinussatz: $b = \frac{c}{\sin\gamma} \sin\beta$ | $\alpha = 180° - (\beta + \gamma)$; $a = \frac{c}{\sin\gamma} \sin\alpha$ |
| $\alpha, c, a$ (wss) | Sinussatz: $\sin\gamma = \frac{\sin\alpha}{a} c$ | $\beta = 180° - (\alpha + \gamma)$; $b = \frac{a}{\sin\alpha} \sin\beta$ |
| $a, \gamma, b$ (sws) | Kosinussatz: $c^2 = a^2 + b^2 - 2\,a\,b \cos\gamma$ | $\sin\alpha = \frac{\sin\gamma}{c} a$; $\beta = 180° - (\alpha + \gamma)$ |
| $a, b, c$ (sss) | Kosinussatz: $\cos\alpha = \frac{b^2 + c^2 - a^2}{2\,b\,c}$ | $\cos\beta = \frac{a^2 + c^2 - b^2}{2\,a\,c}$ $\gamma = 180° - (\alpha + \beta)$ oder $\sin\beta = \frac{\sin\alpha}{a} \cdot b$ |

■ **a)** *Gegeben:* $\alpha = 63{,}7°$; $c = 7{,}3$ cm; $a = 11{,}4$ cm
*Gesucht:* $\gamma, \beta, b$

$$\frac{\sin\gamma}{c} = \frac{\sin\alpha}{a}$$

$$\sin\gamma = \frac{\sin\alpha}{a}\cdot c$$

| $N$ | $\lg N$ | |
|---|---|---|
| $\sin\alpha$ | 1,9525 − 2 | } − |
| $a$ | 1,0569 | |
| $\frac{\sin\alpha}{a}$ | 0,8956 − 2 | } + |
| $c$ | 0,8633 | |
| $\sin\gamma$ | 0,7589 − 1 | |

$\gamma_1 = 35{,}0°$; $[\gamma_2 = 145{,}0°]$

$\gamma_2$ kommt nicht in Betracht, da $\alpha + \gamma_2 > 180°$. Außerdem würde für $\gamma_2$ der größere Winkel der kleineren Seite gegenüberliegen, was im Widerspruch zu dem Satz, daß in jedem Dreieck der größere Winkel der größeren Seite gegenüberliegt (↗ 235), stünde.

$\beta = 180° - (\alpha + \gamma)$ $\qquad \beta = 81{,}3°$

$$\frac{b}{\sin\beta} = \frac{a}{\sin\alpha}$$

$$b = \frac{a}{\sin\alpha}\cdot\sin\beta$$

| $N$ | $\lg N$ | |
|---|---|---|
| $a$ | 1,0569 | } − |
| $\sin\alpha$ | 0,9525 − 1 | |
| $\frac{a}{\sin\alpha}$ | 1,1044 | } + |
| $\sin\beta$ | 0,9950 − 1 | |
| $b$ | 1,0994 | |

$b = 12{,}6$ cm

**b)** *Gegeben:* $\alpha = 36{,}4°$; $c = 9{,}2$ cm; $a = 3{,}5$ cm
*Gesucht:* $\gamma, \beta, b$

$$\sin\gamma = \frac{\sin\alpha}{a}\cdot c$$

| $N$ | $\lg N$ | |
|---|---|---|
| $\sin\alpha$ | 0,7734 − 1 | } − |
| $a$ | 0,5441 | |
| $\frac{\sin\alpha}{a}$ | 0,2293 − 1 | } + |
| $c$ | 0,9638 | |
| $\sin\gamma$ | 0,1931 | |

Es gibt keinen Winkel $\gamma$ mit $\lg\sin\gamma = 0{,}1931$; denn das würde $\sin\gamma > 1$ bedeuten. Das ist aber unmöglich (↗ 166; Tabelle). Es gibt also kein Dreieck mit den gegebenen Stücken.

**c)** *Gegeben:* $\alpha = 43{,}9°$; $c = 14{,}8$ cm; $a = 12{,}3$ cm
*Gesucht:* $\gamma$, $\beta$, $b$

$$\sin\gamma = \frac{\sin\alpha}{a}\cdot c$$

| $N$ | $\lg N$ | |
|---|---|---|
| $\sin\alpha$ | 1,8410 − 2 | } − |
| $a$ | 1,0899 | |
| $\frac{\sin\alpha}{a}$ | 0,7511 − 2 | } + |
| $c$ | 1,1703 | |
| $\sin\gamma$ | 0,9214 − 1 | |

$\gamma_1 = 56{,}6°$ $\quad\gamma_2 = 123{,}4°$

$\alpha + \gamma_1$ und $\alpha + \gamma_2$ sind beide kleiner als 180°. Ebenso ist für *beide* Winkel der Satz erfüllt, daß der größere Winkel der größeren Seite gegenüberliegt. Daher muß mit beiden Winkeln weitergerechnet werden.

$\beta = 180° - (\alpha + \gamma)$ $\qquad\beta_1 = 79{,}5°$ $\qquad\beta_2 = 12{,}7°$

$$b = \frac{a}{\sin\alpha}\cdot\sin\beta$$

I

| $N$ | $\lg N$ | |
|---|---|---|
| $a$ | 1,0899 | } − |
| $\sin\alpha$ | 0,8410 − 1 | |
| $\frac{a}{\sin\alpha}$ | 1,2489 | } + |
| $\sin\beta_1$ | 0,9927 − 1 | |
| $b_1$ | 1,2416 | |

$b_1 = 17{,}4$ cm

II

| $N$ | $\lg N$ | |
|---|---|---|
| $a$ | 1,0899 | } − |
| $\sin\alpha$ | 0,8410 − 1 | |
| $\frac{a}{\sin\alpha}$ | 1,2489 | } + |
| $\sin\beta_2$ | 0,3421 − 1 | |
| $b_2$ | 0,5910 | |

$b_2 = 3{,}9$ cm

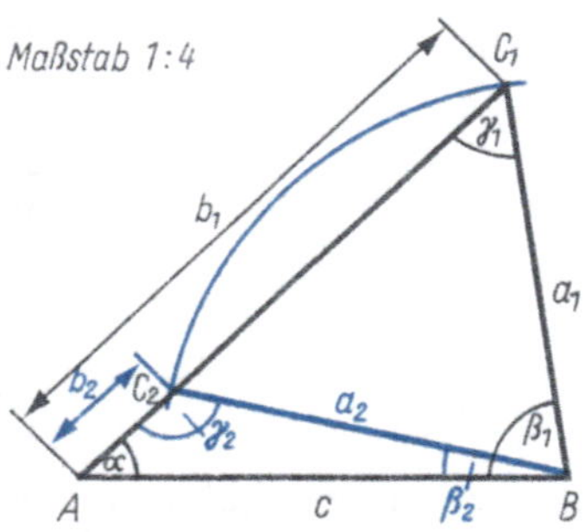


*Bemerkung:* Wie das letzte Beispiel zeigt, ist ein Dreieck nur dann eindeutig durch zwei Seiten und einen Winkel bestimmt, wenn dieser Winkel Gegenwinkel der größeren von beiden gegebenen Seiten ist. Anderenfalls gibt es entweder kein Dreieck oder zwei nicht kongruente Dreiecke mit den gegebenen Stücken (↗ Kongruenzsatz ssw, Seite 237).

■ In einer Entfernung von $a = 10$ m vom Ufer eines Flusses steht ein Haus. Visiert man von zwei senkrecht übereinanderliegenden Fenstersimsen, deren Höhenunterschied $e = 8$ m ist, das andere Ufer an, so erhält man Neigungswinkel von $\alpha = 18{,}4°$ und $\beta = 24{,}6°$. Wie breit ist der Fluß?

*Lösung:*

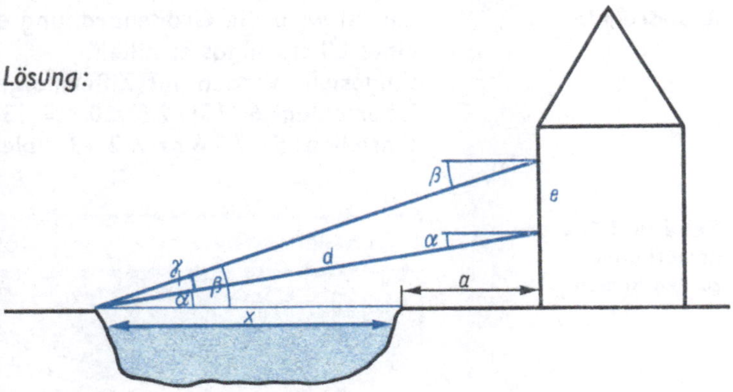


$\gamma = \beta - \alpha \qquad \gamma = 6{,}2°$

$$\frac{d}{\sin(90° - \beta)} = \frac{e}{\sin\gamma}$$

$$d = \frac{e}{\sin\gamma}\sin(90° - \beta)$$

$$\cos\alpha = \frac{a + x}{d}$$

$$x = d\cos\alpha - a = y - a$$

$$x = \frac{e}{\sin\gamma}\sin(90° - \beta)\cos\alpha - a$$

$$x = \frac{e}{\sin\gamma}\cos\beta\cos\alpha - a$$

| N | lg N | |
|---|---|---|
| e | 0,9031 | + |
| cos α | 0,9772 − 1 | |
| cos β | 0,9587 − 1 | |
| e cos α cos β | 2,8390 − 2 | − |
| sin γ | 0,0334 − 1 | |
| y | 1,8056 | |

$$\frac{e}{\sin\gamma}\cos\alpha\cos\beta = y = y - a$$

$x \approx 63{,}9 \text{ m} - 10 \text{ m}$

$x \approx 54$ m

*Ergebnis:* Der Fluß ist etwa 54 m breit.

# 16. RECHENSTAB

Der Rechenstab ist ein auf den Logarithmengesetzen (↗ 154) beruhendes mechanisches Rechenhilfsmittel vornehmlich für das Multiplizieren und Dividieren sowie Potenzieren und Radizieren.

**Genauigkeit**

Die logarithmisch geteilten Skalen des Rechenstabs ermöglichen eine Rechengenauigkeit bis auf drei geltende Ziffern (↗ 77), wobei die dritte Ziffer häufig geschätzt werden muß.

**Grundregeln**

Zuerst wird die Größenordnung des Ergebnisses mit Hilfe eines Überschlags ermittelt.
Eingestellt werden nur Ziffernfolgen, z. B. $5738 \cdot 0{,}023$.
Überschlag: $6 \cdot 10^4 \cdot 2{,}5 \cdot 10^{-3} = 15 \cdot 10 = 150$
Einstellen: 5—7—4 bzw. 2—3, ablesen 1—3—2, also 132

**Teile und Skalen**
Bemerkungen
zu den Skalen

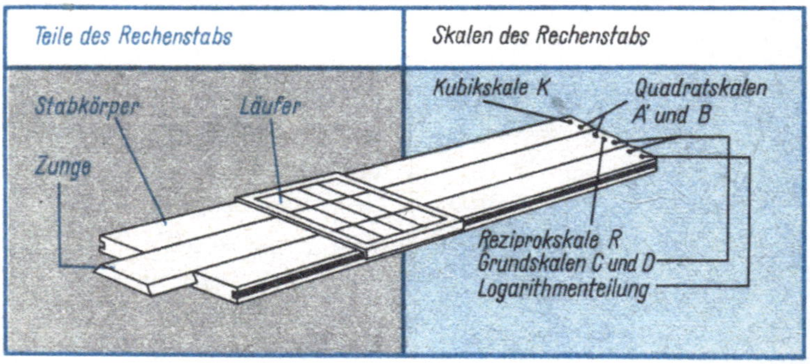


Die **Grundskalen C und D** stimmen überein und stellen das Grundintervall 1 bis 10 einer logarithmischen Skale *einmal* auf der *gesamten* Stablänge dar. Sie bieten deshalb die *größtmögliche Rechengenauigkeit* und werden *bevorzugt benutzt*.
Die **Reziprokskale R** stellt das Grundintervall 1 bis 10 *einmal auf der gesamten* Stablänge dar, aber in *entgegengesetzter* Richtung wie auf den Grundskalen C und D. Sie bietet Vereinfachungen bei *mehrfachem Multiplizieren und Dividieren*.
Die **Quadratskalen A und B** stimmen überein und stellen das Grundintervall 1 bis 10 *zweimal* auf jeweils einer *Hälfte der Stablänge* dar (Beschriftung 1 bis 10 bzw. 10 bis 100). Der Teilungsmaßstab auf A und B ist also halb so groß wie der auf C und D; einer Einstellung von $\log n$ auf C bzw. D entspricht also $2 \log n = \log n^2$ auf A bzw. B.

Die **Kubikskale K** stellt das Grundintervall 1 bis 10 *dreimal* auf jeweils einem *Drittel der Stablänge* dar (Beschriftung 1 bis 10 bzw. 10 bis 100 bzw. 100 bis 1000). Einer Einstellung von $\log n$ auf C bzw. D entspricht also $3 \log n = \log n^3$ auf K.

**Multiplikation und Division**

Multiplikation mit Rückschlag

*Einstellung beim*

| *Multiplizieren* | *Dividieren* |
|---|---|
| 1 *C1 (oder C10) über Dx* | 1 *Läuferstrich über Dz* |
| 2 *Läuferstrich über Cy* | 2 *Cy über Dz* |
| 3 *Unter Cy ablesen Dz* | 3 *Unter C1 (oder C10) ablesen Dx* |

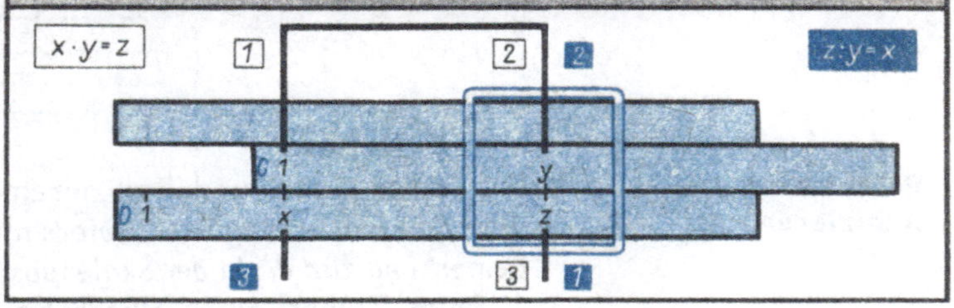


Von einer **Multiplikation mit Rückschlag** spricht man, wenn nicht C 1, sondern C 10 über die einem Faktor entsprechende Ziffer auf D gestellt werden muß, um ablesen zu können. Durch Benutzung der Reziprokskale können „Rückschläge“ umgangen werden.

*Hintereinanderausführung von Multiplikation und Division*

| | |
|---|---|
| $\frac{3 \cdot 5 \cdot 4{,}5}{8 \cdot 11}$ | 1 *Läuferstrich über D3* |
| | 2 *C8 über D3* |
| *Überschlag:* | 3 *Zunge festhalten, Läuferstrich über C5* |
| *rund 1* | 4 *Läufer festhalten, C11 unter Läuferstrich* |
| | 5 *Zunge festhalten, Läuferstrich über C45* |
| | 6 *Unter C45 ablesen: D767* |
| *Ergebnis: 0,767* | |

*Schema:*

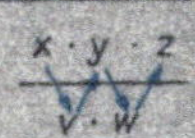


*Division* (2), *Multiplikation* (3), *Division* (4), *Multiplikation* (5)

*Bemerkung*: Beim Hintereinanderausführen von Multiplikationen und Divisionen wird auf das Ablesen der Zwischenergebnisse verzichtet. Zu beachten ist dabei, daß beim Verschieben der Zunge der die Zwischenergebnisse markierende Läufer *nicht berührt* und somit *nicht verschoben wird*!

**Verhältnisgleichungen (Proportionen)**

Für die Erfassung von untereinander proportionalen Größen können alle geforderten Werte nach einer *einzigen* Einstellung der Zunge mit Hilfe des Läufers ermittelt werden.

*Bestimmen von Kreisumfängen:*

| d | 2 | 3 | 4 |
|---|---|---|---|
| u | 6,28 | 9,42 | 12,56 |

*Es gilt:* $u = \frac{\pi}{1} \cdot d$

*Einmalige Einstellung*

1 $B_1$ unter $A\pi$

2 Über $Bd$ ablesen $Au$

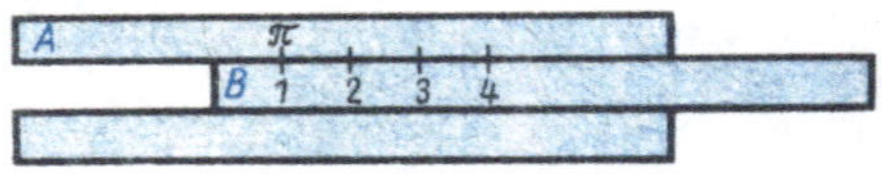


**Potenzieren und Radizieren**

Das Potenzieren und Radizieren erfolgt jeweils mit einer einzigen Einstellung des Läufers mit sofortigem Ablesen.

*Bemerkung zur Wahl der Skalenabschnitte beim Radizieren*:

1) Beim Ziehen einer *Quadratwurzel* sind die Radikanden durch Abspalten von Zehnerpotenzen (↗ 30) mit *geradzahligen* Exponenten jeweils in ein Produkt aus einem Faktor $F$ mit $1 < F < 100$ und einer Zehnerpotenz $10^{2n}$ zu zerlegen. Die Ziffernfolge von $F$ ist dann im entsprechend beschrifteten Grundintervall auf A einzustellen.

2) Beim Ziehen einer *Kubikwurzel* sind die Radikanden durch Abspalten von Zehnerpotenzen mit *ganzzahligen Vielfachen von 3* als Exponenten jeweils in ein Produkt aus einem Faktor $F$ mit $1 < F < 1000$ und einer Zehnerpotenz $10^{3n}$ zu zerlegen. Die Ziffernfolge von $F$ ist dann im entsprechend beschrifteten Grundintervall auf K einzustellen.

*Einstellung beim*

*Potenzieren*

1 Läuferstrich auf $Dx$

2 Unter Läufer ablesen auf $A$ für $x^2$ auf $K$ für $x^3$

*Radizieren*

1 Läuferstrich auf $Ay_1$ bzw. $Ky_2$ (Bemerkung beachten)

2 Unter Läuferstrich ablesen auf $D$

D

# Geometrie

# 1. PUNKTE UND GERADEN

**Bezeichnungen**

| Geometrische Grundfiguren | Bezeichnungen |
|---|---|
| Punkte | große lateinische Buchstaben, evtl. mit Indizes: $A, B, \ldots, A_1, B_1 \ldots$ |
| Geraden | kleine lateinische Buchstaben, evtl. mit Indizes: $a, b, \ldots, a_1, b_2, \ldots$ |
| Ebenen | kleine griechische Buchstaben, evtl. mit Indizes: $\alpha, \beta, \ldots, \alpha_1, \beta_1$ |

Wir betrachten nur Punkte und Geraden, die in ein und derselben Ebene liegen. Punkte und Geraden sind die Elemente der ebenen Geometrie.

**Gegenseitige Lage von Punkten und Geraden**

| | |
|---|---|
| $A$ liegt auf $a$ bzw. $a$ geht durch $A$ | 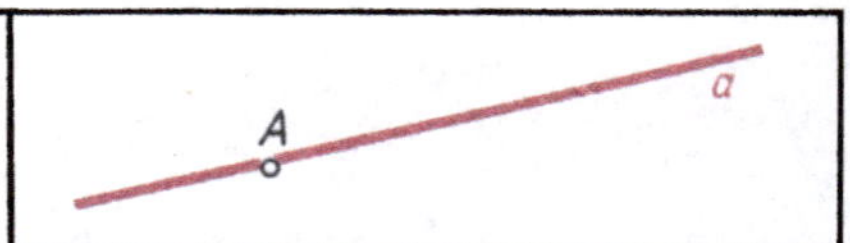 |
| $A$ liegt nicht auf $a$ bzw. $a$ geht nicht durch $A$ | 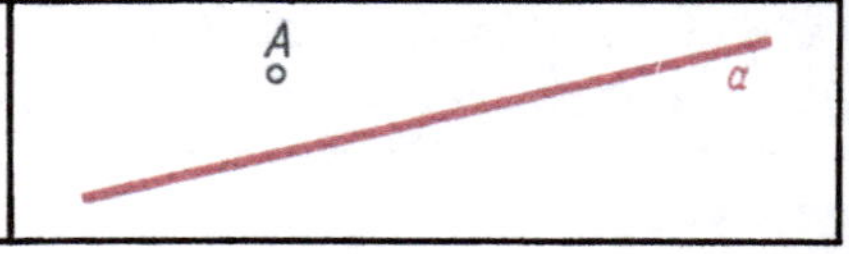 |



▶ **Durch zwei Punkte $A$ und $B$ geht genau eine Gerade.**

Die Gerade, die durch $A$ und $B$ geht, bezeichnen wir als Gerade $AB$.

Zu verschiedenen Geraden $a$ und $b$ gibt es höchstens einen Punkt $A$, der sowohl auf $a$ als auch auf $b$ liegt.

Haben zwei Geraden genau einen gemeinsamen Punkt, so nennen wir ihn den Schnittpunkt von $a$ und $b$.

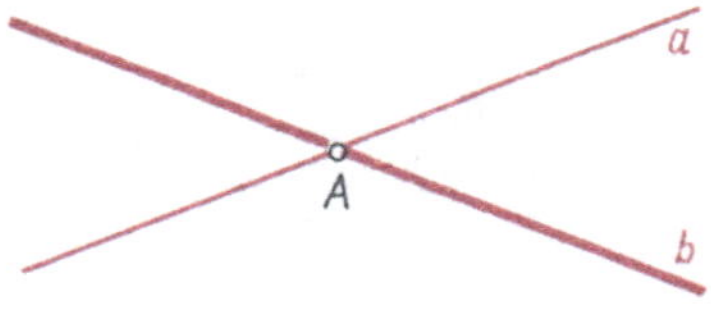


**Parallelität von Geraden**

▶ **DEFINITION 1: Geraden $a$ und $b$ einer Ebene heißen parallel zueinander genau dann, wenn sie entweder zusammenfallen oder keinen Punkt gemeinsam haben.**

## 1. PUNKTE UND GERADEN

▶ **Durch jeden Punkt $A$ gibt es zu jeder Geraden $a$ genau eine Parallele.**

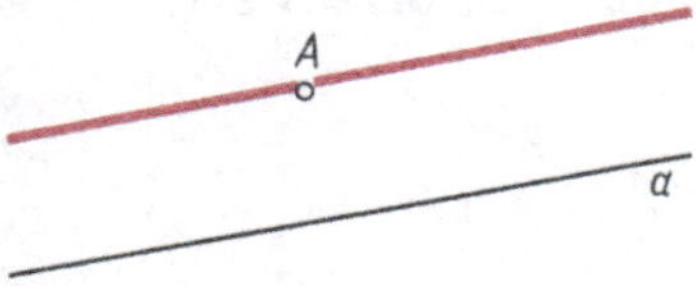


**Gegenseitige Lage zweier Geraden einer Ebene**

| | | |
|---|---|---|
| $a$ und $b$ schneiden einander in $A$ | $a$ und $b$ sind voneinander verschieden und haben den gemeinsamen Punkt $A$ | 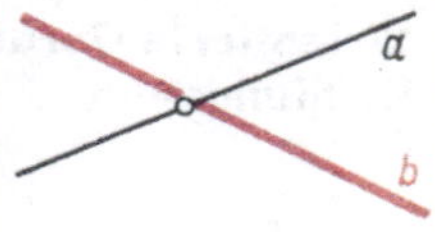  |
| $a$ und $b$ sind parallel zueinander | $a$ und $b$ haben keinen gemeinsamen Punkt |   |
| | $a$ und $b$ fallen zusammen |   |

**Richtung**

▶ **DEFINITION 2: Die Menge aller Geraden, die zu einer Geraden $a$ parallel sind, nennen wir eine Richtung.**

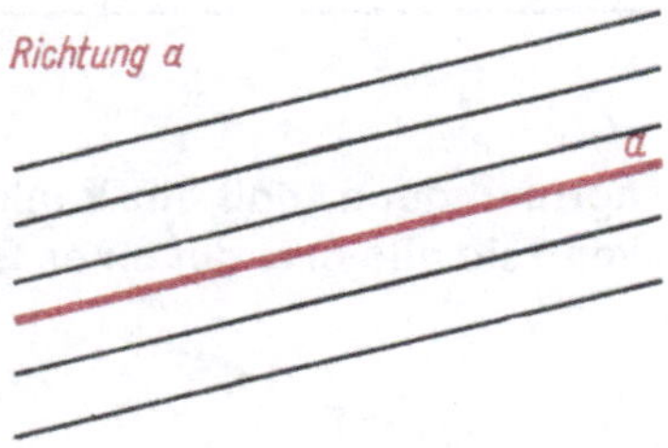


D

# 2. ANORDNUNGSBEZIEHUNGEN · EBENE FIGUREN

Wird festgelegt, welcher von zwei Punkten *A* und *B* einer Geraden *a* vor dem anderen liegen soll, so wird die Gerade *a* dadurch **orientiert**.

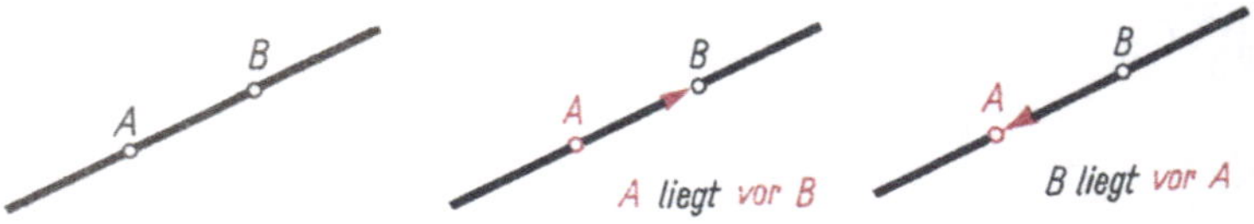


**Orientierte Geraden**
**Richtungssinn**

Auf jeder Geraden gibt es genau zwei verschiedene Orientierungen, die einander entgegengesetzt heißen. Die Orientierung einer Geraden kann durch eine Pfeilspitze veranschaulicht werden. Wir sagen auch, daß durch eine orientierte Gerade ein **Richtungssinn** festgelegt wird.
Nur *parallele Geraden* können entweder gleich oder entgegengesetzt orientiert sein.

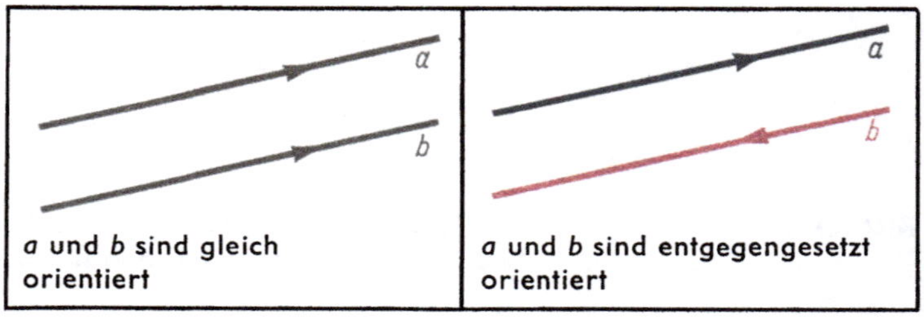


D

**Zwischenbeziehung**

Man sagt nur dann, daß ein Punkt zwischen zwei anderen liegt, wenn sie alle drei auf einer Geraden liegen.

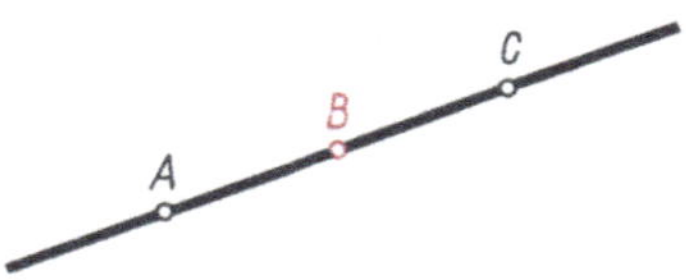


**Strecken**

**DEFINITION 3: Eine Figur, der zwei Punkte *A* und *B* und alle die Punkte angehören, die zwischen *A* und *B* liegen, heißt Strecke $\overline{AB}$.**

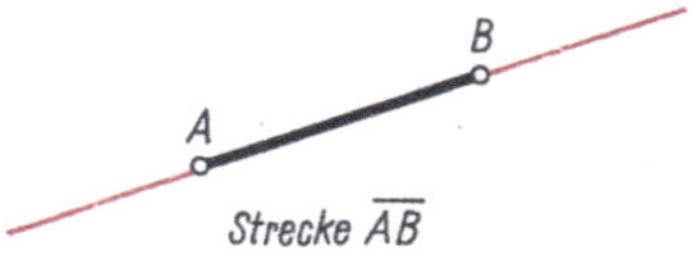


Die Punkte *A* und *B* nennen wir Endpunkte.

**Orientierte Strecken**

Ist festgelegt, welcher Endpunkt einer Strecke vor dem anderen liegen soll, so heißt die Strecke **orientiert** oder **gerichtet**.

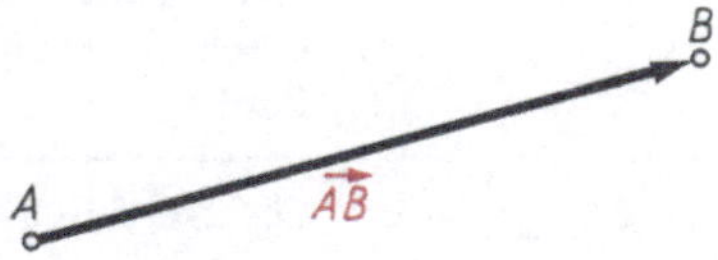


Schreibweise: $\overrightarrow{AB}$ ($A$ liegt vor $B$).

Die gerichteten Strecken $\overrightarrow{AB}$ und $\overrightarrow{BA}$ heißen zueinander entgegengesetzt orientierte Strecken.

| | Gleich orientierte Strecken | Entgegengesetzt orientierte Strecken |
|---|---|---|
| $\overrightarrow{AB}$ und $\overrightarrow{CD}$ liegen auf derselben Geraden | 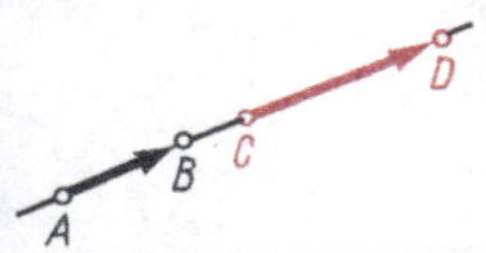 | 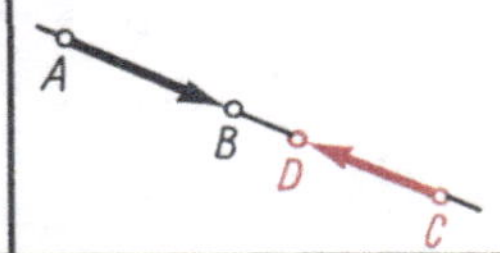 |
| $\overrightarrow{AB}$ und $\overrightarrow{CD}$ liegen auf verschiedenen Geraden | 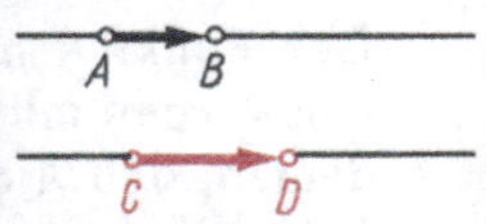 | 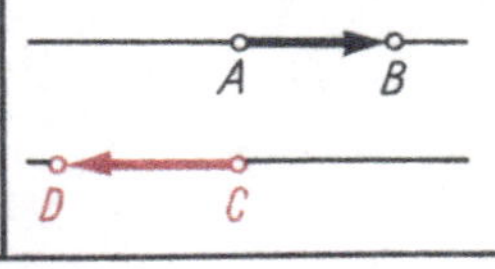 |

Von gleich oder entgegengesetzt orientierten Strecken kann man nur dann sprechen, wenn die Geraden, auf denen sie liegen, parallel sind.



**Weitere Lagebeziehungen**

| | | |
|---|---|---|
| $A$ und $B$ liegen auf der Geraden $AC$ auf verschiedenen Seiten des Punktes $C$ | Der Punkt $C$ liegt zwischen den Punkten $A$ und $B$ |  |
| $A$ und $B$ liegen auf der Geraden $AC$ auf derselben Seite des Punktes $C$ | Entweder $A$ liegt zwischen $C$ und $B$ oder $B$ liegt zwischen $C$ und $A$ | 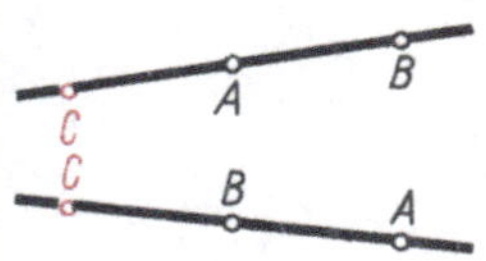 |

| | | |
|---|---|---|
| A und B liegen auf verschiedenen Seiten einer Geraden $a$ | Die Gerade $a$ schneidet die Strecke $\overline{AB}$ in einem inneren Punkt | 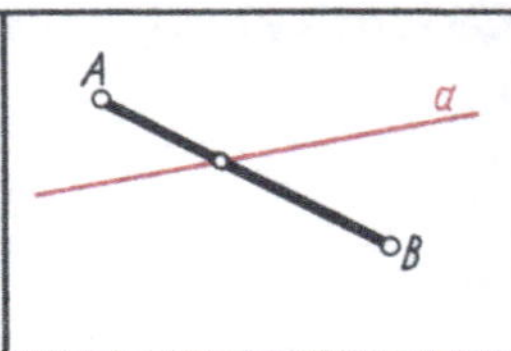 |
| A und B liegen auf derselben Seite einer Geraden $a$ | Die Gerade $a$ und die Strecke $\overline{AB}$ haben keinen gemeinsamen Punkt | 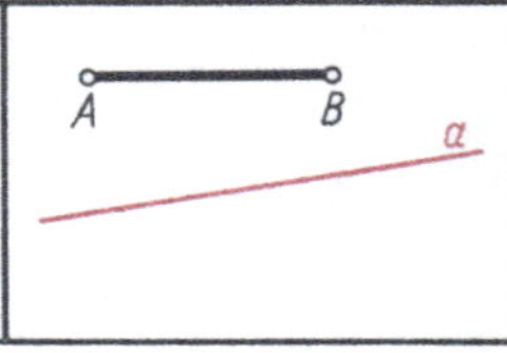 |

**Strahlen**

**DEFINITION 4: Ein Strahl $AB$ ist die Menge aller Punkte der Geraden $AB$, die mit $B$ auf derselben Seite des Punktes $A$ dieser Geraden liegen einschließlich des Punktes $A$ selbst.**

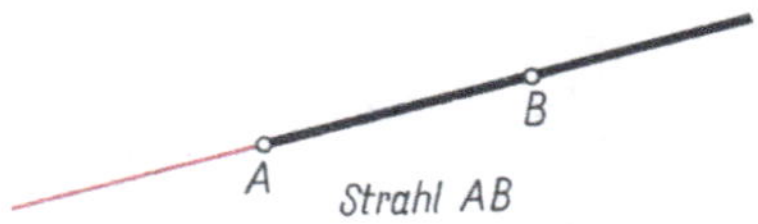


Der Punkt $A$ heißt **Anfangspunkt** des Strahls $AB$. Strahlen werden mit $h, k, \ldots, h_1, k_1, \ldots$ bezeichnet. $h_A$ soll bedeuten, daß $A$ der Anfangspunkt des Strahls $h$ ist.
Jeder Punkt $A$ einer Geraden $a$ teilt diese Gerade $a$ in zwei Strahlen mit entgegengesetzter Orientierung (entgegengesetzte Strahlen). $A$ ist gemeinsamer Anfangspunkt beider Strahlen.

D

| | gleich orientierte Strahlen | entgegengesetzt orientierte Strahlen |
|---|---|---|
| $h$ und $k$ liegen auf derselben Geraden | 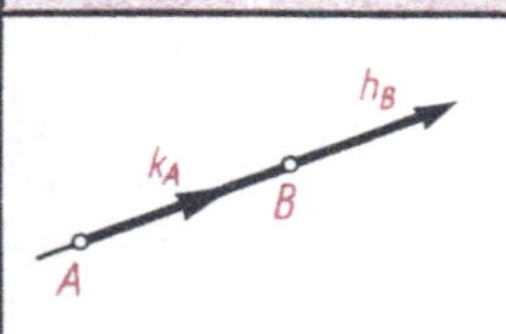 | 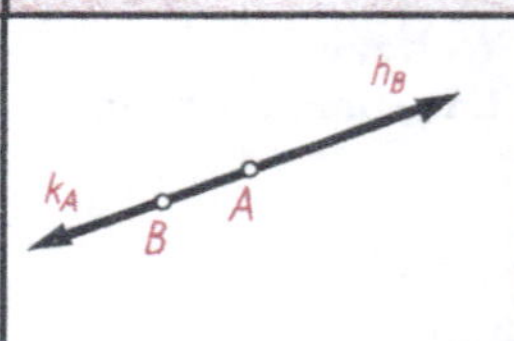 |
| $h$ und $k$ liegen auf verschiedenen Geraden | 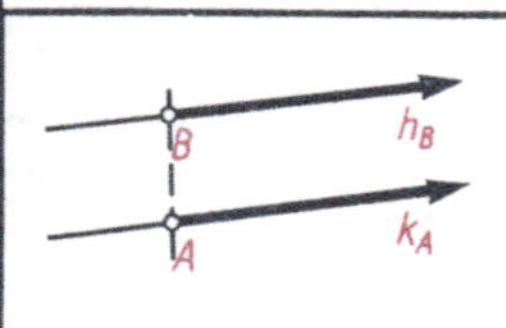 | 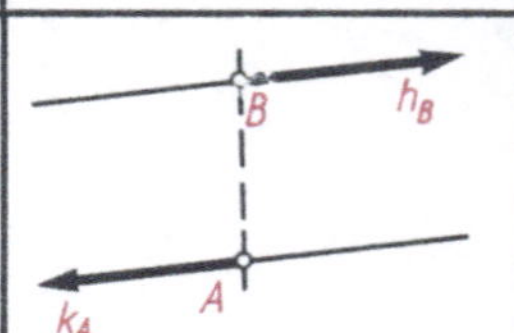 |

**Halbebenen**

Jede Gerade einer Ebene teilt diese Ebene in zwei **Halbebenen.**

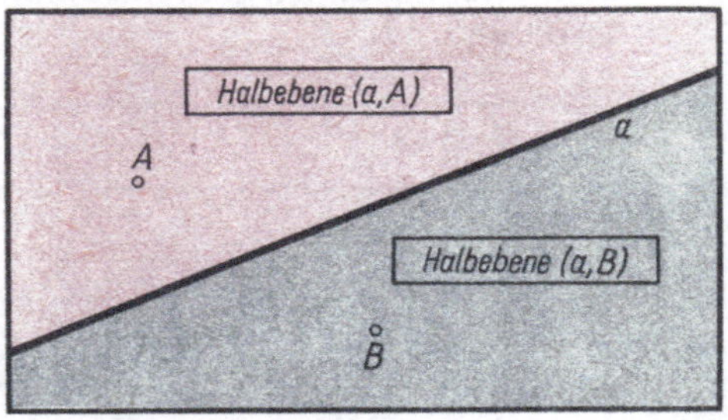


**Winkel**
**(↗ 160, 212)**

▶ **DEFINITION 5: Ein Paar von Strahlen mit gemeinsamem Anfangspunkt, die nicht auf einer Geraden liegen, heißt Winkel.**

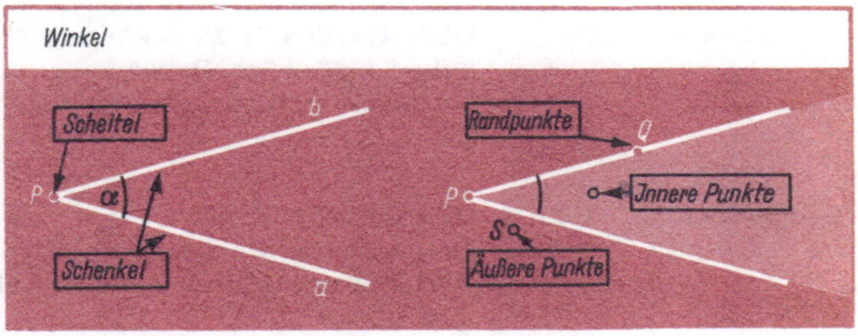


Scheitel, Schenkel

Die beiden Strahlen, die einen Winkel bilden, heißen **Schenkel**, der gemeinsame Anfangspunkt heißt **Scheitel** des Winkels.
Durch einen Winkel wird die Ebene in zwei Teile zerlegt. Für die Messung eines Winkels, also die eindeutige Zuordnung einer Zahl (↗ 211), ist es erforderlich, einen der beiden Teile auszuzeichnen. Diesen Teil der Ebene nennt man das *Innere* des Winkels.

Bezeichnung

**a)** Winkel $(h, k)$ bzw. $\sphericalangle (h, k)$
($h$ und $k$ sind die Schenkel)
**b)** Winkel $ABC$ bzw. $\sphericalangle ABC$
($B$ ist der Scheitel, und die Strahlen $BA$ und $BC$ sind die Schenkel)
**c)** Winkel $\alpha$

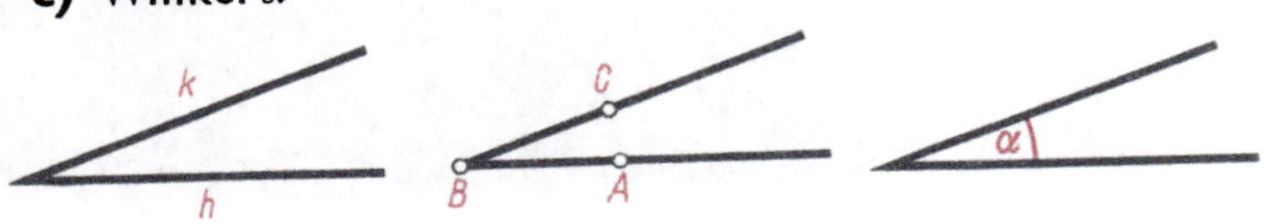

Nebenwinkel (↗ 229)

**DEFINITION 6: Zwei Winkel, die den Scheitel und einen Schenkel gemeinsam haben, heißen Nebenwinkel genau dann, wenn die nicht gemeinsamen Schenkel entgegengesetzte Strahlen sind.**

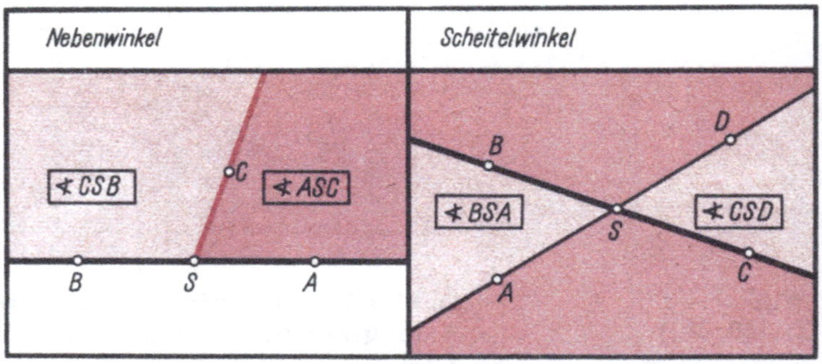


Scheitelwinkel (↗ 229)

**DEFINITION 7: Zwei Winkel, die den Scheitel gemeinsam haben, heißen Scheitelwinkel genau dann, wenn ihre Schenkel paarweise entgegengesetzte Strahlen sind.**

**Dreiecke** (↗ 232)

**DEFINITION 8: Eine Figur, die aus drei nicht auf einer gemeinsamen Geraden liegenden Punkten *A*, *B*, *C* und deren Verbindungsstrecken besteht, heißt Dreieck *ABC*.**

Die Punkte *A*, *B* und *C* heißen die *Eckpunkte*, die Strecken $\overline{AB}$, $\overline{BC}$ und $\overline{CA}$ die *Seiten* des Dreiecks *ABC*.

D

Fläche

Als die Fläche eines Dreiecks bezeichnen wir den von den Dreieckseiten eingeschlossenen Teil der Ebene.

Umlaufssinn

Durch die Reihenfolge, in der die Eckpunkte eines Dreiecks aufgezählt werden, wird ein Umlaufssinn für das Dreieck festgelegt.

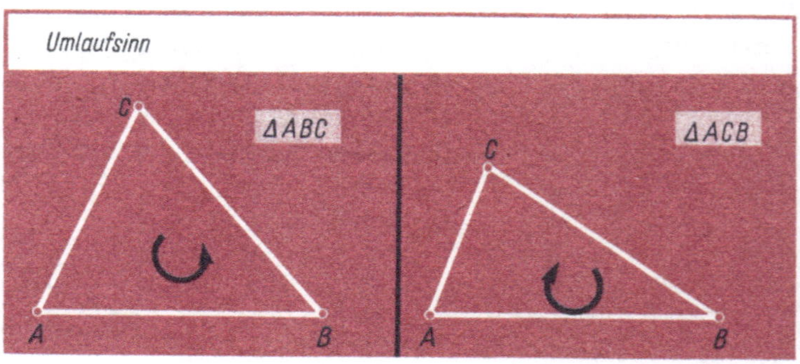

**Winkel eines Dreiecks**
Innenwinkel (↗ 233)
Außenwinkel (↗ 233)

In einem Dreieck $ABC$ heißen $\sphericalangle ABC$, $\sphericalangle BCA$ und $\sphericalangle CAB$ die **Innenwinkel**, kurz die Winkel des Dreiecks. Zu jedem Innenwinkel gibt es zwei Nebenwinkel, die als Scheitelwinkel kongruent sind. Sie heißen **Außenwinkel** des Dreiecks.

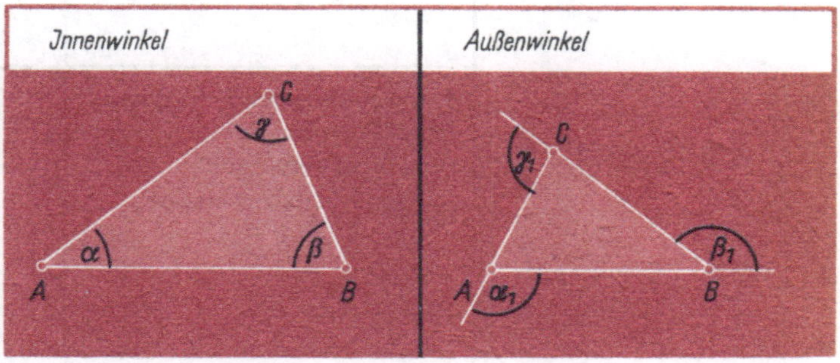


**n-Ecke**

▶ **DEFINITION 9: Werden $n$ Punkte $P_1, P_2, \ldots, P_n$, von denen keine drei aufeinanderfolgenden auf einer gemeinsamen Geraden liegen, in der gegebenen Reihenfolge durch die Strecken $\overline{P_1P_2}, \overline{P_2P_3}, \ldots, \overline{P_nP_1}$ verbunden, so heißt die dadurch entstehende Figur ein $n$-Eck.**

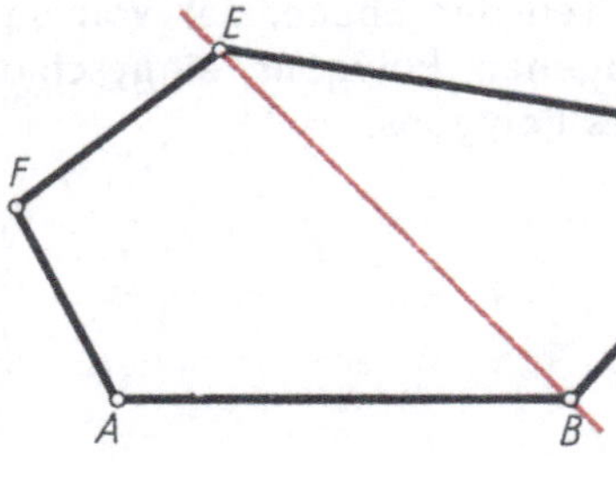


$n$-Ecke werden auch als **Vielecke** oder **Polygone** bezeichnet.

**Eckpunkte, Seiten, Diagonale**

In einem $n$-Eck $P_1P_2 \ldots P_n$ heißen die Punkte $P_1, P_2, \ldots, P_n$ die *Eckpunkte* und die Strecken $\overline{P_1P_2}, \overline{P_2P_3}, \ldots, \overline{P_nP_1}$ die *Seiten* des $n$-Ecks. Eine Strecke, die zwei beliebige, nicht aufeinanderfolgende Eckpunkte verbindet, heißt *Diagonale* des $n$-Ecks ($n > 3$). Mitunter wird auch die Gerade, auf der die betreffende Verbindungsstrecke liegt, Diagonale genannt.

Einteilung der Polygone

<table>
<tr>
<td>Konvexe Polygone:<br>Jedes Polygon, bei dem alle Diagonalen innerhalb des Polygons liegen.</td>
<td>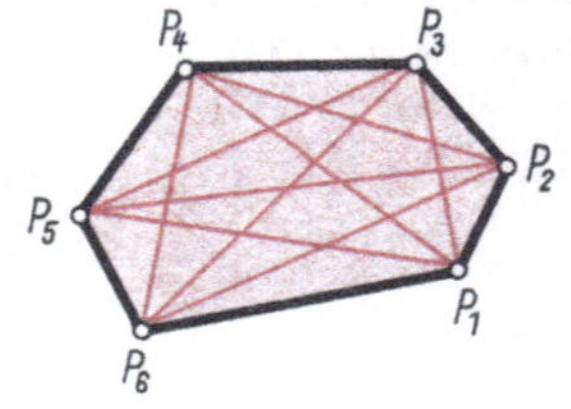
</td>
</tr>
<tr>
<td>Überschlagene Polygone:<br>Jedes Polygon, bei dem sich zwei nicht aufeinander folgende Seiten schneiden.</td>
<td>
</td>
</tr>
<tr>
<td>Konkave Polygone:<br>Jedes nicht überschlagene Polygon, bei dem es eine Diagonale gibt, die nicht innerhalb des Polygons liegt.</td>
<td>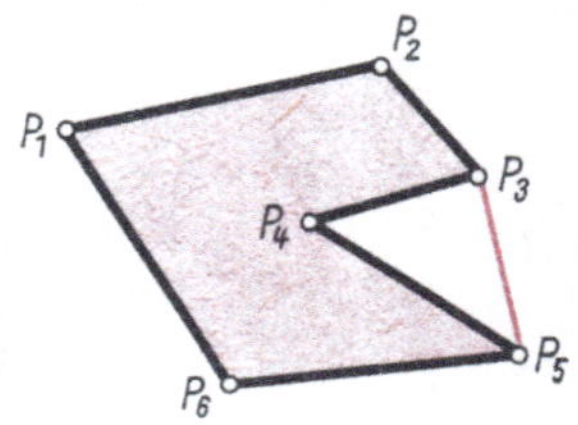
</td>
</tr>
</table>

D

Fläche eines nicht überschlagenen Polygons

Der Teil der Ebene, der von den Seiten eines nicht überschlagenen Polygons eingeschlossen wird, heißt **Fläche** dieses Polygons.

# 3. BEWEGUNGEN UND KONGRUENZ

**Parallelprojektionen**

Gegeben sind zwei verschiedene Geraden *a* und *b* sowie eine Gerade *r*, die weder zu *a* noch zu *b* parallel ist. Wird durch Parallelen zur Geraden *r* jedem Punkt *A* der Geraden *a* der entsprechende Schnittpunkt *A'* der Geraden *b* zugeordnet, so heißt diese Zuordnung **Parallelprojektion** der Geraden *a* auf die Gerade *b* in Richtung von *r*.
Wir nennen *A* Originalpunkt, kurz *Original* und *A'* Bildpunkt, kurz *Bild* von *A*. Wir sagen: Die Gerade *a* wird auf die Gerade *b* **abgebildet**. Dabei wird jedem Punkt von *a* genau ein Punkt von *b* zugeordnet. Umgekehrt gehört zu jedem Punkt von *b* genau ein Punkt von *a*.

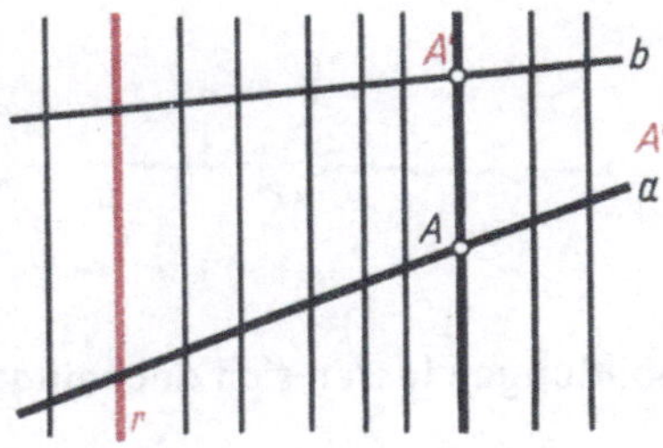


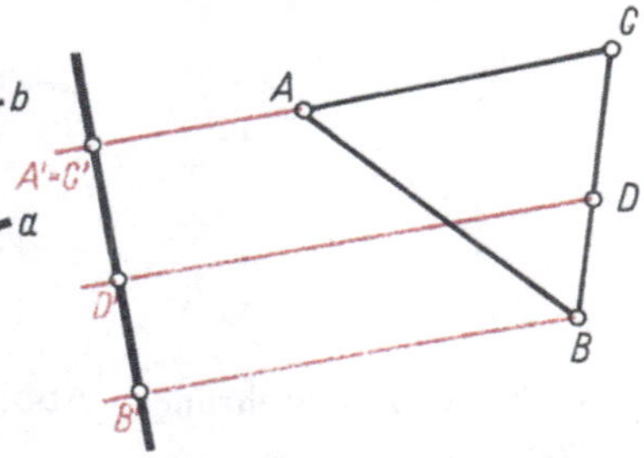


Bei einer Parallelprojektion eines Dreiecks *ABC* auf eine Gerade wird jedem Punkt *D* des Dreiecks genau ein Punkt *D'* der Geraden zugeordnet. Umgekehrt kann bei dieser Abbildung ein Bildpunkt mehrere Originalpunkte besitzen.
Die Abbildung im ersten Beispiel ist umkehrbar eindeutig oder eineindeutig, die im zweiten Beispiel nur eindeutig (↗ 141).

**Eineindeutige Abbildungen der Ebene auf sich**

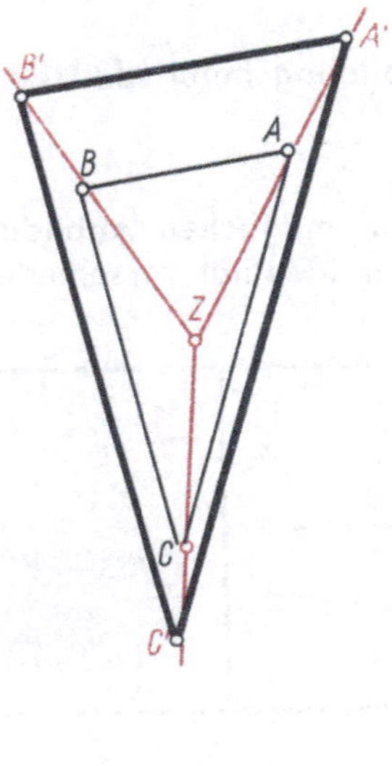


Bei einer **eineindeutigen Abbildung** der Ebene auf sich wird jedem Punkt *A* der Ebene genau ein Punkt *A'* der Ebene als Bildpunkt zugeordnet und jeder Punkt der Ebene besitzt genau einen Originalpunkt. *A* und *A'* heißen einander entsprechende Punkte bei der betreffenden Abbildung. Wird bei dieser Abbildung der Ebene auf sich eine Figur *F* auf eine Figur *F'* abgebildet, so nennt man *F* und *F'* einander entsprechende Figuren bei dieser Abbildung.

D

Umkehrung einer Abbildung

## Abbildungen lassen sich umkehren.

Bei einer Parallelprojektion einer Geraden $a$ auf eine Gerade $b$ wird jedem Punkt $A$ von $a$ genau ein Punkt $A'$ von $b$ zugeordnet. Umgekehrt besitzt jeder Punkt $A'$ von $b$ genau ein Original $A$ auf $a$. Die Abbildung, die jedem Punkt $A'$ von $b$ sein Original $A$ von $a$ zuordnet, ist ebenfalls eine Parallelprojektion (der Geraden $b$ auf die Gerade $a$). Sie heißt Umkehrung der ursprünglich gegebenen Parallelprojektion.

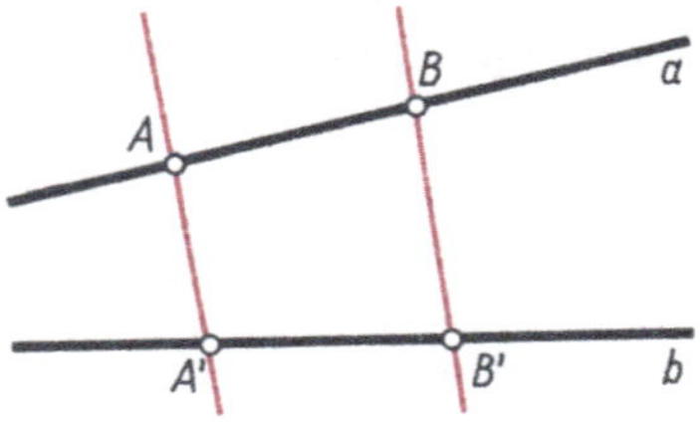


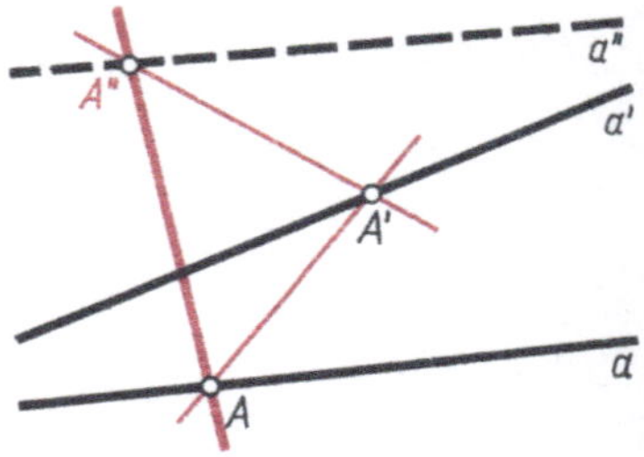


Nacheinanderausführung zweier Abbildungen

## Abbildungen lassen sich nacheinander ausführen

Eine Gerade $a'$ sei das Bild einer Geraden $a$ bei einer Parallelprojektion $f_1$. Dabei sei der Punkt $A'$ das Bild von $A$. Die Gerade $a''$ sei das Bild der Geraden $a'$ bei einer Parallelprojektion $f_2$. Dabei sei $A''$ das Bild des Punktes $A'$. Die Abbildung, bei der der Punkt $A''$ das Bild des Punktes $A$ ist, nennen wir die Nacheinanderausführung der Abbildungen $f_1$ und $f_2$.

D

Werden eine Abbildung der Ebene auf sich und die zu ihr gehörige Umkehrabbildung nacheinander ausgeführt, so wird im Endergebnis jeder Punkt auf sich selbst abgebildet. Wir sagen: Die Ebene wird identisch auf sich selbst abgebildet.
Diese Abbildung heißt **identische Abbildung** oder **Identität.**

**Bewegungen**
(↗ 215f)

Unter allen möglichen Abbildungen der Ebene auf sich, die von der Identität verschieden sind, gibt es solche, bei

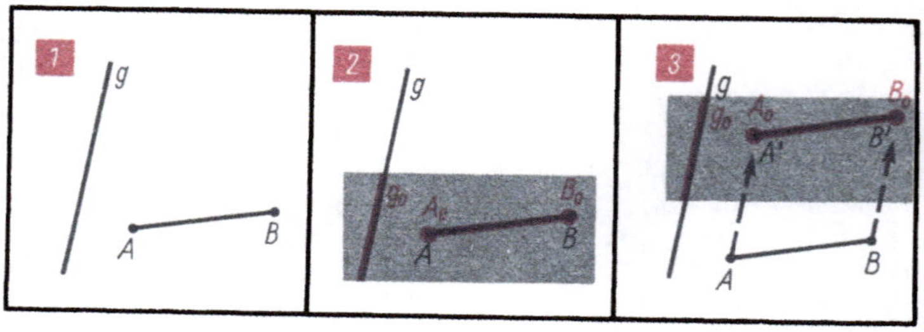

denen nur die Lage von Original- und Bildfiguren verschieden ist. Solche Abbildungen nennen wir **Bewegungen**. Sie lassen sich mit Hilfe von Transparentpapier veranschaulichen.
Eine Vergrößerung (↗268) ist zum Beispiel keine Bewegung.

| Wir unterscheiden | | |
|---|---|---|
| gleichsinnige Bewegungen | Original und Bild eines beliebigen Dreiecks haben gleichen Umlaufsinn | 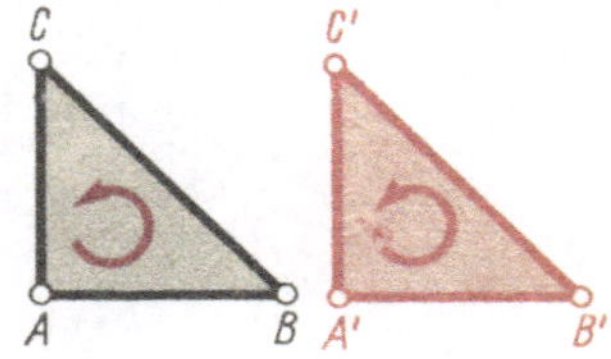  |
| ungleichsinnige Bewegungen | Original und Bild eines beliebigen Dreiecks haben entgegengesetzten Umlaufsinn. | 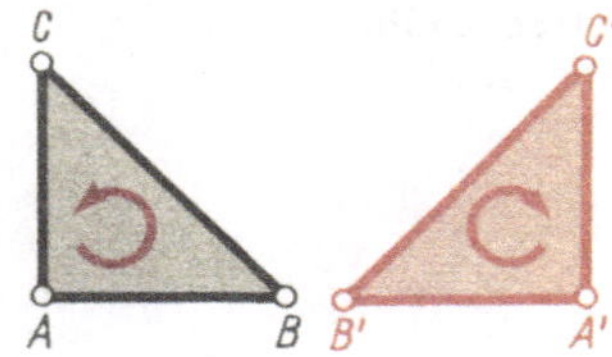  |

**Kongruenz**

▶ **DEFINITION 10: Zwei geometrische Figuren heißen kongruent genau dann, wenn die eine das Bild der anderen bei einer Bewegung ist.**

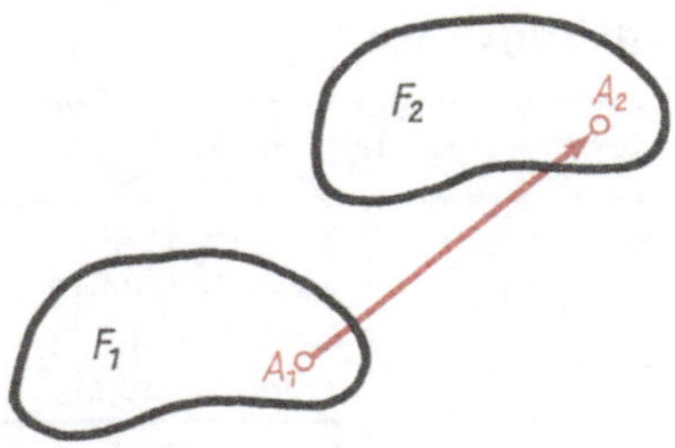


Schreibweise: $F_1 \cong F_2$
(lies: die Figuren $F_1$ und $F_2$ sind einander kongruent)

**Eigenschaften der Kongruenz**

Jede Figur ist zu sich selbst kongruent.
Aus $F_1 \cong F_2$ folgt $F_2 \cong F_1$
Aus $F_1 \cong F_2$ und $F_2 \cong F_3$ folgt $F_1 \cong F_3$

| Wir unterscheiden | | |
|---|---|---|
| $F_1$ und $F_2$ sind gleichsinnig kongruent | $F_2$ ist das Bild von $F_1$ bei einer gleichsinnigen Bewegung | 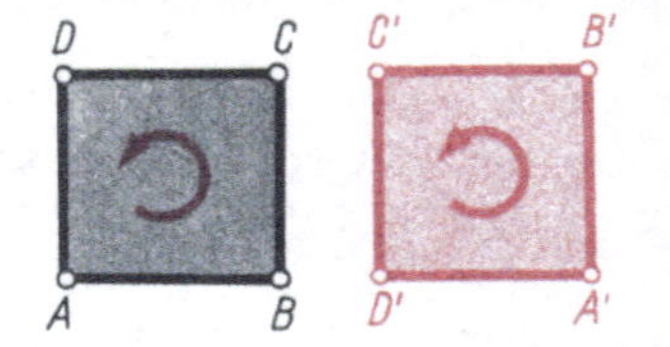 |
| $F_1$ und $F_2$ sind ungleichsinnig kongruent | $F_2$ ist das Bild von $F_1$ bei einer ungleichsinnigen Bewegung | 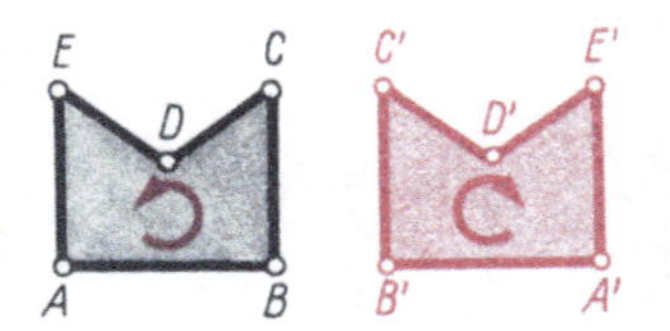 |

**Strecken**
Streckenabtragung
(↗ 224)

Zu jeder Strecke $\overline{AB}$ gibt es auf jedem Strahl $CD$ genau einen Punkt $B'$, so daß $\overline{AB} \cong \overline{CB'}$ gilt. Wird dieser Punkt bestimmt, so sagen wir, daß die Strecke $\overline{AB}$ auf dem Strahl $CD$ von $C$ aus abgetragen wird. Die Streckenabtragung ist eindeutig.

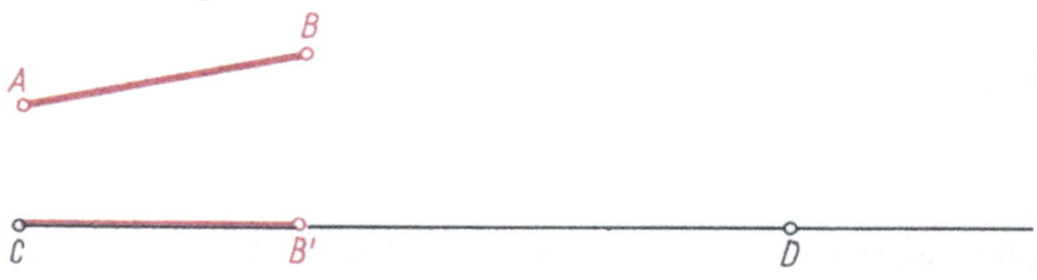


D

Streckenvergleich

Zwei Strecken $\overline{AB}$ und $\overline{CD}$ lassen sich vergleichen, indem die eine von beiden, z. B. $\overline{AB}$ von $C$ aus auf dem Strahl $CD$ abgetragen wird.

| Vergleich zweier Strecken $\overline{AB}$ und $\overline{CD}$ | | |
|---|---|---|
| $\overline{AB}$ ist kleiner als $\overline{CD}$ $\overline{AB} < \overline{CD}$ | Bei der Streckenabtragung liegt $B'$ zwischen $C$ und $D$ | 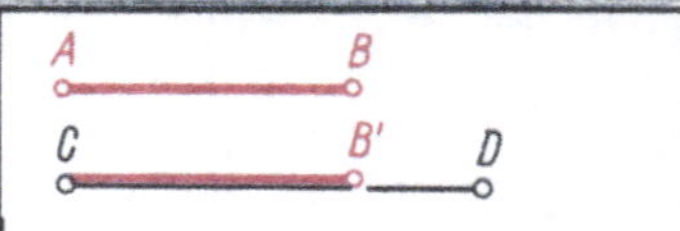 |
| $\overline{AB}$ ist kongruent $\overline{CD}$ $\overline{AB} \cong \overline{CD}$ | Bei der Streckenabtragung fallen $B'$ und $D$ zusammen | 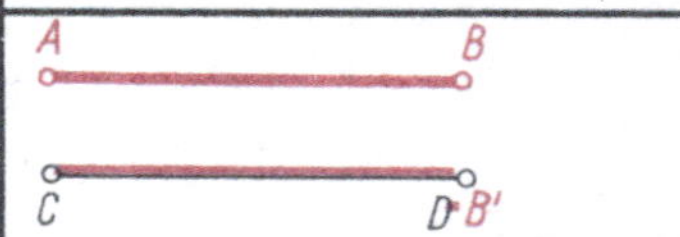 |
| $\overline{AB}$ ist größer als $\overline{CD}$ $\overline{AB} > \overline{CD}$ | Bei der Streckenabtragung liegt $D$ zwischen $C$ und $B'$ | 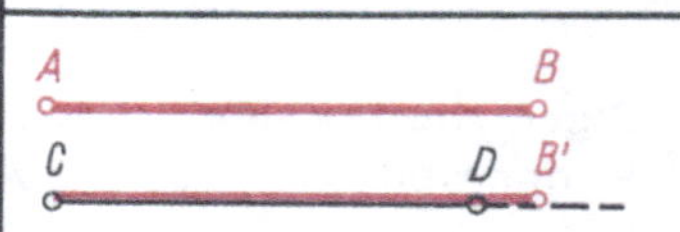 |

**Summe und Differenz zweier Strecken**

Die Summe zweier Strecken $\overline{AB}$ und $\overline{CD}$ findet man durch Abtragen dieser Strecken auf einer gemeinsamen Geraden. Wie man diese Gerade auch wählt und in welcher Reihenfolge man die Abtragung auch vornimmt, stets erhält man kongruente Strecken als Summe.

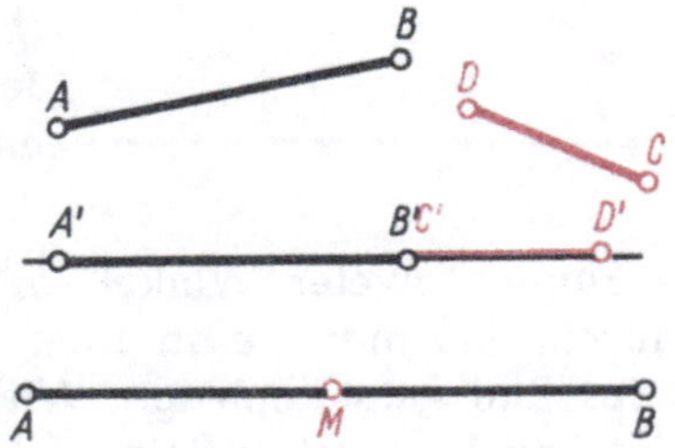


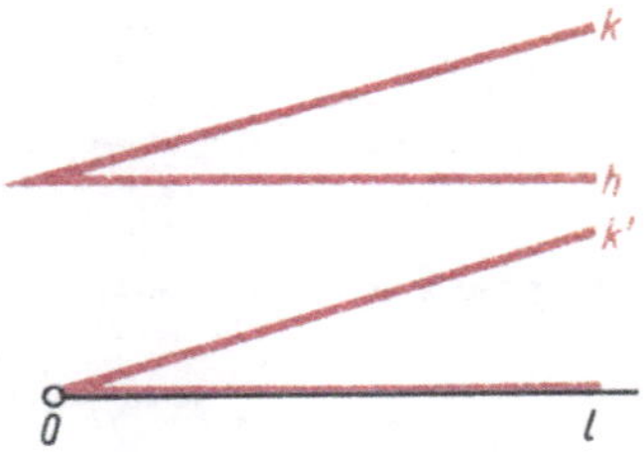


**Mittelpunkt einer Strecke** (↗ 225)

Ein Punkt $M$ einer Strecke $\overline{AB}$ heißt ihr **Mittelpunkt** genau dann, wenn die Strecken $\overline{AM}$ und $\overline{MB}$ kongruent sind. Jede Strecke besitzt genau einen Mittelpunkt. Wir sagen, daß der Mittelpunkt die betreffende Strecke halbiert.

**Winkel**

**Antragen eines Winkels** (↗ 224)

Zu jedem Winkel $(h, k)$ gibt es auf jeder Seite eines Strahls $l$ mit dem Anfangspunkt $O$ genau einen Strahl $k'$, der von $O$ ausgeht, so daß $\sphericalangle (h, k) \cong \sphericalangle (l, k)$ gilt. Wird einer dieser Strahlen bestimmt, so sagen wir, daß der Winkel $(h, k)$ in der betreffenden Halbebene an den Strahl $l$ angetragen wird.

**Vergleichen zweier Winkel**

Zwei Winkel werden verglichen, indem beide an einen Strahl $l$ in derselben Halbebene angetragen werden.

| Vergleich zweier Winkel $(h, k)$ und $(l, m)$ | |
|---|---|
| $\sphericalangle (h, k)$ ist kleiner als $\sphericalangle (l, m)$<br>$\sphericalangle (h, k) < \sphericalangle (l, m)$ | 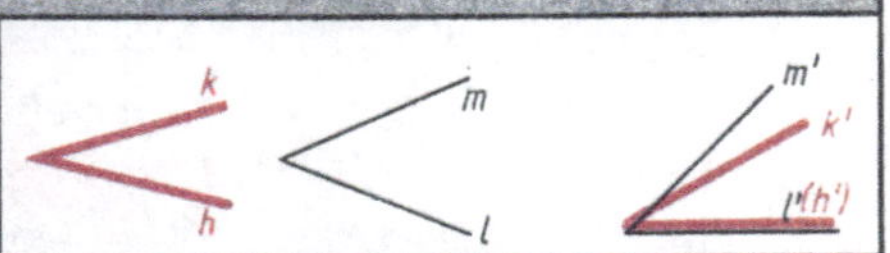  |
| $\sphericalangle (h, k)$ ist kongruent $\sphericalangle (l, m)$<br>$\sphericalangle (h, k) \cong \sphericalangle (l, m)$ | 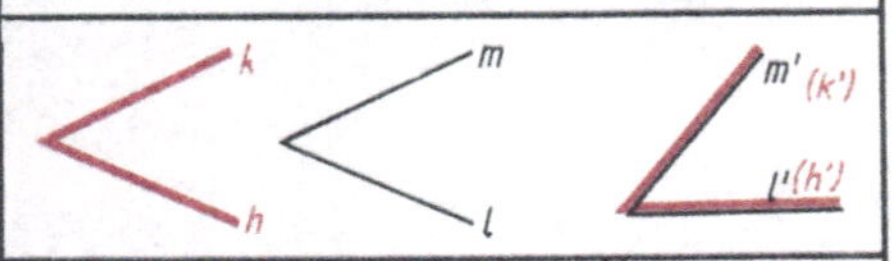  |
| $\sphericalangle (h, k)$ ist größer als $\sphericalangle (l, m)$<br>$\sphericalangle (h, k) > \sphericalangle (l, m)$ | 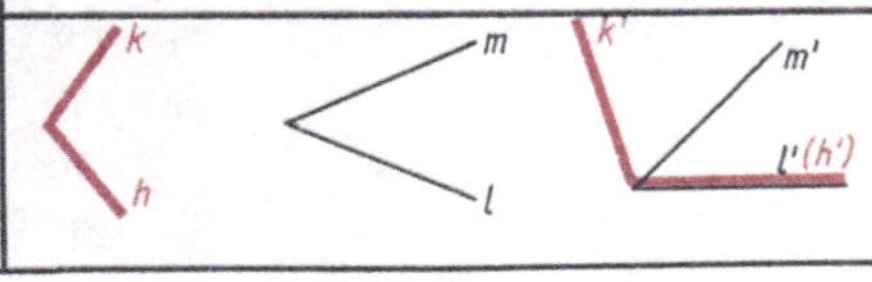  |

Winkelhalbierende eines Winkels (↗ 223. 225, 243)

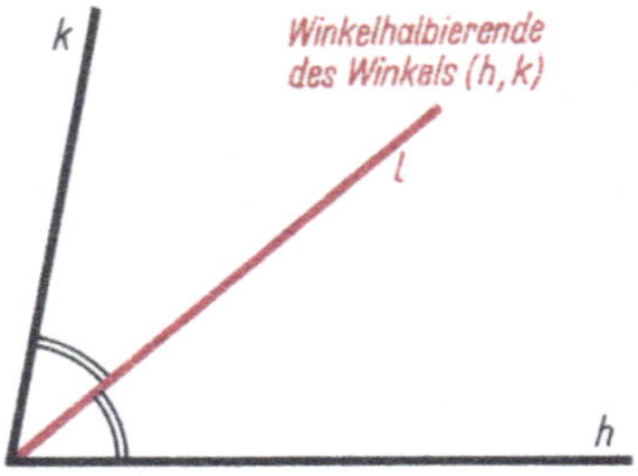


Ein Strahl *l* heißt Winkelhalbierende eines Winkels (*h*, *k*) genau dann, wenn er vom Scheitel des Winkels ausgeht, innerhalb des Winkels verläuft und wenn die Winkel (*h*, *l*) und (*l*, *k*) kongruent sind. Jeder Winkel besitzt genau eine Winkelhalbierende.

Summe zweier Winkel

Die Summe zweier Winkel (*h*, *k*) und (*l*, *m*) erhält man dadurch, daß man sie an einen beliebigen Strahl, wie folgendes Bild zeigt, anträgt. Wie man diesen Strahl auch wählt und in welcher Reihenfolge die Winkel auch angetragen werden, stets erhält man kongruente Winkel als Summe.

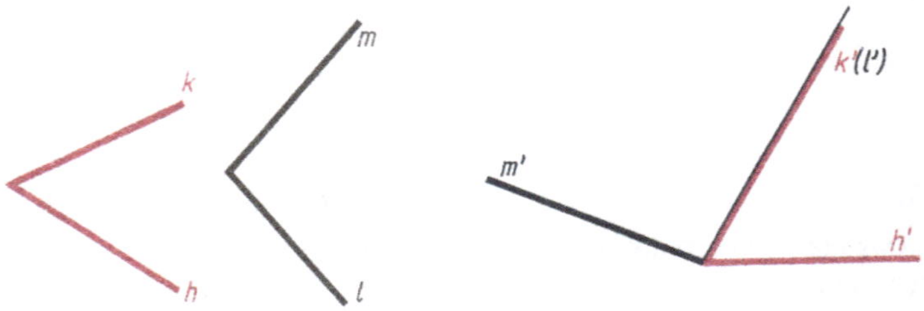


Einteilung der Winkel (↗ 212)

Ein Winkel, der einem seiner Nebenwinkel kongruent ist, heißt ein **rechter Winkel**.
Durch Vergleich mit einem rechten Winkel können die Winkel eingeteilt werden.
Ein Winkel, der kleiner als ein rechter Winkel ist, heißt ein **spitzer Winkel**.
Ein Winkel, der größer als ein rechter Winkel ist, heißt ein **stumpfer Winkel**.

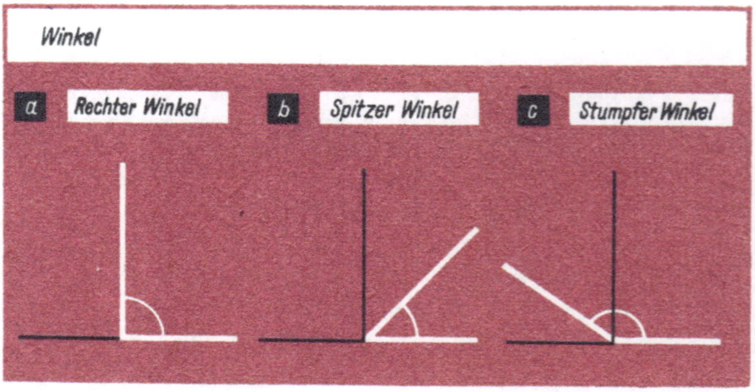

Senkrechte Geraden
(↗ 225)

▶ **DEFINITION 11: Zwei Geraden heißen zueinander senkrecht genau dann, wenn sie sich unter einem rechten Winkel schneiden.**

▶ **In jedem Punkte *A* einer Geraden *a* gibt es in jeder Ebene durch *a* genau eine Gerade *b*, die auf *a* senkrecht steht.**

Lot
(↗ 226)

▶ **DEFINITION 12: Eine Gerade, die durch einen nicht auf einer Geraden *a* liegenden Punkt *P* geht, heißt Lot von *P* auf die Gerade *a* genau dann, wenn sie auf der Geraden *a* senkrecht steht.**

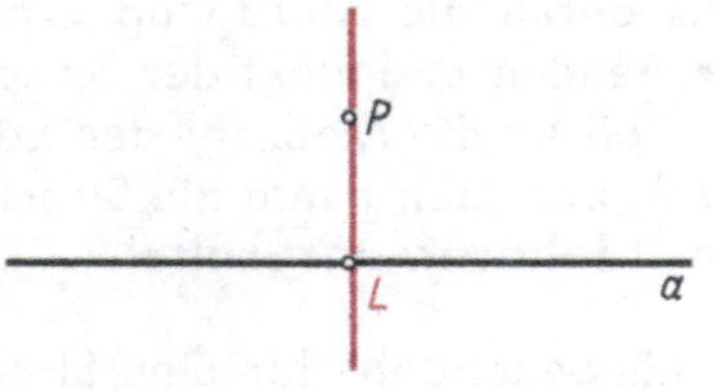


Fußpunkt eines Lotes

Den Schnittpunkt *L* eines Lotes auf *a* mit dieser Geraden *a* nennen wir den **Fußpunkt** des Lotes.

▶ **Von jedem Punkte *P* gibt es auf jede Gerade, die nicht durch *P* geht, genau ein Lot.**

D

## 4. STRECKEN- UND WINKELMESSUNG

**Streckenlänge**
Einheitsstrecke

Eine Strecke wird gemessen, indem sie mit einer gegebenen Strecke, der **Einheitsstrecke** oder **Längeneinheit**, verglichen wird.
Die Zahl, die angibt, wie oft die Längeneinheit bzw. Bruchteile von ihr auf der gegebenen Strecke nacheinander abgetragen werden können, heißt die **Maßzahl der Länge** dieser Strecke bei der gegebenen Längeneinheit.
Kongruente Strecken haben die gleiche Maßzahl. Man sagt daher: kongruente Strecken sind gleich lang, kürzer: sie sind gleich.
Beim Abtragen kann der Fall eintreten, daß auch bei Benutzung beliebiger Bruchteile der Längeneinheit der jeweils durch die Abtragung erhaltene Punkt nie mit dem betreffenden Endpunkt der Strecke zusammenfällt. In diesem Fall ist die Maßzahl der Länge eine irrationale Zahl (↗ 74), und man nennt die Strecke zur gegebenen Längeneinheit **inkommensurabel.**

Längeneinheiten

Die Längenangabe für eine Strecke ist eindeutig, wenn die Maßzahl der Länge und die Längeneinheit angegeben werden.

| Übersicht über Längeneinheiten | | |
|---|---|---|
| **Bezeichnung** | **Zeichen** | **Beziehung** |
| Kilometer | km | 1 km $= 10^3$ m |
| Meter | m | |
| Dezimeter | dm | 1 dm $= 10^{-1}$ m |
| Zentimeter | cm | 1 cm $= 10^{-2}$ m |
| Millimeter | mm | 1 mm $= 10^{-3}$ m |

Zur Bezeichnung einer Strecke benutzt man auch kleine lateinische Buchstaben. Den gewählten Buchstaben verwendet man dann auch zur Bezeichnung der Streckenlänge (mitunter auch für deren Maßzahl).

■ $\overline{AB} = a$; $a = 3{,}0$ cm

Die Summe zweier Strecken

Die Länge der Summe zweier Strecken ergibt sich durch Addition der Längen der beiden Strecken.

**Entfernung und Abstand**

Die **Entfernung** zweier Punkte $A$ und $B$ voneinander ist die Länge der Strecke $\overline{AB}$.
Der **Abstand eines Punktes** $P$ **von einer Geraden** $a$ ist die Länge der Strecke $\overline{PL}$, wobei $L$ der Fußpunkt des Lotes von $P$ auf die Gerade $a$ ist (↗ Bild Seite 209).

D

Der **Abstand zweier paralleler Geraden** (↗194) $a$ und $b$ ist die Länge einer Strecke $\overline{AB}$, wobei $A$ auf $a$ und $B$ auf $b$ liegt und die Gerade $AB$ senkrecht auf den Geraden $a$ und $b$ steht.

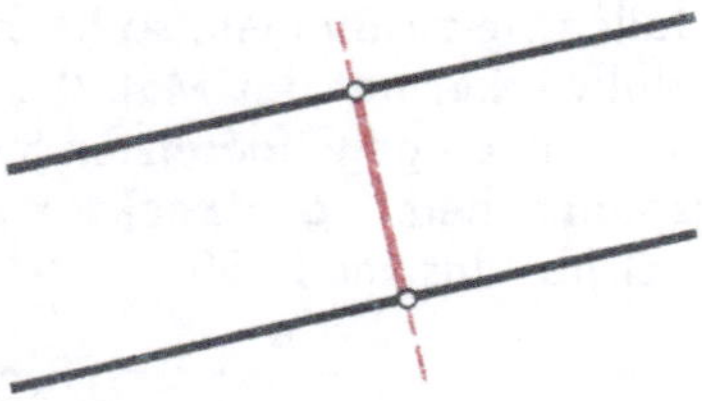

**Messen eines Winkels**

Ein Winkel wird gemessen, indem er mit einem gegebenen Winkel, dem **Einheitswinkel**, verglichen wird.

Gradmaß

Man kann den Einheitswinkel so wählen daß ein rechter Winkel das 90-fache dieses Einheitswinkels ist. Man nennt diesen Einheitswinkel 1 **Grad** und bezeichnet ihn mit 1°. In diesem Fall sagt man, daß die Winkel im **Gradmaß** gemessen werden (↗ 160).

| Unterteilung des Gradmaßes | | |
|---|---|---|
| Bezeichnung | Zeichen | Beziehung |
| Grad | 1° | |
| Minute | 1′ | 1° = 60′ |
| Sekunde | 1″ | 1° = 3600″ |

Die Maßzahl für die Größe eines Winkels ergibt sich ähnlich wie bei der Streckenmessung durch Antragen des Einheitswinkels bzw. geeigneter Bruchteile innerhalb des ausgezeichneten Teiles der Ebene (↗ 199).
Kongruente Winkel haben die gleiche Maßzahl. Man sagt daher: kongruente Winkel sind gleich groß, kürzer: sie sind gleich.
Zur Bezeichnung eines Winkels benutzt man auch kleine griechische Buchstaben. Den gewählten Buchstaben verwendet man dann auch zur Bezeichnung der Winkelgröße.

■ $\sphericalangle (h, k) = \alpha$; $\alpha = 32° \, 5' \, 16''$

Summe zweier Winkel

Die Maßzahl der Summe zweier Winkel ergibt sich durch Addition der Maßzahlen der beiden Winkel.

■ Die Summe der Maßzahlen zweier Winkel nennt man kurz „Summe der beiden Winkel“. Man sagt: Die Summe der Winkel eines Dreiecks beträgt 180°.

**Erweiterung des Winkelbegriffes**

Nullwinkel

Gestreckter Winkel

1. Haben die Strahlen *h* und *k* denselben Anfangspunkt und fallen sie zusammen, so heißt diese Figur **Nullwinkel.** Ein Nullwinkel hat das Maß 0°.
2. Ein Paar entgegengesetzter Strahlen mit demselben Anfangspunkt heißt **gestreckter Winkel.** Ein gestreckter Winkel hat das Maß 180°.

| Einteilung der Winkel nach ihrer Größe | | |
|---|---|---|
| Winkelart | Größe | |
| Nullwinkel | 0° |  |
| spitzer Winkel | $0° < \alpha < 90°$ | 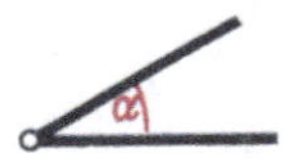  |
| rechter Winkel | 90° | 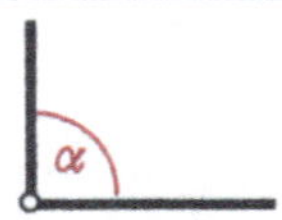  |
| stumpfer Winkel | $90° < \alpha < 180°$ | 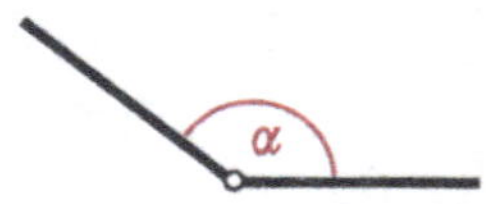  |
| gestreckter Winkel | 180° | 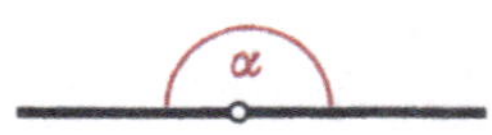  |
| überstumpfer Winkel | $180° < \alpha < 360°$ | 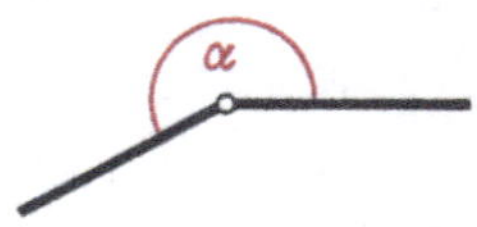  |
| Vollwinkel | 360° | 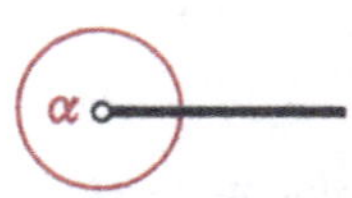  |

# 5. KREISE UND ELLIPSEN

**Kreis** ▶ **DEFINITION 13: Die Menge aller Punkte einer Ebene, die von einem festen Punkt *M* dieser Ebene gleich weit entfernt sind, heißt ein Kreis mit dem Mittelpunkt *M*.**

Die Verbindungsstrecke $\overline{MA}$ eines Kreispunktes *A* mit dem Mittelpunkt *M* des Kreises heißt Radius. Ist *r* die Länge der Radien eines Kreises, so sprechen wir auch von *dem* Radius *r* des Kreises.

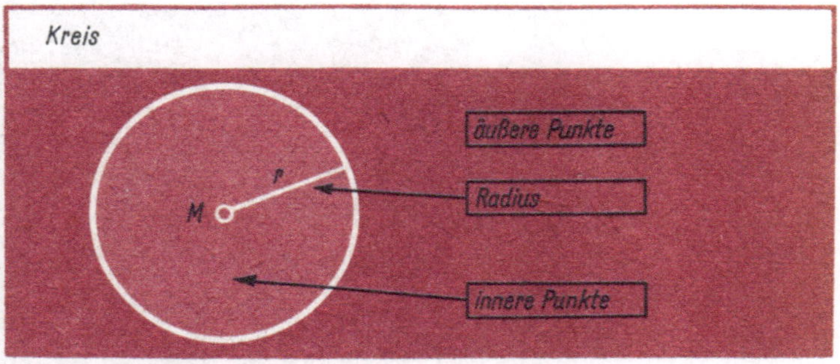


**Kreisfläche**

Der Teil der Ebene, der von einem Kreis eingeschlossen wird, heißt die **Fläche** dieses Kreises. Die Punkte der Kreisfläche haben einen Abstand von *M*, der kleiner als *r* ist.

**Eigenschaften der Kreise**

1. Jeder Strahl, der von einem Punkt der Kreisfläche ausgeht, hat mit dem Kreis genau einen Punkt gemeinsam.
2. Eine Gerade hat höchstens zwei Punkte mit einem Kreis gemeinsam.
3. Zwei verschiedene Kreise haben höchstens zwei Punkte gemeinsam.

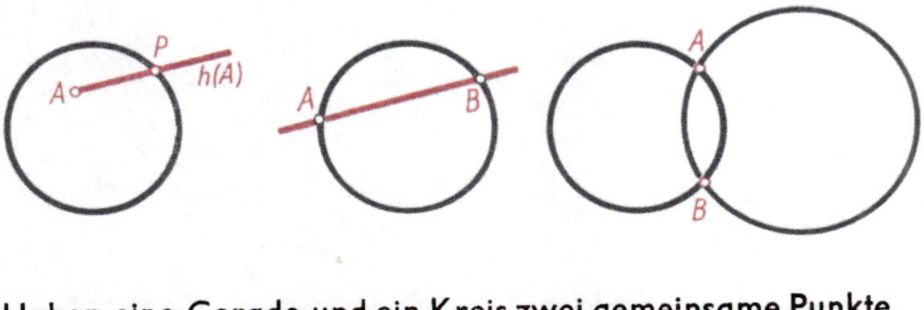


Haben eine Gerade und ein Kreis zwei gemeinsame Punkte, so sagt man, daß die Gerade den Kreis schneidet. Haben eine Gerade und ein Kreis genau einen Punkt gemeinsam, so sagt man, daß die Gerade den Kreis berührt.
Haben zwei Kreise zwei gemeinsame Punkte, so sagt man, daß sie einander schneiden.

D

**Ellipsen**

**DEFINITION 14: Die Menge aller Punkte einer Ebene, für die die Summe der Entfernungen von zwei festen Punkten konstant ist, heißt Ellipse.**

Die beiden festen Punkte $F_1$ und $F_2$ werden **Brennpunkte** der Ellipse genannt.

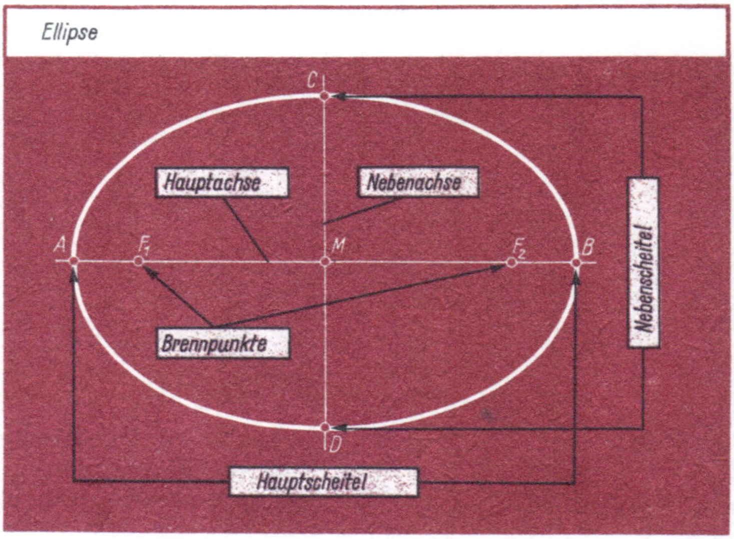


D

Gärtnerkonstruktion

Man wählt zwei feste Punkte $F_1$ und $F_2$ als Brennpunkte und befestigt in ihnen eine Schnur, die länger als $\overline{F_1F_2}$ sein muß. Führt man nun einen Bleistift so über das Papier, daß die Schnur stets gestrafft ist, so beschreibt er eine Ellipse.

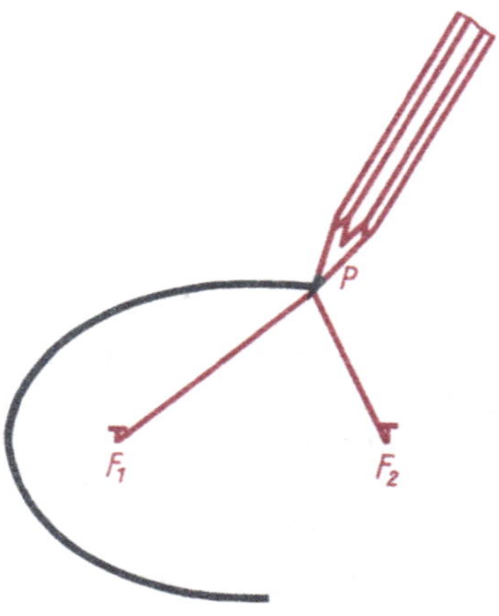

# 6. EIGENSCHAFTEN ELEMENTARER BEWEGUNGEN

**Verschiebung**
(↗ 205)

▶ **DEFINITION 15: Eine Bewegung heißt eine Verschiebung genau dann, wenn jede Gerade zu ihrer Bildgeraden parallel ist und wenn entweder kein Punkt auf sich selbst abgebildet wird oder wenn alle Punkte mit ihren Bildpunkten zusammenfallen.**

Eigenschaften
von Verschiebungen

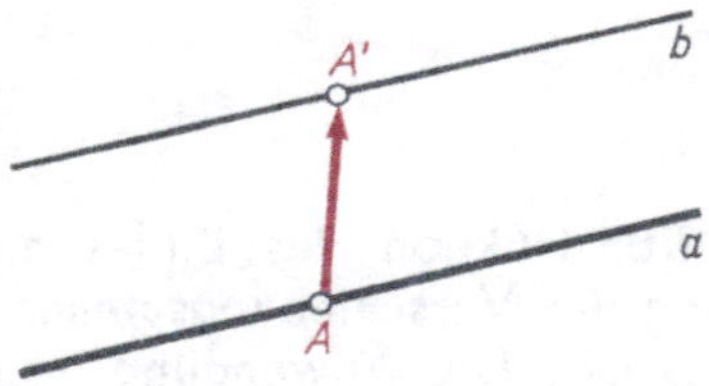


(1) Zu je zwei parallelen Geraden gibt es (mindestens) eine Verschiebung, bei der die eine das Bild der anderen ist.

Ist $A'$ das Bild eines Punktes $A$ bei einer Verschiebung, so heißt die Richtung der Geraden $AA'$ die **Verschiebungsrichtung** und die Länge der Strecke $\overline{AA'}$ die **Verschiebungsweite.**

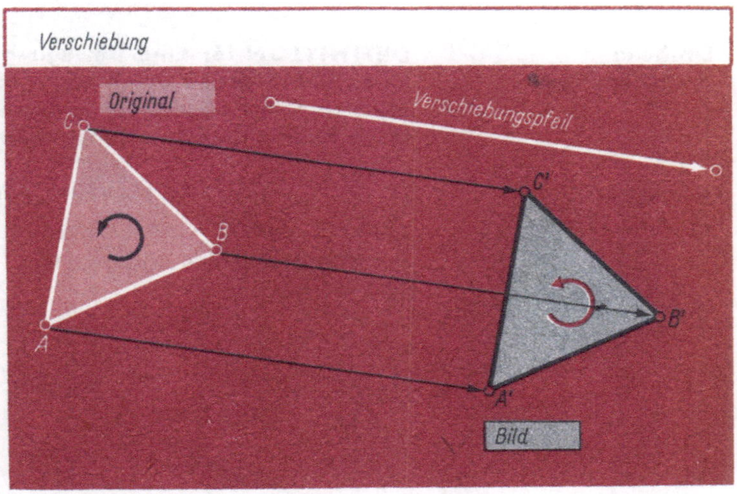


Eine Verschiebung ist durch einen Punkt $A$ und seinen Bildpunkt $A'$ eindeutig bestimmt; wir bezeichnen sie mit $\overrightarrow{AA'}$. Die orientierte Strecke $\overrightarrow{AA'}$ wird auch als **Verschiebungspfeil** bezeichnet.

(2) Die orientierten Strecken (↗ 197), die Originalpunkte mit ihren Bildpunkten bei einer Verschiebung verbinden, sind parallel, gleichorientiert und kongruent.
(3) Die Nacheinanderausführung zweier Verschiebungen ergibt eine Verschiebung.

D

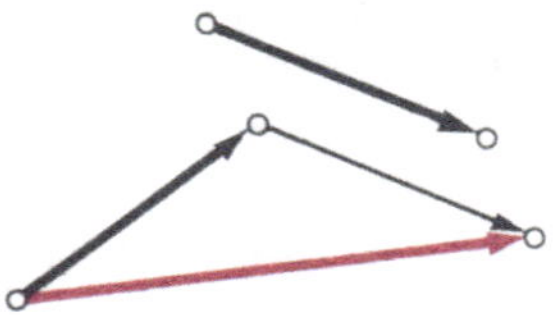

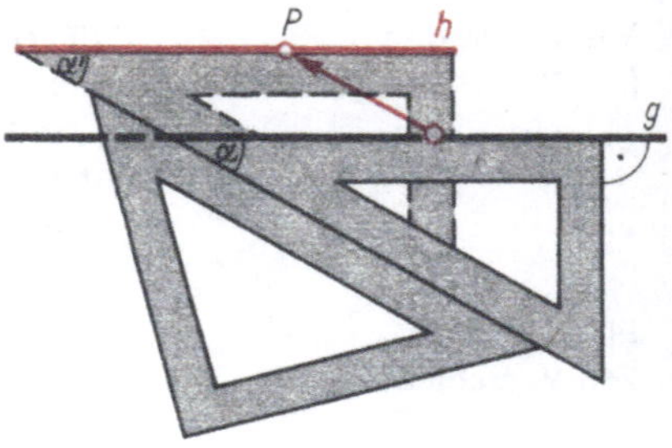


Die Konstruktion des Bildes erfolgt durch Zusammensetzung der Verschiebungspfeile.
*Bemerkung:* Die Anwendung von zwei Zeichendreiecken zum Zeichnen von Parallelen bei praktischen Zeichenaufgaben beruht auf den Eigenschaften der Verschiebungen. Das obenstehende Bild zeigt, wie zu einer Geraden *g* die Parallele *h* durch einen Punkt *P* mit Hilfe zweier Zeichendreiecke gezeichnet werden kann.

**Drehung um einen Punkt**

**DEFINITION 16: Eine Bewegung heißt eine Drehung um einen Punkt genau dann, wenn entweder genau ein Punkt auf sich selbst abgebildet wird oder wenn alle Punkte mit ihren Bildpunkten zusammenfallen.**

Eigenschaften von Drehungen

(1) Zu je zwei Punkten eines Kreises mit dem Mittelpunkt *M* gibt es eine Drehung um *M*, bei der der eine Punkt das Bild des anderen ist.

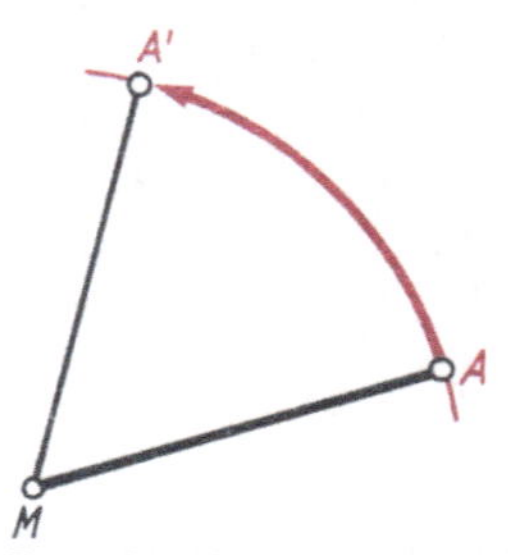


Der Punkt *M* heißt das **Drehzentrum** der Drehung.
Ist *A'* das Bild eines Punktes *A* bei einer Drehung um *M*, so heißt der Winkel *AMA'* ein **Drehwinkel**.

(2) Bei ein und derselben Drehung sind alle Drehwinkel untereinander kongruent.
Daher sprechen wir auch von *dem* Drehwinkel bei einer Drehung.
Ist *A'* das Bild eines Punktes *A* bei einer Drehung um *M*, so liegt *A'* auf dem Kreis um *M* mit dem Radius $\overrightarrow{AM}$.

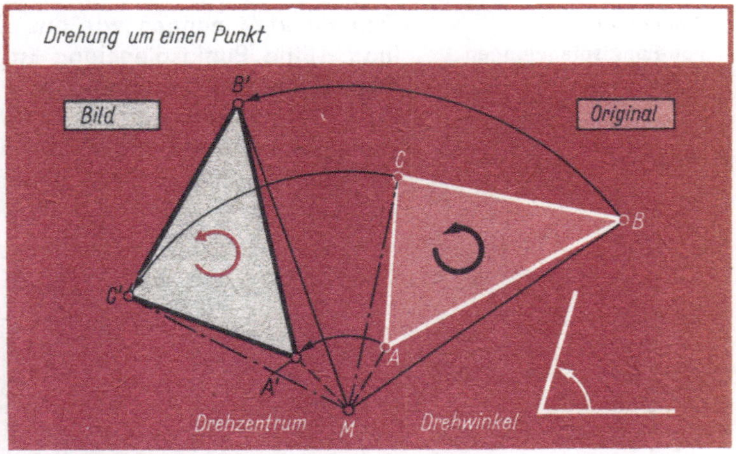


Wird der Kreis von A nach A′ entgegen dem Umlaufsinn eines Uhrzeigers durchlaufen, so sagen wir, daß die Drehung einen positiven **Drehsinn** besitzt. Im anderen Falle heißt der Drehsinn negativ.
Eine Drehung ist durch Angabe des Drehzentrums, der Größe des Drehwinkels und des Drehsinns eindeutig bestimmt.

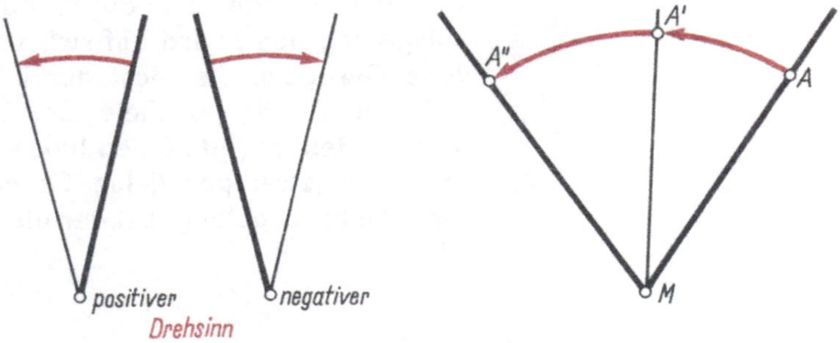


(3) Die Nacheinanderausführung zweier Drehungen mit demselben Drehzentrum *M* ergibt eine Drehung um *M*. Haben beide Drehungen um *M* denselben (entgegengesetzten) Drehsinn, so ist die Größe des Drehwinkels bei der Nacheinanderausführung gleich der Summe (der Differenz) aus den Größen der beiden Drehwinkel.

**Punktspiegelung** ▶ **DEFINITION 17: Eine Drehung um einen Punkt *M* heißt eine Punktspiegelung an *M* genau dann, wenn der Drehwinkel ein gestreckter Winkel ist.**

Eigenschaften von Punktspiegelungen (↗ 227)

Den Punkt $M$ nennen wir das Zentrum der Punktspiegelung. Eine Punktspiegelung ist durch Angabe des Zentrums eindeutig bestimmt.

(1) Ist $A'$ das Bild von $A$ bei einer Punktspiegelung an $M$, so liegen $A$ und $A'$ auf einander entgegengesetzten Strahlen mit dem Anfangspunkt $M$, wobei sie von $M$ gleich weit entfernt sind.

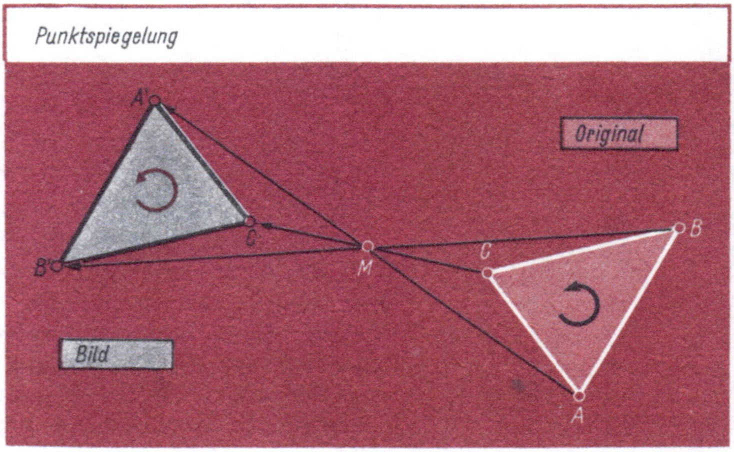


(2) Jede Gerade, die durch das Zentrum einer Punktspiegelung geht, wird auf sich selbst abgebildet.
Jede Gerade $a$, die nicht durch das Zentrum geht, wird auf eine zu ihr parallele Gerade abgebildet, die von $a$ verschieden ist (Bild unten links).

(3) Zu je zwei parallelen Geraden gibt es (mindestens) eine Punktspiegelung, bei der die eine das Bild der anderen ist.

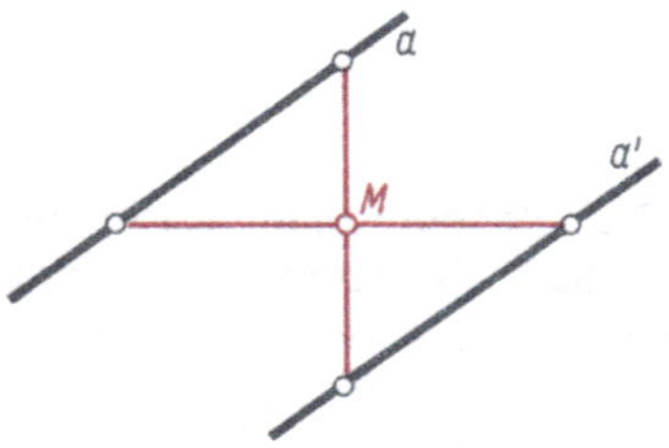


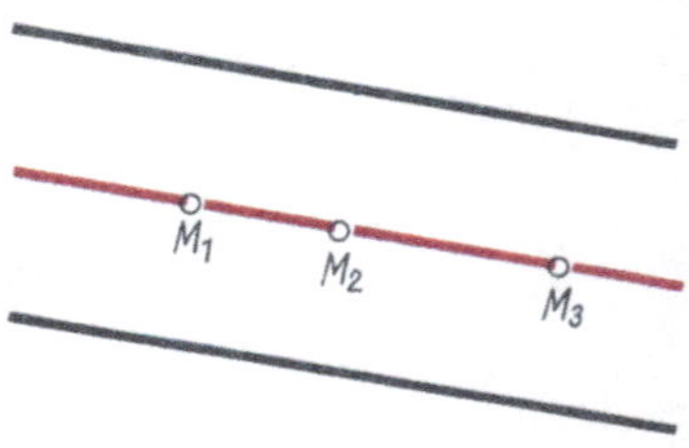


*Bemerkungen:* Die Zentren aller Punktspiegelungen, bei denen zwei parallele Geraden aufeinander abgebildet werden, liegen auf ihrer Mittelparallelen, das heißt auf derjenigen Geraden, die von beiden Geraden gleichen Abstand hat (Bild rechts).



D

**Spiegelung an einer Geraden**

▶ **DEFINITION 18: Eine Bewegung heißt eine Spiegelung an einer Geraden *a* genau dann, wenn die Gerade *a* punktweise auf sich selbst abgebildet wird und die Seiten der Geraden vertauscht werden.**

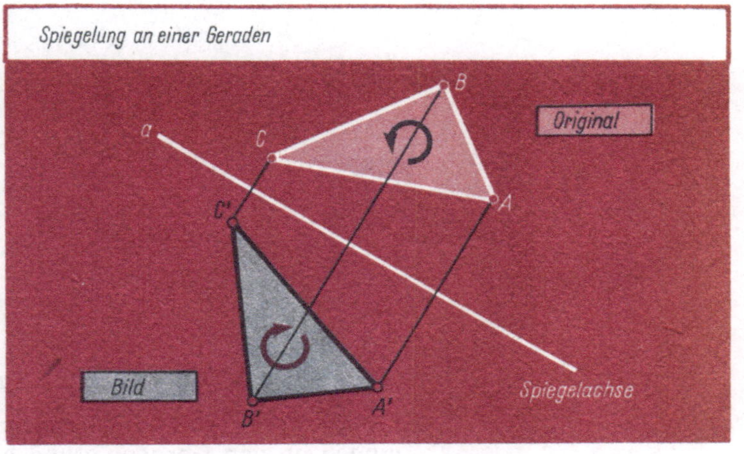


**Eigenschaften von Geradenspiegelungen (↗ 228)**

(1) An jeder Geraden *a* gibt es genau eine Spiegelung. Die Gerade *a* heißt die **Spiegelachse** oder die **Spiegelgerade** der Spiegelung.

Wird ein Punkt *A* an einer Geraden *a* gespiegelt, heißt sein Bild *A'* das **Spiegelbild** von *A* und man sagt, daß *A* und *A'* **spiegelbildlich** zur Geraden *a* liegen.

(2) Bei der Spiegelung an einer Geraden *a* gilt für jeden Punkt *A*, der nicht auf *a* liegt, folgendes:

a) Der Punkt *A* und sein Spiegelbild *A'* liegen auf verschiedenen Seiten von *a*.

b) Die Gerade *AA'* steht senkrecht auf *a*.

c) *A* und *A'* haben denselben Abstand von *a*.

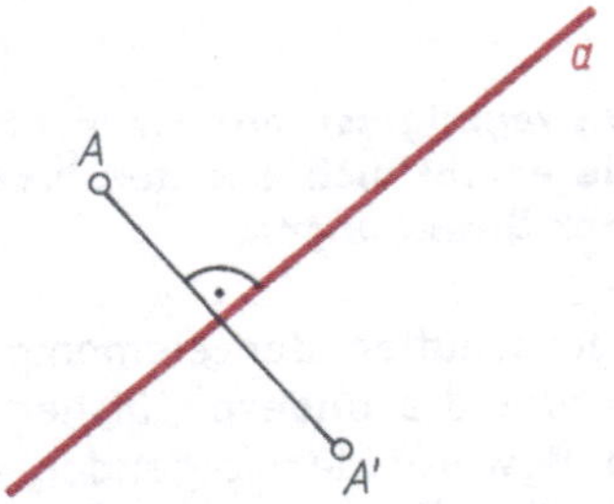


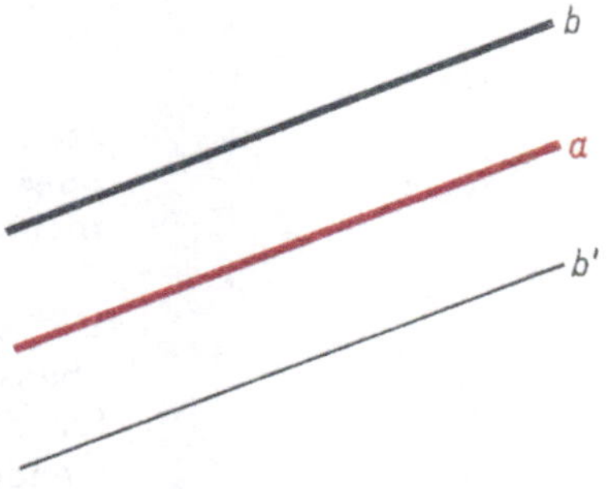


(3) Jede zur Spiegelachse *a* parallele Gerade ist auch parallel zu ihrem Spiegelbild (Bild rechts).

Jede zur Spiegelachse *a* nicht parallele Gerade schneidet ihr Spiegelbild auf der Spiegelachse (Bild links).
(4) Eine Gerade *b* wird bei der Spiegelung an *a* genau dann auf sich selbst abgebildet, wenn *b* auf *a* senkrecht steht (Bild rechts).

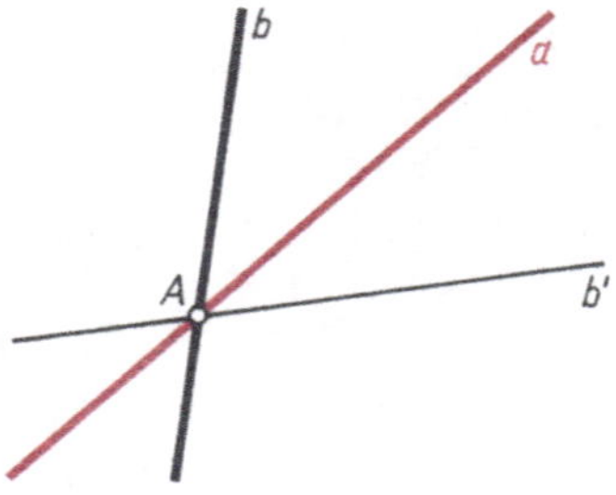


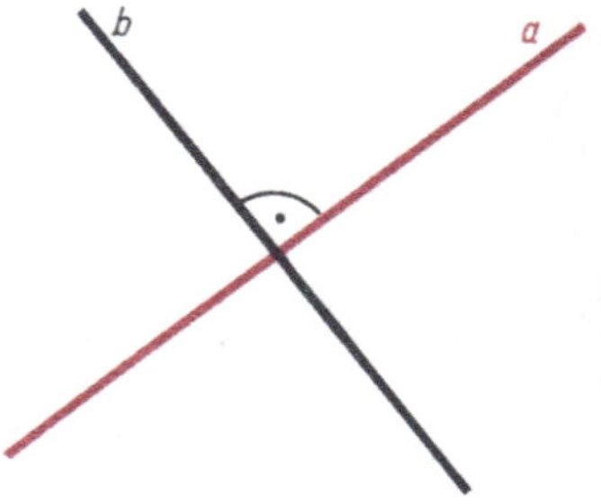


*Bemerkungen:* Die Nacheinanderausführung zweier Spiegelungen an den Geraden *a* und *b* ergibt
1) eine Drehung, falls *a* und *b* einander schneiden, mit ihrem Schnittpunkt als Drehzentrum (Bild links);
2) eine Verschiebung, falls *a* und *b* parallel sind (Bild rechts).
Verschiebungen und Drehungen sind gleichsinnige, Geradenspiegelungen ungleichsinnige Bewegungen (↗ 205).

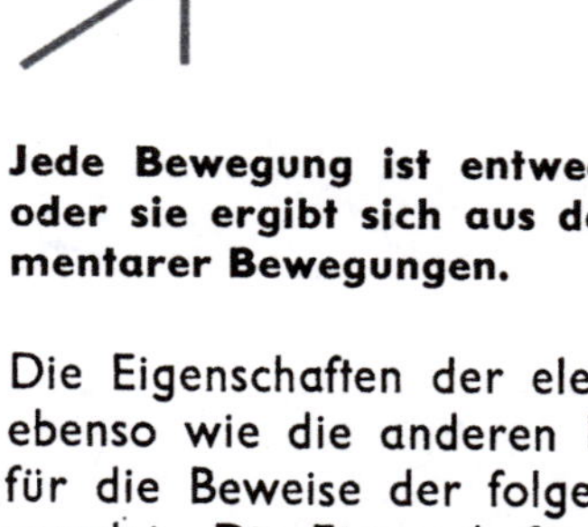


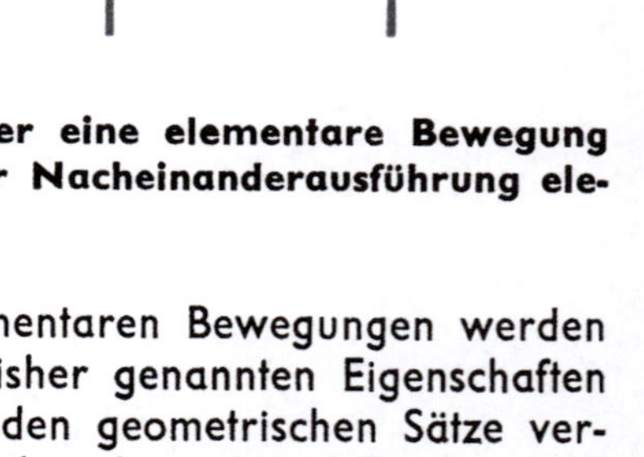


**Jede Bewegung ist entweder eine elementare Bewegung oder sie ergibt sich aus der Nacheinanderausführung elementarer Bewegungen.**

Die Eigenschaften der elementaren Bewegungen werden ebenso wie die anderen bisher genannten Eigenschaften für die Beweise der folgenden geometrischen Sätze verwendet. Die Eigenschaften der elementaren Bewegungen sind ihrerseits selbst geometrische Sätze, die bewiesen werden könnten.

D

## 7. SYMMETRIE

**Symmetrie**

▶ **DEFINITION 19: Eine geometrische Figur heißt symmetrisch genau dann, wenn es eine von der Identität verschiedene Bewegung gibt, bei der die Figur auf sich selbst abgebildet wird.**

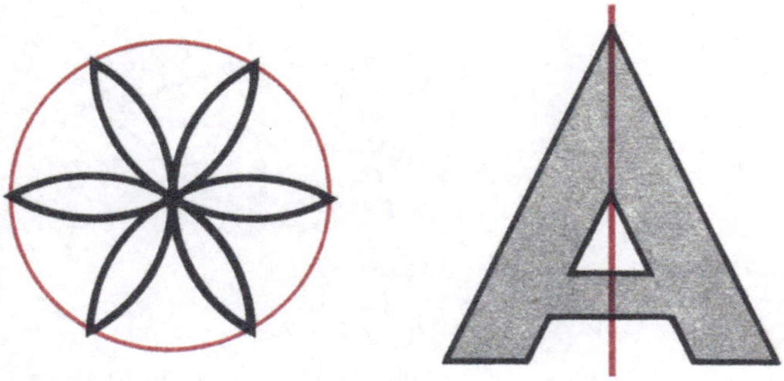

■ Wird ein Quadrat *ABCD* um seinen Mittelpunkt (Schnittpunkt der Diagonalen) mit einem positiven Drehwinkel von 90° gedreht, so wird *A* auf *B*, *B* auf *C*, *C* auf *D* und *D* auf *A* abgebildet. Das Bild des Quadrats ist das Quadrat selbst.

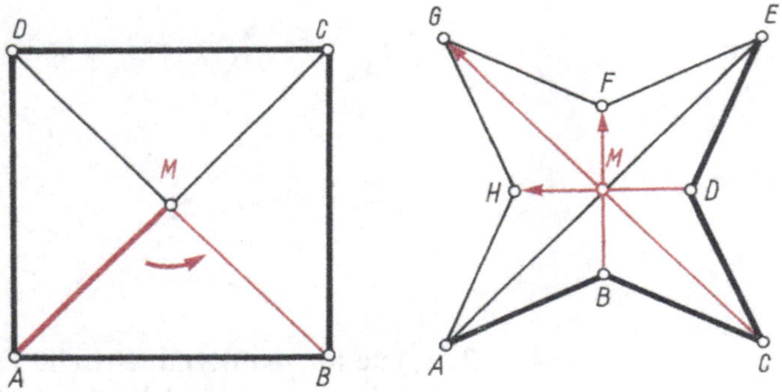


**Punktsymmetrie**

**DEFINITION 20: Eine geometrische Figur heißt punktsymmetrisch genau dann, wenn es eine Punktspiegelung gibt, bei der die Figur auf sich selbst abgebildet wird.**

Das Zentrum der Punktspiegelung heißt dann **Symmetriezentrum** der Figur.
Beispiele für punktsymmetrische Figuren sind Parallelogramme (↗ 248), Strecken, Kreise (↗ 213), das Bild der Sinusfunktion und anderer ungerader Funktionen (↗ 136, 170).

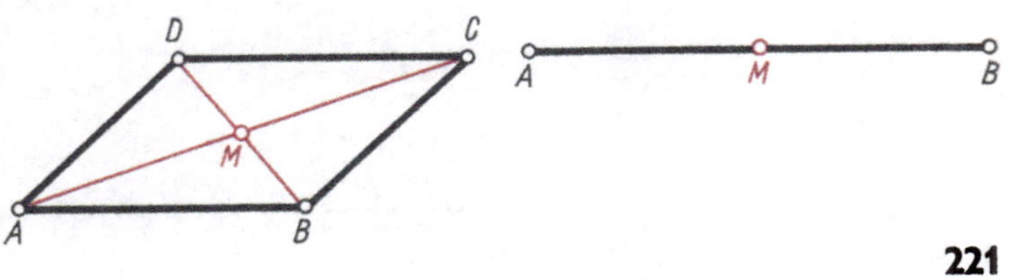


D

**Axialsymmetrie**

**DEFINITION 21: Eine geometrische Figur heißt axialsymmetrisch genau dann, wenn es eine Geradenspiegelung gibt, bei der die Figur auf sich selbst abgebildet wird.**

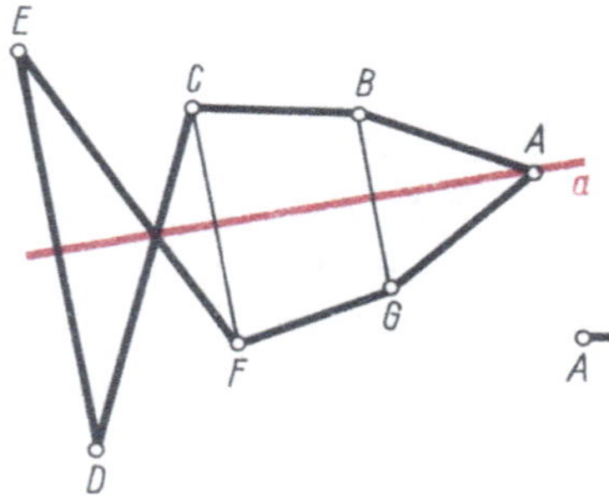


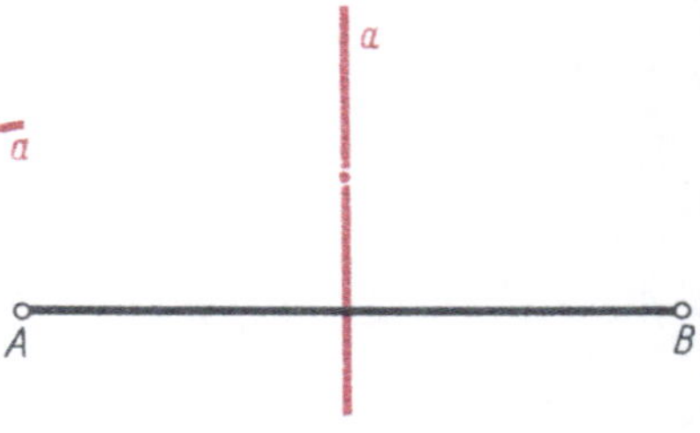


Die Spiegelgerade heißt dann **Symmetrieachse** der Figur. Beispiele für axialsymmetrische Figuren mit einer Symmetrieachse sind Strecken, Winkel und Drachenvierecke (↗ 247).

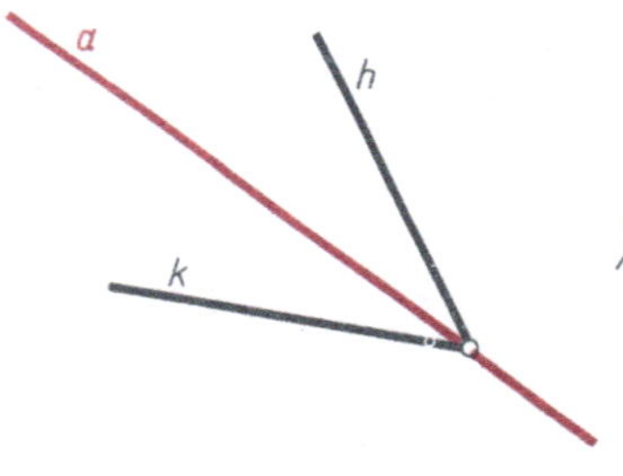


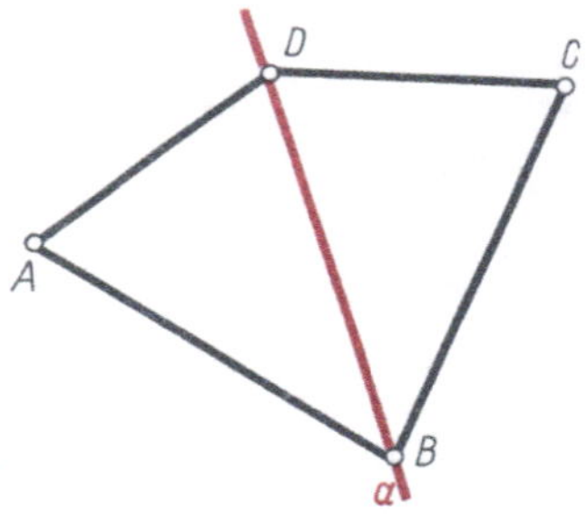


Beispiele für axialsymmetrische Figuren mit beliebig vielen Symmetrieachsen sind Kreise und die Bilder gerader Funktionen (z. B. der Kosinusfunktion) (↗ 136, 170).

Die Mittelsenkrechte einer Strecke (↗ 225)

**DEFINITION 22: Diejenige Senkrechte auf einer Strecke $\overline{AB}$, die diese halbiert, heißt ihre Mittelsenkrechte.**

Die Mittelsenkrechte einer Strecke ist ihre Symmetrieachse. Ein Punkt $P$ liegt genau dann auf der Mittelsenkrechten von $\overline{AB}$, wenn er von $A$ und von $B$ gleich weit entfernt ist.

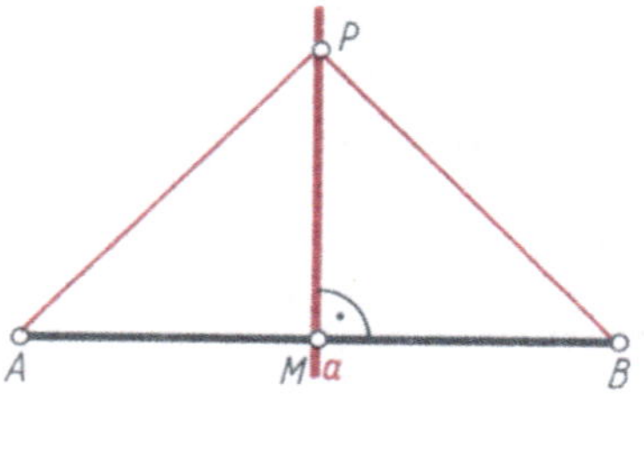

**Sätze über die Winkelhalbierende** (↗ 225, 243)

(1) Die Winkelhalbierende eines Winkels ist seine Symmetrieachse.

(2) Ein Punkt $P$ liegt genau dann auf der Winkelhalbierenden eines Winkels, wenn er von beiden Schenkeln dieses Winkels denselben Abstand hat.

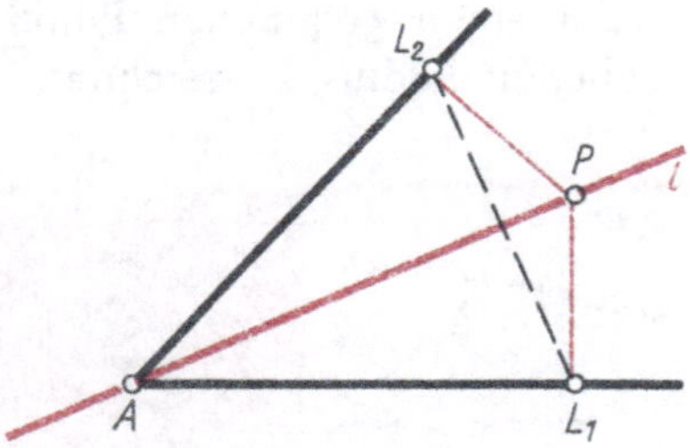

# 8. KONSTRUKTIONEN MIT ZIRKEL UND LINEAL

Unter einer geometrischen Konstruktion mit Zirkel und Lineal ist folgende Aufgabe zu verstehen:
Aus gegebenen Punkten (einer Ebene) sind weitere Punkte (dieser Ebene) zu bestimmen. Dabei dürfen die folgenden Grundaufgaben endlich oft ausgeführt werden:
(1) Durch zwei gegebene Punkte ist die Gerade zu zeichnen.
(2) Um einen gegebenen Punkt ist der Kreis mit einem gegebenen Radius zu zeichnen.

**Abtragen von Strecken auf einem Strahl**
(↗ 206)

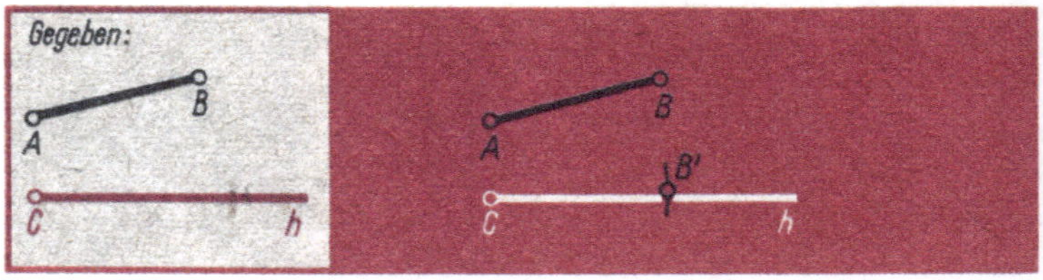


*Beschreibung:*
Wir zeichnen einen Kreis um $C$ mit dem Radius $\overline{AB}$. Dieser schneidet den Strahl $h$ im gesuchten Punkt $B'$.

**Antragen von Winkeln an einen Strahl**
(↗ 207)

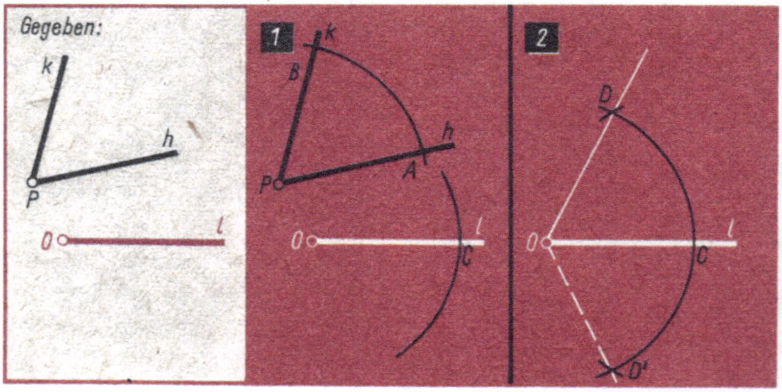


*Beschreibung:*
1) Wir zeichnen um $P$ einen Kreis, der die Schenkel des gegebenen Winkels in $A$ bzw. $B$ schneidet.
Mit dem Radius $\overline{PA}$ zeichnen wir einen Kreis um $O$, der $l$ in $C$ schneidet. Diesen Kreis bezeichnen wir mit K.
2) Wir zeichnen um $C$ einen Kreis mit dem Radius $\overline{AB}$, der den Kreis $k$ in den Punkten $D$ und $D'$ schneidet. Die Strahlen $OD$ und $OD'$ bilden mit dem gegebenen Strahl $l$ jeweils einen Winkel, der zum gegebenen Winkel kongruent ist.
*Bemerkung:* Ist nicht der Winkel selbst, sondern nur seine Größe gegeben, so wird zum Antragen der Winkelmesser benutzt.

D

**Mittelsenkrechte einer Strecke**
(↗ 222)

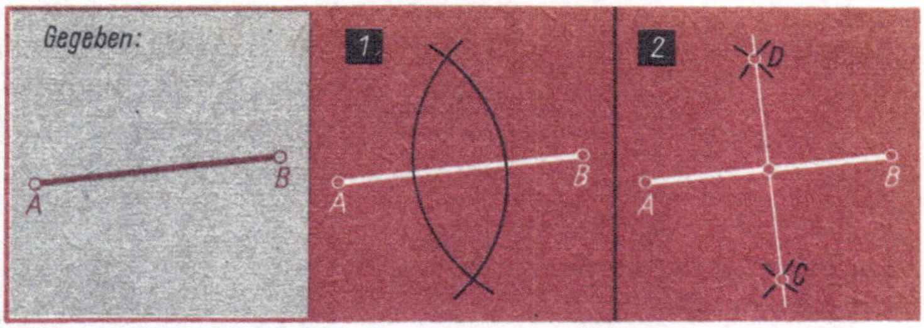


*Beschreibung:*

1) Wir zeichnen um $A$ und $B$ jeweils einen Kreis mit einem Radius $r > \frac{\overline{AB}}{2}$.

2) Die Schnittpunkte beider Kreise seien $C$ und $D$. Die Gerade $CD$ ist die Mittelsenkrechte der Strecke $\overline{AB}$.

**Mittelpunkt einer Strecke**
(↗ 207)

Der Mittelpunkt einer Strecke ist der Schnittpunkt der Strecke mit ihrer Mittelsenkrechten.

**Winkelhalbierende**
(↗ 208, 223, 243)

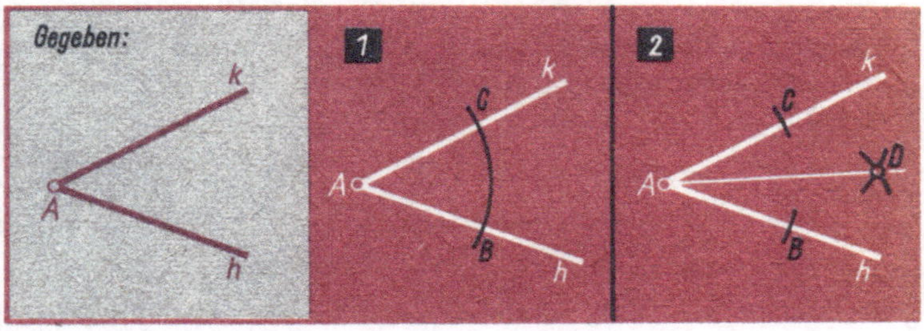


*Beschreibung:*

1) Wir zeichnen einen Kreis um den Scheitel $A$, der die Schenkel $h$ und $k$ in $B$ und $C$ schneidet.

2) Um $B$ und $C$ zeichnen wir Kreise mit gleichem Radius $r$ (z. B. $r = \overline{AB}$). $D$ sei Schnittpunkt beider Kreise. Der Strahl $AD$ ist dann Winkelhalbierende des Winkels $(h, k)$.

**Senkrechte in einem Punkt einer Geraden**
(↗ 209)

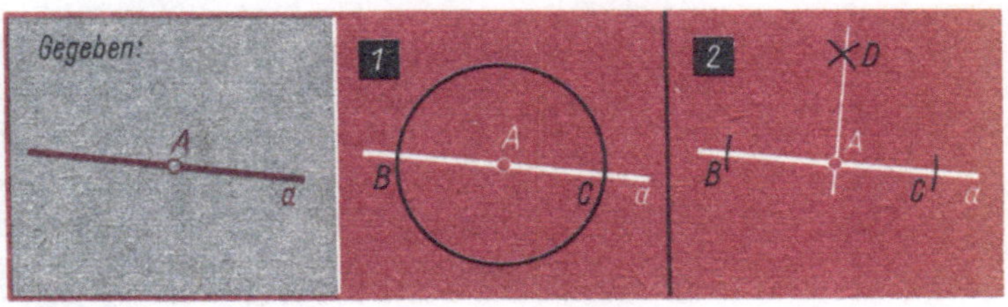

*Beschreibung:*
1) Wir zeichnen um den gegebenen Punkt $A$ einen Kreis, der die Gerade $a$ in den Punkten $B$ und $C$ schneidet.
2) Nun konstruieren wir die Mittelsenkrechte der Strecke $\overline{BC}$. Sie ist die gesuchte Senkrechte in $A$ auf $a$.

**Lot von einem Punkt auf eine Gerade**
(↗ 209)

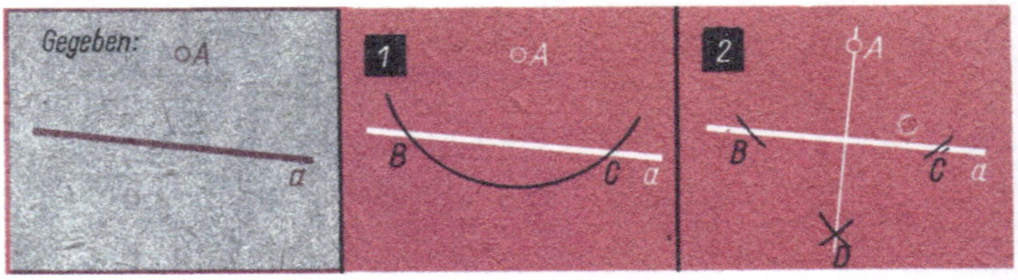


*Beschreibung:*
1) Wir zeichnen um den gegebenen Punkt $A$ einen Kreis mit einem Radius $r$, der größer als der Abstand des Punktes $A$ von $a$ sein muß. Die Schnittpunkte dieses Kreises mit der Geraden $a$ seien $B$ und $C$.
2) Die Konstruktion der Mittelsenkrechten der Strecke $\overline{BC}$ ergibt das Lot von $A$ auf $a$.

**Bild eines Dreiecks**
bei einer Verschiebung
(↗ 215)

D

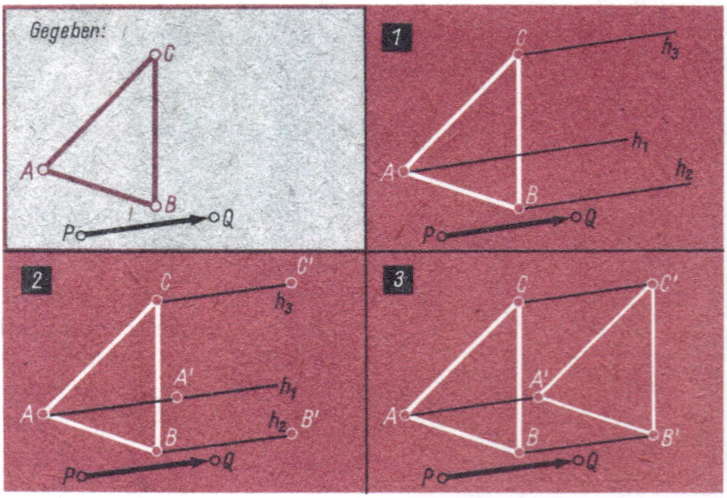


*Beschreibung:*
1) Wir zeichnen von $A$, $B$ und $C$ aus Strahlen $h_1$, $h_2$ und $h_3$, die mit dem Strahl $PQ$ gleich orientiert sind.
2) Wir tragen auf den Strahlen $\overline{PQ}$ ab. Das ergibt die Punkte $A'$, $B'$, $C'$. Das Dreieck $A'B'C'$ ist das Bild des Dreiecks $ABC$ bei der Verschiebung $\overrightarrow{PQ}$.

**Bild eines Dreiecks** bei einer Drehung um einen Punkt (↗ 216)

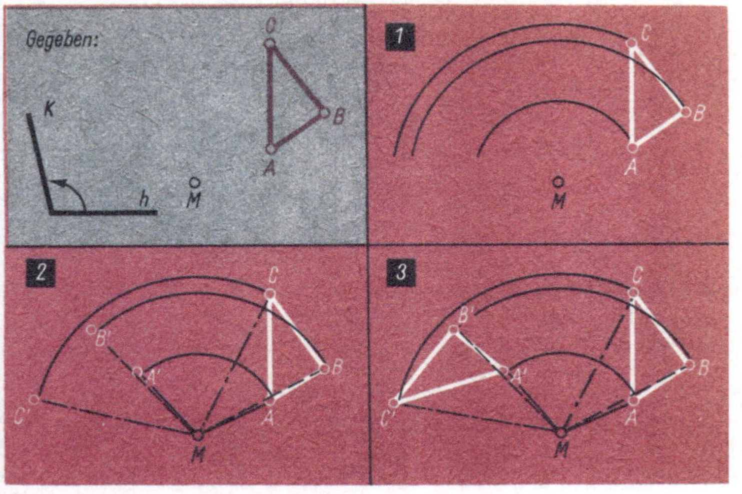


*Beschreibung:*

1) Wir zeichnen Kreise um $M$ mit den Radien $\overline{MA}$, $\overline{MB}$ und $\overline{MC}$.

2) Wir tragen den Winkel $\sphericalangle (h, k)$ in $M$ an die Strahlen $MA$, $MB$ und $MC$ an. Die freien Schenkel der angetragenen Winkel schneiden die entsprechenden Kreise in den Punkten $A'$, $B'$ und $C'$. Das Dreieck $A'B'C'$ ist das Bild des Dreiecks bei der Drehung.

*Bemerkung:* Ein Schenkel eines Winkels heißt frei, wenn auf ihm noch kein Punkt gewählt wurde.

**Bild eines Dreiecks** bei einer Punktspiegelung an $M$ (↗ 218)

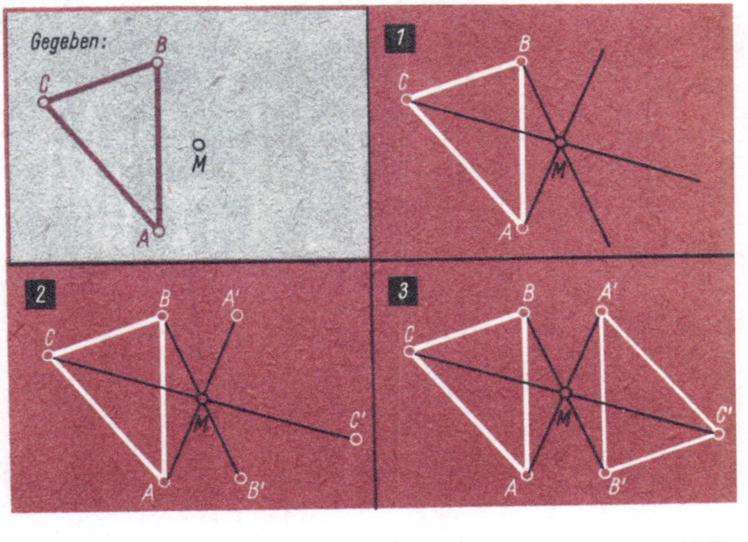


D

*Beschreibung:*
1) Wir zeichnen von $A$, $B$ und $C$ aus die Strahlen $h_1$, $h_2$ und $h_3$, die durch $M$ verlaufen.
2) Wir tragen die Strecken $\overline{AM}$, $\overline{BM}$ bzw. $\overline{CM}$ auf den Strahlen $h_1$, $h_2$ bzw. $h_3$ von $M$ aus ab und erhalten die Punkte $A'$, $B'$ bzw. $C'$. Das Dreieck $A'B'C'$ ist das Bild des Dreiecks $ABC$ bei der Punktspiegelung an $M$.

**Bild eines Dreiecks** bei einer Geradenspiegelung (↗ 219)

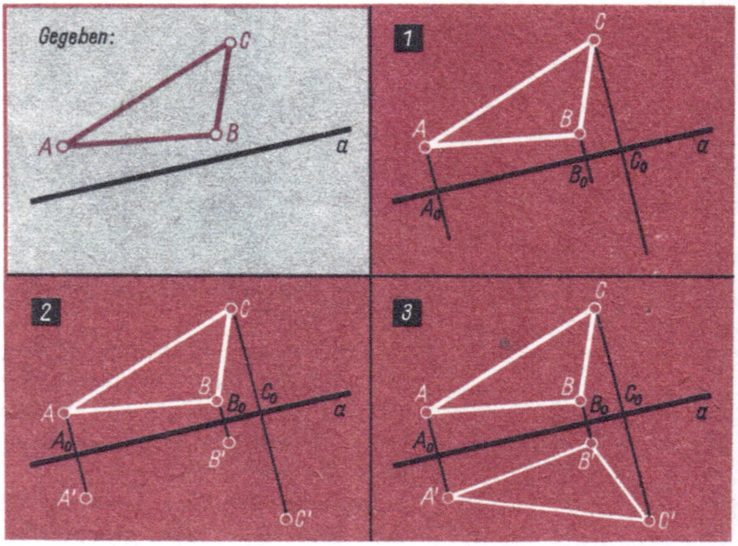


*Beschreibung:*
1) Wir fällen die Lote $l_1$, $l_2$ bzw. $l_3$ von $A$, $B$ und $C$ aus auf die Gerade $a$ und erhalten die Fußpunkte $A_0$, $B_0$ bzw. $C_0$.
2) Wir tragen auf den Loten $l_1$, $l_2$ bzw. $l_3$ von $A_0$, $B_0$ bzw. $C_0$ aus die Strecken $\overline{AA_0}$, $\overline{BB_0}$ bzw. $\overline{CC_0}$ ab. Wir erhalten die Bildpunkte $A'$, $B'$ bzw. $C'$. Das Dreieck $A'B'C'$ ist das Bild des Dreiecks $ABC$ bei der Geradenspiegelung an $a$.

D

## 9. WINKELPAARE

**Scheitelwinkel** (↗ 200) ▶ **SATZ 23: Scheitelwinkel sind kongruent.**

*Beweis:* Da zwei Scheitelwinkel mit dem Scheitel *A* bei einer Punktspiegelung an *A* einander entsprechen, sind sie kongruent.

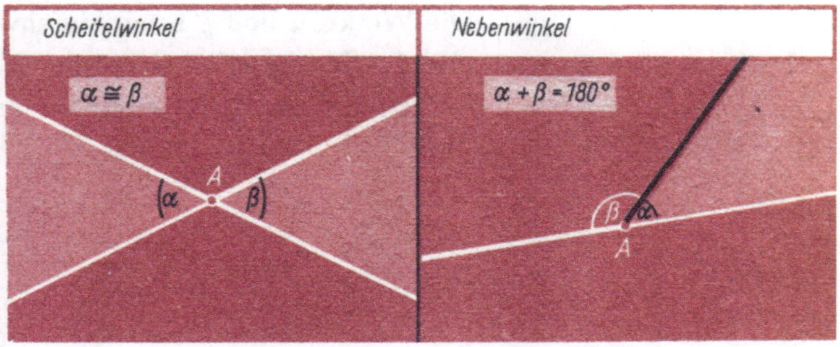


**Nebenwinkel** (↗ 200) ▶ **SATZ 24: Die Summe zweier Nebenwinkel beträgt 180°.**

Jeder Winkel besitzt zwei kongruente Nebenwinkel.

**Supplementwinkel** ▶ **DEFINITION 25: Zwei beliebige Winkel, deren Summe 180° beträgt, heißen Supplementwinkel.**

**Komplementwinkel** ▶ **DEFINITION 26: Zwei beliebige Winkel, deren Summe 90° beträgt, heißen Komplementwinkel.**

**Stufenwinkel** ▶ **DEFINITION 27: Zwei Winkel heißen Stufenwinkel genau dann, wenn folgendes gilt:**

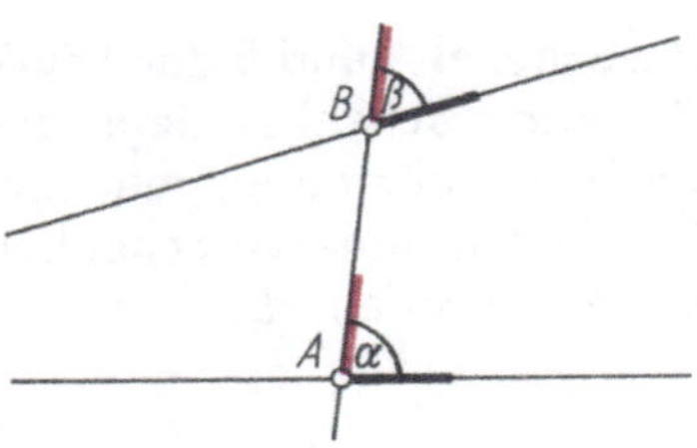


(1) Die Scheitel *A* und *B* der Winkel sind verschieden.
(2) Ein Paar Schenkel liegt auf der Geraden *AB*. Die beiden Schenkel sind gleich orientiert.
(3) Die beiden anderen Schenkel liegen auf derselben Seite der Geraden *AB*.

**SATZ 28: Stufenwinkel sind kongruent genau dann, wenn die Schenkel, die auf verschiedenen Geraden liegen, parallel sind.**

*Beweis:*

a) Zwei parallele Geraden $a$ und $b$ werden von einer Geraden $c$ in den Punkten $A$ und $B$ geschnitten (Bild links). Die Winkel $\alpha$ und $\beta$ seien Stufenwinkel mit den Scheiteln $A$ und $B$. Da die Winkel bei der Verschiebung $\overrightarrow{AB}$ oder bei der Verschiebung $\overrightarrow{BA}$ einander entsprechen, sind sie kongruent.

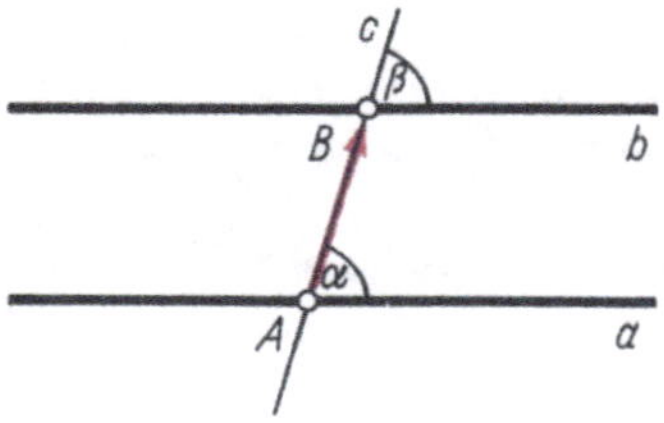


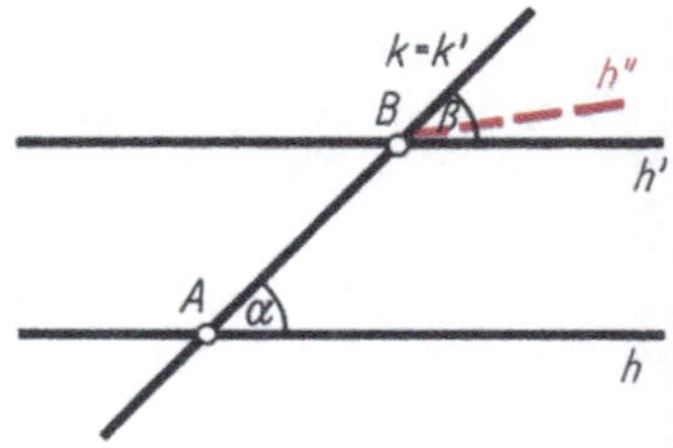


b) Zwei Stufenwinkel $\alpha = \sphericalangle(h, k)$, $\beta = \sphericalangle(h', k')$ mit den Scheiteln $A$ und $B$ seien kongruent (Bild rechts). Die Schenkel, die auf verschiedenen Geraden liegen, seien $h$ und $h'$. Wären $h$ und $h'$ nicht parallel, so gäbe es zu $h$ durch $B$ einen parallelen Strahl $h''$, der mit $h'$ auf derselben Seite von $AB$ liegt. Nach a) wären dann die Winkel $\sphericalangle(h, k)$ und $\sphericalangle(h'', k')$ kongruent. Dann müßten auch die Winkel $\sphericalangle(h', k')$ und $\sphericalangle(h'', k')$ kongruent sein. Das ist nicht möglich. Folglich sind die Schenkel $h$ und $h'$ parallel.

D

**Wechselwinkel**

**DEFINITION 29: Zwei Winkel heißen Wechselwinkel genau dann, wenn folgendes gilt:**

(1) Die Scheitel $A$ und $B$ der Winkel sind verschieden.
(2) Ein Paar Schenkel liegt auf der Geraden $AB$. Die beiden Schenkel sind entgegengesetzt orientiert.
(3) Die beiden anderen Schenkel liegen auf verschiedenen Seiten der Geraden $AB$.

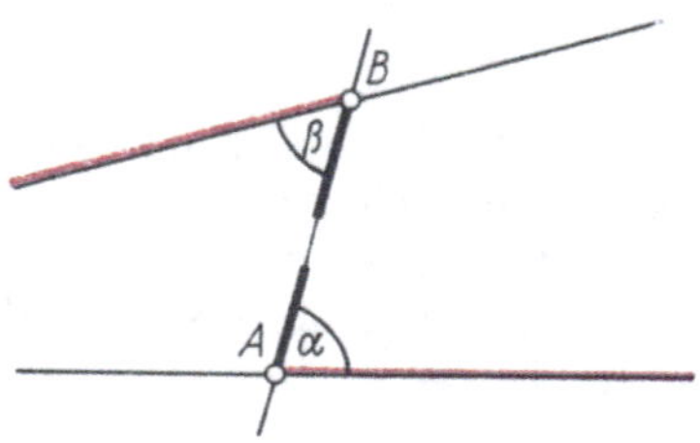

**SATZ 30: Wechselwinkel sind kongruent genau dann, wenn die Schenkel, die auf verschiedenen Geraden liegen, parallel sind (Bild links).**

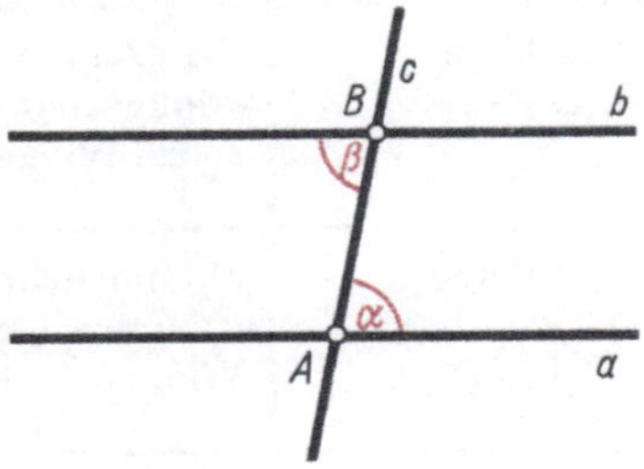


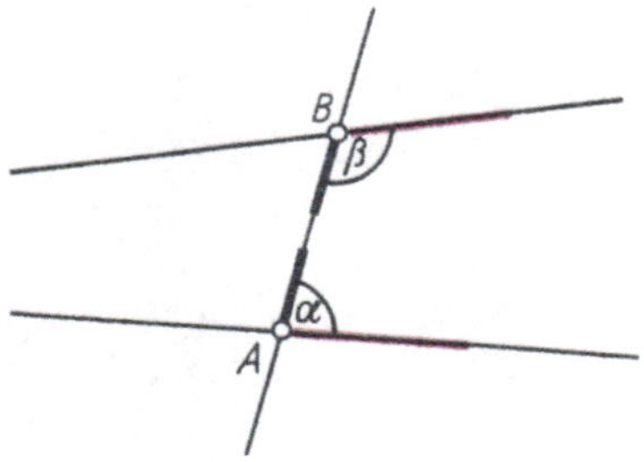


**Entgegengesetzt liegendeWinkel**

**DEFINITION 31: Zwei Winkel heißen entgegengesetzt liegendeWinkel genau dann, wenn folgendes gilt (Bild rechts):**

(1) Die Scheitel der Winkel $A$ und $B$ sind verschieden.
(2) Ein Paar Schenkel liegt auf der Geraden $AB$. Die Schenkel sind entgegengesetzt orientiert.
(3) Die beiden anderen Schenkel liegen auf derselben Seite der Geraden $AB$.

**SATZ 32: Entgegengesetzt liegendeWinkel sind Supplementwinkel genau dann, wenn die Schenkel, die auf verschiedenen Geraden liegen, parallel sind (Bild links).**

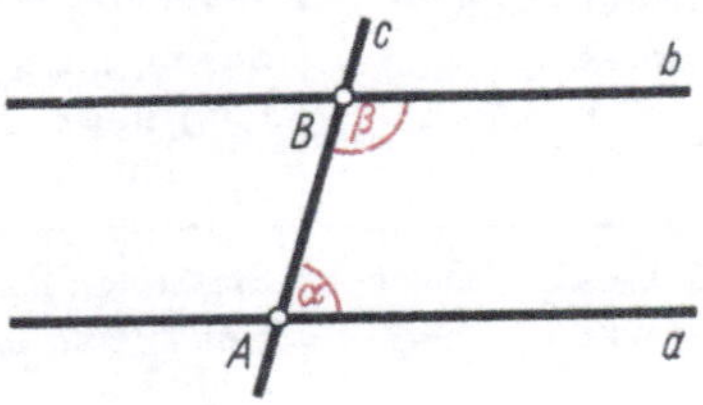


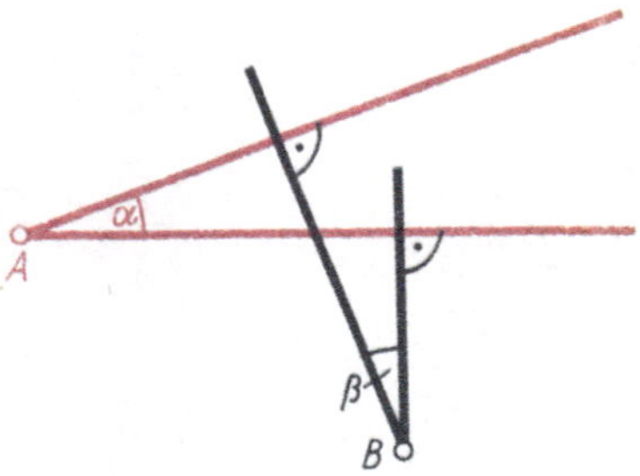


**Winkel, deren Schenkel paarweise senkrecht aufeinander stehen**

**SATZ 33: Wenn die Schenkel zweier Winkel paarweise senkrecht aufeinander stehen, so sind sie kongruent, falls der Scheitel des einen nicht im Innern oder auf einem Schenkel des anderen Winkels liegt (Bild rechts).**

D

# 10. DREIECKE

**Einteilung der Dreiecke**
(↗ 200)

| Einteilung der Dreiecke nach den Innenwinkeln | | |
|---|---|---|
| Art der Dreiecke | Erklärung | |
| spitzwinklige Dreiecke | die drei Innenwinkel sind spitze Winkel | 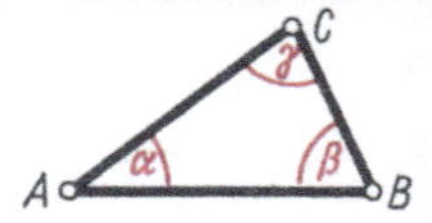 |
| rechtwinklige Dreiecke | ein Innenwinkel ist ein rechter Winkel | 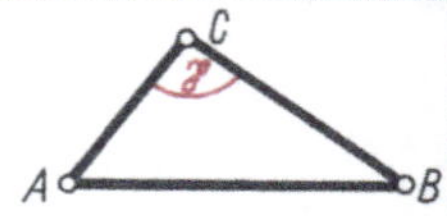 |
| stumpfwinklige Dreiecke | ein Innenwinkel ist ein stumpfer Winkel | 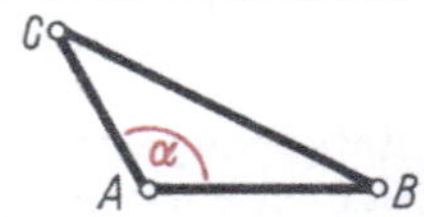 |

| Einteilung der Dreiecke nach den Seiten | | |
|---|---|---|
| Art der Dreiecke | Erklärung | |
| unregelmäßige Dreiecke | Die Seiten $a$, $b$, $c$ sind paarweise verschieden | 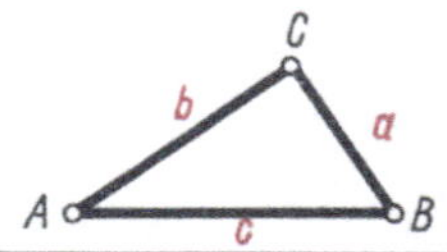 |
| gleichschenklige Dreiecke | es gibt zwei Seiten, die gleich lang sind | 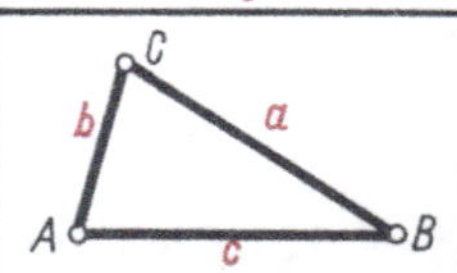 |
| gleichseitige Dreiecke | die Seiten $a$, $b$, $c$ sind gleich lang | 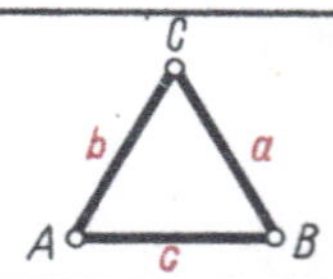 |

*Rechtwinkliges Dreieck*

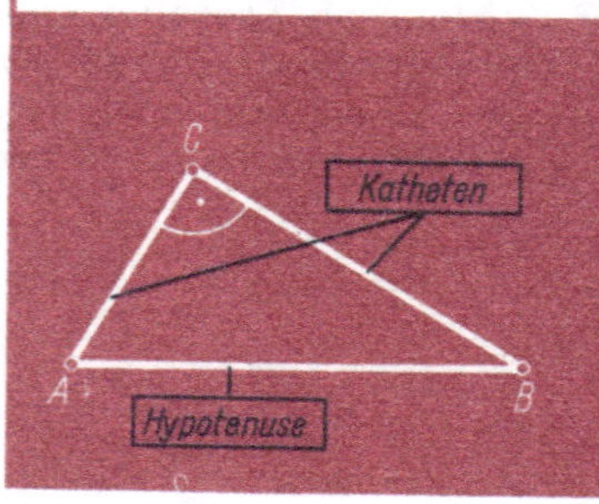


*Gleichschenkliges Dreieck*

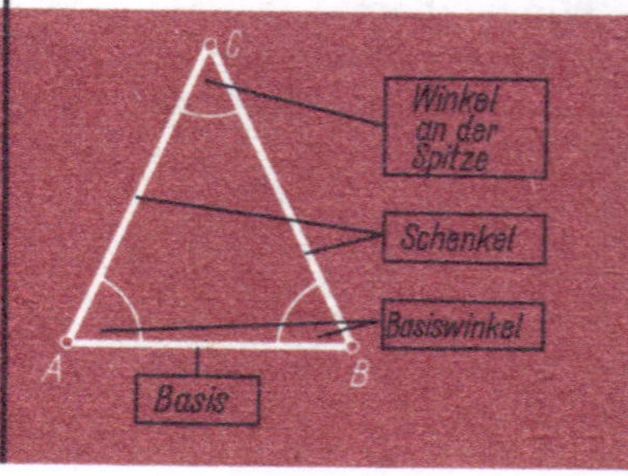

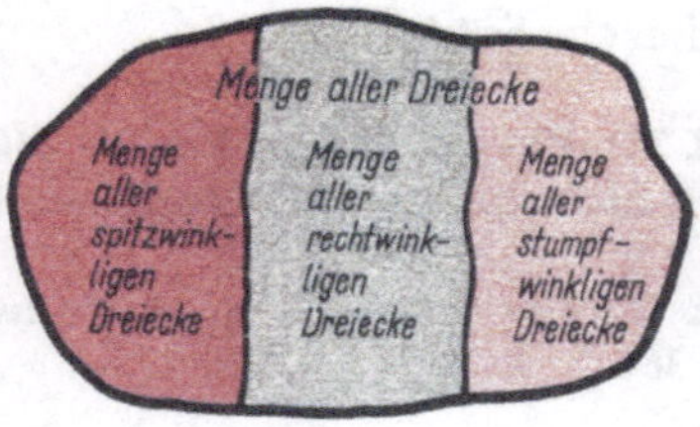


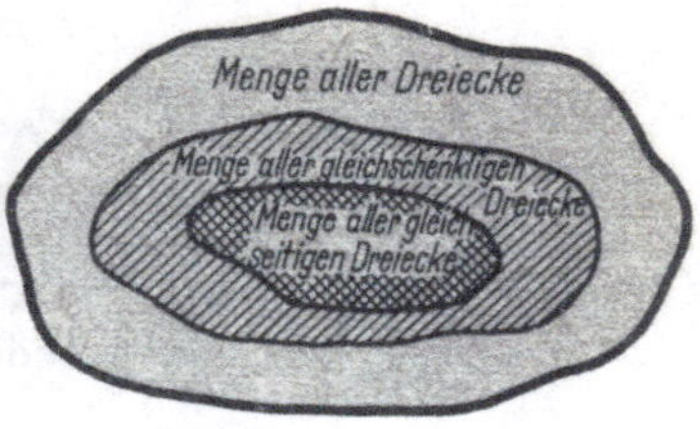


*Bemerkung:* Die Menge aller Dreiecke ist die Vereinigung der Menge (↗ 12f) aller spitzwinkligen, der Menge aller rechtwinkligen und der Menge aller stumpfwinkligen Dreiecke.

Die Menge aller gleichseitigen Dreiecke ist (echte) Teilmenge der Menge (↗ 7) aller gleichschenkligen Dreiecke, die ihrerseits (echte) Teilmenge aller Dreiecke ist.

**Innenwinkel** (↗ 201)

▶ **SATZ 34: Die Summe der Innenwinkel eines Dreiecks beträgt 180°.**

*Beweis:* Man zeichnet durch *C* die Parallele *A'B'* zu *AB*.

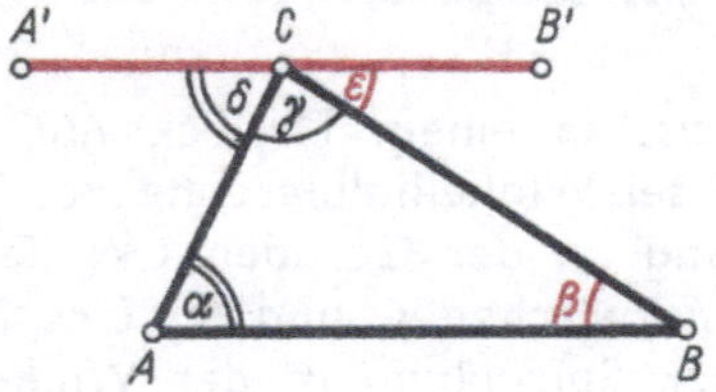


Dann gilt (↗ Bild):

$\alpha = \delta$ und $\beta = \varepsilon$ } (Wechselwinkel an Parallelen).

Aus $\delta + \gamma + \varepsilon = 180°$ folgt daher $\alpha + \beta + \gamma = 180°$.

*Bemerkung:*

Aus diesem Satz folgt:

1) Ein Dreieck hat höchstens einen rechten oder einen stumpfen Winkel.

2) Aus zwei gegebenen Innenwinkeln eines Dreiecks läßt sich der dritte berechnen. ($\gamma = 180° - (\alpha + \beta)$)

3) Die beiden spitzen Winkel eines rechtwinkligen Dreiecks sind Komplementwinkel (↗ 229).

**Außenwinkel** (↗ 201)

▶ **SATZ 35: Ein Außenwinkel eines Dreiecks ist gleich der Summe der beiden nicht anliegenden Innenwinkel.**

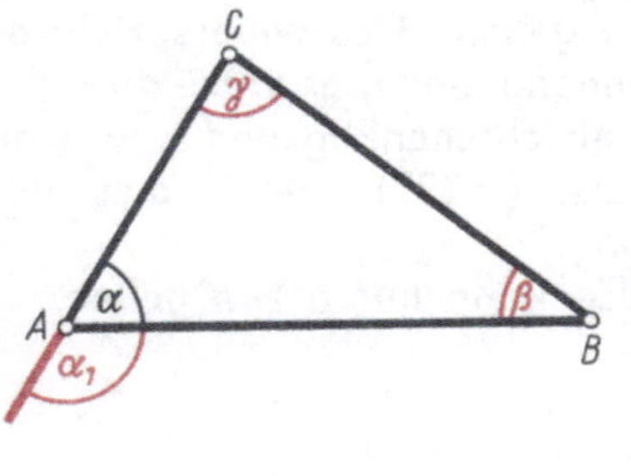


*Beweis* (↗ Bild):

Es gilt $\alpha + \alpha_1 = 180°$

Weiter gilt

$\alpha + \beta + \gamma = 180°$.

Daraus folgt:

$\alpha_1 = \beta + \gamma$.

Aus diesem Satz folgt:

**SATZ 36: Ein Außenwinkel ist stets größer als jeder der beiden nicht anliegenden Innenwinkel.**

**SATZ 37: Die Summe der Außenwinkel eines Dreiecks beträgt 360°.**

**Beziehungen zwischen Seiten und Winkeln**

**SATZ 38: Der größeren von zwei Seiten eines Dreiecks liegt der größere Winkel gegenüber.**

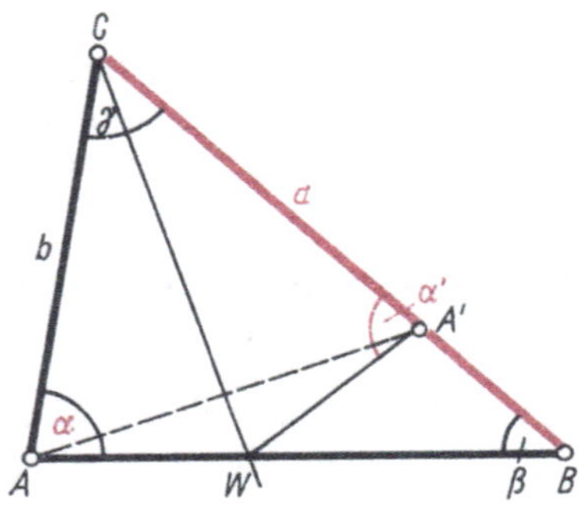


*Beweis:* In einem Dreieck $ABC$ sei $a > b$. Die Gerade $CW$ sei Winkelhalbierende des Winkels $\gamma$. Bei der Spiegelung an der Geraden $CW$ liegt das Bild $A'$ des Punktes $A$ zwischen $C$ und $B$. Das Bild $\alpha'$ des Winkels $\alpha$ bei dieser Spiegelung ist der Winkel $CA'W$. Dieser Winkel ist gleichzeitig Außenwinkel des Dreiecks $WBA'$. Dann gilt $\alpha' > \beta$ (↗ Satz D 36). Wegen $\alpha' = \alpha$ ist $\alpha > \beta$.

D

Aus diesem Satz folgt:

**SATZ 39: Der größten Seite eines Dreiecks liegt der größte Winkel gegenüber.**

**SATZ 40: Dem größeren von zwei Winkeln eines Dreiecks liegt die größere Seite gegenüber.**

*Beweis:* In einem Dreieck $ABC$ sei $\alpha > \beta$.
1) Angenommen, es wäre $b > a$. Dann müßte nach Satz 38 $\beta > \alpha$ gelten. Das widerspricht der Voraussetzung.
2) Angenommen, es wäre $a = b$. Dann wäre das Dreieck $ABC$ gleichschenklig und $\alpha = \beta$ als Basiswinkel in diesem Dreieck (↗ 232). Auch dies widerspricht der Voraussetzung.
3) Also kann nur $a > b$ gelten.

Aus diesem Satz folgt:

▶ **SATZ 41: Dem größten Winkel eines Dreiecks liegt die größte Seite gegenüber.**

Speziell für rechtwinklige Dreiecke folgt aus diesem Satz, daß die Hypotenuse größer als jede der beiden Katheten ist.

**Dreiecksungleichung**

**SATZ 42: Die Summe zweier Seiten eines Dreiecks ist stets größer als die dritte Seite.** ▶

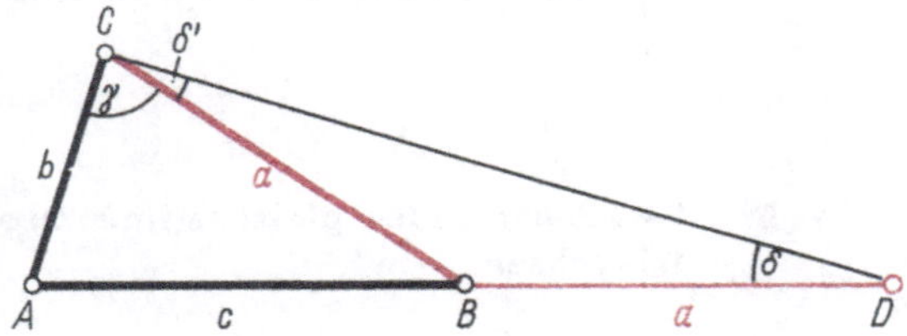


*Beweis:* Die Seite $\overline{AB}$ des Dreiecks $ABC$ wird über $B$ hinaus um $a$ bis zum Punkt $D$ verlängert.
Es gilt also $\overline{AD} = a + c$.
Das Dreieck $BDC$ ist gleichschenklig, also gilt
$\delta = \delta'$ (Basiswinkel).
Im Dreieck $ADC$ gilt daher
$\delta < \delta' + \gamma$.
Für die gegenüberliegenden Seiten folgt daraus
$\overline{AC} < \overline{AD}$, d. h. $b < a + c$.
Entsprechend wird bewiesen:
$a < b + c$.
$c < a + b$.

**Gleichschenkliges Dreieck** (↗2 32)
Symmetrieachse (↗ 221)

▶ **SATZ 43: Jedes gleichschenklige Dreieck besitzt eine Symmetrieachse.**

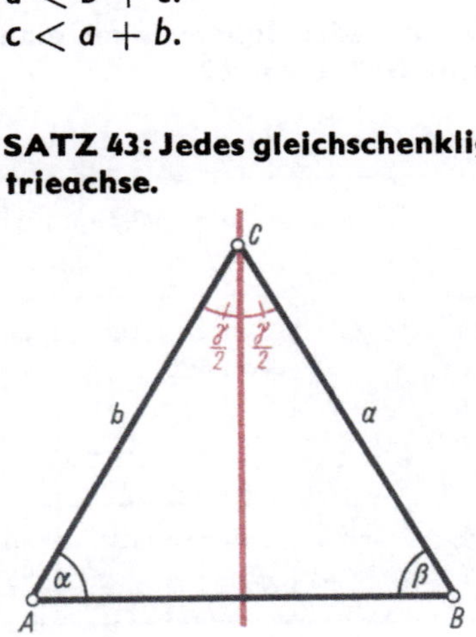


*Beweis:* In einem Dreieck $ABC$ seien die Seiten $a$ und $b$ gleich lang. Bei der Spiegelung an der Winkelhalbierenden $w$ des Winkels $ACB$ wird der Punkt $C$ auf sich selbst, der Punkt $A$ auf den Punkt $B$ und der Punkt $B$ auf den Punkt $A$ abgebildet.

Folglich ist die Winkelhalbierende *w* Symmetrieachse des Dreiecks.
Aus dem Beweis ergibt sich, daß die Winkelhalbierende *w* gleichzeitig Mittelsenkrechte der Basis ist.

Basiswinkel

**SATZ 44: Die Basiswinkel eines gleichschenkligen Dreiecks sind kongruent.**

*Beweis:* Die Basiswinkel eines gleichschenkligen Dreiecks entsprechen bei der Spiegelung an der Mittelsenkrechten der Basis einander. Folglich sind sie kongruent.

**Gleichseitiges Dreieck** (↗ 232)
Symmetrieachsen

**SATZ 45: Jedes gleichseitige Dreieck besitzt drei Symmetrieachsen.**

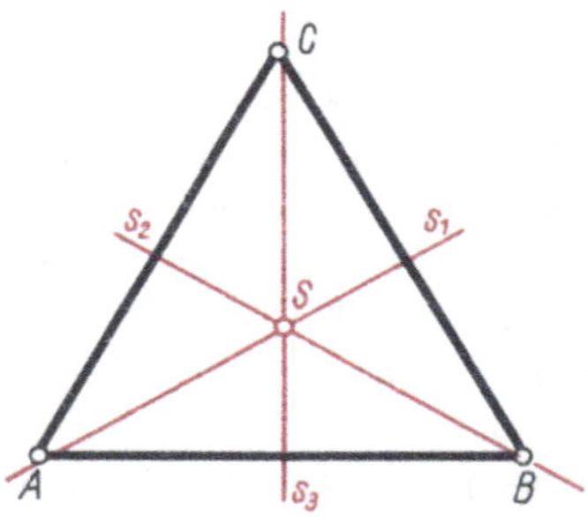


(Dieser Satz folgt aus Satz C 43.)

Innenwinkel (↗ 201)

**SATZ 46: Jeder Innenwinkel eines gleichseitigen Dreiecks hat eine Größe von 60°.**

| Abbildungen eines gleichseitigen Dreiecks *ABC* auf sich selbst | | | |
|---|---|---|---|
| Drehungen um den Schnittpunkt *S* der Symmetrieachsen | Drehwinkel von 120° | Drehwinkel von 240° | Drehwinkel von 360° |
| Spiegelungen an Geraden | Spiegelachse *AS* | Spiegelachse *BS* | Spiegelachse *CS* |

**Kongruenzsätze für Dreiecke**
(↗ 205)

| | | |
|---|---|---|
| (sws) | Zwei Dreiecke sind kongruent, wenn sie in zwei Seiten und dem von ihnen eingeschlossenen Winkel übereinstimmen | 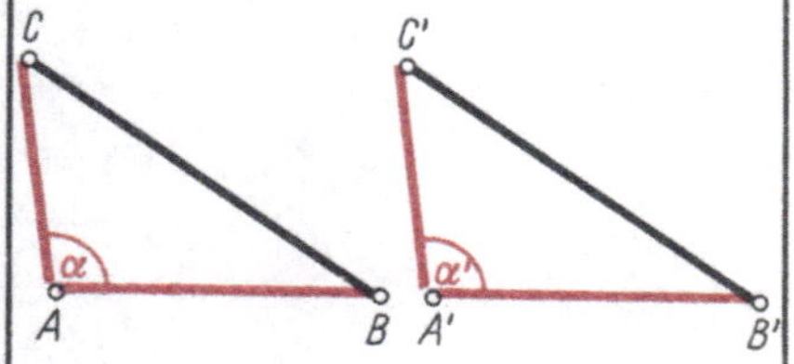 $\overline{AB} = \overline{A'B'}$; $\overline{AC} = \overline{A'C'}$; $\sphericalangle \alpha = \sphericalangle \alpha'$ |
| (sss) | Zwei Dreiecke sind kongruent, wenn sie in den drei Seiten übereinstimmen | 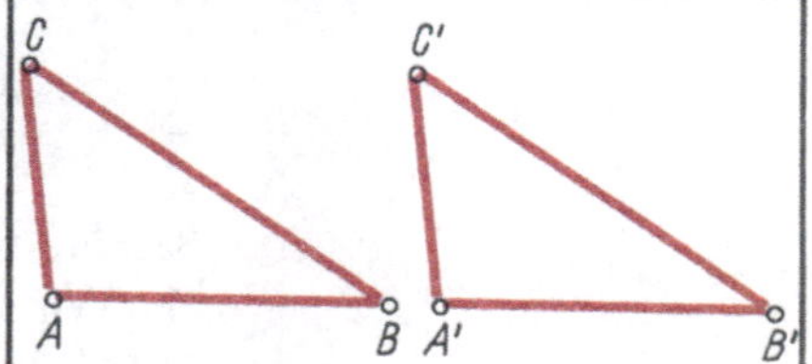 $\overline{AB} = \overline{A'B'}$; $\overline{BC} = \overline{B'C'}$; $\overline{AC} = \overline{A'C'}$ |
| (ssw) | Zwei Dreiecke sind kongruent, wenn sie in zwei Seiten und dem Gegenwinkel der größeren übereinstimmen | 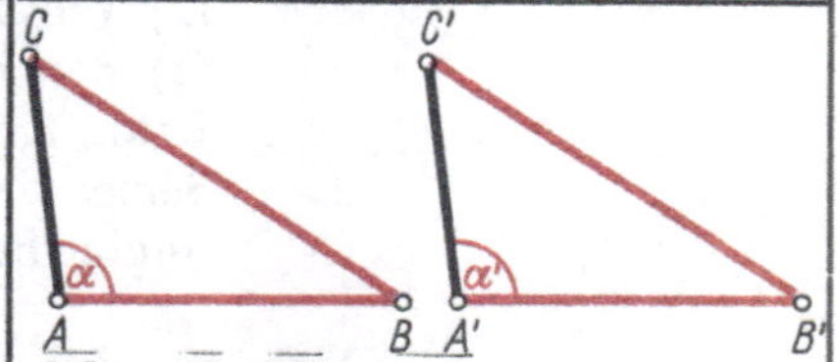 $\overline{BC} > \overline{AB}$; $\overline{BC} = \overline{A'C'}$; $\overline{AB} = \overline{A'B'}$; $\sphericalangle \alpha = \sphericalangle \alpha'$ |
| (wsw) | Zwei Dreiecke sind kongruent, wenn sie in einer Seite und den beiden anliegenden Winkeln übereinstimmen | 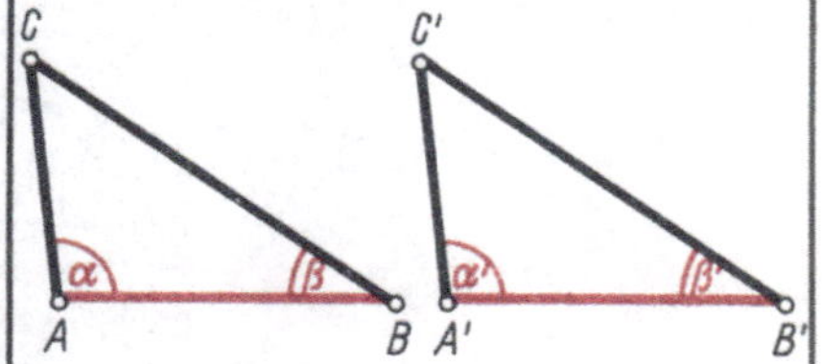 $\overline{AB} = \overline{A'B'}$; $\sphericalangle \alpha = \sphericalangle \alpha'$; $\sphericalangle \beta = \sphericalangle \beta'$ |

Die Kongruenzsätze können mit Hilfe von Bewegungen bewiesen werden.

**Konstruktion von Dreiecken**

Auf Grund der Kongruenzsätze lassen sich aus geeigneten Stücken Dreiecke konstruieren.
Sind zum Beispiel drei Strecken gegeben, so sagen wir, daß ein Dreieck aus drei Seiten zu konstruieren ist.

Gegeben: sss

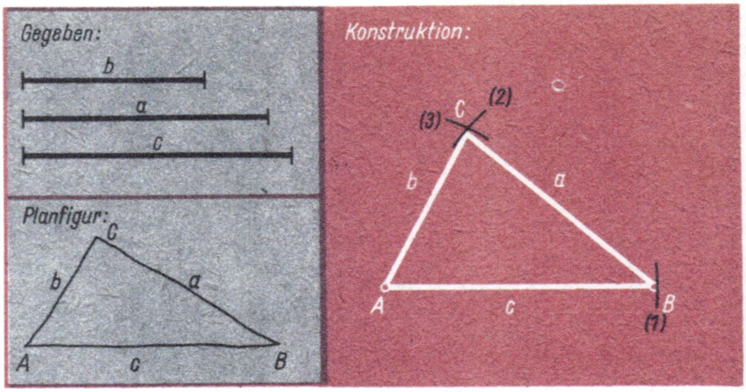


*Beschreibung:*
(1) Wir zeichnen einen beliebigen Strahl mit dem Anfangspunkt $A$ und den Kreis um $A$ mit dem Radius $c$.
Der Kreis schneidet den Strahl in $B$.
(2) Wir zeichnen den Kreis um $B$ mit dem Radius $a$ und
(3) den Kreis um $A$ mit dem Radius $b$.
Beide Kreise schneiden einander in $C$.
*Bemerkung:* Die gegebenen Strecken müssen der Dreiecksungleichung genügen.

Gegeben: sws

D

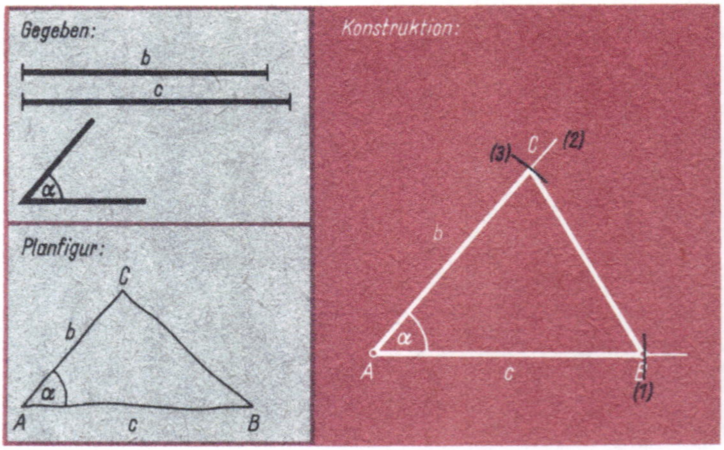


*Beschreibung:*
(1) Wir zeichnen einen beliebigen Strahl mit dem Anfangspunkt $A$ und den Kreis um $A$ mit dem Radius $c$. Der Kreis schneidet den Strahl in $B$.
(2) Wir tragen in $A$ an den Strahl $AB$ den Winkel $\alpha$ an.
(3) Der Kreis um $A$ mit dem Radius $b$ schneidet den freien Schenkel des angetragenen Winkels in $C$.

**Gegeben: wsw**

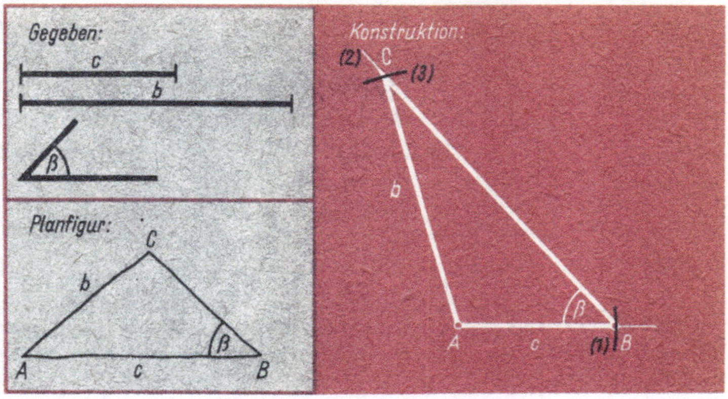


*Beschreibung:*

(1) Wir zeichnen einen beliebigen Strahl mit dem Anfangspunkt *A* und den Kreis um *A* mit dem Radius *c*. Der Kreis schneidet den Strahl in *B*.

(2) Wir tragen in *B* an den Strahl *BA* den Winkel $\beta$ an.

(3) Der Kreis um *A* mit dem Radius *b* schneidet den freien Schenkel des angetragenen Winkels in *C*.

*Bemerkung:* Ist der Gegenwinkel der kleineren Seite gegeben, so ergibt die Konstruktion entweder *kein* Dreieck oder *zwei* nicht kongruente Dreiecke oder *ein* Dreieck, wie etwa in dem Fall, in dem die kleinere Seite halb so lang wie die größere ist und ihr Gegenwinkel 30° beträgt.

**Gegeben: ssw**

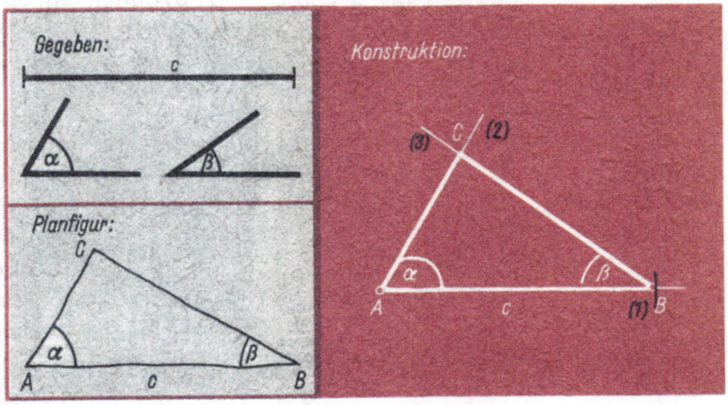


*Beschreibung:*

(1) Wir zeichnen einen beliebigen Strahl mit dem Anfangspunkt *A* und den Kreis um *A* mit dem Radius *c*. Der Kreis schneidet den Strahl in *B*.

D

(2) Wir tragen in $A$ an den Strahl $AB$ den Winkel $\alpha$ an. Der freie Schenkel sei $h$.
(3) Wir tragen in $B$ an den Strahl $BA$ auf der Seite von $AB$, die den Strahl $h$ enthält, den Winkel $\beta$ an und erhalten den Strahl $k$. Die Strahlen $h$ und $k$ schneiden einander in $C$.
*Bemerkung:*
Die Summe der gegebenen Winkel muß kleiner als 180° sein.

**Mittelsenkrechten eines Dreiecks**
(↗ 222)

▶ **DEFINITION 47: Die Mittelsenkrechte einer Dreiecksseite heißt eine Mittelsenkrechte des Dreiecks.**

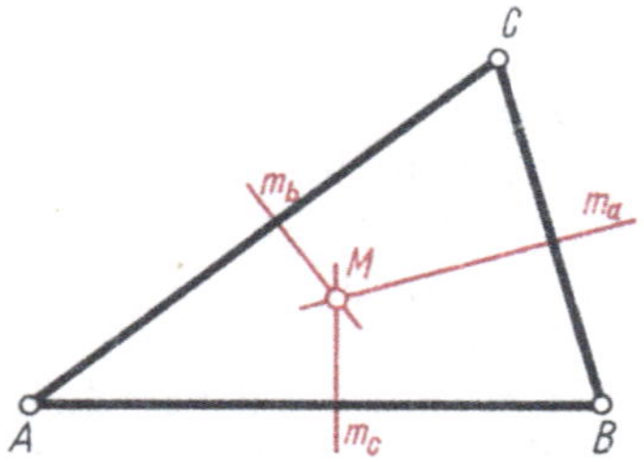


Wir bezeichnen die Mittelsenkrechten mit $m_a$, $m_b$ und $m_c$. ($m_a$ ist die Mittelsenkrechte der Seite $a$ usw.)

▶ **SATZ 48: Die Mittelsenkrechten eines Dreiecks schneiden einander in einem Punkt.**

*Beweis:* Die Geraden $m_a$, $m_b$ und $m_c$ seien die Mittelsenkrechten eines Dreiecks $ABC$. Der Schnittpunkt von $m_c$ und $m_a$ sei $M$. Aus Symmetriegründen gilt $\overline{AM} \cong \overline{BM}$ und $\overline{BM} \cong \overline{CM}$. Dann gilt auch $\overline{AM} \cong \overline{CM}$. Der Punkt $M$ liegt also ebenfalls auf der Mittelsenkrechten der Seite $\overline{AC}$.

**Umkreis eines Dreiecks**

Aus dem Beweis des Satzes über die Mittelsenkrechten eines Dreiecks ergibt sich, daß die Eckpunkte eines Dreiecks $ABC$ von dem Schnittpunkt $M$ der Mittelsenkrechten des betreffenden Dreiecks gleich weit entfernt sind. Der Kreis um $M$ mit dem Radius $\overline{AM}$, der also durch alle Eckpunkte des Dreiecks $ABC$ geht, heißt der Umkreis des Dreiecks $ABC$.

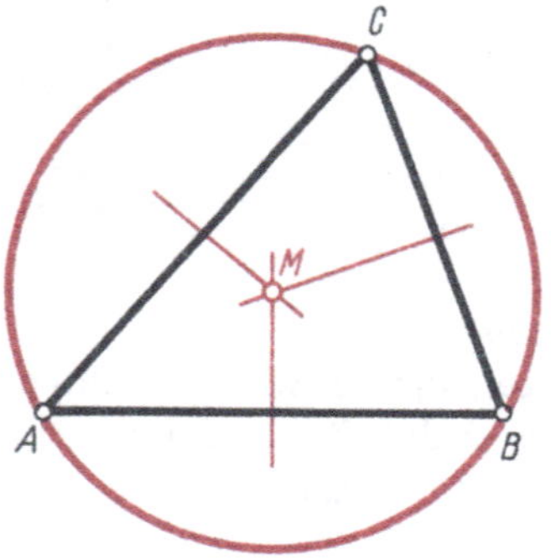

**SATZ 49: Der Schnittpunkt der Mittelsenkrechten eines Dreiecks ist der Umkreismittelpunkt des Dreiecks.**

Lage des Umkreismittelpunktes

| Art des Dreiecks | Lage des Mittelpunktes | |
|---|---|---|
| spitzwinkliges Dreieck | innerhalb der zugehörigen Dreiecksfläche | 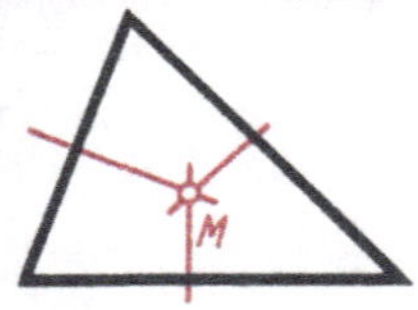  |
| rechtwinkliges Dreieck | auf der Hypotenuse | 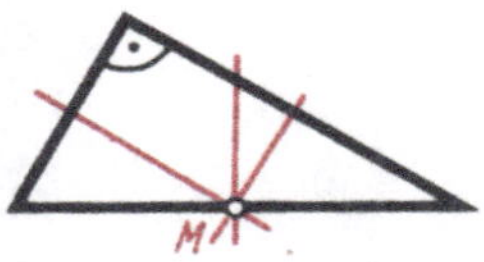  |
| stumpfwinkliges Dreieck | außerhalb der zugehörigen Dreiecksfläche | 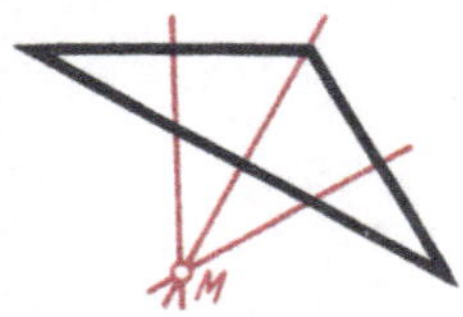  |
| gleichschenkliges Dreieck | auf der Symmetrieachse des Dreiecks |   |

D

Höhen eines Dreiecks (↗ 349)

**DEFINITION 50: Das Lot von einem Eckpunkt eines Dreiecks auf die gegenüberliegende Seite oder auf deren Verlängerung heißt eine Höhe des Dreiecks (Bild links).**

Wir bezeichnen die Höhen eines Dreiecks *ABC* mit $h_a$, $h_b$ und $h_c$ (Bild rechts).

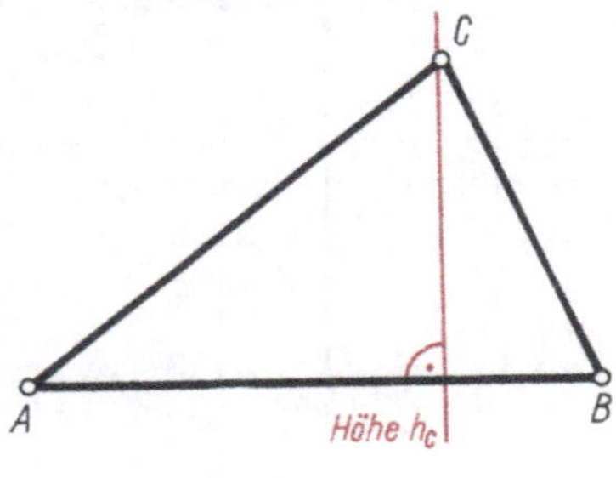


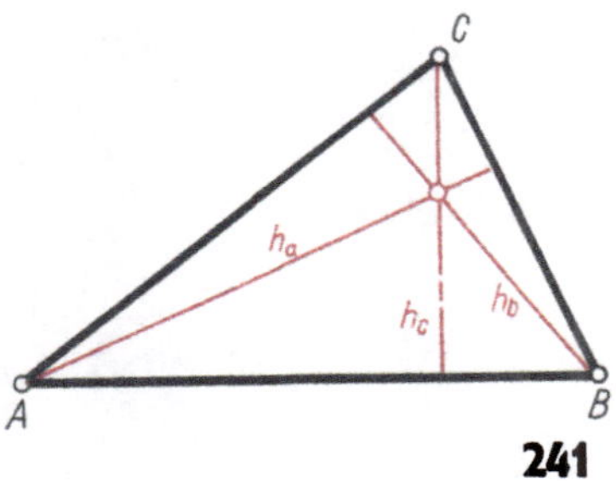

Der Schnittpunkt einer Höhe mit der zugehörigen Dreiecksseite oder deren Verlängerung heißt der Fußpunkt dieser Höhe. Als Länge einer Höhe bezeichnen wir den Abstand des betreffenden Eckpunktes von der Gegenseite.

▶ **SATZ 51: Die Höhen eines Dreiecks schneiden einander in einem Punkt.**

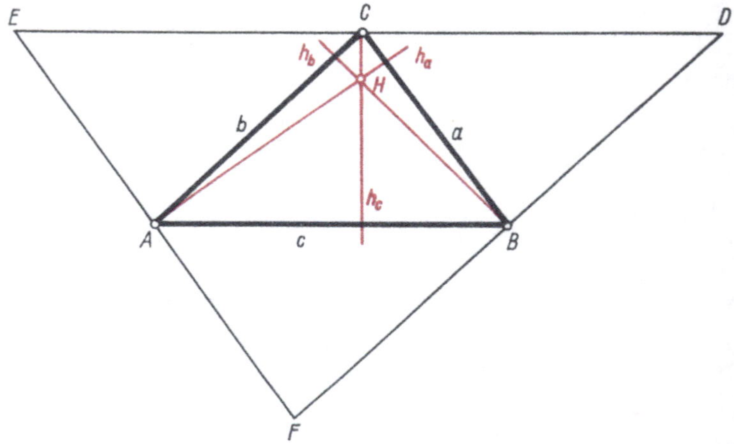


*Beweis:* Die Geraden $h_a$, $h_b$ und $h_c$ seien die Höhen eines Dreiecks $ABC$. Die Schnittpunkte der Parallelen durch die Eckpunkte des Dreiecks $ABC$ zu den gegenüberliegenden Dreiecksseiten seien die Punkte $D$, $E$ und $F$. Die Dreiecke $ABC$, $BDC$, $CEA$ und $AFB$ sind paarweise kongruent. $A$ ist Mittelpunkt der Seite $\overline{EF}$, $B$ ist Mittelpunkt der Seite $\overline{FD}$ und $C$ ist Mittelpunkt von $\overline{DE}$. Die Höhen $h_a$, $h_b$, $h_c$ sind daher gleichzeitig Mittelsenkrechten des Dreiecks $DEF$ und schneiden einander in einem Punkt, *w. z. b. w.* (↗ 240).

Lage des Höhenschnittpunktes

| Art des Dreiecks | Lage des Höhenschnittpunktes | |
|---|---|---|
| spitzwinkliges Dreieck | innerhalb der zugehörigen Dreiecksfläche | 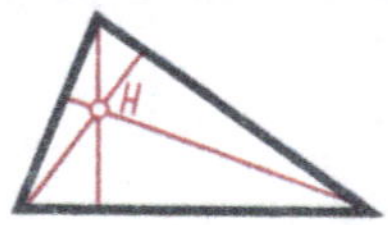  |
| rechtwinkliges Dreieck | Scheitel des rechten Winkels | 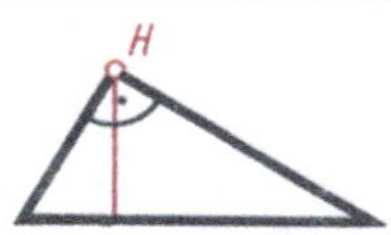  |

| Art des Dreiecks | Lage des Höhenschnittpunktes | |
|---|---|---|
| stumpfwinkliges Dreieck | außerhalb der zugehörigen Dreiecksfläche | 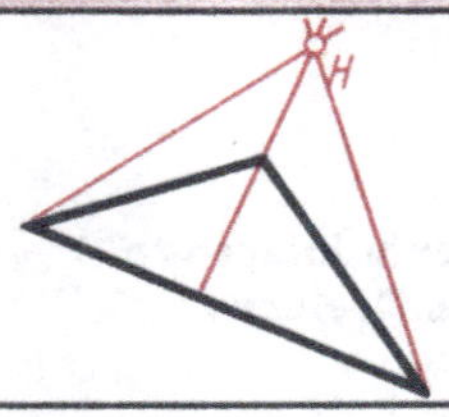 |
| gleichschenkliges Dreieck | auf der Symmetrieachse | 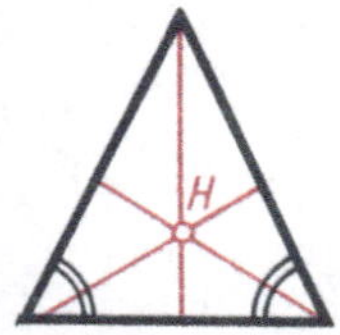 |

**Winkelhalbierende eines Dreiecks**
(↗ 208, 223, 225, 276)

Wir bezeichnen die Winkelhalbierenden im Dreieck *ABC* mit $w_\alpha$, $w_\beta$, $w_\gamma$.

▶ **SATZ 52: Die Winkelhalbierenden eines Dreiecks schneiden einander in einem Punkt.**

*Beweis:* Die Geraden $w_\alpha$, $w_\beta$ und $w_\gamma$ seien die Winkelhalbierenden eines Dreiecks *ABC*. Der Schnittpunkt von $w_\alpha$ und $w_\beta$ sei *W*. Aus Symmetriegründen hat *W* einerseits von *c* und *b* und andererseits von *c* und *a* gleichen Abstand. Dann hat *W* auch von *a* und *b* gleichen Abstand. Der Punkt *W* liegt demnach auch auf $w_\gamma$, w. z. b. w.
Der Schnittpunkt der Winkelhalbierenden eines Dreiecks liegt stets innerhalb des Dreiecks.

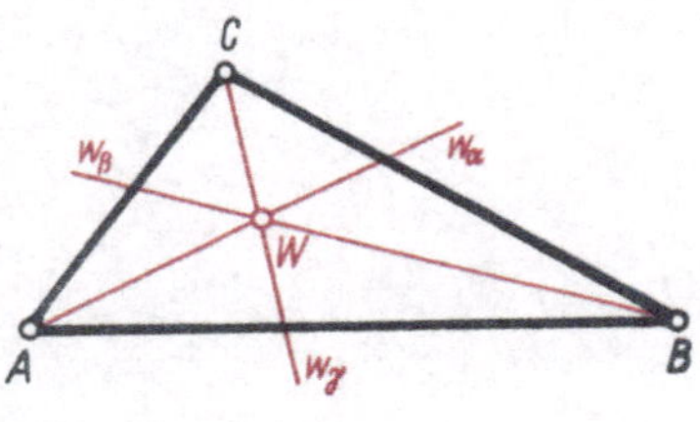


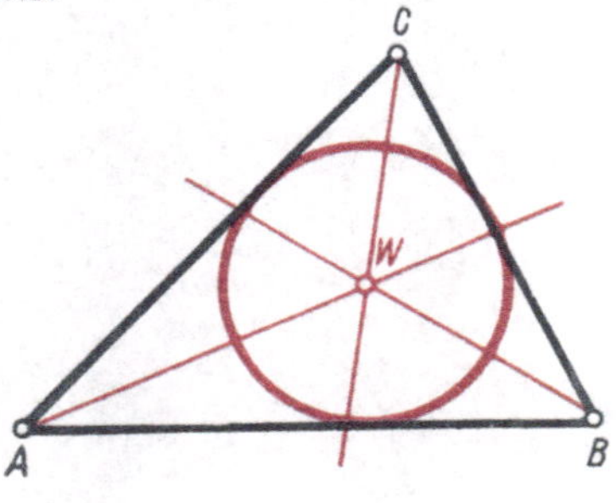


**Inkreis eines Dreiecks**

Der Schnittpunkt *W* der Winkelhalbierenden eines Dreiecks *ABC* hat von den Seiten des Dreiecks gleichen Abstand. Der Kreis um *W* mit diesem Abstand als Radius berührt die Seiten $a$, $b$ und $c$ (von innen). Wir nennen diesen Kreis den **Inkreis** des Dreiecks $ABC$.

**SATZ 53: Der Schnittpunkt der Winkelhalbierenden eines Dreiecks ist der Inkreismittelpunkt des Dreiecks.**

**Seitenhalbierende eines Dreiecks**

**DEFINITION 54: Die Gerade, die durch einen Eckpunkt eines Dreiecks und durch den Mittelpunkt der gegenüberliegenden Seite geht, heißt eine Seitenhalbierende des Dreiecks.**

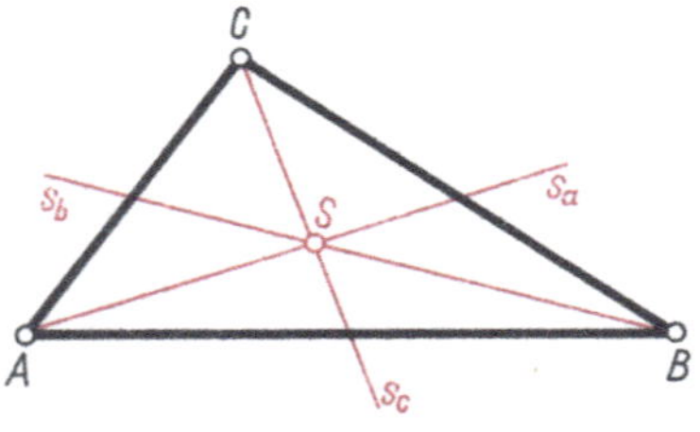


Wir bezeichnen die Seitenhalbierenden eines Dreiecks $ABC$ mit $s_a$, $s_b$ und $s_c$.

**SATZ 55: Die Seitenhalbierenden eines Dreiecks schneiden einander in einem Punkt.**

Lage des Schnittpunktes der Seitenhalbierenden

Der Schnittpunkt $S$ der Seitenhalbierenden eines Dreiecks liegt stets innerhalb des Dreiecks. Er heißt der **Schwerpunkt** des Dreiecks.

Übersicht über die Arten der Dreiecke

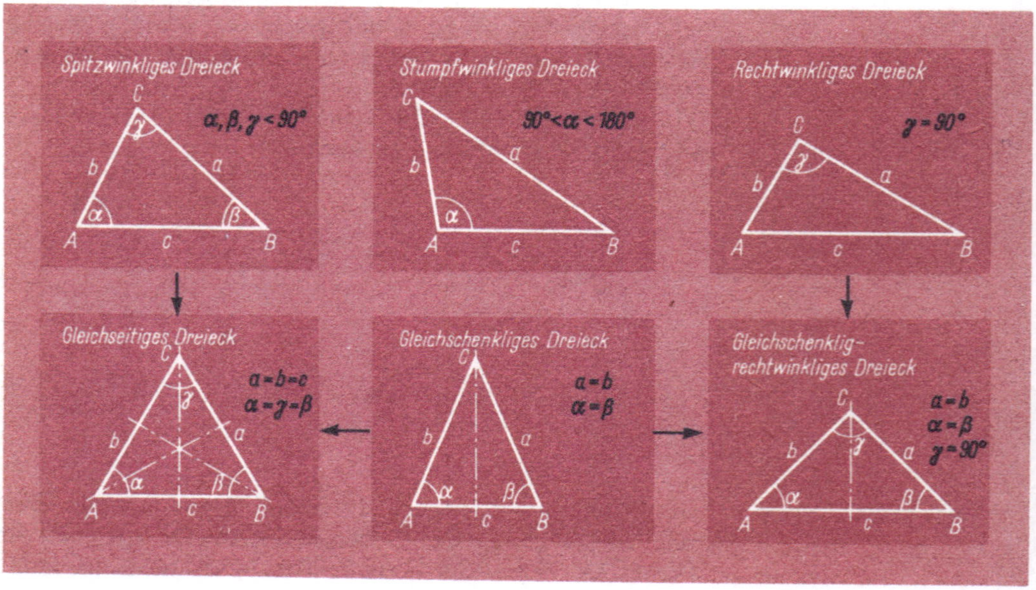

## 11. VIERECKE

**Arten der Vierecke**

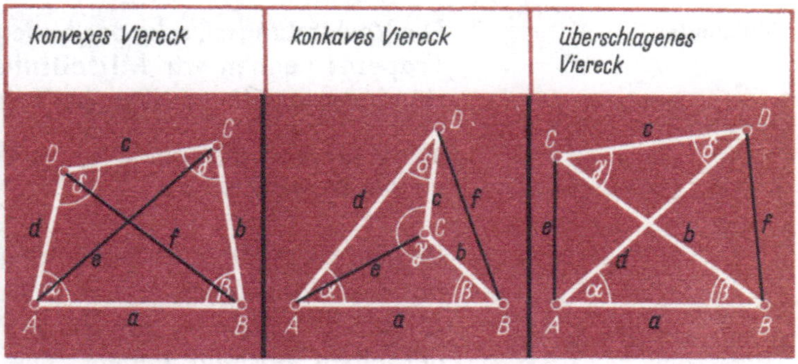


**Winkel eines Vierecks**

▶ **SATZ 56: Die Winkelsumme in einem Viereck beträgt 360°.**

*Beweis:* In jedem konvexen oder konkaven Viereck gibt es eine Diagonale, die das Viereck in zwei Teildreiecke teilt. Da die Winkelsumme in jedem der beiden Dreiecke 180° beträgt, ist die Winkelsumme im Viereck doppelt so groß, also 360°. Auch jedes überschlagene Viereck setzt sich aus zwei Teildreiecken zusammen. Die Winkelsumme in beiden Dreiecken und damit im Viereck ist also auch in diesem Falle 360°, *w. z. b. w.*

Alle jetzt folgenden Sätze dieses Abschnitts beziehen sich auf konvexe Vierecke.

Welche Sätze auch für andere Vierecke gelten, wird hier nicht erörtert.

Die Konstruktion eines Vierecks läßt sich auf die Konstruktion von Teildreiecken zurückführen.



**Trapeze**

▶ **DEFINITION 57: Ein Viereck mit (mindestens) einem Paar paralleler Seiten heißt ein Trapez.**

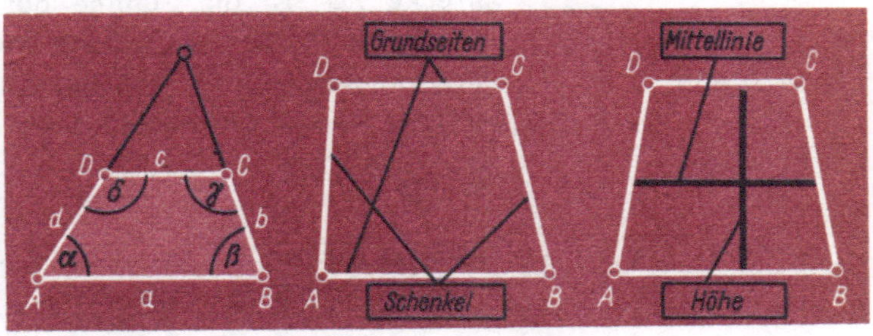


Parallele Seiten eines Trapezes heißen **Grundseiten**, die beiden anderen Seiten werden **Schenkel** genannt.

Mittellinie

Die Verbindungsstrecke der Mittelpunkte der Schenkel eines Trapezes nennen wir **Mittellinie** des Trapezes. Der Abstand zweier Grundseiten heißt **Höhe** des Trapezes.

**SATZ 58: Die Mittellinie eines Trapezes verläuft parallel zu den Grundseiten.**

*Beweis:* Die Mittelpunkte der Schenkel eines Trapezes $ABCD$ mit den Grundseiten $\overline{AB}$ und $\overline{CD}$ seien $E$ und $F$ (Bild links). Es genügt zu zeigen, daß $E$ und $F$ von beiden Grundseiten denselben Abstand haben. Die Fußpunkte des gemeinsamen Lotes von $E$ auf die beiden Grundseiten seien $X$ und $Y$. Aus der Kongruenz der Dreiecke $AXE$ und $DYE$ nach (wsw) folgt die Kongruenz der Strecken $\overline{XE}$ und $\overline{YE}$. Der Punkt $E$ hat also von beiden Grundseiten denselben Abstand. Auf dieselbe Weise kann gezeigt werden, daß auch $F$ denselben Abstand von beiden Grundseiten hat.

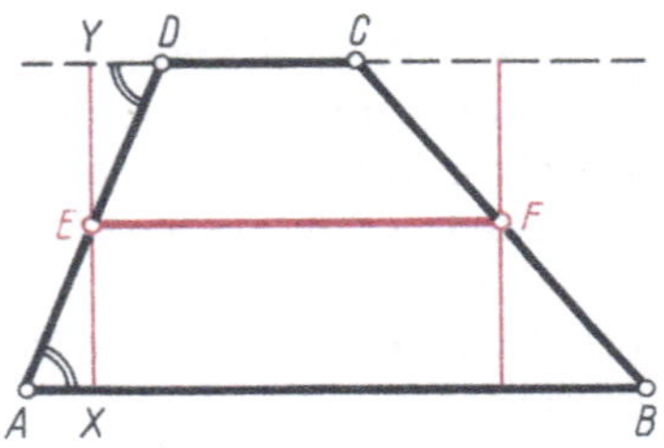


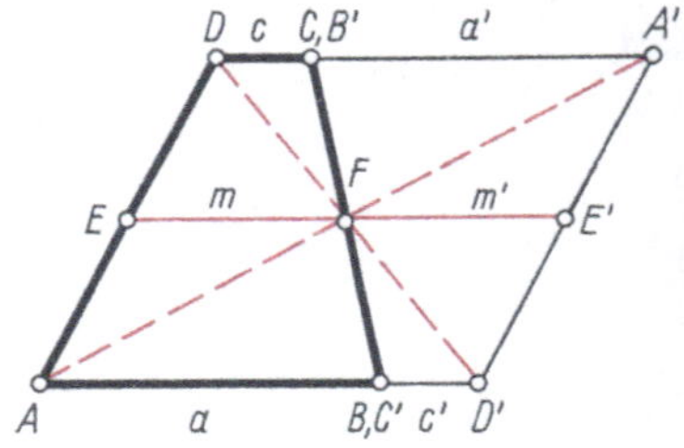


**SATZ 59: Die Mittellinie eines Trapezes ist halb so lang wie die Summe aus den beiden Grundseiten.**

*Beweis:* $a$ und $c$ seien die Grundseiten, $m$ sei die Mittellinie und $E$ bzw. $F$ seien die Mittelpunkte der Schenkel eines Trapezes $ABCD$ (Bild rechts). Wir spiegeln das Trapez an dem Punkt $F$ und erhalten das Bild $A'B'C'D'$. Die Strecke $\overline{AD'}$ ist die Summe aus den Grundseiten. Die Strecke $\overline{EE'}$ ist doppelt so lang wie die Strecke $\overline{EF}$. Da die Strecken $\overline{AD'}$ und $\overline{EE'}$ bei der Verschiebung $\overrightarrow{AE}$ einander entsprechen, sind sie gleich lang. Daraus folgt

$$m = \frac{1}{2}(a + c), \qquad \textit{w. z. b. w.}$$

**SATZ 60: Die Winkel, die demselben Schenkel eines Trapezes anliegen, sind Supplementwinkel.**

*Beweis:* Die beiden Winkel, die demselben Schenkel anliegen, sind entgegengesetzt liegende Winkel an parallelen Geraden (Bild Seite 247 links) (↗ 231).

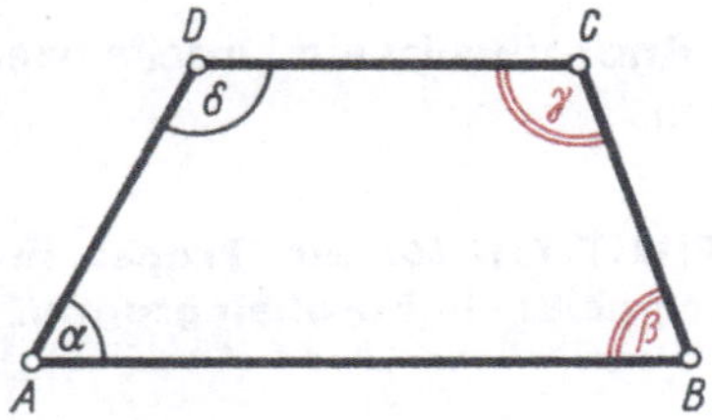


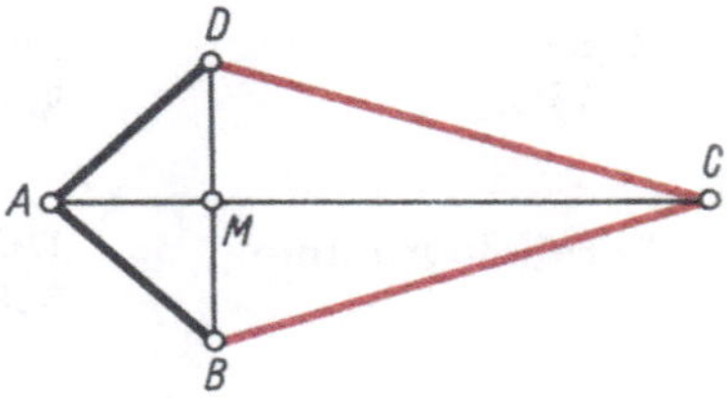


**Gleichschenklige Trapeze**

Sind in einem Trapez die nicht parallelen Seiten gleich lang, so nennt man es gleichschenklig.

▶ **SATZ 61: Ein Trapez ist gleichschenklig genau dann, wenn die Winkel, die einer Grundseite anliegen, kongruent sind**

**Drachenvierecke**

▶ **DEFINITION 62: Ein Viereck mit zwei Paaren benachbarter gleich langer Seiten heißt ein Drachenviereck (Bild rechts)**

Symmetrie (↗ 221)

▶ **SATZ 63: Jedes Drachenviereck besitzt (mindestens) eine Symmetrieachse.**

*Beweis:* In einem Drachenviereck *ABCD* sei
$\overline{AB} = \overline{AD}$
und
$\overline{BC} = \overline{DC}$.
Die Mittelsenkrechte der Strecke $\overline{BD}$ geht dann sowohl durch *A* als auch durch *C*. Demnach ist die Diagonale $\overline{AC}$ des Drachenvierecks gemeinsame Symmetrieachse der beiden gleichschenkligen Teildreiecke und damit Symmetrieachse des Drachenvierecks.

Diagonale (↗ 207)

▶ **SATZ 64: Die Diagonalen eines Drachenvierecks stehen senkrecht aufeinander.**

*Beweis:* Ein Drachenviereck *ABCD* habe die Symmetrieachse *AC*. Bei der Spiegelung an dieser Geraden entsprechen die Punkte *B* und *D* einander. Die Gerade *BD* steht demnach senkrecht auf der Geraden *AC*.

▶ **SATZ 65: In jedem Drachenviereck gibt es ein Paar gegenüberliegender Winkel, die kongruent sind.**

*Beweis:* Ein Drachenviereck *ABCD* habe die Symmetrieachse *AC*. Bei der Spiegelung an *AC* entsprechen die gegenüberliegenden Winkel *ABC* und *ADC* einander. Folglich sind sie kongruent.

**Rhombus** (↗ 251)

Ein **Rhombus** ist ein Drachenviereck mit vier kongruenten Seiten.

**Parallelogramme**

▶ **DEFINITION 66: Ein Trapez mit zwei Paaren paralleler Seiten heißt ein Parallelogramm.**

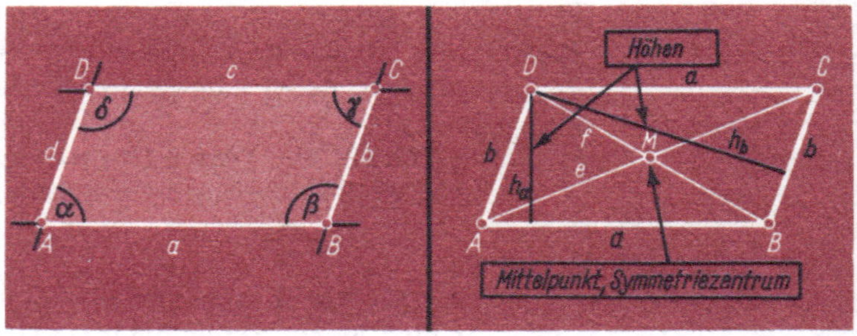


▶ **SATZ 67: In jedem Parallelogramm sind die gegenüberliegenden Seiten gleich lang.**

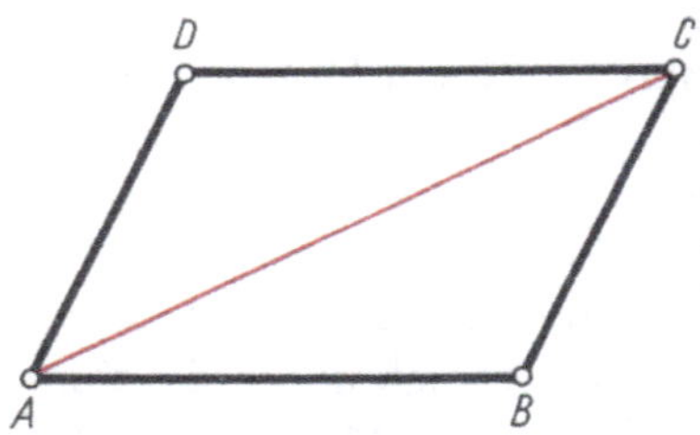


*Beweis:* Ist $ABCD$ ein Parallelogramm, so gilt $\triangle ABC \cong \triangle CDA$ (wsw). Daraus folgt $\overline{AB} = \overline{CD}$ und $\overline{BC} = \overline{DA}$.



▶ **SATZ 68: Wenn in einem Viereck die gegenüberliegenden Seiten jeweils gleich lang sind, so ist das Viereck ein Parallelogramm.**

*Beweis:* In einem Viereck $ABCD$ gelte $\overline{AB} = \overline{DC}$ und $\overline{BC} = \overline{AD}$. Daraus folgt $\triangle ABC \cong \triangle CDA$ und daher $\sphericalangle BCA = \sphericalangle DAC$, d. h., daß die Seiten $\overline{BC}$ und $\overline{AD}$ des Vierecks parallel sind. Entsprechend ergibt sich die Parallelität der Seiten $\overline{AB}$ und $\overline{DC}$. Das Viereck $ABCD$ ist also ein Parallelogramm.

Diagonalen (↗ 201)

▶ **SATZ 69: Die Diagonalen eines Parallelogramms halbieren einander.**

Der Schnittpunkt der Diagonalen eines Parallelogramms wird **Mittelpunkt** des Parallelogramms genannt.

Symmetrie (↗ 221)

▶ **SATZ 70: Jedes Parallelogramm ist punktsymmetrisch.**

*Beweis:* Bei der Spiegelung am Mittelpunkt *M* eines Parallelogramms *ABCD* ist *C* das Bild von *A*, *D* das Bild von *B*, *A* das Bild von *C* und *B* das Bild von *D*. Das Parallelogramm wird also auf sich selbst abgebildet und ist demnach punktsymmetrisch.

▶ **SATZ 71: Wenn ein Viereck punktsymmetrisch ist, so ist es ein Parallelogramm.**

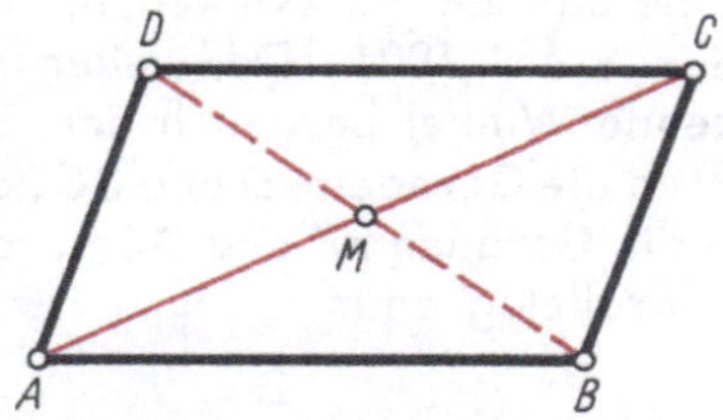


*Beweis:* Ein Viereck *ABCD* sei punktsymmetrisch bezüglich eines Punktes *M*. Es seien einerseits *A* und *C* und andererseits *B* und *D* einander entsprechende Punkte bei der Punktspiegelung an *M*. Da dann die Seiten $\overline{AB}$ und $\overline{CD}$ bzw. $\overline{AD}$ und $\overline{CB}$ einander entsprechen, sind sie jeweils gleich lang. Nach Satz D 68 folgt, daß das Viereck ein Parallelogramm ist.

▶ **SATZ 72: Wenn in einem Viereck die Diagonalen einander halbieren, so ist dieses Viereck ein Parallelogramm.**

*Beweis:* Der Diagonalschnittpunkt *M* eines solchen Vierecks *ABCD* ist Zentrum einer Punktspiegelung, bei der sich *A* und *C* bzw. *B* und *D* entsprechen. Daher ist *ABCD* punktsymmetrisch, also nach Satz D 71 ein Parallelogramm.

▶ **SATZ 73: In jedem Parallelogramm sind gegenüberliegende Winkel gleich groß und benachbarte Winkel Supplementwinkel (↗ 229).**

*Beweis:* Bei der Spiegelung am Mittelpunkt *M* eines Parallelogramms entsprechen gegenüberliegende Winkel ein-

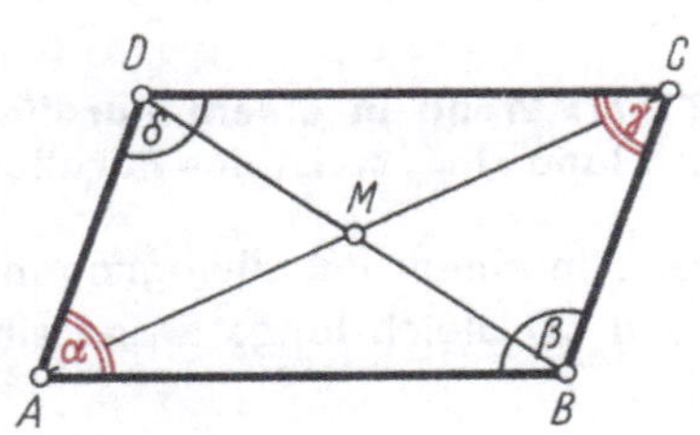


D

ander. Sie sind folglich kongruent. Daß benachbarte Winkel Supplementwinkel sind, folgt daraus, daß sie entgegengesetzt liegende Winkel mit parallelen Schenkeln sind.

**SATZ 74: Wenn in einem Viereck gegenüberliegende Winkel jeweils gleich groß sind, so ist das Viereck ein Parallelogramm.**

*Beweis:* In einem Viereck *ABCD* gelte $\alpha = \gamma$ und $\beta = \delta$. Da die Summe der Winkel 360° beträgt, gilt $\alpha + \beta = 180°$ und $\alpha + \delta = 180°$. Da weiter $\alpha$ und $\beta$ entgegengesetzt liegende Winkel bezüglich der Geraden *AD* und *BC* sind, müssen die Geraden *AD* und *BC* parallel sein. Entsprechend sind die Geraden *AB* und *DC* parallel. Das Viereck ist also ein Parallelogramm.

**Rechtecke**

**DEFINITION 75: Ein Parallelogramm mit einem rechten Winkel heißt ein Rechteck.**

Aus dem Satz D 73 folgt:

Winkel, Diagonalen (↗ 201)

Alle Winkel eines Rechtecks sind rechte Winkel.

**SATZ 76: In jedem Rechteck sind die Diagonalen gleich lang.**

*Beweis*: Im Rechteck *ABCD* sind die Dreiecke *ABC* und *DAB* kongruent. Daraus folgt $\overline{AC} = \overline{DB}$.

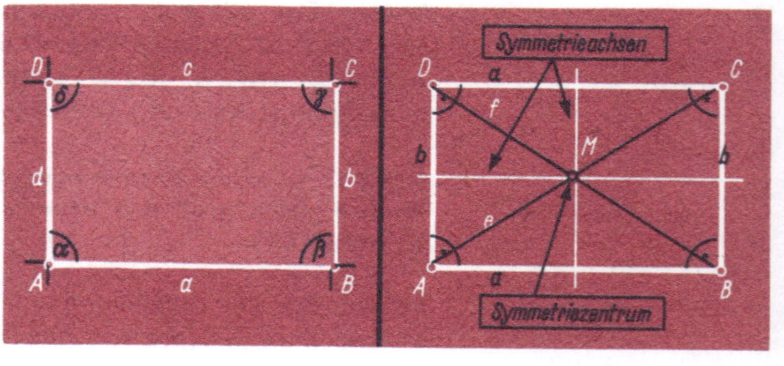


**SATZ 77: Wenn in einem Parallelogramm die Diagonalen gleich lang sind, so ist das Parallelogramm ein Rechteck.**

*Beweis:* In einem Parallelogramm *ABCD* seien die Strecken $\overline{AC}$ und $\overline{BD}$ gleich lang. Dann sind die Dreiecke *ABC* und

*DAB* kongruent. Daraus folgt $\sphericalangle ABC = \sphericalangle DAB$. Da diese Winkel Supplementwinkel sind, ist jeder ein Rechter. Also ist das Parallelogramm ein Rechteck.

Symmetrieverhältnisse (↗ 221)

Jedes Rechteck ist als Parallelogramm punktsymmetrisch. Außerdem besitzt es zwei Symmetrieachsen, die jeweils durch die Mittelpunkte der gegenüberliegenden Seiten gehen (Bild Seite 250).

**Rhomben**

▶ **DEFINITION 78: Ein Parallelogramm, dessen Seiten alle gleich lang sind, heißt Rhombus.**

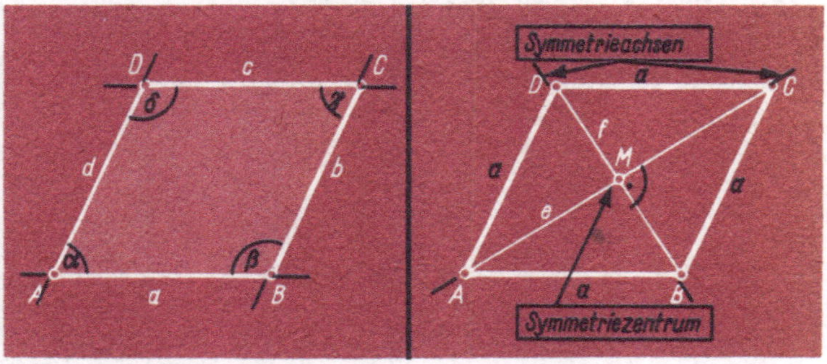


Diagonalen (↗ 201)

▶ **SATZ 79: In jedem Rhombus stehen die Diagonalen senkrecht aufeinander.**

Der **Beweis** ergibt sich daraus, daß jeder Rhombus ein Drachenviereck ist.

▶ **SATZ 80: Wenn in einem Parallelogramm die Diagonalen senkrecht aufeinander stehen, so ist das Parallelogramm ein Rhombus.**

Symmetrieverhältnisse (↗ 221)

Jeder Rhombus ist als Parallelogramm punktsymmetrisch. Außerdem sind seine Diagonalen Symmetrieachsen.

**Quadrate**

▶ **DEFINITION 81: Ein Parallelogramm mit einem rechten Winkel und vier gleich langen Seiten heißt ein Quadrat (Bild Seite 252).**

Ein Quadrat ist also sowohl ein Rechteck als auch ein Rhombus.

D

Symmetrieverhältnisse
(↗ 221)

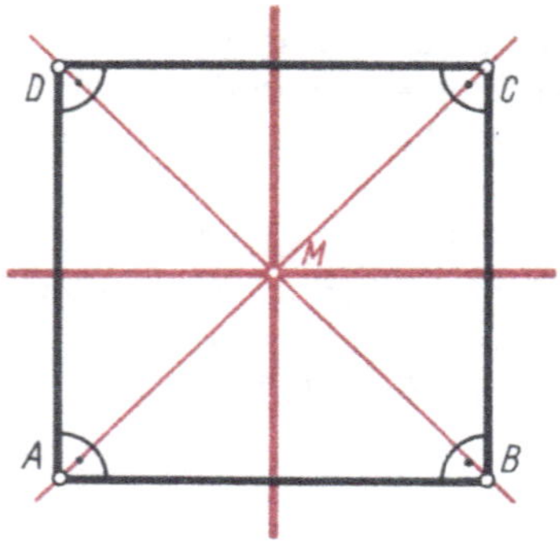


Ein Quadrat ist punktsymmetrisch, und es besitzt vier Symmetrieachsen, und zwar die Diagonalen und die Verbindungsgeraden der Mittelpunkte gegenüberliegender Seiten.

## Übersicht über die Arten der Vierecke

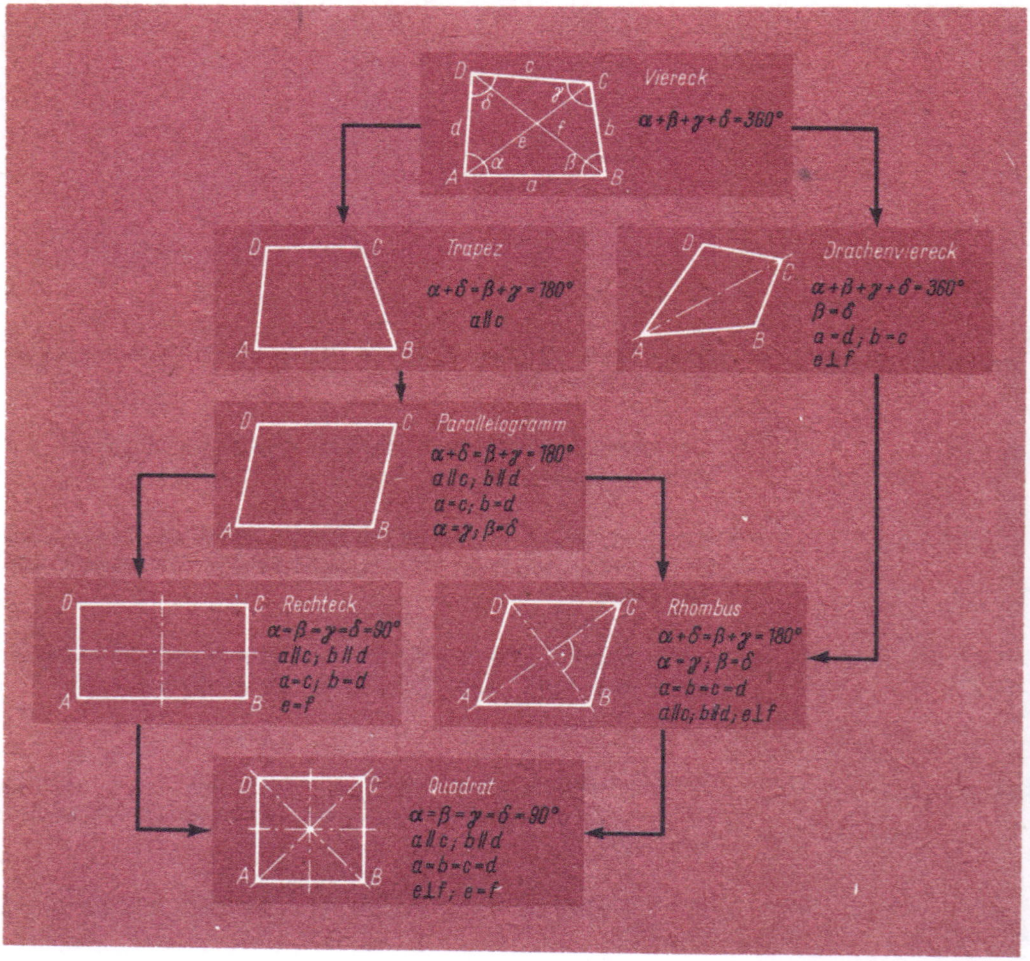

# 12. KREISE

**Kreis und Gerade** ▶ **DEFINITION 82: Eine Gerade heißt Sekante, Tangente bzw. Passante eines Kreises je nachdem, ob sie mit dem Kreis zwei Punkte, genau einen Punkt bzw. keinen Punkt gemeinsam hat. Eine Sekante, die durch den Mittelpunkt eines Kreises geht, nennen wir eine Zentrale (↗ 259).**

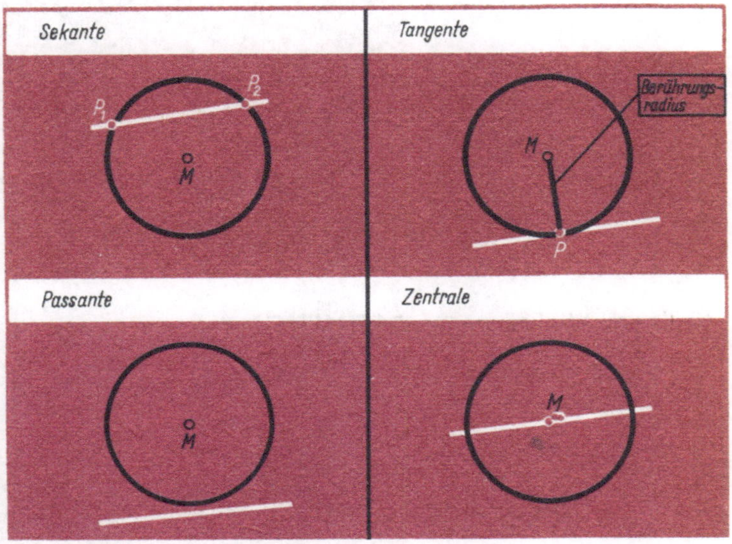


Ein Radius, der den Berührungspunkt einer Tangente mit dem Mittelpunkt des Kreises verbindet, heißt **Berührungsradius** der Tangente.

**Kreis und Strecke** ▶ **DEFINITION 83: Eine Strecke, die zwei Punkte eines Kreises verbindet, heißt Sehne dieses Kreises (Bild unten). Eine Sehne, die durch den Mittelpunkt eines Kreises geht, heißt Durchmesser des Kreises. Ein Viereck, dessen Seiten Sehnen (Tangenten) eines Kreises sind, heißt ein Sehnenviereck (Tangentenviereck) des Kreises (Bild Seite 254).**

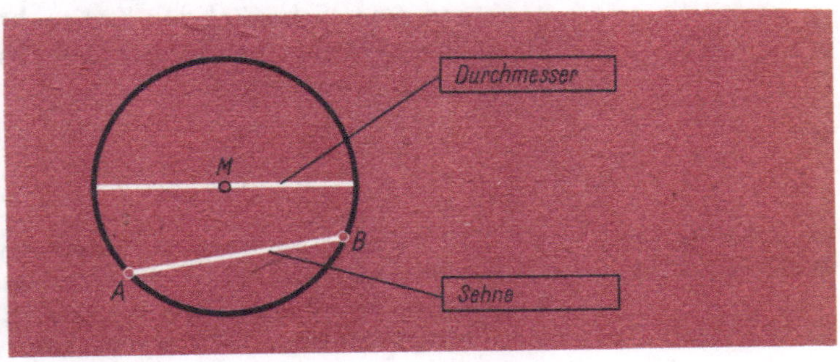


D

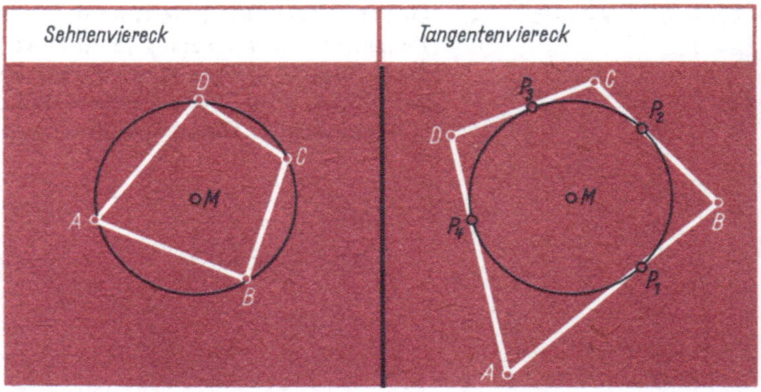


**Kreis und Winkel**

**DEFINITION 84:**

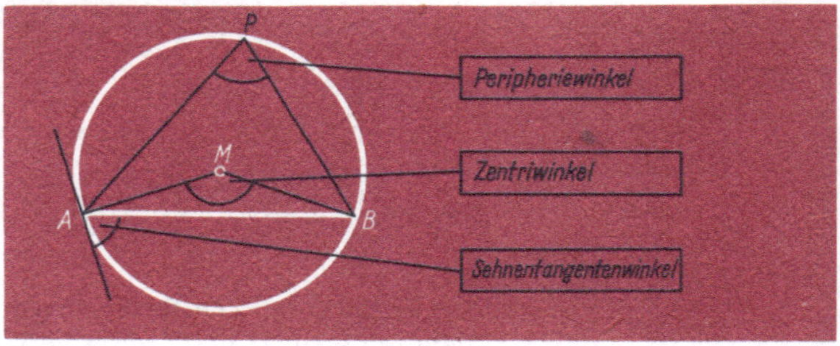


1. Ein Winkel, dessen Scheitel im Mittelpunkt eines Kreises liegt, heißt **Zentriwinkel** dieses Kreises.
2. Ein Winkel, dessen Scheitel Punkt eines Kreises ist und dessen Schenkel den Kreis schneiden, heißt **Peripheriewinkel**.
3. Ein Winkel, dessen Scheitel Punkt eines Kreises ist, dessen einer Schenkel den Kreis schneidet und dessen anderer Schenkel auf einer Tangente des Kreises liegt, heißt **Sehnentangentenwinkel**.

**Symmetrie eines Kreises** (↗ 221)

**SATZ 85: Jeder Kreis ist punktsymmetrisch (Bild Seite 255). Außerdem ist jede Zentrale eines Kreises Symmetrieachse des Kreises. Ein Kreis wird bei jeder beliebigen Drehung um seinen Mittelpunkt auf sich selbst abgebildet.**

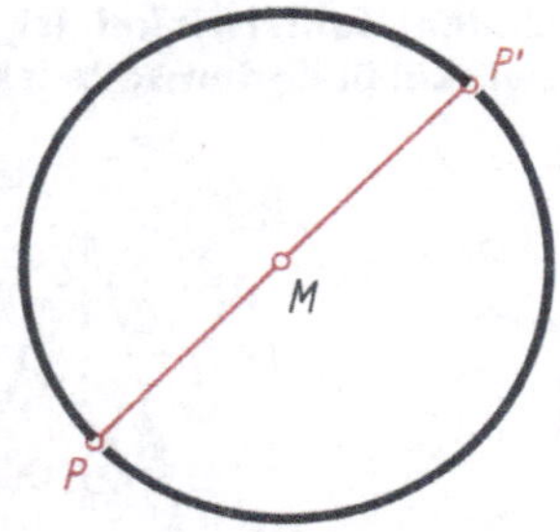


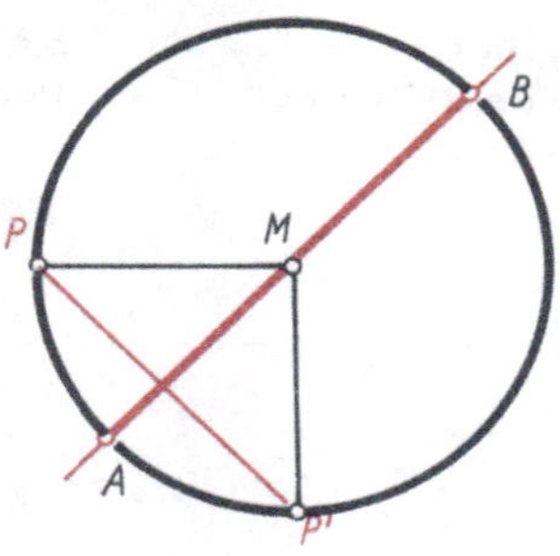


**Kreisbögen**

Wird ein Kreis von einer Geraden in den Punkten $A$ und $B$ geschnitten, so wird der Kreis in zwei Teile zerlegt, die wir **Kreisbögen** nennen (Bild unten links). Jeden der beiden Kreisbögen bezeichnet man mit $\widehat{AB}$. Aus dem jeweiligen Zusammenhang ist ersichtlich, welcher von beiden gemeint ist. Geht die Gerade durch den Mittelpunkt, so ist jeder Kreisbogen ein **Halbkreis.**

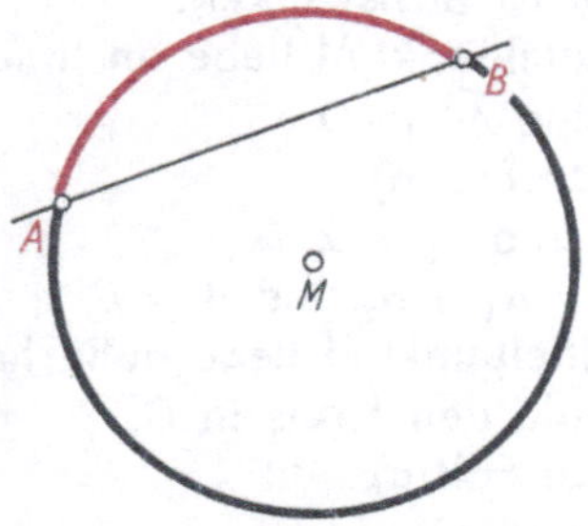


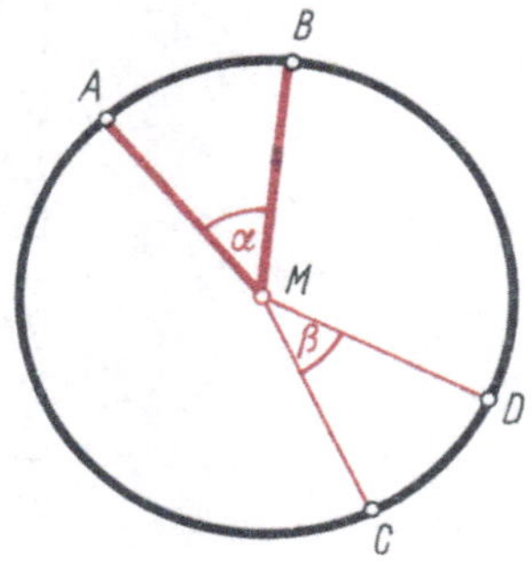


▶ **SATZ 86: Zwei Kreisbögen $\widehat{AB}$ und $\widehat{CD}$ eines Kreises um $M$ sind kongruent genau dann, wenn die zugehörigen Zentriwinkel $AMB$ und $CMD$ kongruent sind (Bild rechts).**

*Beweis:*

a) $\widehat{AB}$ und $\widehat{CD}$ seien kongruente Bögen eines Kreises um $M$. Dann gibt es eine Bewegung, bei der sie einander entsprechen. Da bei dieser Bewegung nur der Punkt $M$ auf sich selbst abgebildet wird, ist dies eine Drehung. Daraus ergibt sich, daß die Zentriwinkel $AMB$ und $CMD$ kongruent sind.

b) $A, B, C, D$ seien Punkte eines Kreises um $M$. Die Zentriwinkel $AMB$ und $CMD$ seien kongruent. Dann gibt es eine Drehung um $M$, bei der die Bögen $\widehat{AB}$ und $\widehat{CD}$ einander entsprechen, da ein Kreis bei einer Drehung um seinen Mittelpunkt auf sich selbst abgebildet wird. Daraus folgt, daß sie kongruent sind.

**Peripherie- und Zentriwinkel**

**SATZ 87: Jeder Zentriwinkel ist doppelt so groß wie ein Peripheriewinkel über demselben Bogen.**

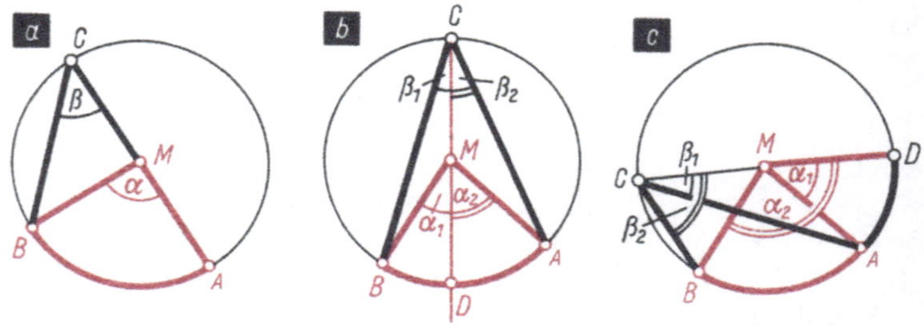


*Beweis:* Zu einem Bogen $\widehat{AB}$ eines Kreises um $M$ gehöre der Zentriwinkel $\alpha$ und ein Peripheriewinkel $\beta$ mit dem Scheitel $C$.

a) Der Mittelpunkt $M$ des Kreises liege auf $\overline{AC}$. Da $\alpha$ Außenwinkel im gleichschenkligen Dreieck $BMC$ ist, gilt $\alpha = 2\,\beta$ ($\beta$ ist Basiswinkel).

b) Der Mittelpunkt $M$ liege im Innern von $\beta$. Die Gerade $CM$ schneide $\widehat{AB}$ in $D$.
Es gilt nach Fall a):
$\alpha_1 = 2\,\beta_1$ und $\alpha_2 = 2\,\beta_2$.
Wegen $\alpha = \alpha_1 + \alpha_2$ und $\beta = \beta_1 + \beta_2$ folgt $\alpha = 2\,\beta$.

c) Der Mittelpunkt $M$ liege außerhalb von $\beta$. Die Gerade $CM$ schneide den Kreis in $D$.
Es gilt nach Fall a):
$\alpha_1 = 2\,\beta_1$ und $\alpha_2 = 2\,\beta_2$.
Wegen $\alpha = \alpha_2 - \alpha_1$ und $\beta = \beta_2 - \beta_1$ folgt $\alpha = 2\,\beta$.
Dieser Satz wurde hier nur für Zentriwinkel bewiesen, die kleiner als 180° sind. Er gilt jedoch für beliebige Zentriwinkel.

**SATZ 88: Zwei Peripheriewinkel über demselben Bogen sind kongruent (Bild links).**

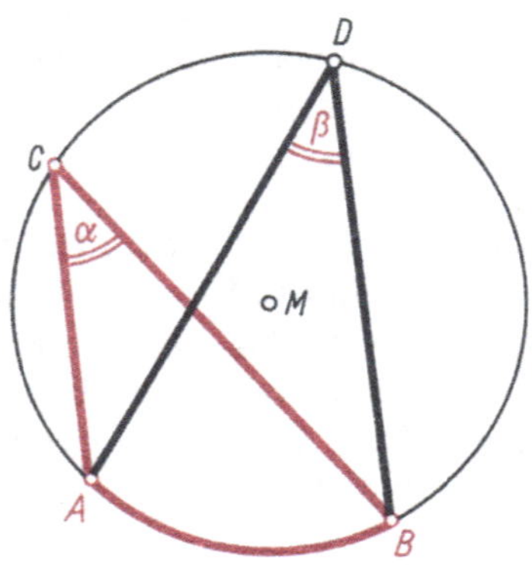


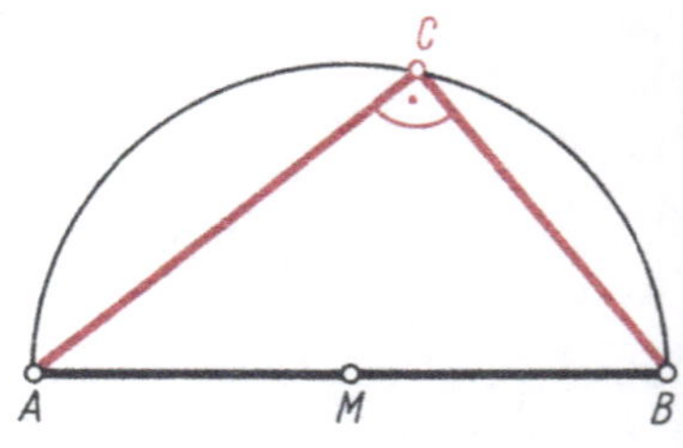

Ein Beweis ergibt sich daraus, daß jeder der beiden Peripheriewinkel über demselben Bogen halb so groß wie der zugehörige Zentriwinkel ist.

*Thales*

▶ **SATZ des THALES (89): Jeder Peripheriewinkel über einem Durchmesser ist ein rechter Winkel.**

*Beweis:* Da der Zentriwinkel ein gestreckter Winkel ist, muß jeder zugehörige Peripheriewinkel halb so groß sein. Er ist also ein rechter Winkel.

▶ **Umkehrung des Satzes von THALES (90):**
**Der Scheitel *C* des rechten Winkels eines rechtwinkligen Dreiecks *ABC* liegt auf dem Kreis mit der Hypotenuse als Durchmesser.**

*Beweis:* $C$ sei der Scheitel des rechten Winkels eines rechtwinkligen Dreiecks $ABC$ und $M$ sei Mittelpunkt von $\overline{AB}$. Wir nehmen an, daß $C$ nicht auf dem Kreis um $M$ mit dem Radius $\overline{MA}$ liegt. Dann liegt $C$ entweder außerhalb oder innerhalb dieses Kreises.

a) $C$ liege außerhalb des Kreises (Bild links). Dann schneidet die Gerade $CM$ den Kreis in einem Punkt $C_0$. Der Winkel $AC_0B$ ist dann ein rechter Winkel. Da der Winkel $ACM$ kleiner als der Außenwinkel $AC_0M$ des Dreiecks $AC_0C$ und entsprechend der Winkel $BCM$ kleiner als der Winkel $BC_0M$ ist, ergibt sich, daß der Winkel $ACB$ kleiner als ein rechter Winkel ist. Das ergibt einen Widerspruch zur Voraussetzung. Dieser Fall ist demnach nicht möglich.

b) $C$ liege innerhalb des Kreises (Bild rechts). Die Gerade $MC$ schneidet dann den Kreis in einem Punkt $C_0$. Entsprechend wie bei a) ergibt sich, daß der Winkel $ACB$ größer als der Winkel $AC_0B$ und damit größer als ein rechter Winkel ist. Auch dieser Fall ist nicht möglich.

Aus a) und b) folgt, daß $C$ auf dem Kreis um $M$ mit dem Radius $\overline{MA}$ liegt.

**Tangenten**
(↗ 253)

**SATZ 91: Tangente und Berührungsradius eines Kreises stehen senkrecht aufeinander.**

*Beweis:* $\overline{MA}$ sei Radius eines Kreises um $M$, und die Gerade $AB$ sei Tangente in $A$ an den Kreis. Angenommen, die Gerade $MA$ stünde nicht senkrecht auf $AB$ (Bild links). Dann gäbe es von $M$ ein Lot auf $AB$, dessen Fußpunkt $L$ von $A$ verschieden wäre. Bei der Spiegelung an $ML$ müßte das Bild $A'$ des Punktes $A$ sowohl auf dem Kreis als auch auf der Geraden $AB$ liegen. Das ist nicht möglich, da die Tangente mit dem Kreis nur den Punkt $A$ gemeinsam hat. Folglich steht die Gerade $MA$ senkrecht auf der Tangente $AB$.

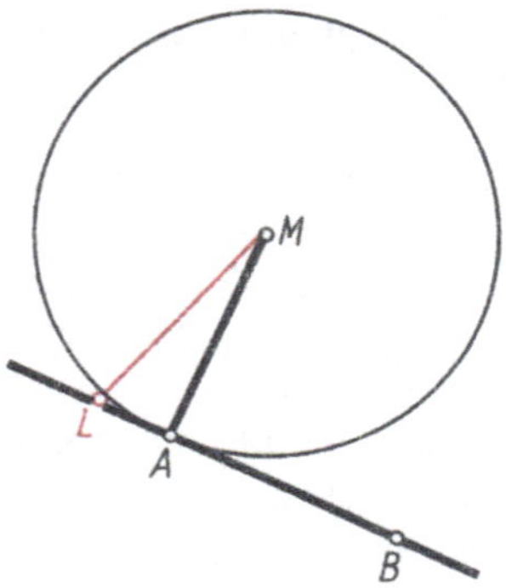


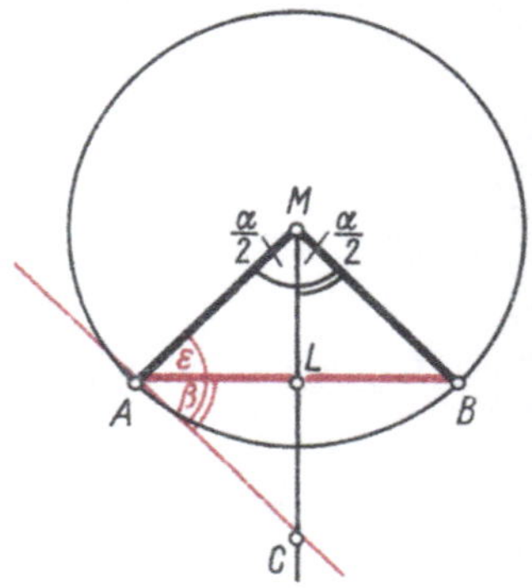


Zentri- und Sehnentangentenwinkel
(↗ 254)

D

Der Zentriwinkel $AMB$ und der Sehnentangentenwinkel $BAC$ (Bild rechts) heißen einander zugehörig, wenn der Kreisbogen $\widehat{AB}$ im Innern des Sehnentangentenwinkels liegt.

**SATZ 92: Ein Zentriwinkel ist doppelt so groß wie der zugehörige Sehnentangentenwinkel.**

*Beweis*: Nach Satz D 91 gilt
$\varepsilon + \beta = 90°$
Im Dreieck $ALM$ gilt andererseits
$\varepsilon + \frac{\alpha}{2} = 90°.$
Folglich ist $\frac{\alpha}{2} = \beta.$

Peripheriewinkel und Sehnentangentenwinkel
(↗ 254)

Wenn der Winkel $ACB$ ein Peripheriewinkel mit dem zugehörigen Bogen $\widehat{AB}$ ist, so nennen wir den Sehnentangentenwinkel, in dessen Innerem der Bogen $\widehat{AB}$ liegt, dem Peripheriewinkel zugehörig und umgekehrt.

**SATZ 93: Jeder Peripheriewinkel und der zugehörige Sehnentangentenwinkel sind gleich groß.**

*Beweis:* Es gilt (Bild links):
$\gamma = 2\alpha$ (Satz D 87)
und
$\gamma = 2\beta$ (Satz D 92).
Daraus folgt:
$\alpha = \beta$

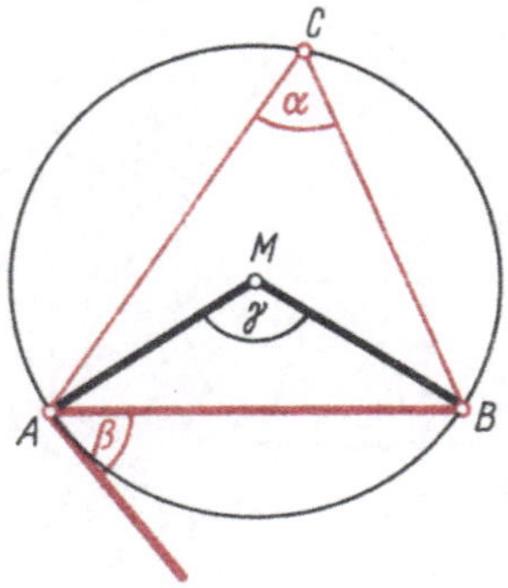


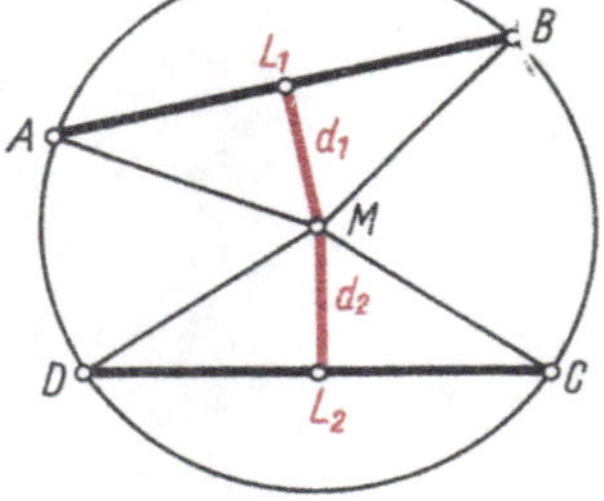


Sehnen (↗ 253)

▶ **SATZ 94: Zwei Sehnen eines Kreises haben vom Mittelpunkt des Kreises gleichen Abstand genau dann, wenn sie gleich lang sind.**

*Beweis:*
a) Zwei Sehnen $\overline{AB}$ und $\overline{CD}$ eines Kreises um $M$ seien gleich lang (Bild rechts). Sind $d_1$ und $d_2$ die Abstände des Mittelpunktes $M$ von $AB$ bzw. $CD$, so folgt aus der Kongruenz der gleichschenkligen Dreiecke $ABM$ und $CDM$ die Beziehung: $d_1 = d_2$.
b) Die Abstände $d_1$ und $d_2$ des Mittelpunktes $M$ eines Kreises von zwei Sehnen $\overline{AB}$ und $\overline{CD}$ seien gleich. $L_1$ und $L_2$ seien die Fußpunkte der Lote von $M$ auf $AB$ bzw. $CD$. Dann gilt sowohl $\triangle AL_1M \cong \triangle DL_2M$ als auch $\triangle BL_1M \cong \triangle CL_2M$. Daraus ergibt sich die Kongruenz der Sehnen $\overline{AB}$ und $\overline{CD}$.

▶ **SATZ 95: Die Mittelsenkrechte einer Sehne ist Zentrale des Kreises (↗ 253).**

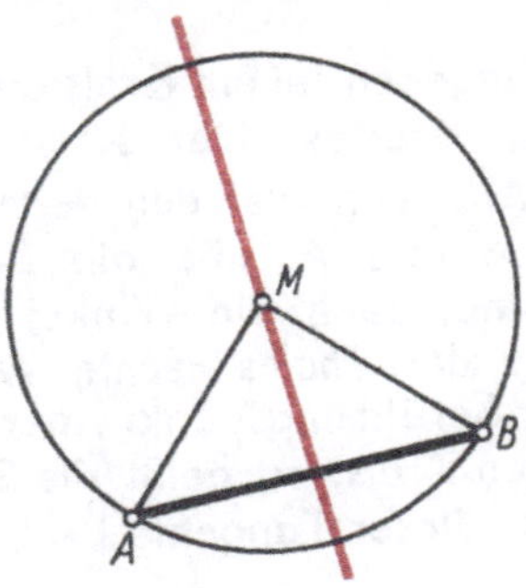


*Beweis:* $\overline{AB}$ sei eine Sehne eines Kreises um $M$. Die Mittelsenkrechte (↗ 222) auf $\overline{AB}$ ist Symmetrieachse des Dreiecks $ABM$ und geht daher durch die Spitze $M$. Folglich ist die Mittelsenkrechte Zentrale des Kreises.



D

*Bemerkung:* Aus diesem Satz ergibt sich die Konstruktion des Mittelpunktes eines gegebenen Kreises. Zur Konstruktion des Mittelpunktes eines Kreises werden zwei beliebige Sehnen eingezeichnet. Auf ihnen werden die Mittelsenkrechten konstruiert. Deren Schnittpunkt ist der Mittelpunkt des Kreises

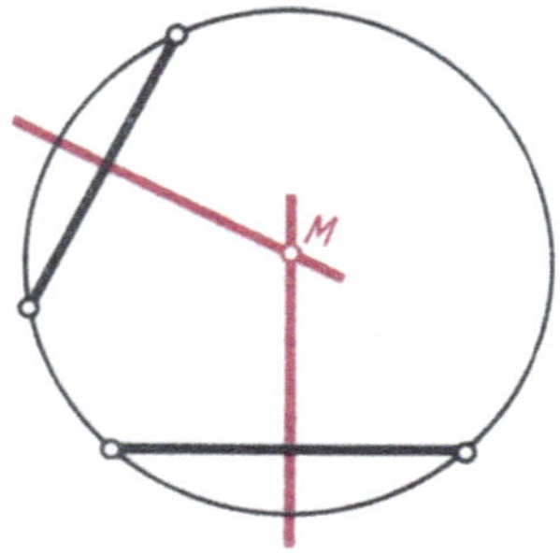


Tangenten an einen Kreis

**SATZ 96: Von einem beliebigen Punkt *C* außerhalb eines Kreises gibt es genau zwei Tangenten an den Kreis.**

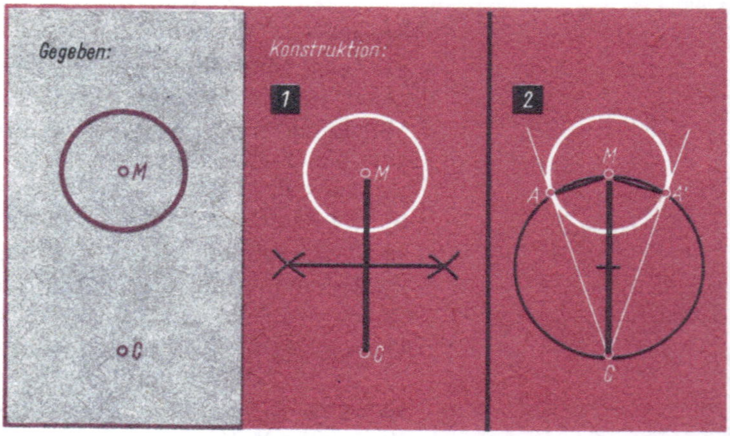


*Beweis:* Gegeben sei ein Kreis um *M* und ein Punkt *C* außerhalb des Kreises. Der Kreis um den Mittelpunkt der Strecke $\overline{MC}$ schneidet den gegebenen Kreis in genau zwei Punkten *A* und *A'*, die die Berührungspunkte der Tangenten sind, denn die Winkel *CAM* und *CA'M* sind nach dem Satz des *Thales* rechte Winkel.

Tangentenabschnitt

Ist *A* der Berührungspunkt einer Tangente von einem Punkt *P* an einen Kreis, so heißt die Strecke *PA* der **Tangentenabschnitt** dieser Tangente.

**SATZ 97: Die beiden Tangenten von einem Punkt *P* an einen Kreis mit dem Mittelpunkt *M* liegen zur Geraden *MP* axialsymmetrisch.**

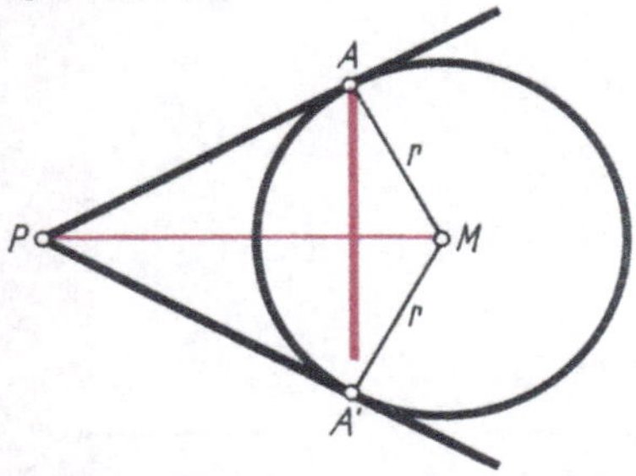


*Beweis:* Die Berührungspunkte der beiden Tangenten von einem Punkt *P* außerhalb eines Kreises mit dem Mittelpunkt *M* seien *A* und *A'*. Da die Dreiecke *MAP* und *MA'P* kongruent sind, sind auch die Winkel *MPA* und *MPA'* kongruent. Die Gerade *MP* ist demnach Winkelhalbierende des Winkels *APA'* und damit seine Symmetrieachse. Folglich liegen die Geraden *PA* und *PA'* bezüglich der Geraden *MP* spiegelbildlich.

**SATZ 98: Wenn *A* und *A'* die Berührungspunkte der beiden Tangenten von einem Punkt *P* an einen Kreis um *M* sind, so ist die Gerade *MP* Symmetrieachse der Strecke $\overline{AA'}$. Die Strecken $\overline{AP}$ und $\overline{A'P}$ sind kongruent.**

Ein *Beweis* kann unter Verwendung des Satzes D 97 erfolgen.



**Zwei Kreise**
Gegenseitige Lage

*Konzentrische Kreise*

Beide Kreise haben einen gemeinsamen Mittelpunkt
Es gilt:
$r_2 < r_1$ und $M_2 = M_1$

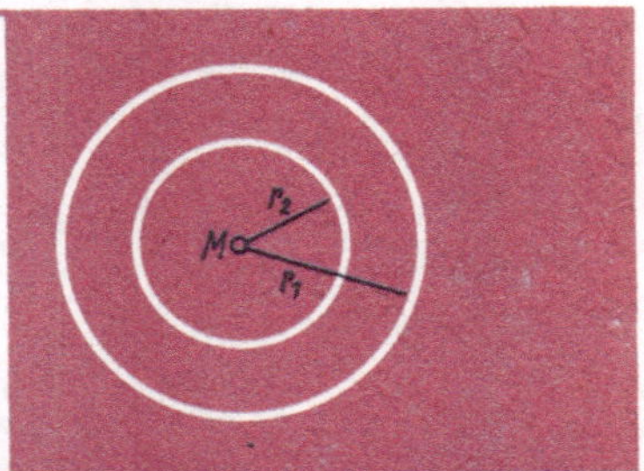


*Exzentrische Kreise*

Ein Kreis liegt ganz im Innern des anderen. Die Mittelpunkte sind verschieden. Es gilt
$\overline{M_1 M_2} < r_1 - r_2$

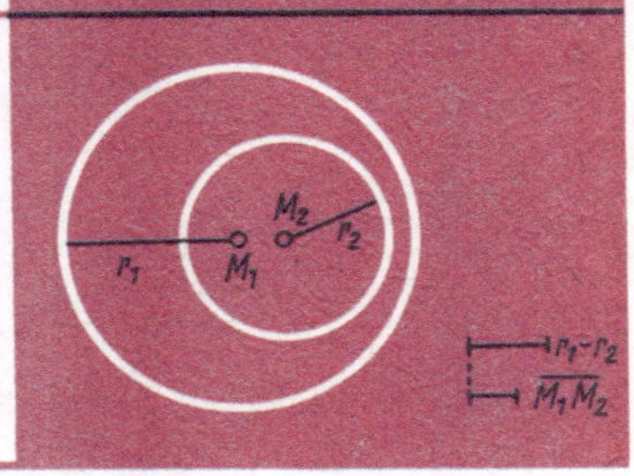

Ein Kreis berührt den anderen Kreis von innen.
Es gilt:
$\overline{M_1M_2} = r_1 - r_2.$

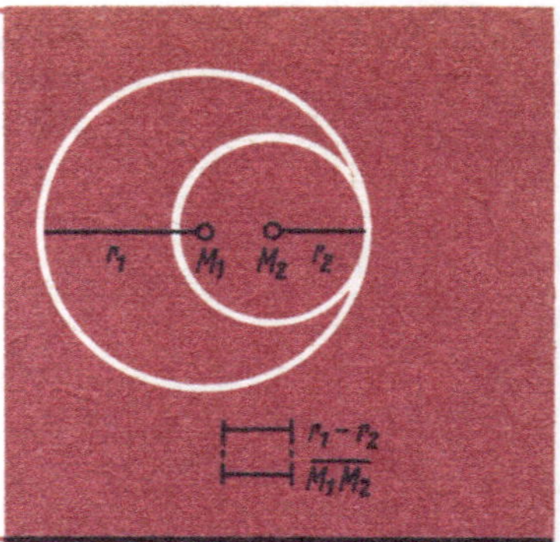


Zwei Kreise schneiden einander.
Es gilt:
$r_1 - r_2 < \overline{M_1M_2} < r_1 + r_2 .$

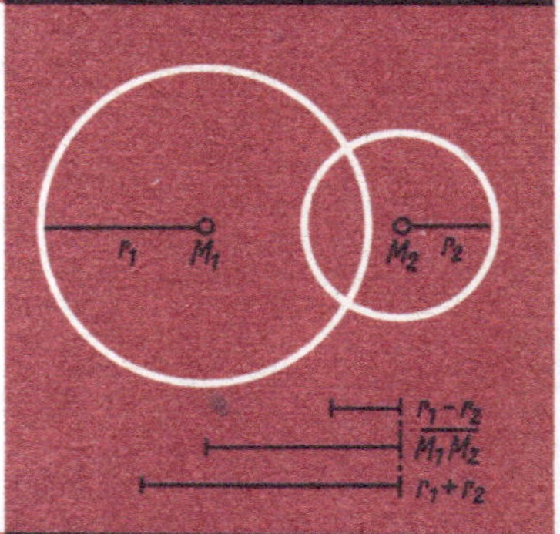


Ein Kreis berührt den anderen von außen.
Es gilt:
$\overline{M_1M_2} = r_1 + r_2 .$

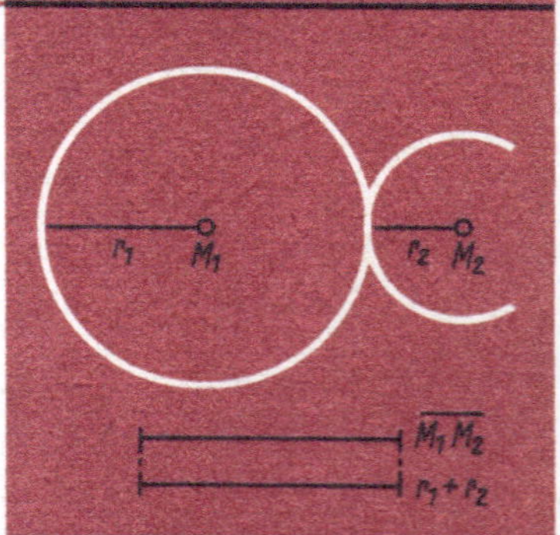


Zwei Kreise haben keinen gemeinsamen Punkt.
Es gilt:
$\overline{M_1M_2} > r_1 + r_2 .$

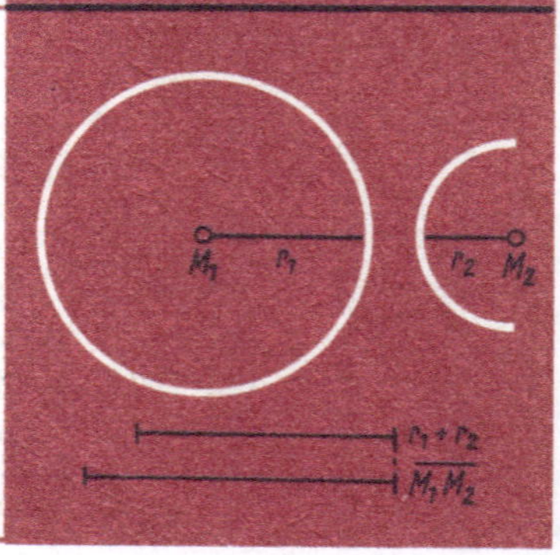

Gemeinsame Tangenten (↗ 253)

▶ **DEFINITION 99: Eine Gerade $t$ heißt gemeinsame innere Tangente zweier Kreise mit den Mittelpunkten $M_1$ und $M_2$ genau dann, wenn sie Tangente beider Kreise ist und die Strecke $\overline{M_1M_2}$ zwischen $M_1$ und $M_2$ schneidet.**
**Eine Gerade $t$ heißt gemeinsame äußere Tangente zweier Kreise mit den Mittelpunkten $M_1$ und $M_2$ genau dann, wenn sie Tangente beider Kreise ist und die Gerade $M_1M_2$ nicht zwischen den Punkten $M_1$ und $M_2$ schneidet.**

| | |
|---|---|
| 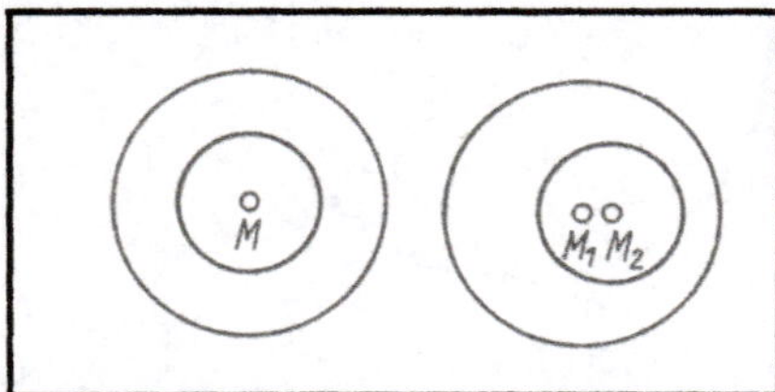 | Konzentrische und exzentrische Kreise haben keine gemeinsamen Tangenten. |
| 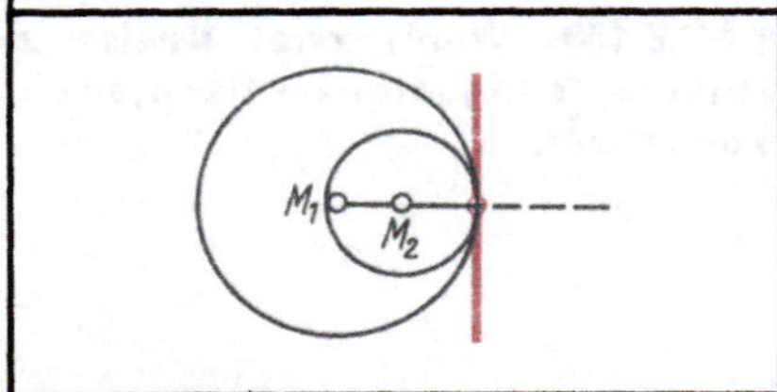 | Zwei Kreise, die sich von innen berühren, haben genau eine gemeinsame äußere Tangente in ihrem Berührungspunkt. |
| 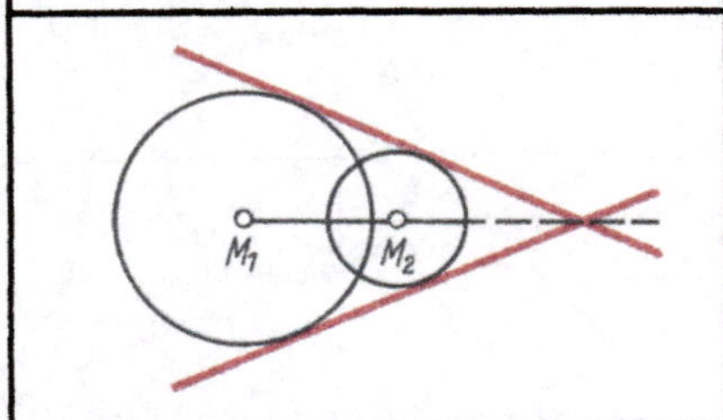 | Zwei Kreise, die sich schneiden, haben genau zwei gemeinsame äußere Tangenten, die axialsymmetrisch bezüglich der gemeinsamen Zentralen (↗ 253) liegen. |
| 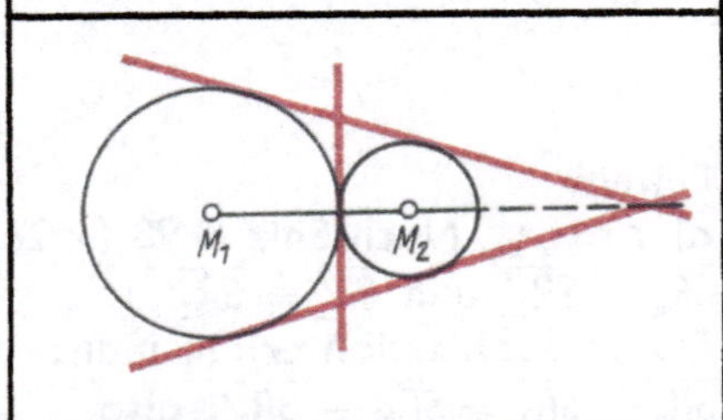 | Zwei Kreise, die sich von außen berühren, haben eine und nur eine gemeinsame innere Tangente (im Berührungspunkt) und zwei gemeinsame äußere Tangenten. |
| 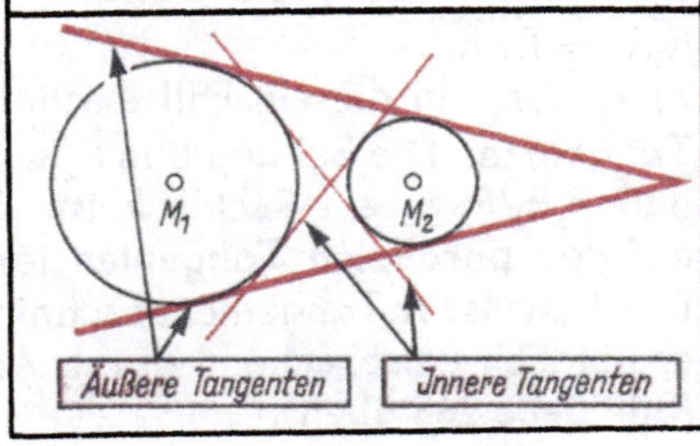 | Zwei Kreise ohne gemeinsame Punkte haben genau zwei gemeinsame innere und zwei gemeinsame äußere Tangenten, wenn die Kreisflächen keine gemeinsamen Punkte besitzen. |

**Tangentenabschnitte**

Die durch die Berührungspunkte $R_1$ und $R_2$ einer gemeinsamen Tangente an zwei Kreise gebildete Strecke $\overline{R_1R_2}$ heißt **Tangentenabschnitt** dieser Tangente.

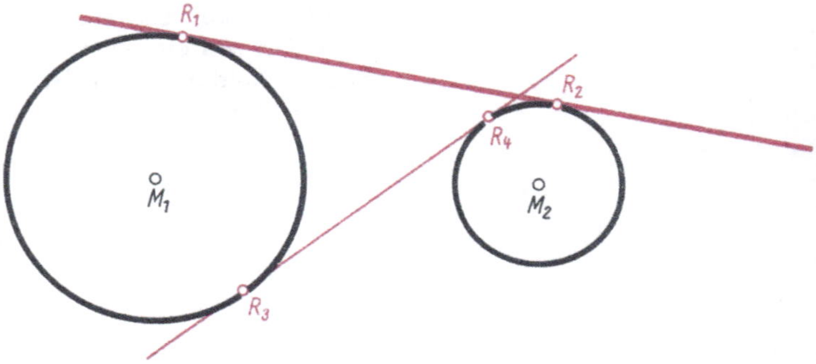


**SATZ 100: Wenn zwei Kreise zwei gemeinsame äußere (innere) Tangenten besitzen, so sind die Tangentenabschnitte kongruent.**

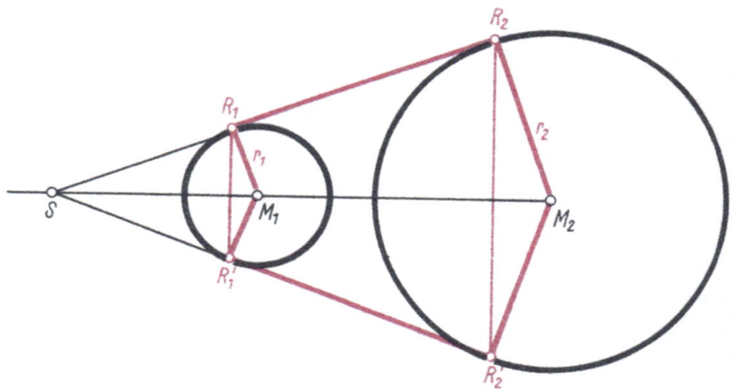


*Beweis:*

a) $r_1 \neq r_2$. Nach Satz D 98 (↗ 261) gilt)
$\overline{SR_2} = \overline{SR_2'}$ und $\overline{SR_1} = \overline{SR_1'}$.
Durch Subtraktion erhält man:
$\overline{SR_2} - \overline{SR_1} = \overline{SR_2'} - \overline{SR_1'}$, also
$\overline{R_1R_2} = \overline{R_1'R_2'}$.

b) $r_1 = r_2$. In diesem Fall existiert kein Schnittpunkt S der Tangenten. Die Behauptung $\overline{R_1R_2} = \overline{R_1'R_2'}$ folgt jetzt daraus, daß $R_1R_1'R_2'R_2$ ein Rechteck ist, da die Berührungsradien auf den parallelen Tangenten jeweils senkrecht stehen.

Der Beweis für Tangentenabschnitte auf inneren Tangenten ergibt sich entsprechend durch Addition der Teilabschnitte (Bild Seite 265 oben).

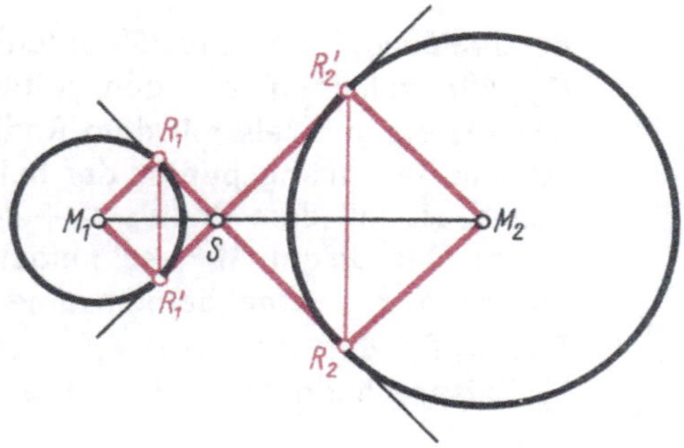


**Konstruktion der gemeinsamen äußeren Tangenten**

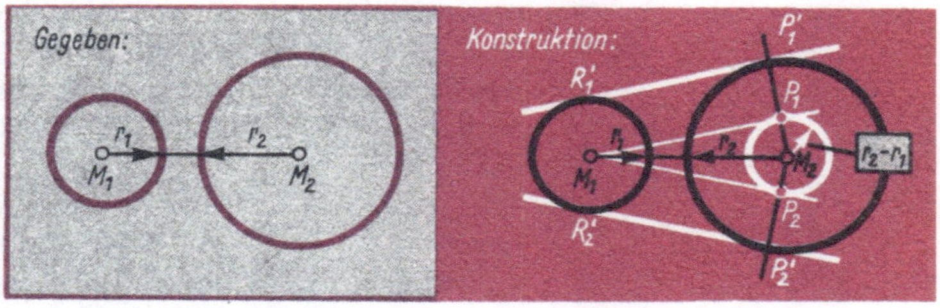


*Beschreibung:*
(1) Wir zeichnen um den Mittelpunkt $M_2$ des Kreises mit dem größeren Radius einen Kreis mit dem Radius $r_2 - r_1$.
(2) Wir konstruieren nun die beiden Tangenten von $M_1$ an den Kreis mit dem Radius $r_2 - r_1$ (↗ 260).
(3) a) Der Strahl $M_2P_1$ schneide den Kreis mit dem Radius $r_2$ in $P_1'$. Eine gemeinsame äußere Tangente ist das Bild $R_1'P_1'$ der Geraden $M_1P_1$ bei der Verschiebung $\overrightarrow{P_1P_1'}$.
(b) Entsprechend erhält man die zweite Tangente.
*Bemerkung:* Sind die Radien beider Kreise gleich lang, so sind die beiden Parallelen zur Zentralen $M_1M_2$ im Abstand $r$ die beiden gemeinsamen äußeren Tangenten.

**Konstruktion der gemeinsamen inneren Tangenten**

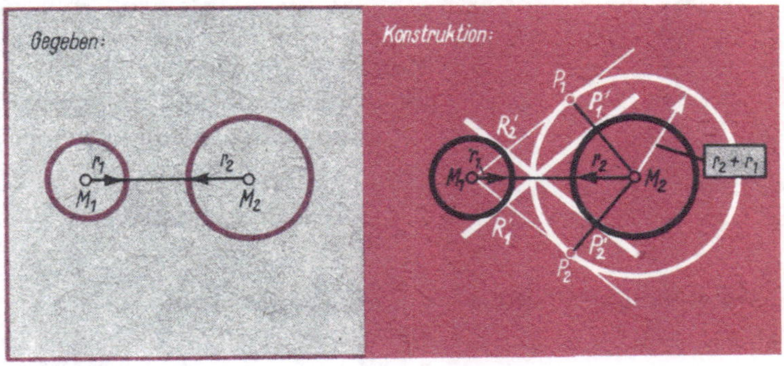


D

*Beschreibung* (*Bild* Seite 265 unten):
(1) Wir zeichnen um den Mittelpunkt $M_2$ des größeren Kreises einen Kreis mit dem Radius $r_1 + r_2$.
(2) Die Berührungspunkte der beiden Tangenten von $M_1$ an den Kreis mit dem Radius $r_1 + r_2$ seien $P_1$ und $P_2$.
(3) a) Der Strahl $M_2P_1$ schneidet den Kreis mit dem Radius $r_2$ in $P_1'$. Eine gemeinsame innere Tangente ist das Bild $R_1'P_1'$ der Geraden $M_1P_1$ bei der Verschiebung $\overrightarrow{P_1P_1'}$.
b) Entsprechend erhält man die zweite Tangente.

**Sehnenvierecke**
(↗ 253)

**SATZ 101: In jedem konvexen Sehnenviereck sind die gegenüberliegenden Winkel Supplementwinkel.**

*Beweis:* *ABCD* sei ein Sehnenviereck, mit dem Umkreismittelpunkt *M* (Bild links). Werden die Eckpunkte mit *M* verbunden, so ergeben sich vier gleichschenklige Dreiecke. Aus der Kongruenz der jeweiligen Basiswinkel und aus dem Satz über die Winkel eines Vierecks (↗ 245) folgt, daß gegenüberliegende Winkel Supplementwinkel sind.

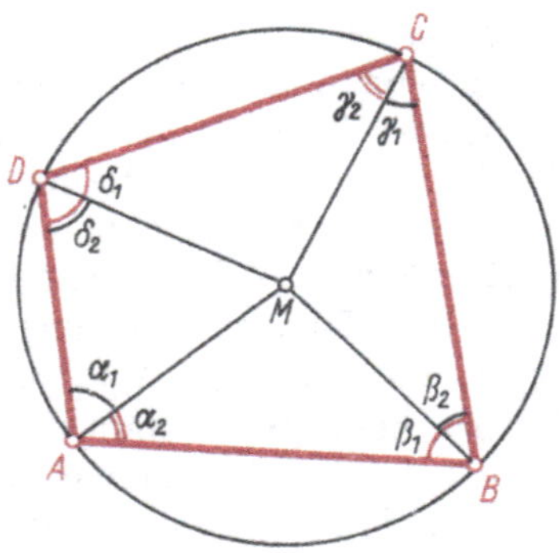


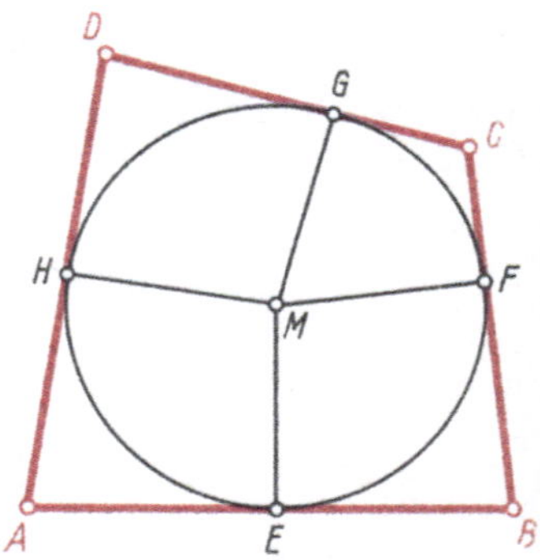


**Tangentenvierecke**
(↗ 253)

**SATZ 102: In jedem Tangentenviereck ist die Summe zweier gegenüberliegender Seiten jeweils gleich groß.**

*Beweis:* Es gilt (Bild rechts):

$$\overline{AB} + \overline{CD} = \overline{AE} + \overline{BE} + \overline{CG} + \overline{DG}$$
$$= \overline{AH} + \overline{BF} + \overline{CF} + \overline{DH} \quad (\nearrow 261,\ \text{Satz } 98)$$
$$= \overline{AH} + \overline{DH} + \overline{BF} + \overline{CF}$$
$$= \overline{AD} + \overline{BC}$$

**Regelmäßige Vielecke**

Ein konvexes Vieleck mit *n* kongruenten Seiten und paarweise kongruenten Innenwinkeln heißt ein **regelmäßiges *n*-Eck.**

**SATZ 103: Jeder Innenwinkel eines regelmäßigen *n*-Ecks hat eine Größe von**

$$\alpha = \frac{(n-2)\cdot 180°}{n} = 180° - \frac{360°}{n}.$$

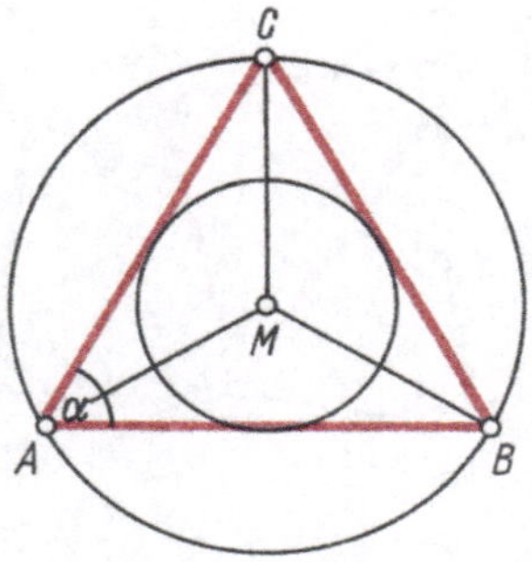


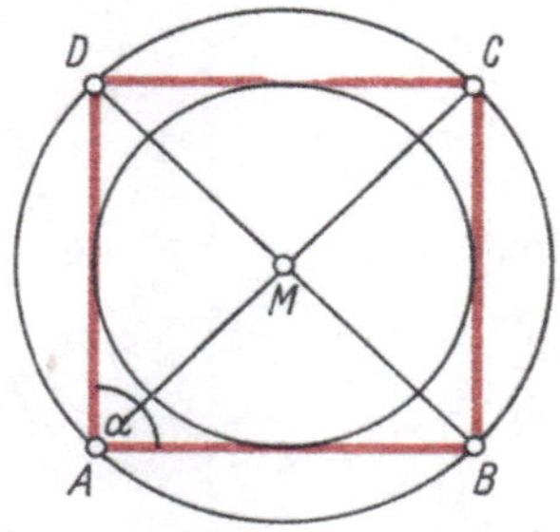


$n = 3 \quad \alpha = 180° - \frac{360°}{3}$

$\alpha = 60°$

$n = 4 \quad \alpha = 180° - \frac{360°}{4}$

$\alpha = 90°$

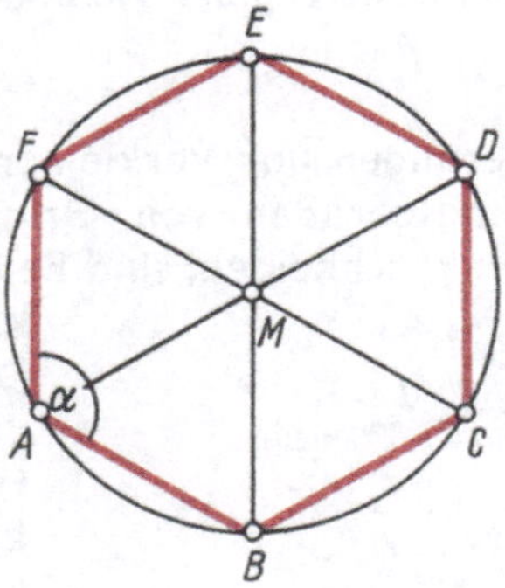


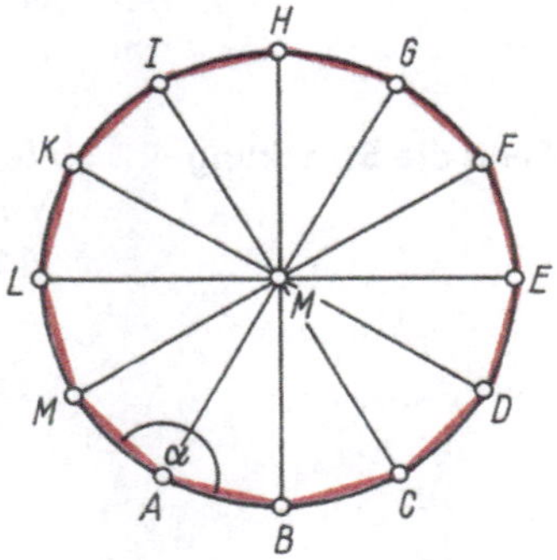


$n = 6 \quad \alpha = 180° - \frac{360°}{6}$

$\alpha = 120°$

$n = 12 \quad \alpha = 180° - \frac{360°}{12}$

$\alpha = 150°$

D

**SATZ 104: Jedem regelmäßigen n-Eck läßt sich ein Kreis umbeschreiben.**

**SATZ 105: Jedem regelmäßigen *n*-Eck läßt sich ein Kreis einbeschreiben.**

# 13. ÄHNLICHKEIT

**Vergrößerungen**

Ein Punkt $Z$ werde mit den Eckpunkten eines Dreiecks $ABC$ verbunden (Bild links). Wir verdoppeln die Strecken $\overline{ZA}$, $\overline{ZB}$, $\overline{ZC}$ und erhalten die Punkte $A'$, $B'$ und $C'$. Das Dreieck $A'B'C'$ wird als eine Vergrößerung des Dreiecks $ABC$ bezeichnet.

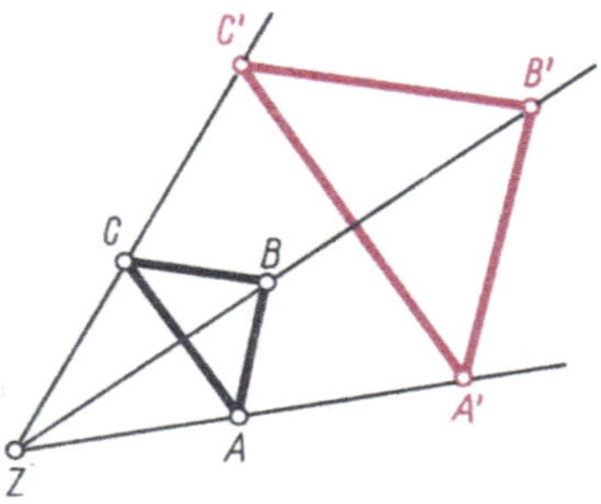


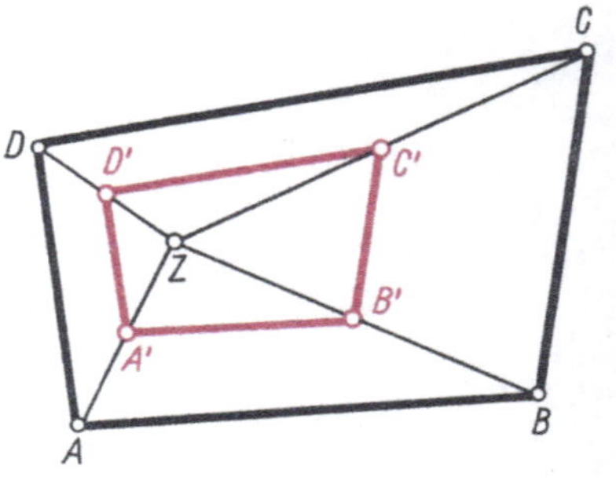


**Verkleinerungen**

Ein Punkt $Z$ werde mit den Eckpunkten eines Vierecks $ABCD$ verbunden (Bild rechts). Wir halbieren die Strecken $\overline{ZA}$, $\overline{ZB}$, $\overline{ZC}$, $\overline{ZD}$ und erhalten die Punkte $A'$, $B'$, $C'$ und $D'$. Das Viereck $A'B'C'D'$ wird als eine Verkleinerung des Vierecks $ABCD$ bezeichnet.

**Zentrale Streckung**

Vergrößerungen und Verkleinerungen, bei denen sich die Verbindungsgeraden von Original- und Bildpunkten in einem Punkt schneiden, sind Beispiele für **zentrale Streckungen**.

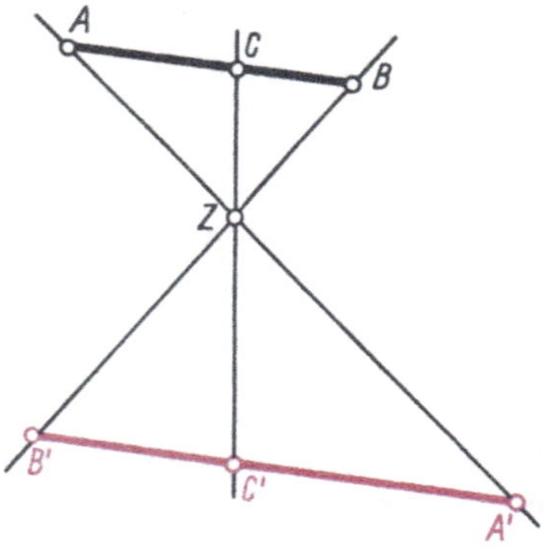


Der Schnittpunkt der Verbindungsgeraden heißt **Zentrum** der zentralen Streckung. Das Längenverhältnis $k$ der Verbindungsstrecken von Bild- und Originalpunkt mit dem Zentrum heißt **Streckungsfaktor** oder **Maßstab** einer zentralen Streckung. Mit der folgenden Definition werden die zentralen Streckungen ,erfaßt.

**DEFINITION 106: Eine eineindeutige Abbildung der Ebene auf sich heißt eine zentrale Streckung genau dann, wenn folgendes gilt:**

**(1) Jede Gerade wird auf eine zu ihr parallele Gerade abgebildet.**
**(2) Es gibt entweder genau einen Punkt, das Zentrum, der auf sich sebst abgebildet wird, oder aber alle Punkte der Ebene fallen mit ihren Bildpunkten zusammen (Identität).**

**Positive und negative Streckungsfaktoren**

Das Zentrum einer zentralen Streckung liegt entweder zwischen einander entsprechenden Punkten, oder einander entsprechende Punkte liegen auf einer Geraden durch das Zentrum $Z$ auf derselben Seite von $Z$.

**Positiv** ist ein Streckungsfaktor dann, wenn Original- und Bildpunkt auf derselben Seite des Zentrums liegen.

**Negativ** ist ein Streckungsfaktor dann, wenn das Zentrum einer zentralen Streckung zwischen einander entsprechenden Punkten liegt.

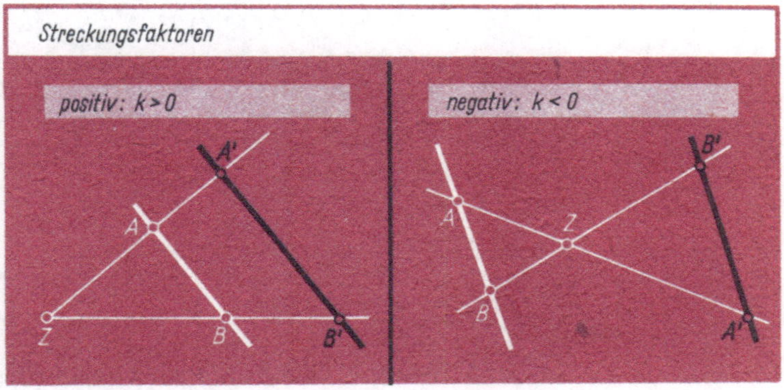


Die Strecke $\overline{A'B'}$ sei Bild der Strecke $\overline{AB}$ bei einer zentralen Streckung; dann gilt:

$$k = \frac{\overline{A'B'}}{\overline{AB}}$$

Die Bildstrecke $\overline{A'B'}$ wird das $k$-fache der Originalstrecke $\overline{AB}$ genannt.

▶ **SATZ 107: Jede Gerade, die durch das Zentrum einer zentralen Streckung geht, wird auf sich selbst abgebildet.**

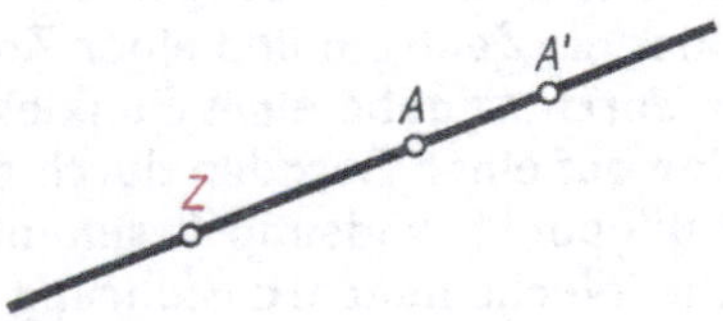


*Beweis:* Würde der Bildpunkt $A'$ eines Punktes $A$ bei einer zentralen Streckung mit dem Zentrum $Z$ nicht auf der Geraden $AZ$ liegen, wären die einander entsprechenden Geraden $AZ$ und $A'Z$ nicht parallel. Das ist bei einer zentralen Streckung nicht möglich, folglich muß die Gerade $AZ$ auf sich selbst abgebildet werden.

D

**SATZ 108: Zwei Winkel, die bei einer zentralen Streckung einander entsprechen, sind kongruent.**

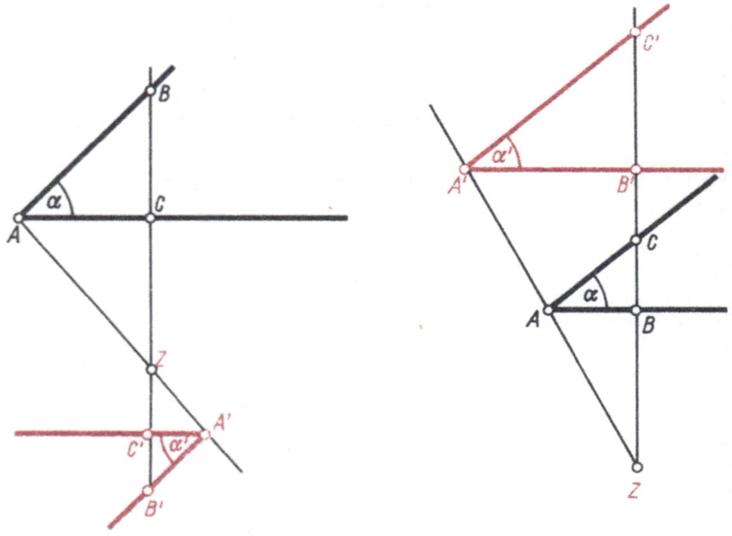


*Beweis:* Die Schenkel zweier Winkel, die bei einer zentralen Streckung einander entsprechen, sind entweder paarweise gleich oder entgegengesetzt orientiert. Ihre Kongruenz folgt dann aus Satz D 23, 28 oder 30.



**SATZ 109: Bei jeder zentralen Streckung ist das Längenverhältnis von Bild- und Originalstrecke für alle einander entsprechenden Strecken gleich dem Streckungsfaktor *k*.**

*Bemerkungen:*

1) Eine zentrale Streckung ist entweder durch Angabe eines Punktes als Zentrum und einer Zahl als Streckungsmaßstab oder durch Angabe eines Punktes als Zentrum und zweier Punkte auf einer Geraden durch das Zentrum als Original- und Bildpunkt eindeutig bestimmt.

2) Die Nacheinanderausführung zweier Streckungen mit dem Zentrum $Z$ und den Maßstäben $k_1$ und $k_2$ ist eine zentrale Streckung mit dem Zentrum $Z$ und dem Maßstab $k = k_1 \cdot k_2$.

3) Die Umkehrung einer zentralen Streckung mit dem Zentrum $Z$ und dem Maßstab $k$ ist eine zentrale Streckung mit dem Zentrum $Z$ und dem Maßstab $\frac{1}{k}$.

| Übersicht über zentrale Streckungen | | | |
|---|---|---|---|
| **Streckungsfaktor** | **Bezeichnung** | **Gegenseitige Lage einander entsprechender Punkte bezüglich des Zentrums** | |
| $k > 1$ | Vergrößerung | Original $P$ liegt zwischen Bild $P'$ und Zentrum $Z$ | 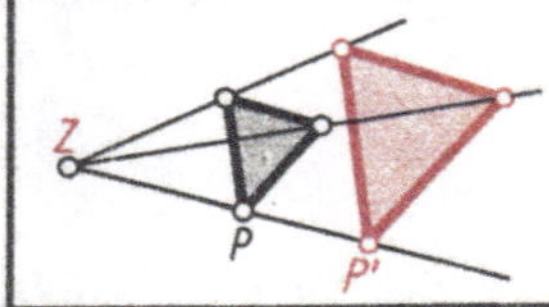  |
| $k = 1$ | Identität | Original $P$ und Bild $P'$ fallen zusammen | |
| $0 < k < 1$ | Verkleinerung | Bild $P'$ liegt zwischen Original $P$ und Zentrum $Z$ | 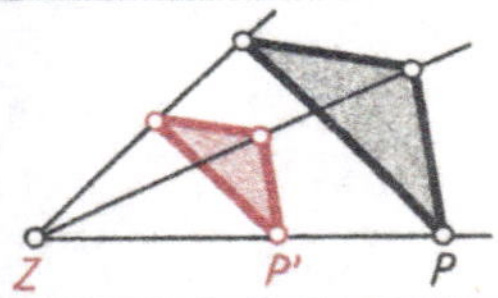  |
| $-1 < k < 0$ | Verkleinerung | Zentrum $Z$ liegt zwischen $P$ und $P'$. $\overline{PZ} > \overline{P'Z}$ | 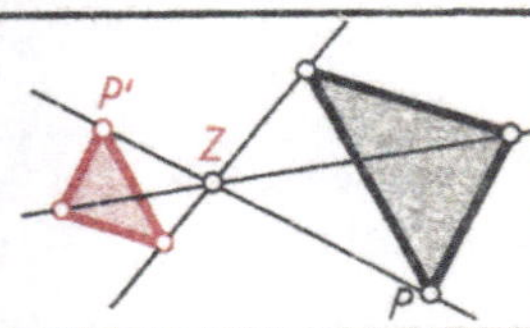  |
| $k = -1$ | Punktspiegelung | Zentrum $Z$ liegt zwischen $P$ und $P'$. $\overline{PZ} = \overline{P'Z}$. | 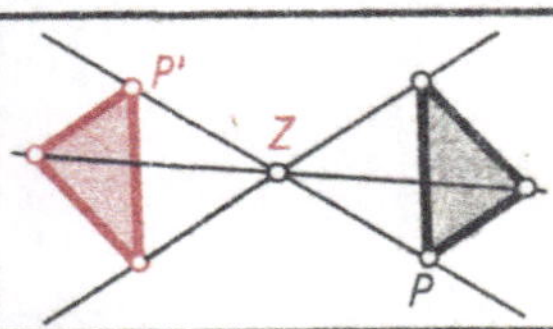  |
| $k < -1$ | Vergrößerung | Zentrum $Z$ liegt zwischen $P$ und $P'$. $\overline{PZ} < \overline{P'Z}$. | 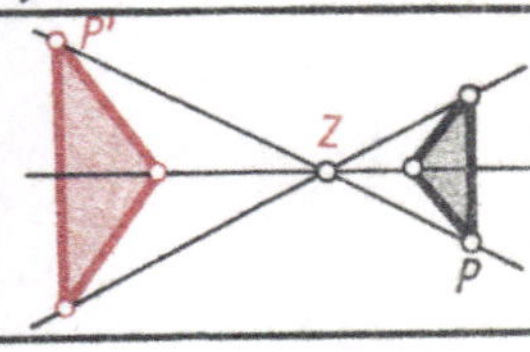  |

**Ähnlichkeitsabbildungen**

▶ **DEFINITION 110: Eine eineindeutige Abbildung der Ebene auf sich heißt eine Ähnlichkeitsabbildung genau dann, wenn sie entweder**
**a) eine Bewegung (↗ 204) oder**
**b) eine zentrale Streckung (↗ 268) oder**
**c) die Nacheinanderausführung einer Bewegung und einer zentralen Streckung ist (Bild Seite 272).**

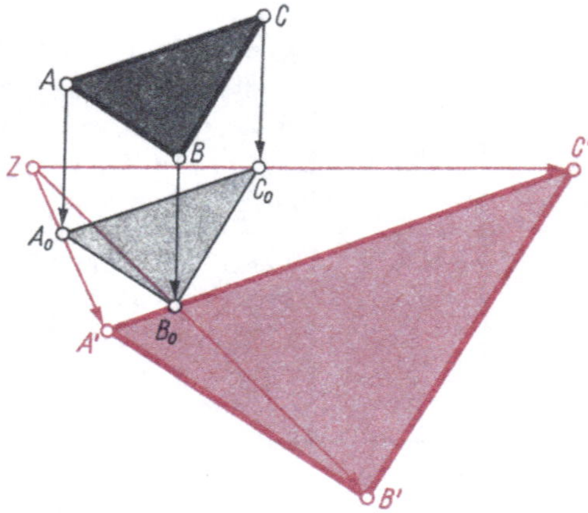


Ähnlichkeitsfaktor

**Ähnlichkeitsfaktor** oder **Maßstab** einer Ähnlichkeitsabbildung heißt der Quotient $k$ aus den Längen von Bild- und Originalstrecke.

**SATZ 111: Jede Bewegung ist eine Ähnlichkeitsabbildung mit dem Ähnlichkeitsfaktor $k = 1$.**

**SATZ 112: Bei jeder Ähnlichkeitsabbildung ist der Quotient aus den Längen der Original- und zugehörigen Bildstrecke für alle einander entsprechenden Strecken konstant.**

**SATZ 113: Bei jeder Ähnlichkeitsabbildung sind einander entsprechende Winkel kongruent.**

*Bemerkungen:*
1) Die Nacheinanderausführung einer Drehung und einer zentralen Streckung heißt Drehstreckung.
2) Die Nacheinanderausführung einer Geradenspiegelung und einer zentralen Streckung wird Streckspiegelung genannt.

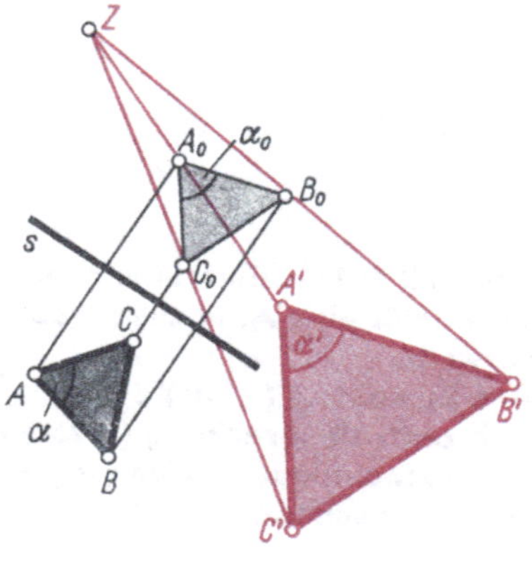


$\overline{A_0B_0} = \overline{AB}$

$k = \frac{\overline{A'B'}}{\overline{AB}} = \frac{\overline{A'B'}}{\overline{A_0B_0}}$

Aus $\alpha = \alpha_0$
und $\alpha_0 = \alpha'$
folgt $\alpha = \alpha'$.

| Übersicht über Ähnlichkeitsabbildungen | | |
|---|---|---|
| Ähnlichkeitsfaktor | gleichsinnige Ähnlichkeitsabbildungen | ungleichsinnige Ähnlichkeitsabbildungen |
| $k = 1$ | gleichsinnige Bewegungen | ungleichsinnige Bewegungen |
| $k \neq 1$ | Zentrale Streckungen, Drehstreckungen | Streckspiegelungen |

**Ähnlichkeit**

▶ **DEFINITION 114: Zwei geometrische Figuren heißen ähnlich genau dann, wenn sie Original und Bild bei einer Ähnlichkeitsabbildung sind.**

*Schreibweise*: $F_1 \sim F_2$ (lies: Die Figuren $F_1$ und $F_2$ sind einander ähnlich).

▶ **SATZ 115:**
**a) Jede Figur ist sich selbst ähnlich.**
**b) Aus $F_1 \sim F_2$ folgt $F_2 \sim F_1$.**
**c) Aus $F_1 \sim F_2$ und $F_2 \sim F_3$ folgt $F_1 \sim F_3$.**

▶ **SATZ 116: Ähnliche Figuren stimmen in einander entsprechenden Winkeln und in den Quotienten aus den Längen einander entsprechender Seiten überein.**

Der Beweis des Satzes 116 folgt aus den Eigenschaften der Ähnlichkeitsabbildungen.
*Bemerkung:* Entsprechen zwei ähnliche Figuren bei einer zentralen Streckung einander, so sagen wir, daß sich die Figuren in Ähnlichkeitslage befinden.

**Ähnlichkeitssätze für Dreiecke**

Die folgenden **Ähnlichkeitssätze** *für Dreiecke* werden häufig für Beweise anderer geometrischer Sätze verwendet.

1. Zwei Dreiecke sind ähnlich, wenn sie in zwei Winkeln übereinstimmen.

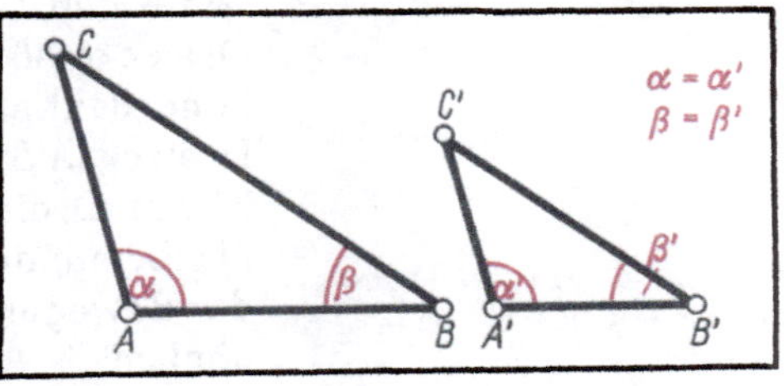

| | |
|---|---|
| 2. Zwei Dreiecke sind ähnlich, wenn die drei Verhältnisse einander entsprechender Seiten gleich sind. | 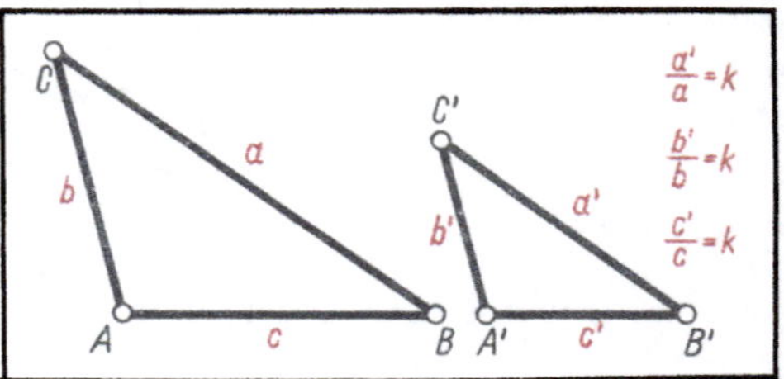 |
| 3. Zwei Dreiecke sind ähnlich, wenn sie in einem Winkel übereinstimmen und wenn die Verhältnisse einander entsprechend anliegender Seiten gleich sind. | 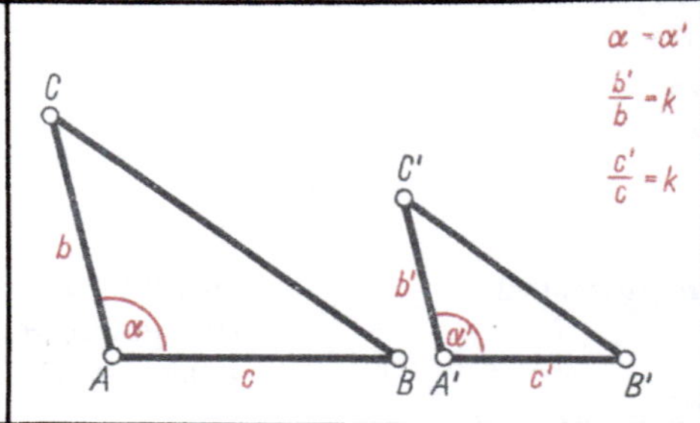 |
| 4. Zwei Dreiecke sind ähnlich, wenn sie in den Verhältnissen je zweier entsprechender Seiten und dem Gegenwinkel der jeweils größeren übereinstimmen. | 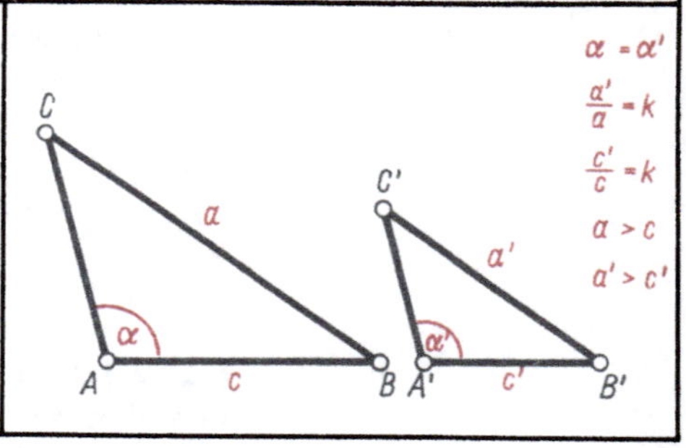 |

D

Die Beweise dieser Sätze können alle nach ein und demselben Gedankengang geführt werden.
Als Beispiel beweisen wir den ersten Ähnlichkeitssatz:
In zwei Dreiecken $ABC$ und $A'B'C'$ seien die Winkel $\alpha$ und $\alpha'$ und die Winkel $\beta$ und $\beta'$ kongruent. Wir nehmen $\overline{A'B'} > \overline{AB}$ an. Bei der zentralen Streckung $f_1$ mit dem Zentrum $A$ und dem Maßstab $k = \frac{\overline{A'B'}}{\overline{AB}}$ sei $B_0$ das Bild von $B$ und $C_0$ das Bild von $C$. Da $\overline{AB_0} \cong \overline{A'B'}$ gilt, sind die Dreiecke $AB_0C_0$ und $A'B'C'$ nach dem Kongruenzsatz (wsw) kongruent. Dann gibt es eine Bewegung $f_2$, bei der das Dreieck $A'B'C'$ das Bild des Dreiecks $AB_0C_0$ ist. Folglich ist das Dreieck $A'B'C'$ das Bild des Dreiecks $ABC$ bei der Nacheinanderausführung der zentralen Streckung $f_1$ und der Bewegung $f_2$. Die beiden Dreiecke sind also einander ähnlich.

**Strahlensätze**

Die folgenden **Strahlensätze** werden häufig zur Lösung praktischer Aufgaben, beispielsweise zur Bestimmung der Höhe eines Baumes oder zur Teilung einer Strecke verwendet.

| | | |
|---|---|---|
| 1. Werden zwei Strahlen mit gemeinsamem Anfangspunkt von zwei Parallelen geschnitten, so verhalten sich die Abschnitte auf dem einen Strahl wie die entsprechenden Abschnitte auf dem anderen Strahl. | 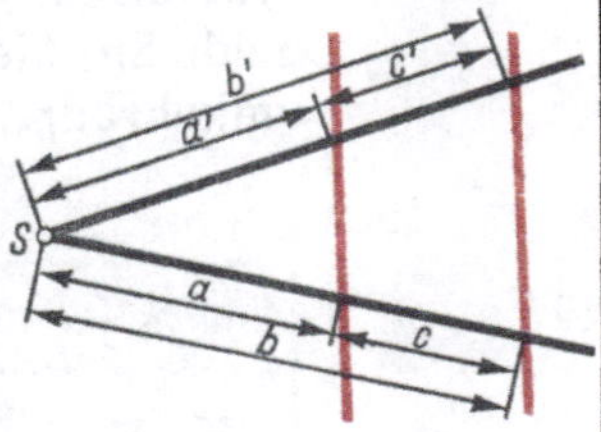  | $a:b=a':b'$<br>$c:a=c':a'$<br>Daraus folgt z. B.:<br>$a:a'=b:b'$<br>$c:c'=a:a'$ |
| Ein entsprechender Satz gilt auch für zwei Geraden. | 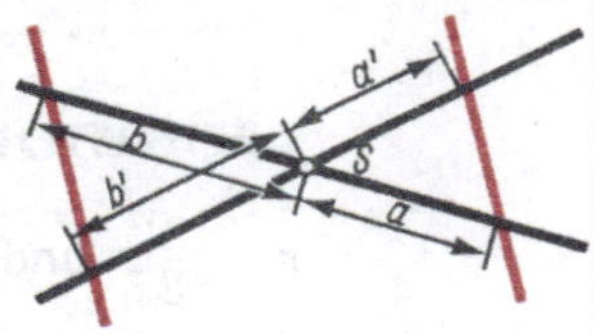  | $a:b=a':b$ |
| 2. Werden zwei Strahlen mit gemeinsamem Anfangspunkt S von zwei Parallelen geschnitten, so verhalten sich die zwischen den Strahlen liegenden Abschnitte auf den Parallelen wie die von S ausgehenden Abschnitte auf **jedem** der beiden Strahlen. | 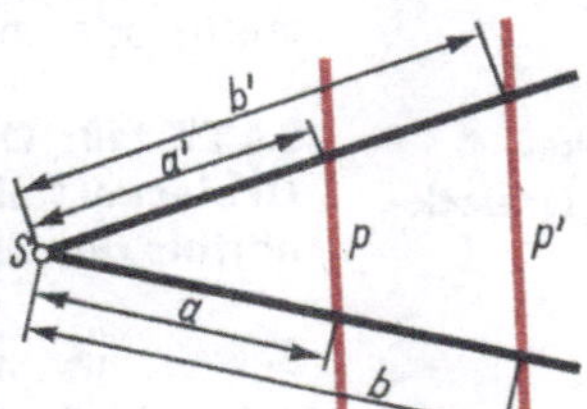  | $p:p'=a:b$<br>$p':p=b':a'$<br>Daraus folgt z. B.:<br>$p':b'=P:a'$ |
| Ein entsprechender Satz gilt auch für zwei Geraden. | 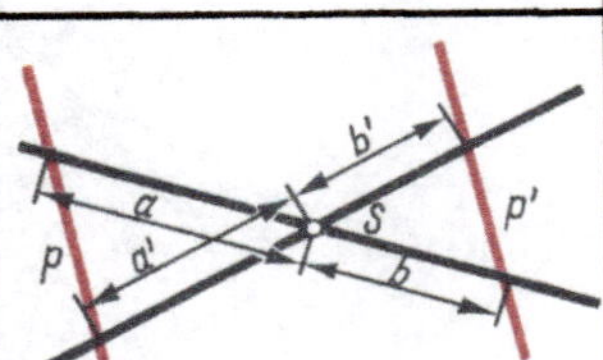  | $p:p'=a:b$ |

D

*Bemerkung:* Die beiden Sätze lassen sich auf die Fälle von mehr als zwei Strahlen und mehr als zwei Parallelen verallgemeinern.
Die *Beweise* der Strahlensätze ergeben sich entweder unmittelbar aus dem Satz 109 oder aber aus den Ähnlichkeitssätzen.
Beide Strahlensätze sind in der angegebenen Formulierung umkehrbar.

**Streckenteilung**

| Innere Teilung | Äußere Teilung |
|---|---|
| Der Teilpunkt *T* einer Strecke liegt zwischen ihren Endpunkten. | Der Teilpunkt *T* einer Strecke liegt außerhalb der Strecke. |
|   |   |

Teilverhältnis *k*

**DEFINITION 117:**

$k = \frac{\overline{AT}}{\overline{BT}}$ und $k < 0$, falls *T* innerer Teilpunkt. $k > 0$, falls *T* äußerer Teilpunkt.

Gilt $\overline{AB} : \overline{AT} = \overline{AT} : \overline{BT}$, so heißt die Strecke $\overline{AB}$ durch *T* **stetig** oder nach dem „Goldenen Schnitt" geteilt.

Sätze über Winkelhalbierende im Dreieck (↗ 243)

**SATZ 118: Die Winkelhalbierende eines Innenwinkels eines Dreiecks teilt die gegenüberliegende Seite innen im Verhältnis der anliegenden Dreiecksseiten**

*Beweis:* $w_\alpha$ sei Winkelhalbierende des Winkels $\alpha$ des Dreiecks *ABC*. Der Schnittpunkt von $w_\alpha$ mit $\overline{BC}$ sei $T_1$. Der Schnittpunkt der Geraden *AC* mit der Parallelen zur Winkelhalbierenden durch *B* sei *D*.

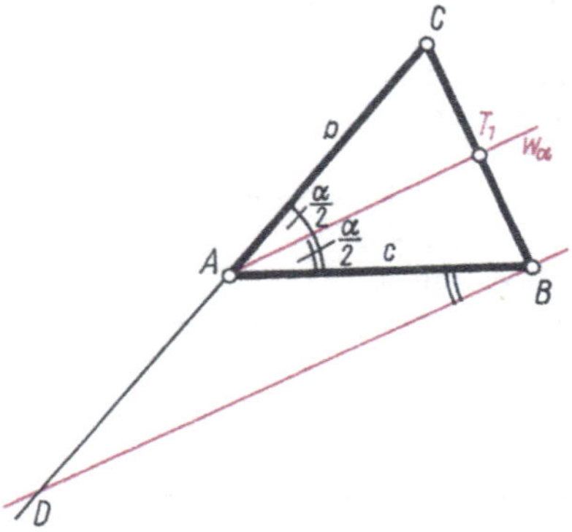


Es gilt:
$\sphericalangle ADB = \sphericalangle CAT_1$
(Stufenwinkel an den Parallelen $AT_1$ und *BD*)
$\sphericalangle CAT_1 = \sphericalangle T_1AB$
(nach Konstruktion der Winkelhalbierenden)
$\sphericalangle T_1AB = \sphericalangle DBA$
(Wechselwinkel an den Parallelen $AT_1$ und *BD*)

also: $\sphericalangle ADB = \sphericalangle DBA$

Daher ist das Dreieck $ADB$ gleichschenklig, und es folgt $\overline{AB} = \overline{AD} = c$.

Nach dem Strahlensatz gilt

$$\frac{\overline{T_1B}}{\overline{T_1C}} = \frac{\overline{AD}}{\overline{AC}}$$

und wegen $\overline{AD} = c$ und $\overline{AC} = b$ : $\dfrac{\overline{T_1B}}{\overline{T_1C}} = \dfrac{c}{b}$, *w. z. b. w.*

**Sätze für rechtwinklige Dreiecke (↗ 232)**

Den Fußpunkt der Höhe $h$ vom Scheitel des rechten Winkels auf die Hypotenuse bezeichnen wir mit $D$. Die Strecken $\overline{AD} = q$ bzw. $\overline{BD} = p$ heißen die zu den Katheten $b$ bzw. $a$ gehörigen **Hypotenusenabschnitte.**

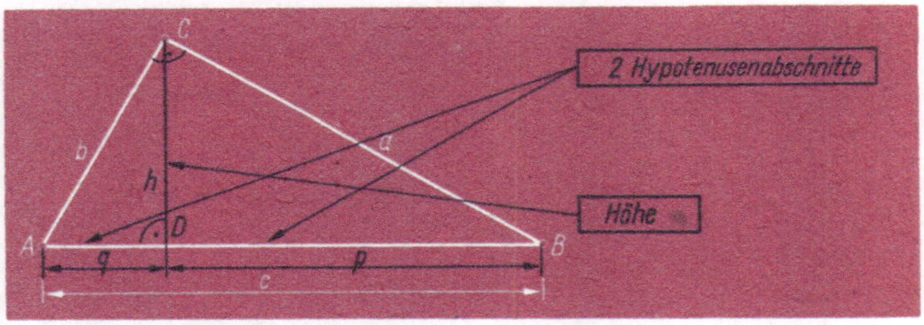


Höhensatz

▶ **SATZ 119: In jedem rechtwinkligen Dreieck ist das Quadrat der Höhe *h* auf die Hypotenuse gleich dem Produkt der Hypotenusenabschnitte.**

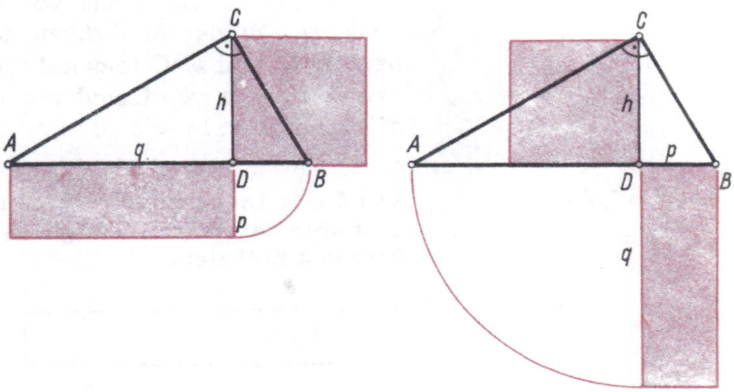


*Beweis:* In einem rechtwinkligen Dreieck $ABC$ sei $D$ der Fußpunkt der Höhe $h$ von $C$ auf die Hypotenuse $\overline{AB}$. Die Dreiecke $ADC$ und $BDC$ sind einander ähnlich. Dann gilt die Proportion $h : q = p : h$. Daraus ergibt sich $h^2 = p \cdot q$, w. z. b. w.

Kathetensatz

**SATZ 120: In jedem rechtwinkligen Dreieck ist das Quadrat einer Kathete gleich dem Produkt aus der Hypotenuse und dem zur Kathete gehörenden Hypotenusenabschnitt.**

(1) $a^2 = c \cdot p$ (2) $b^2 = c \cdot q$

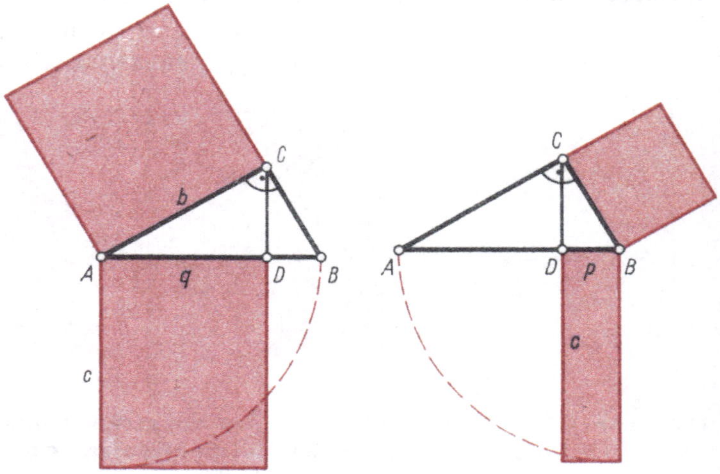


*Beweis:* Das Dreieck $ABC$ sei rechtwinklig mit dem rechten Winkel bei $C$. Die Höhe von $C$ auf $\overline{AB}$ habe den Fußpunkt $D$. Aus der Ähnlichkeit der Dreiecke $ABC$ und $BDC$ bzw. $ABC$ und $ADC$ folgen die Proportionen $a : c = p : a$ bzw. $b : c = q : b$. Damit ergeben sich die Beziehungen $a^2 = c \cdot p$ bzw. $b^2 = c \cdot q$, w. z. b. w.

Satz des *Pythagoras*

**SATZ 121: In jedem rechtwinkligen Dreieck ist das Quadrat über der Hypotenuse gleich der Summe der Quadrate über den Katheten.**

$c^2 = a^2 + b^2$

*Beweis:* Ein Dreieck $ABC$ sei rechtwinklig mit dem rechten Winkel bei $C$. Aus $a^2 = c \cdot p$ und $b^2 = c \cdot q$ folgt

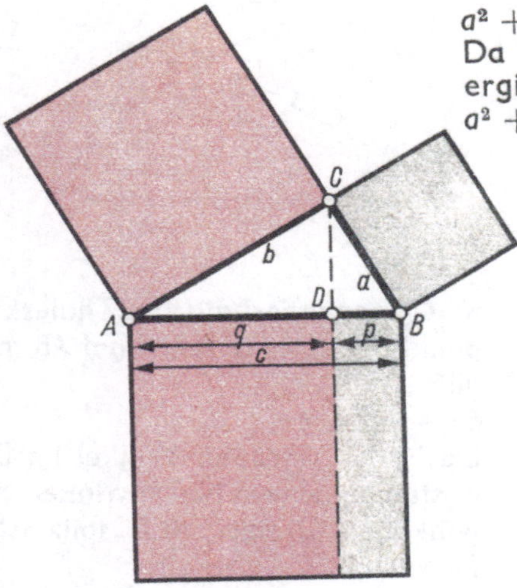


$a^2 + b^2 = c(p+q)$.
Da $p + q = c$ gilt,
ergibt sich
$a^2 + b^2 = c^2$, w. z. b. w.

Umkehrung des Satzes des *Pythagoras*

**SATZ 122: Wenn in einem Dreieck $ABC$ für die Seitenlängen $c$, $a$ und $b$ die Beziehung $c^2 = a^2 + b^2$ gilt, so ist das Dreieck bei $C$ rechtwinklig.**

*Beweis:* In einem Dreieck $ABC$ gelte $c^2 = a^2 + b^2$. Angenommen, der Winkel $\gamma$ bei $C$ sei kein Rechter. Dann liegt der Punkt $C$ nicht auf dem Thaleskreis über $\overline{AB}$.

a) $C$ liege außerhalb des Thaleskreises. Da $\sphericalangle\, BC_0C$ größter Winkel im Dreieck $BCC_0$ ist, ($\sphericalangle\, BC_0C$ ist stumpf, da sein Nebenwinkel $\sphericalangle\, BC_0D$ als Teil eines rechten Winkels spitz ist), ist $a$ größte Seite in diesem Dreieck, also gilt
$a > a_1$.
Entsprechend gilt $b > b_1$.
Daraus folgt $a^2 + b^2 > a_1^2 + b_1^2$.
Da aber $a_1^2 + b_1^2 = c^2$ gilt ($\triangle\, ABC_0$ ist rechtwinklig), ergibt sich $a^2 + b^2 > c^2$ im Widerspruch zur Voraussetzung.

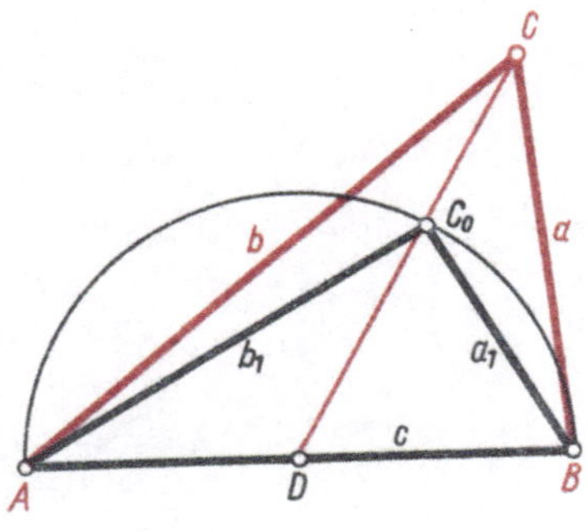

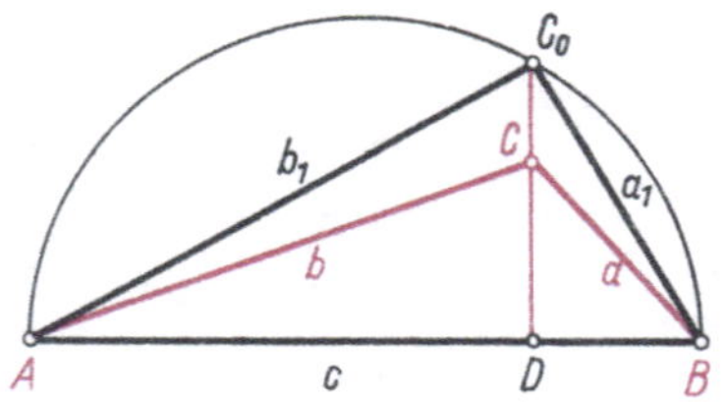


b) $C$ liege innerhalb des Thaleskreises, $C_0$ sei der Schnittpunkt des Lotes durch $C$ auf $AB$ mit dem Thaleskreis. Dann gilt

$a_1^2 + b_1^2 = c^2$

Da $\sphericalangle BCC_0$ größter Winkel im Dreieck $BCC_0$ ist ($\sphericalangle BCC_0$ ist stumpf, da sein Nebenwinkel $\sphericalangle BCD$ als Winkel im rechtwinkligen Dreieck $BCD$ spitz ist), ist $a_1$ größte Seite im Dreieck $BCC_0$, also gilt

$a_1 > a$ .

Entsprechend ergibt sich $b_1 > b$.

Daraus folgt $a^2 + b^2 < a_1^2 + b_1^2$,

also $a^2 + b^2 < c^2$

im Widerspruch zur Voraussetzung.

Das Dreieck $ABC$ ist also bei $C$ rechtwinklig, *w. z. b. w.*

D

# 14. FLÄCHEN- UND RAUMINHALTSBERECHNUNG

*Vorbemerkung:* Bei der Herleitung der Formeln für Rechtecke und Quader wird vorausgesetzt, daß Einheitsquadrate bzw. Einheitswürfel existieren, deren Seiten- bzw. Kantenlänge kommensurabel ist mit den Seiten- bzw. Kantenlängen der zu berechnenden Flächen bzw. Körper.
Die Formeln für Rechtecke (jedes Quadrat ist ein spezielles Rechteck) und Quader gelten wie auch die Formeln für alle anderen geometrischen Gebilde jedoch auch für beliebige reelle Zahlen als Maßzahlen für die jeweiligen Seitenlängen.

**Flächenmaße**

| Flächenmaße | Zeichen | Beziehung |
|---|---|---|
| Quadratkilometer | $km^2$ | $1\ km^2 = 10^6\ m^2$ |
| Hektar | ha | $1\ ha = 100\ a = 10^4\ m^2$ |
| Ar | a | $1\ a = 10^2\ m^2$ |
| Quadratmeter | $m^2$ | |
| Quadratdezimeter | $dm^2$ | $1\ dm^2 = \frac{1}{100}\ m^2 = 10^{-2}\ m^2$ |
| Quadratzentimeter | $cm^2$ | $1\ cm^2 = \frac{1}{100}\ dm^2 = 10^{-4}\ m^2$ |
| Quadratmillimeter | $mm^2$ | $1\ mm^2 = \frac{1}{100}\ cm^2 = 10^{-6}\ m^2$ |

| Übersicht über die verwendeten Variablen | | | |
|---|---|---|---|
| Seiten, Kanten | $a, b, c$ | Flächeninhalt | $A$ |
| Radius | $r$ | Umfang | $u$ |
| Durchmesser | $d$ | Grundflächeninhalt | $A_G$ |
| Höhe | $h$ | Mantelinhalt | $A_M$ |
| Mantellinie | $s$ | Oberflächeninhalt | $A_O$ |
| | | Volumen | $V$ |

**Quadrat**
(↗ 251)

Ein Quadrat von der Seitenlänge $a$ kann durch Einheitsquadrate geeigneter Seitenlänge vollständig ausgelegt werden, d. h. durch $a$ Streifen mit jeweils $a$ Einheitsquadraten (Bild Seite 282 oben).

| | |
|---|---|
| $A = a^2$ | $u = 4a$ |

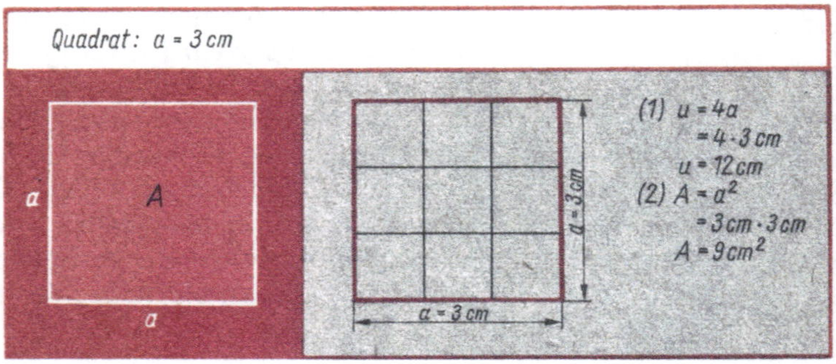


**Rechteck**
(↗ 250)

Ein Rechteck mit den Seitenlängen $a$ und $b$ kann durch Einheitsquadrate geeigneter Seitenlänge vollständig ausgelegt werden, d. h. durch $a$ Streifen mit jeweils $b$ Einheitsquadraten.

| | |
|---|---|
| $A = a \cdot b$ | $u = 2(a + b)$ |

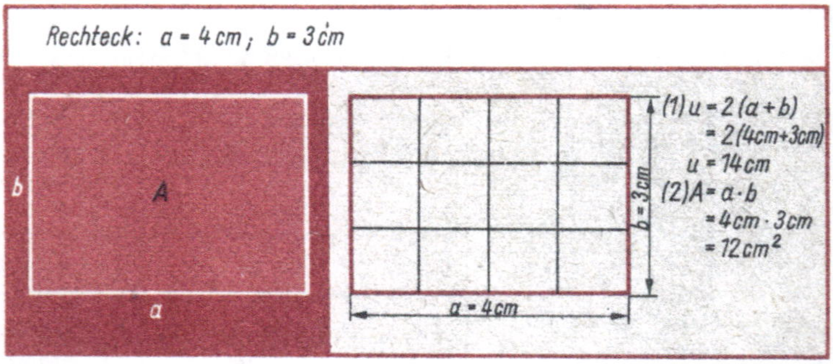


**Parallelogramm**
(↗ 248)

Die Berechnung des Flächeninhalts eines jeden Parallelogramms kann zurückgeführt werden auf die Berechnung der Fläche eines jeweils flächengleichen Rechtecks (Bild Seite 283).

| | |
|---|---|
| $A = g \cdot h_g$ | $u = 2(a + b)$ |

*Bemerkungen:*
1) Es ist gleichgültig, welche Seite des Parallelogramms als Grundseite gewählt wird. $A = a \cdot h_a = b \cdot h_b$
2) Aus $A = g \cdot h_g$ ergibt sich:
Parallelogramme mit gleich langen Grundseiten und gleich langen zugehörigen Höhen haben gleiche Flächeninhalte.

D

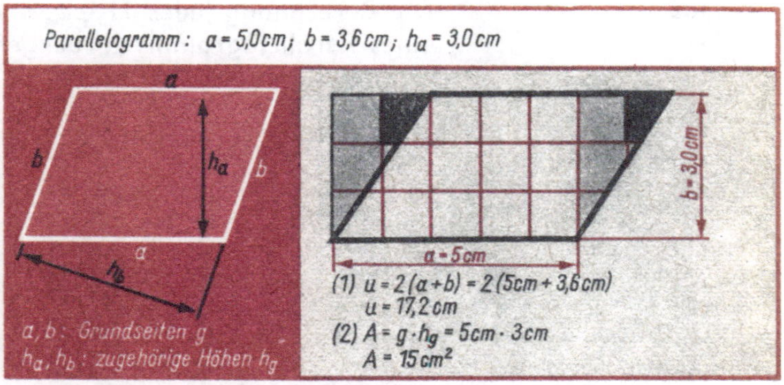


**Dreieck**
(↗ 185, 232)

Die Berechnung des Flächeninhaltes eines jeden Dreiecks kann zurückgeführt werden auf die Berechnung eines Parallelogramms, das den doppelten Inhalt des Dreiecks hat.

| $A = \frac{1}{2} g \cdot h_g$ | $u = a + b + c$ |
|---|---|

*Bemerkungen:*

1) Es ist gleichgültig, welche Seite des Dreiecks als Grundseite gewählt wird.

$$A = \frac{1}{2} a \cdot h_a = \frac{1}{2} b \cdot h_b = \frac{1}{2} c \cdot h_c$$

2) Aus $A = \frac{1}{2} g\, h_g$ ergibt sich:

Dreiecke mit gleich langen Grundseiten und gleich langen zugehörigen Höhen haben gleiche Flächeninhalte.

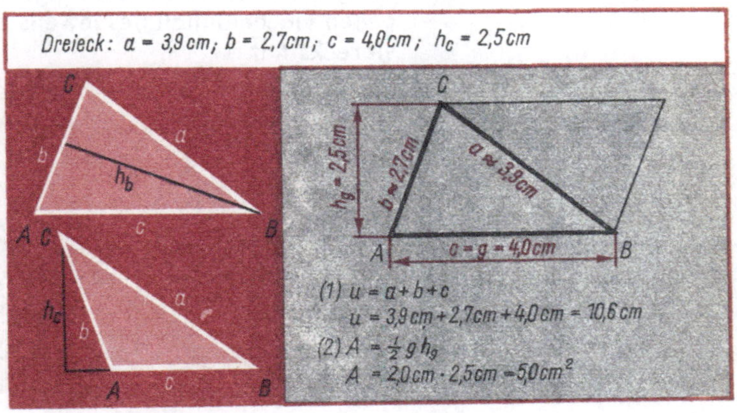

**Trapez**
(↗ 245)

Die Berechnung jedes Trapezes kann auf die Berechnung eines Parallelogramms zurückgeführt werden. Dafür gibt es zwei Möglichkeiten:

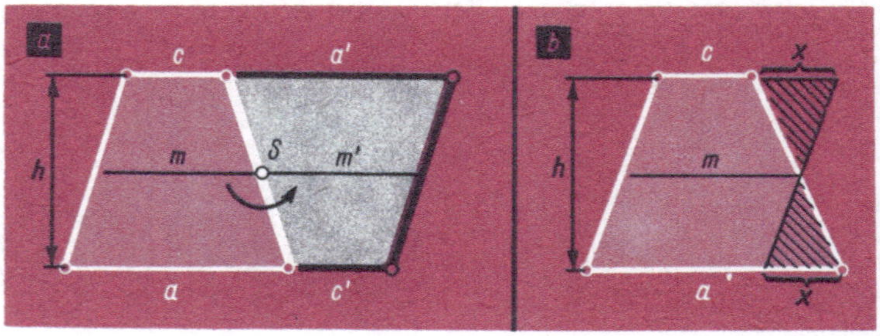


1) Drehung des Trapezes um 180° um den Mittelpunkt eines Schenkels; man erhält ein Parallelogramm mit doppeltem Flächeninhalt des zu berechnenden Trapezes (Bild a).
2) Erzeugung eines Parallelogramms, das den gleichen Flächeninhalt hat wie das zu berechnende Trapez (Bild b).

| | |
|---|---|
| $A = \frac{1}{2}(a + c)\,h = m \cdot h$ | $u = a + b + c + d$ |

*Bemerkungen:*
Aus $A = m \cdot h$ ergibt sich:
Zwei Trapeze mit gleich langen Mittellinien $m$ und gleich langen Höhen haben gleiche Flächeninhalte.

D

**Drachenviereck**
(↗ 247)

Die Berechnung jedes Drachenvierecks kann auf die Berechnung eines Rechtecks zurückgeführt werden, das den doppelten Flächeninhalt des jeweils zu berechnenden Drachenvierecks hat.

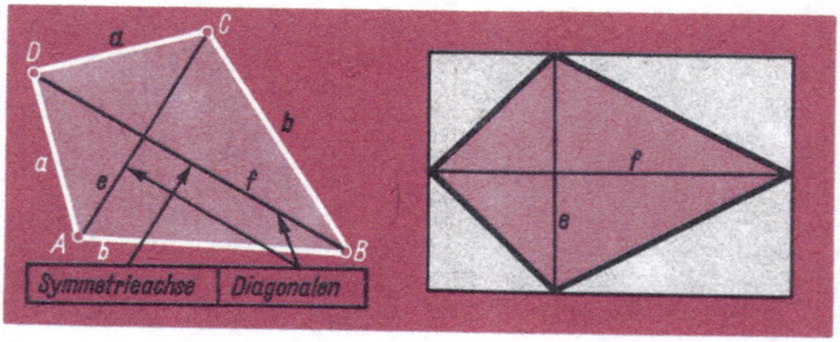

| | |
|---|---|
| $A = \frac{1}{2} e \cdot f$ | $u = 2(a + b)$ |

*Bemerkung:* Die Formel für den Flächeninhalt eines Drachenvierecks gilt auch für Rhomben und Quadrate. Bei diesen Figuren stehen die Diagonalen ebenfalls aufeinander senkrecht. Beim Quadrat (Diagonale $d$) erhält man speziell: $A = \frac{1}{2} d^2$.

**Beliebiges Vieleck**

Die Berechnung beliebiger Vielecke wird im allgemeinen zurückgeführt auf die Berechnung von Dreiecken und Trapezen, indem man das jeweils gegebene Vieleck in geeigneter Weise in Dreiecke (Dreiecksmethode) bzw. Trapeze (Trapezmethode) zerlegt.

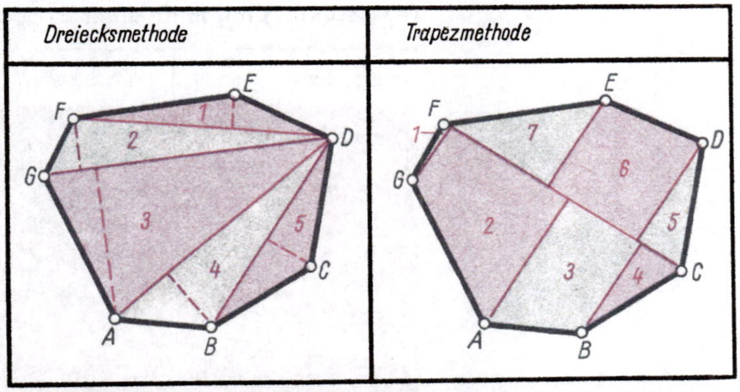


| | |
|---|---|
| $A = A_1 + A_2 + \cdots + A_n$ | $u = a_1 + a_2 + \cdots + a_n$ |

**Kreis**
(↗ 213)

Der Flächeninhalt und der Umfang eines Kreises läßt sich mit elementaren Mitteln nur näherungsweise bestimmen. In beiden Fällen spielt die Zahl $\pi \approx 3{,}1416$ als Proportionalitätsfaktor (↗ 113) eine entscheidende Rolle.

Je kleiner man Quadrate wählt, mit denen eine Kreisfläche von innen und von außen ausgelegt wird, desto kleiner wird die Differenz der Summe aller Quadrate „von innen" und „von außen" und desto genauer wird der Flächeninhalt des Kreises durch diese Summen begrenzt.

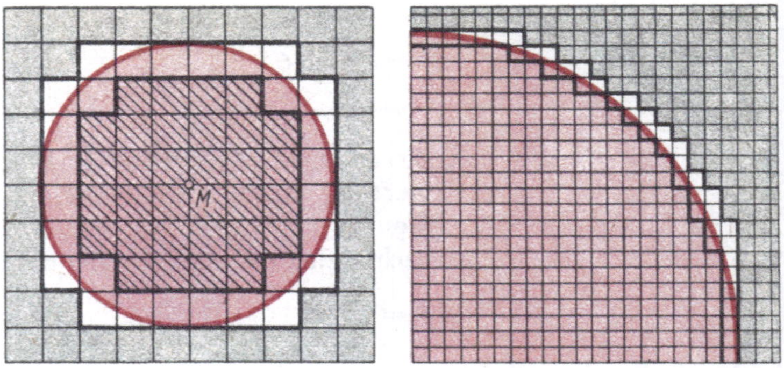

$$A_i < A < A_a;\ A \sim r^2;\ u \sim r$$

| | |
|---|---|
| $A = \pi r^2 = \frac{\pi}{4} d^2$ | $u = 2 \pi r = \pi d$ |

**Kreisteile**

Die Formeln für die Berechnung der Flächeninhalte von Kreisteilen gewinnt man für Kreisring und Kreisabschnitt (Kreissegment) durch Differenzbildung und für den Kreisausschnitt (Kreissektor) mit Hilfe einer Proportion.

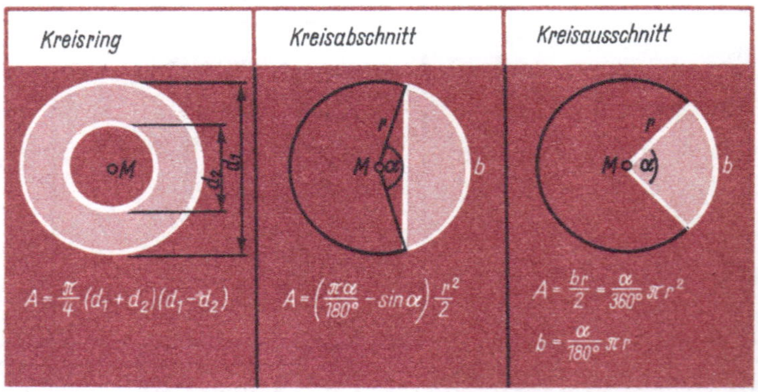


D

**Raummaße**

| Raummaße | Zeichen | Beziehung |
|---|---|---|
| Kubikkilometer | $km^3$ | $1\ km^3 = 10^9\ m^3$ |
| Kubikmeter | $m^3$ | |
| Kubikdezimeter | $dm^3$ | $1\ dm^3 = \frac{1}{1000} m^3 = 10^{-3}\ m^3$ |
| Kubikzentimeter | $cm^3$ | $1\ cm^3 = \frac{1}{1000} dm^3 = 10^{-6}\ m^3$ |
| Kubikmillimeter | $mm^3$ | $1\ mm^3 = \frac{1}{1000} cm^3 = 10^{-9}\ m^3$ |

**Würfel**

Ein Würfel von der Kantenlänge $a$ kann durch Einheitswürfel geeigneter Kantenlänge vollständig ausgelegt werden, d. h. durch $a$ Schichten mit jeweils $a$ Stangen zu je $a$ Einheitswürfel.
Die Oberfläche eines Würfels läßt sich in die Ebene abwickeln.

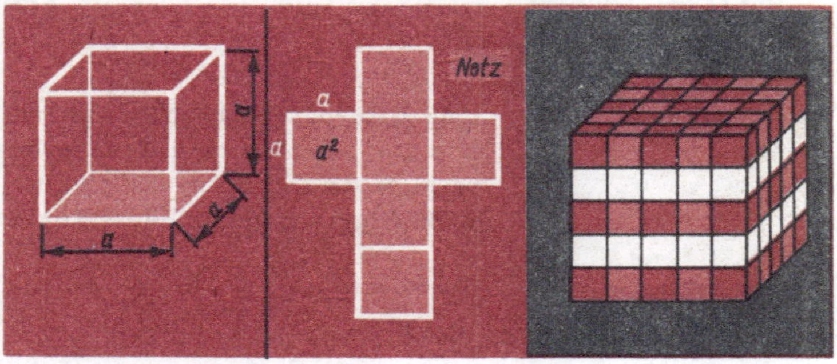


| | |
|---|---|
| $V = a^3$ | $A_O = 6\,a^2$ |

**Quader**

Ein Quader mit den Kantenlängen $a$, $b$ und $c$ kann durch Einheitswürfel geeigneter Kantenlänge vollständig ausgelegt werden, d. h. durch $c$ Schichten mit jeweils $b$ Stangen zu je $a$ Einheitswürfel.
Die Oberfläche eines Quaders läßt sich in die Ebene abwickeln.

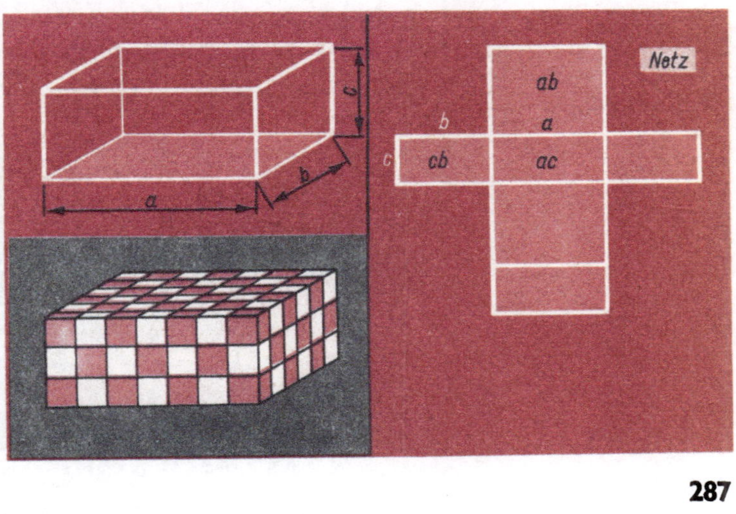


D

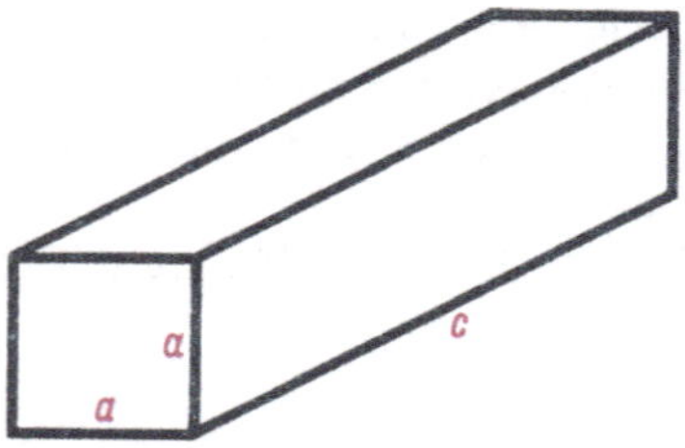


Sind von den drei Kanten eines Quaders zwei gleich groß, d. h., sind zwei der einander kongruenten Begrenzungsflächen Quadrate, so nennt man einen solchen Quader auch **quadratische Säule.**

**Cavalierisches Prinzip**

▶ **Liegen Körper zwischen zwei parallelen Ebenen und erzeugen alle zur gemeinsamen Grundebene dieser Körper parallel verlaufende Schnitte in gleichen Höhen flächengleiche Schnittfiguren, so sind diese Körper volumengleich.**

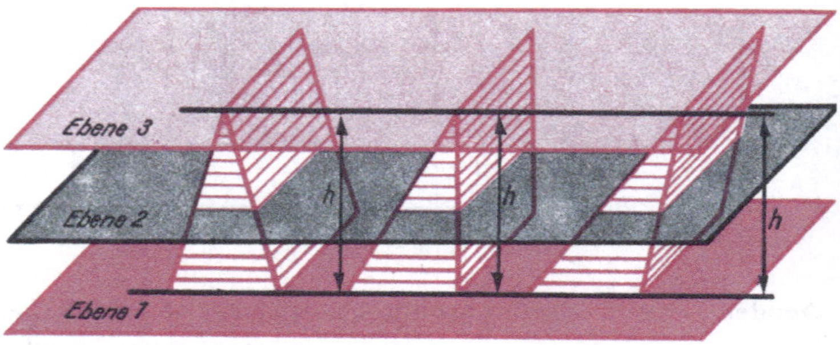


| | Körper 1 | Körper 2 | Körper 3 |
|---|---|---|---|
| Ebene 1 | $A_{G_1}$ | = $A_{G_2}$ | = $A_{G_3}$ |
| Ebene 2 | $A_{S_1}$ | = $A_{S_2}$ | = $A_{S_3}$ |
| | $h_1$ | = $h_2$ | = $h_3$ |

*Bemerkungen:*

1) Dieser Satz wurde erstmals von dem italienischen Mathematiker *Bonaventura Cavalieri* (1598–1647) ausgesprochen.

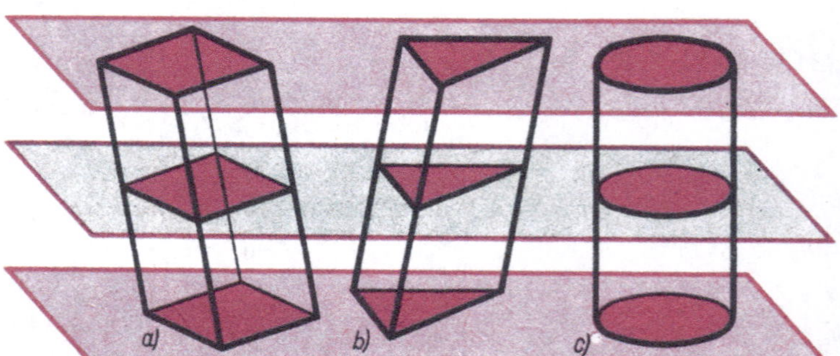

2) Das *Cavalieri*sche Prinzip kann zur Bestimmung des Volumens beliebiger Körper verwendet werden (Bild Seite 288).

**Prismen**

Für die Volumenberechnung gerader Prismen gilt die Formel für den Quader, der zu den Prismen gehört. Die Berechnung schiefer Prismen wird unter Benutzung des *Cavalieri*schen Prinzips auf die Berechnung des jeweils entsprechenden geraden Prismas zurückgeführt.
Die Oberfläche jedes Prismas läßt sich in die Ebene abwickeln.

| | |
|---|---|
| $V = A_G \cdot h$ | $A_O = 2\,A_G + A_M$ |

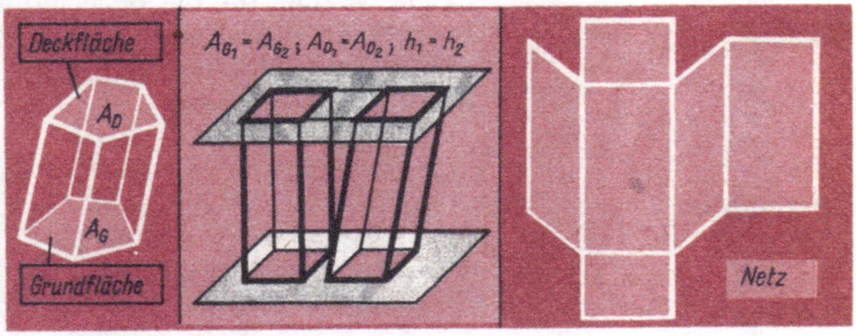


**Kreiszylinder**

Die Berechnung des *Volumens* jedes Kreiszylinders läßt sich auf Grund des *Cavalieri*schen Prinzips nach der Formel für das Volumen eines Prismas durchführen. Die *Oberfläche* jedes Kreiszylinders läßt sich in die Ebene abwickeln.

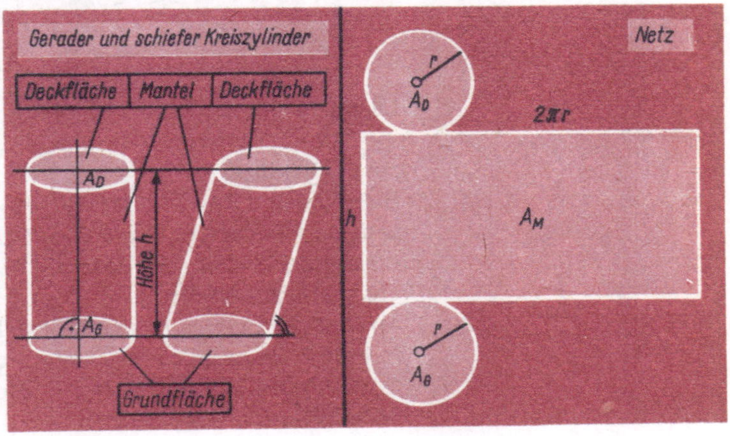

*Bemerkungen:*

1) Bei Anwendung des *Cavalieri*schen Prinzips kommt es nur auf den Nachweis der Gleichheit der Höhen und der Gleichheit der Flächeninhalte der durch parallele Schnitte entstehenden Figuren an, also nicht auf die Gestalt der Flächen. Der Kreiszylinder kann als spezielles Prisma angesehen werden, das als Grundfläche einen Kreis hat, also $A_G = \pi r^2$.

$$V = A_G \cdot h = \pi r^2 h = \frac{\pi}{4} d^2 h$$

$$A_O = 2 A_G + A_M = 2 \pi r (r + h) = \frac{\pi}{2} d (d + 2 h)$$

2) Die Formel für die Berechnung der *Oberfläche* gilt nur für *gerade* Kreiszylinder, da der Mantel eines *schiefen* Kreiszylinders eine Fläche ergibt, die sich nicht mit elementaren Mitteln berechnen läßt.

**Pyramiden**

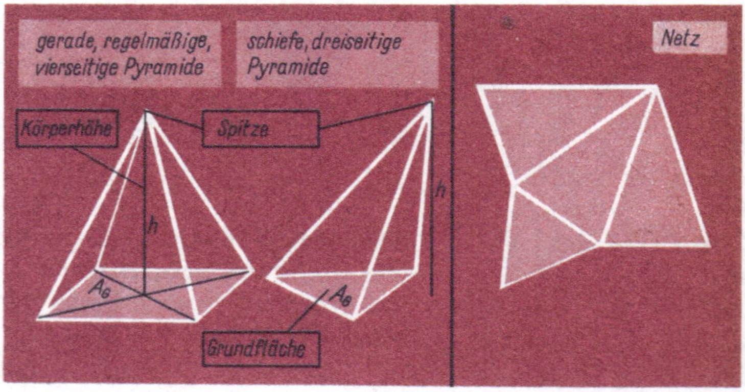


Die Berechnung jeder Pyramide wird auf folgende Weise auf die Berechnung des jeweils entsprechenden Prismas zurückgeführt:

I) Auf Grund des Cavalierischen Prinzips existiert für jedes *beliebige Prisma* ein *volumengleiches gerades, regelmäßiges, dreiseitiges Prisma*, das eine flächengleiche Grundfläche und gleiche Höhe besitzt.

II) Jedes *dreiseitige Prisma* läßt sich durch geeignete Schnitte in *drei volumengleiche Pyramiden* zerlegen. Die Oberfläche jeder Pyramide läßt sich in die Ebene abwickeln (Bild Seite 291).

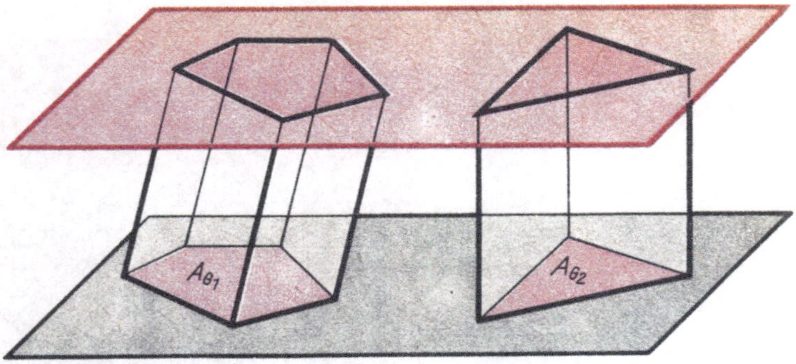


Es sei: $A_{G_1} = A_{G_2}$; $h_1 = h_2$

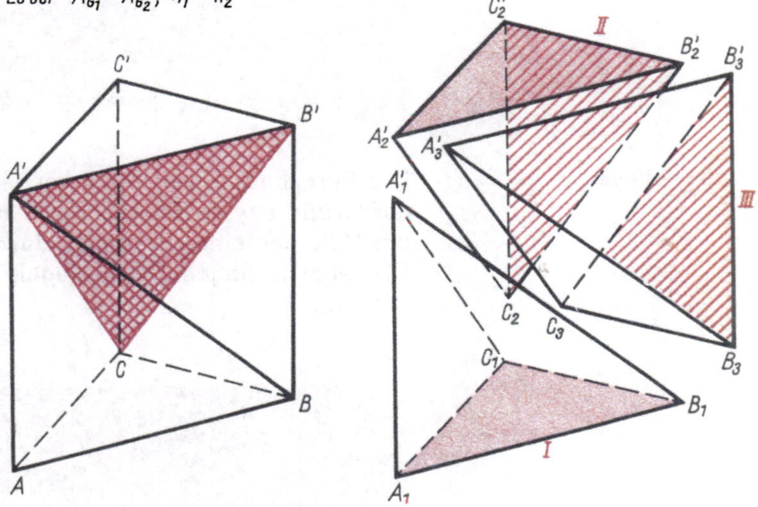


| | |
|---|---|
| $V = \frac{1}{3} A_G \cdot h$ | $A_O = A_G + A_M$ |

**Pyramidenstumpf**

Die Berechnung des Volumens eines Pyramidenstumpfes wird auf die Berechnung einer Pyramide zurückgeführt. Jeder Pyramidenstumpf läßt sich durch eine entsprechende **Ergänzungspyramide** zu einer Pyramide ergänzen.
Die Oberfläche jedes Pyramidenstumpfes läßt sich in die Ebene abwickeln (Bild Seite 292).

| | |
|---|---|
| $V = \frac{h}{3} (A_G + \sqrt{A_G \cdot A_D} + A_D)$ | $A_O = A_G + A_D + A_M$ |

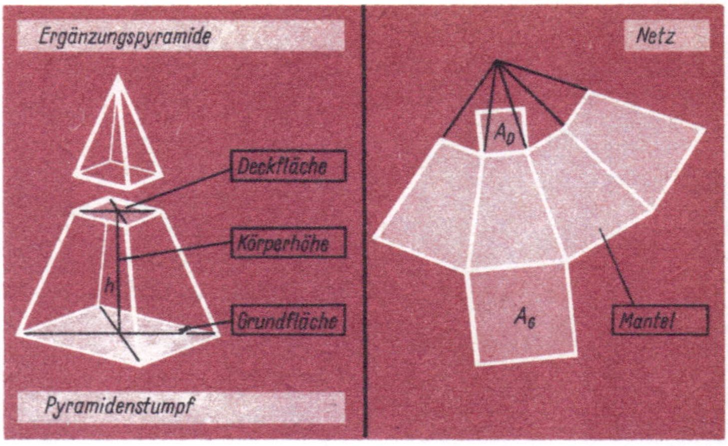


**Kreiskegel**

Die Berechnung des Volumens jedes Kreiskegels läßt sich auf Grund des *Cavalieri*schen Prinzips nach der Formel für das Volumen einer Pyramide durchführen.
Die Oberfläche jedes Kreiskegels läßt sich in die Ebene abwickeln.

D

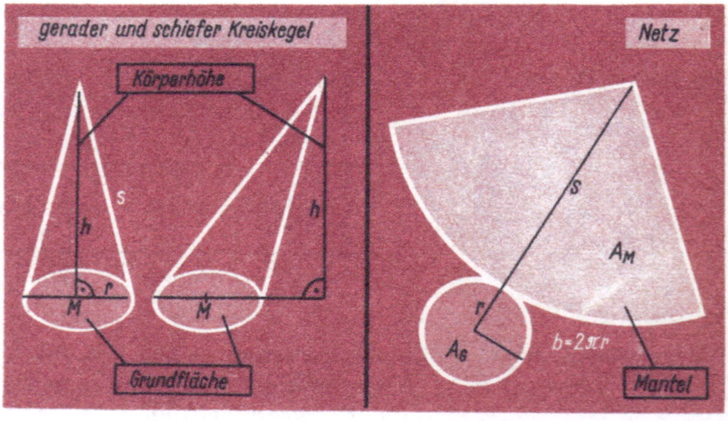


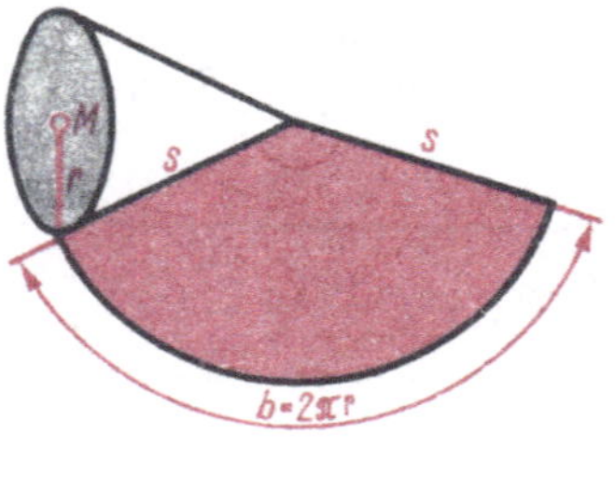

$$V = \frac{1}{3} \cdot A_G \cdot h = \frac{1}{3} \pi r^2 h = \frac{1}{12} \pi d^2 h$$

$$A_O = A_G + A_M = \pi r (s + r) = \frac{\pi}{4} d (2s + d)$$

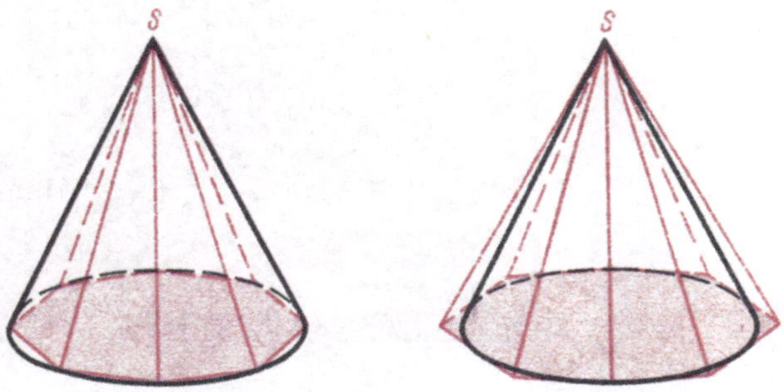


*Es gilt:* $A_i < A_G < A_a$ $\quad V_i < \frac{h}{3} A_G < V_a$

*Bemerkung:*
Die Formel für die Berechnung der Oberfläche gilt nur für gerade Kreiskegel, da der Mantel eines schiefen Kreiskegels eine Fläche ergibt, die sich nicht mit elementaren Mitteln berechnen läßt.

**Kreiskegelstumpf**

Die Berechnung des Volumens eines Kreiskegelstumpfes wird auf die Berechnung eines Kreiskegels zurückgeführt.
Jeder Kreiskegelstumpf läßt sich durch einen entsprechenden Ergänzungskegel zu einem Kreiskegel ergänzen.
Die Oberfläche jedes Kreiskegelstumpfes läßt sich in die Ebene abwickeln.

$$V = \frac{\pi}{3} h (r_1^2 + r_1 r_2 + r_2^2) = \frac{\pi}{12} h (d_1^2 + d_1 d_2 + d_2^2)$$

$$A_O = A_G + A_D + A_M$$

$$= \pi [r_1^2 + r_2^2 + s (r_1 + r_2)] = \frac{\pi}{4} [d_1^2 + d_2^2 + 2s (d_1 + d_2)]$$

*Bemerkung:*
Die Formel für die Berechnung der Oberfläche gilt nur für *gerade* Kreiskegelstümpfe, da der Mantel eines *schiefen* Kreiskegelstumpfes eine Fläche ergibt, die sich nicht mit elementaren Mitteln berechnen läßt (Bild Seite 294).

D

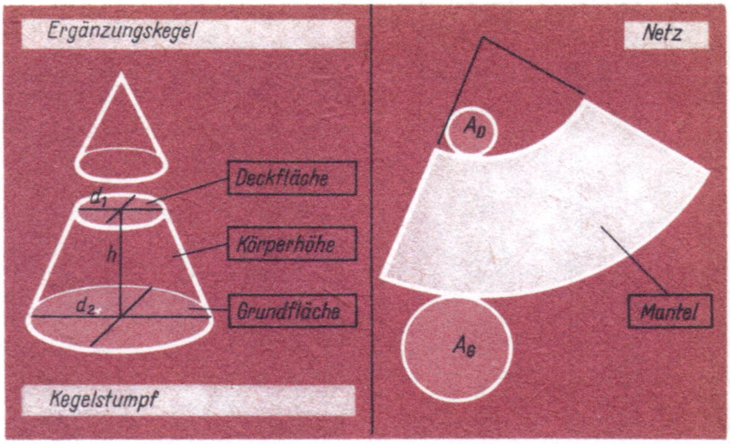


**Kugel**

D

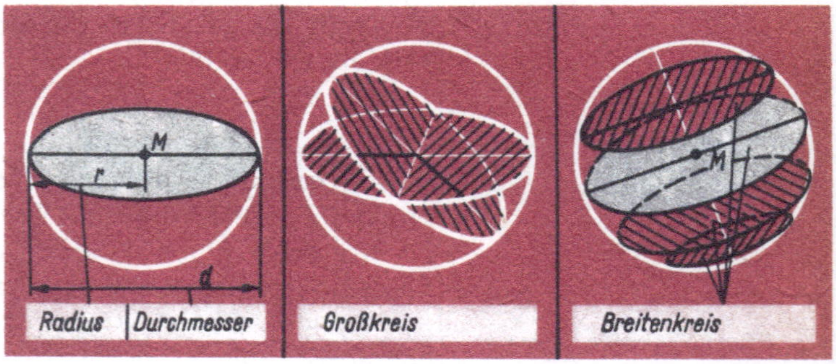


Die Berechnung des Volumens einer Kugel wird auf die Berechnung der Volumina eines entsprechenden Kreiszylinders und Kreiskegels zurückgeführt; denn mit dem *Cavalieri*schen Prinzip kann bewiesen werden, daß das Volumen einer Halbkugel gleich ist dem Volumen eines Kreiszylinders verringert um das Volumen eines Kreiskegels. Die Oberfläche einer Kugel läßt sich nicht in die Ebene abwickeln.

| | |
|---|---|
| $V = \frac{4}{3} \pi r^3 = \frac{\pi}{6} d^3$ | $A_O = 4 \pi r^2 = \pi d^2$ |

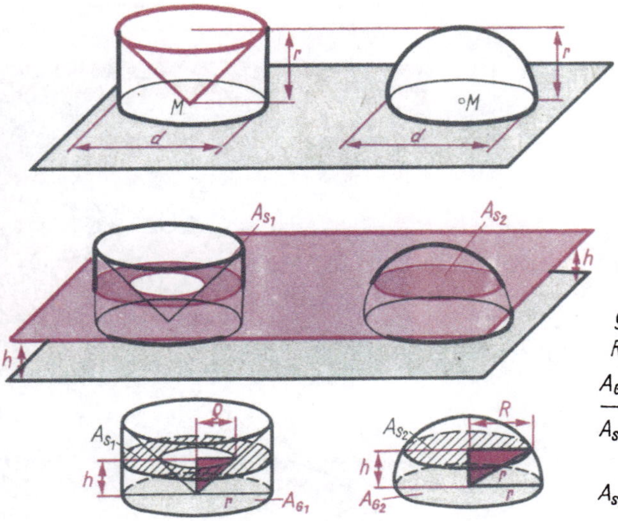


$$V_{Halbk.} = V_{Zyl} - V_{Kegel} = \pi r^3 - \frac{\pi}{3} r^3 = \frac{2}{3} \pi r^3$$

$$\varrho = h$$
$$R^2 = r^2 - h^2$$
$$A_{G_1} = A_{G_2} = \pi r^2$$
$$A_{S_1} = \pi r^2 - \pi \varrho^2 = \pi (r^2 - h^2)$$
$$A_{S_2} = \pi R^2 = \pi (r^2 - h^2)$$
$$A_{S_1} = A_{S_2}$$

*Bemerkung:* Im Gegensatz zu der Formel für das Volumen einer Kugel, die mit Hilfe des *Cavalieri*schen Prinzips hergeleitet wird, kann die Formel für die Kugeloberfläche mit elementaren Mitteln nicht bewiesen werden.

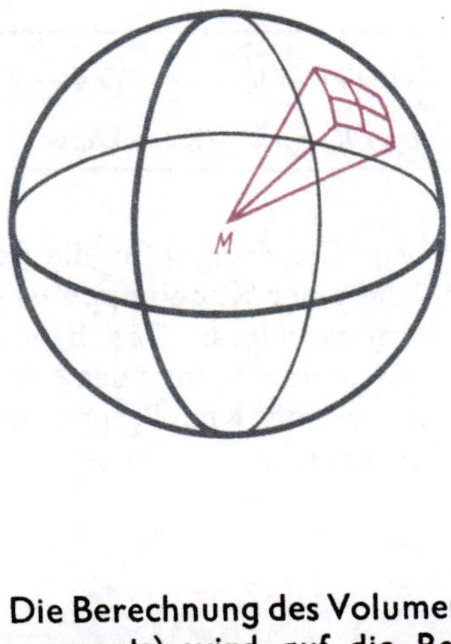


$$V_{Pyr} = \frac{1}{3} A_G \cdot h$$
$$h \to r$$
$$V_{Kugel} \approx \frac{1}{3} r \underbrace{(A_{G_1} + A_{G_2} + \ldots + A_{G_n})}_{A_{O\,Kugel}}$$
$$\frac{4}{3} \pi r^3 = \frac{1}{3} r A_O$$
$$A_O = 4 \pi r^2$$

**Kugelteile**
Kugelabschnitt(-segmente)
Kugelkappe

Die Berechnung des Volumens jedes Kugelabschnitts (Kugelsegments) wird auf die Berechnung des Volumens eines entsprechenden Kreiszylinders und Kreiskegelstumpfes zurückgeführt; mit Hilfe des *Cavalieri*schen Prinzips kann bewiesen werden, daß das Volumen eines Kugelabschnitts

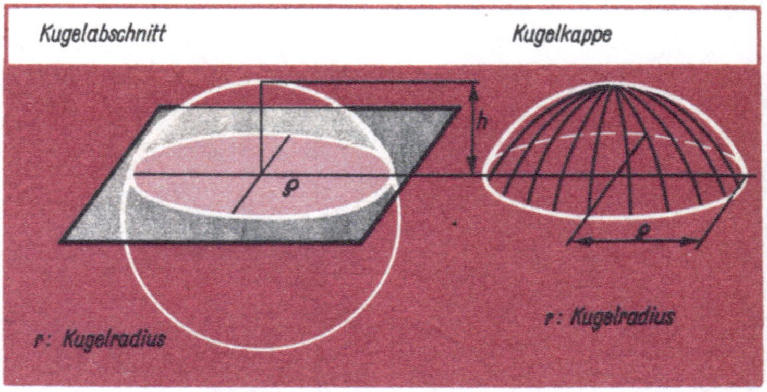


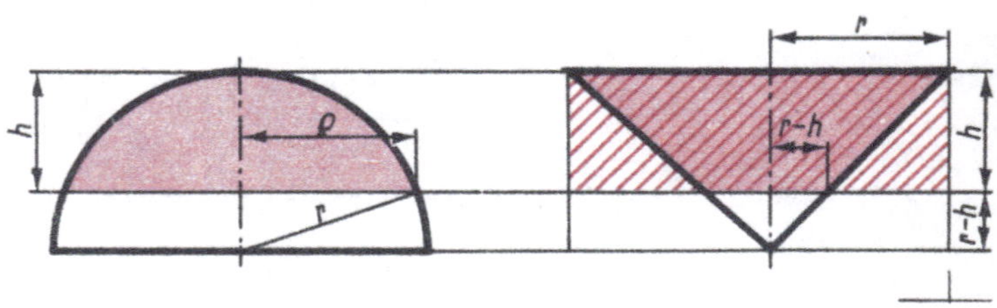

gleich ist dem Volumen eines Kreiszylinders verringert um das Volumen eines Kreiskegelstumpfes.

$V_{Abschnitt} = V_{Zylinder} - V_{Kegelstumpf}$

$$V = \pi r^2 h - \frac{\pi}{3} h [r^2 + r(r - h) + (r - h)^2]$$

D

$$V = \frac{\pi}{3} h^2 (3 \cdot r - h) = \frac{\pi}{6} h^2 (3d - 2h)$$

$A_M = 2 \pi r h = \pi dh$ (Kugelkappe)

*Bemerkung:* Die Formel für die Berechnung des Inhalts der Oberfläche einer Kugelkappe ist gleich der für den Mantel eines Kreiszylinders. Das bedeutet: Die Kugelkappe ist flächengleich dem Mantel des Kreiszylinders, der die gleiche Höhe hat wie die Kugelkappe und der zugehörigen Kugel umbeschrieben ist.

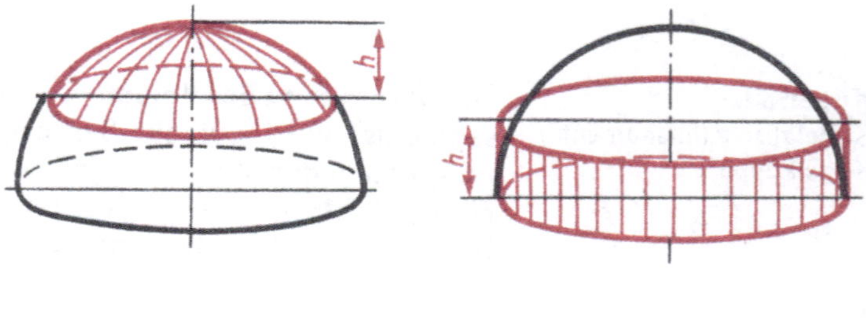

**Kugelschicht**

Das Volumen einer Kugelschicht ergibt sich als Differenz aus dem Volumen zweier Kugelabschnitte.

$h_2 - h_1 = h$

$V_{\text{Abschnitt II}} - V_{\text{Abschnitt I}} = V$

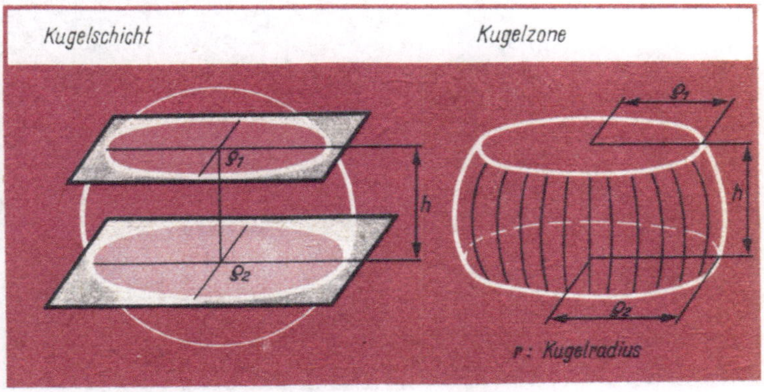


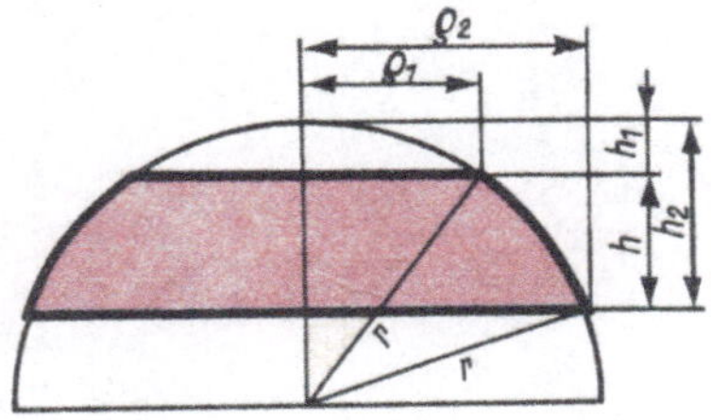

**Kugelzone**

Entsprechend ergibt sich der Flächeninhalt einer Kugelzone als Differenz aus zwei Kugelkappen.

$$V = \frac{\pi}{6} h (3 \varrho_1^2 + 3 \varrho_2^2 + h^2)$$
$$A_M = 2 \pi r h = \pi dh \text{ (Kugelzone)}$$

**Kugelausschnitt (-sektor)**

Die Berechnung des Volumens eines Kugelausschnitts erfolgt durch Addition der Volumina eines Kugelabschnitts und des entsprechenden Kreiskegels.

Entsprechend ist der Oberflächeninhalt eines Kugelausschnitts die Summe der Oberflächen der zugehörigen Kugelkappe und eines Kegelmantels (Bild Seite 298).

$V_{\text{Ausschnitt}} = V_{\text{Abschnitt}} + V_{\text{Kegel}}$

$$V = \frac{\pi}{3} h^2 (3 r - h) + \frac{\pi}{3} \varrho^2 (r - h)$$

$$\varrho^2 = h (2 r - h)$$

D

Kugelausschnitt

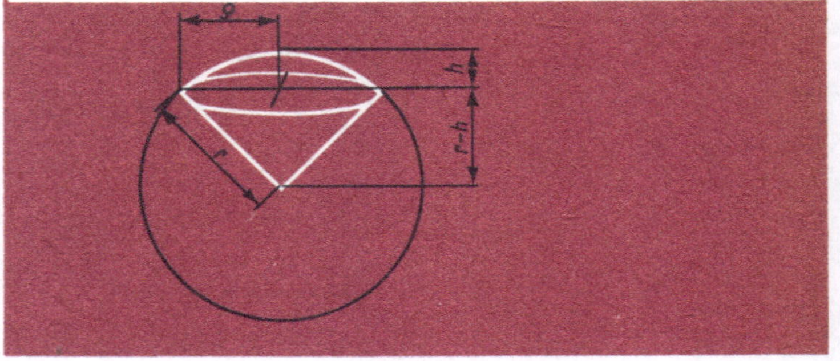


| | |
|---|---|
| $V = \frac{2\pi}{3} r^2 h = \frac{\pi}{6} d^2 h$ | $A_O = \pi r (2h + \varrho)$ |

D

## 15. DARSTELLENDE GEOMETRIE

**Aufgaben**

Die darstellende Geometrie hat die Aufgabe, räumliche Gebilde (die *Originale*) hinsichtlich ihrer zeichnerischen Darstellung zu untersuchen und Verfahren für die Konstruktion ihrer *Bilder* (auch *Risse*) auf der Zeichenfläche zu entwickeln.

Grundprinzip

Grundprinzip der darstellenden Geometrie ist die *Abbildung* (*Zuordnung*) von Punkten des Raumes (dreidimensional) auf Punkte der Zeichenebene (zweidimensional) durch Projizieren.

Projizieren

„Projizieren“ heißt das Abbildungsverfahren, bei dem man sich das Bild des Originals als Schattenwurf durch Lichtstrahlen entstanden denkt. Die in der darstellenden Geometrie angenommenen Lichtstrahlen nennt man **Projektionsstrahlen.**

Projektionsstrahlen

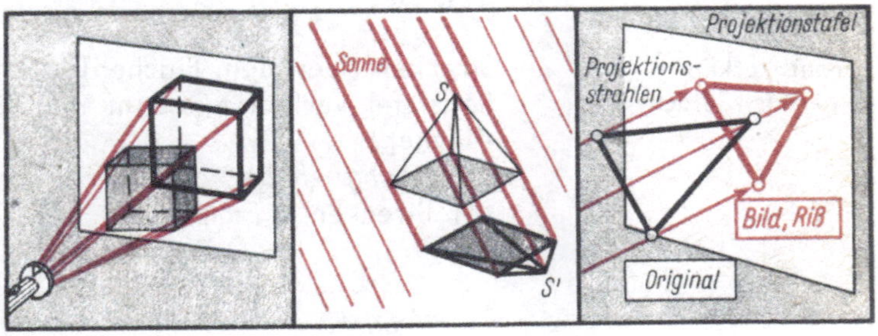


**Projektionsarten**

Je nach der Lage der Projektionsstrahlen zueinander und zur Projektionstafel unterscheidet man:

1. Parallelprojektion (↗ 203)
a) senkrechte (orthogonale) Parallelprojektion
b) Schräge Parallelprojektion (Schrägbild)
2. Zentralprojektion

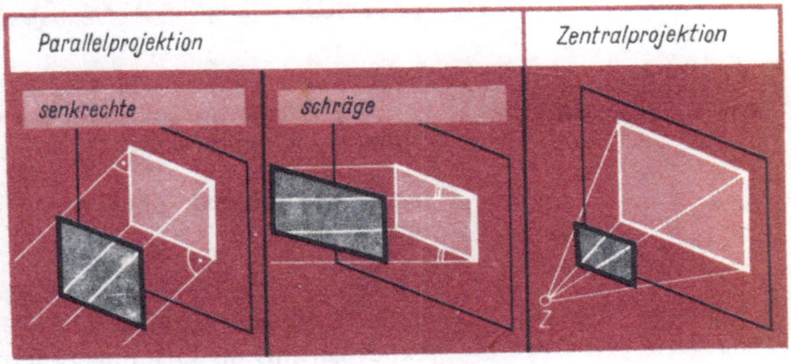


D

**Allgemeine einfache Lage**

Je nach der Lage des Originals zur Projektions(Riß-)tafel unterscheidet man zwischen allgemeiner Lage und einfacher Lage.

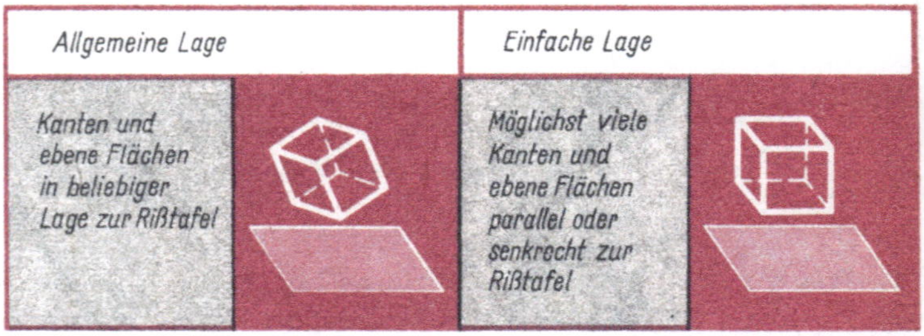


**Tiefenstrecken (-geraden, -flächen)**

Strecken (Geraden, Flächen), die senkrecht zu einer Projektionstafel verlaufen, nennt man Tiefenstrecken (-geraden, -flächen).

**Frontstrecken (-geraden, -flächen)**

Strecken (Geraden, Flächen), die parallel zu einer Projektionstafel verlaufen, nennt man Frontstrecken (-geraden, -flächen).

*Bemerkung:* In bezug auf Frontstrecken spricht man auch von Strecken in *Frontlage.*

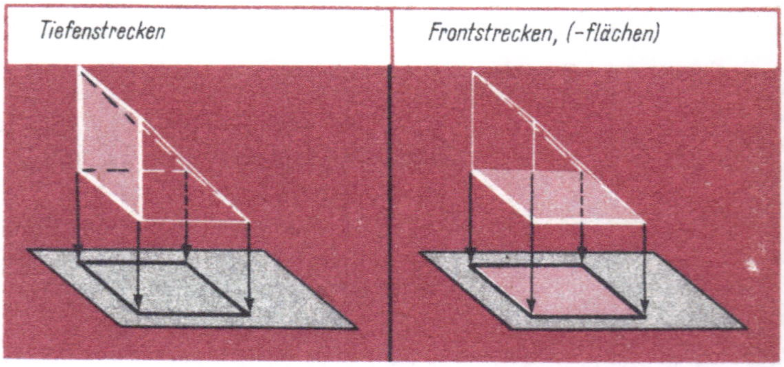


**Parallelprojektion** (↗ 203)

Für die Parallelprojektion (senkrecht und schräg) gelten allgemein folgende Sätze:

Sätze

▶ **Jedem Punkt als Original wird eindeutig ein Punkt als Bild zugeordnet.**

*Bemerkung:* Die Umkehrung dieses Satzes gilt nicht; denn jedem Bildpunkt können alle Punkte des jeweiligen Projektionsstrahls als Original zugeordnet werden.

▶ **Jeder Geraden als Original wird je nach ihrer Lage zu den Projektionsstrahlen entweder ein Punkt oder eine Gerade als Bild zugeordnet.**

Liegt die Originalgerade parallel zu den Projektionsstrahlen, so hat sie als Bild einen Punkt, sonst eine Gerade.

▶ **Jeder Strecke als Original wird je nach ihrer Lage zu den Projektionsstrahlen entweder ein Punkt oder eine Strecke als Bild zugeordnet.**

Liegt die Originalstrecke parallel zu den Projektionsstrahlen, so hat sie als Bild einen Punkt; sonst eine Strecke.

▶ **Parallelen Geraden als Originale werden je nach ihrer Lage zu den Projektionsstrahlen zwei Punkte, eine einzige Gerade oder parallele Geraden als Bild zugeordnet.**

Liegen die Originale parallel zu den Projektionsstrahlen, so haben sie zwei Punkte als Bilder; sonst eine einzige Gerade oder parallele Geraden, je nachdem, ob die durch die Originale aufgespannte Ebene parallel zu den Projektionsstrahlen liegt oder nicht.

▶ **Jeder ebenen Figur als Original wird je nach ihrer Lage zu den Projektionsstrahlen eine Strecke oder eine ebene Figur als Bild zugeordnet.**

Liegt die Ebene des Originals parallel zu den Projektionsstrahlen, so hat die ebene Figur als Bild eine Strecke, sonst eine ebene Figur.

▶ **Jedem Körper als Original wird eine ebene Figur als Bild zugeordnet.**

**Senkrechte Parallelprojektion**
Konstruktionsverfahren

Die Projektionsstrahlen verlaufen senkrecht zur Projektionstafel. Bei der senkrechten Parallelprojektion wird jedem Raumpunkt *P* (Original) ein Bildpunkt *P′* in der Projektionstafel *T* zugeordnet, indem man von *P* aus das Lot auf die Ebene *T* fällt. Der Fußpunkt des Lotes ist der Bildpunkt *P*.
*Bemerkung:* Die Projektionstafel wird stets als unbegrenzte Ebene angenommen. Lediglich in Abbildungen wird zur Verdeutlichung jeweils ein Teil der Ebene hervorgehoben.

Nach der Anzahl der verwendeten Projektionstafeln unterscheidet man:
Eintafelprojektion – Grundriß
Zweitafelprojektion – Grund- und Aufriß
Dreitafelprojektion – Grund-, Auf- und Kreuzriß

**Eintafelprojektion**

Dabei erfolgt die zeichnerische Darstellung durch senkrechte Parallelprojektion auf **eine** Projektionstafel.

Grundriß

Wird die Projektionstafel waagerecht (horizontal) angenommen, so nennt man das durch senkrechte Parallelprojektion erhaltene Bild den Grundriß des Originals. Die waagerecht angenommene Projektionstafel nennt man Grundrißtafel, meist mit $T_1$ bezeichnet.
Den Grundriß eines Originals bezeichnet man mit einem Strich am Symbol des Originals ($P'$, $g'$; Grundriß des Punktes $P$ bzw. der Geraden $g$).

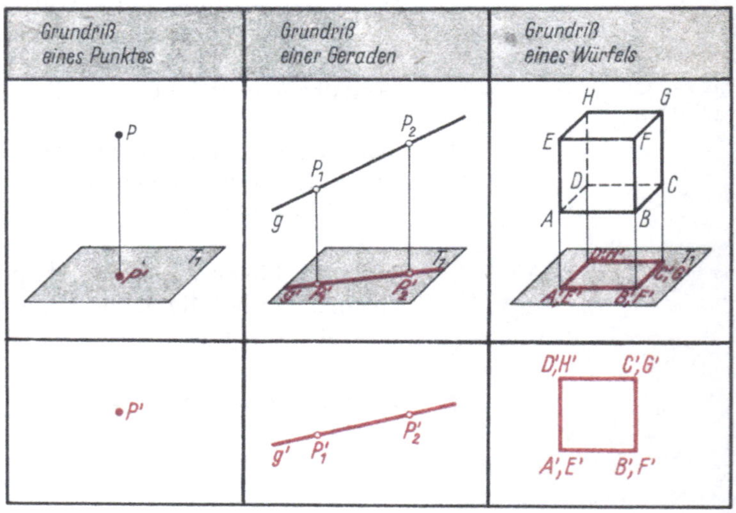


Aufriß

Wird die Projektionstafel senkrecht (vertikal) angenommen, so nennt man das durch senkrechte Parallelprojektion erhaltene Bild den Aufriß des Originals.
Die senkrecht angenommene Projektionstafel nennt man Aufrißtafel, meist mit $T_2$ bezeichnet.
Den Aufriß eines Originals bezeichnet man mit zwei Strichen am Symbol des Originals ($P''$, $g''$: Aufriß des Punktes $P$ bzw. der Geraden $g$).

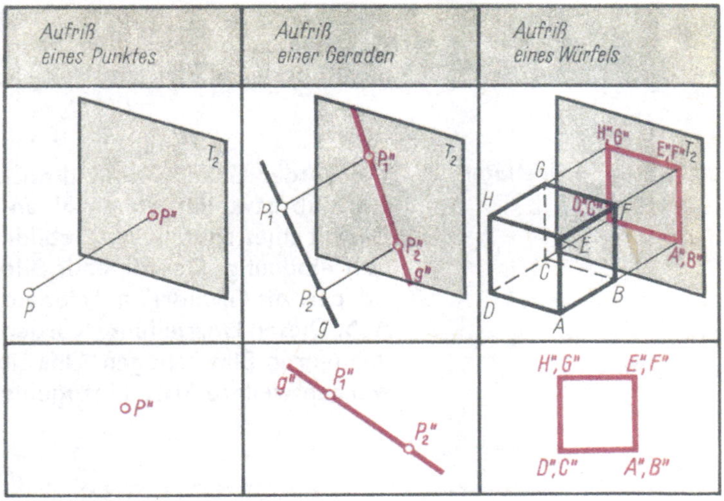


Da der Grundriß eines Originals die räumliche Lage der Punkte des Originals nicht eindeutig bestimmt, fügt man dem Grundriß einen Höhenmaßstab oder Höhenzahlen (Koten) hinzu.

**Grundriß und Höhenmaßstab**

Der **Höhenmaßstab** ist eine senkrecht neben dem zugehörigen Grundriß gezeichnete Maßlinie, auf der durch entsprechende Strecken die Höhen der Originale über der Grundrißtafel angegeben werden. Den Punkten der Grundrißtafel wird die Höhe 0 zugeordnet.

**Grundriß mit Höhenzahlen (Koten)**

Höhenzahlen (Koten) sind Zahlen, die den jeweiligen Grundrissen der Originalpunkte in einer festzulegenden Einheit in Klammern beigefügt werden. Sie geben den Abstand der Originalpunkte von der Grundrißtafel an.

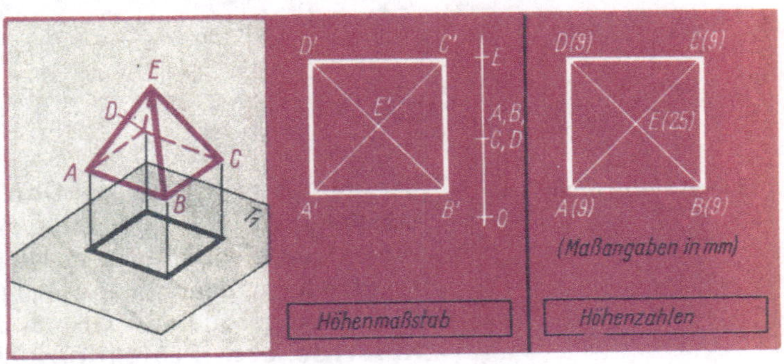

*Bemerkung:* Es ist üblich, Originalpunkte, die mit ihrem Grundriß zusammenfallen, also in der Grundrißtafel liegen, nicht mit einem Strich zu versehen.

**Zwei- und Dreitafelprojektion**

Weder der Grundriß allein noch der Grundriß mit Höhenmaßstab bzw. mit Höhenzahlen bestimmt in jedem Fall die Gestalt eines räumlichen Gebildes (eines Körpers als Original) eindeutig. Das folgende Bild zeigt die Darstellung eines Körpers als Grundriß mit Höhenzahlen bzw. mit Höhenmaßstab. Dieser Darstellung würden zum Beispiel beide Körper im unteren Bild genügen. Um Eindeutigkeit herbeizuführen, werden weitere Risse hinzugefügt.

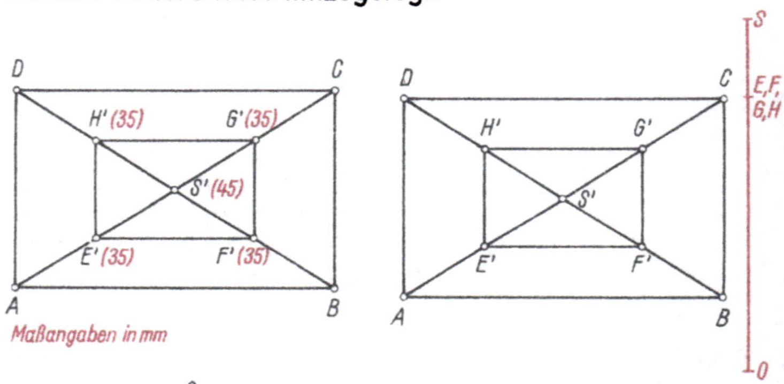


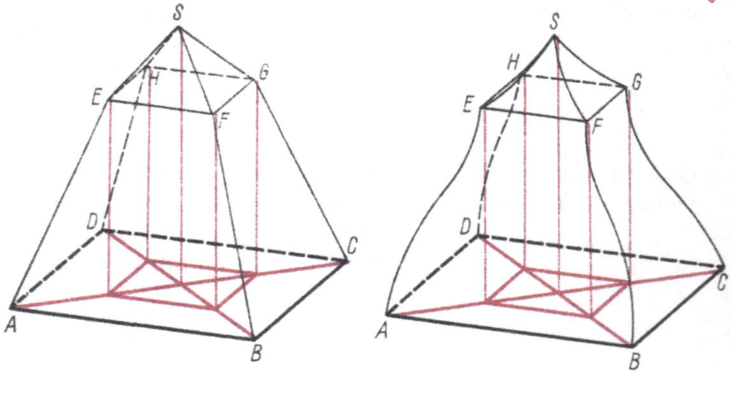


**Zweitafelprojektion**

Bei der **Zweitafelprojektion** erfolgt die zeichnerische Darstellung durch senkrechte Parallelprojektion auf **zwei** Projektionstafeln, die Grund- und Aufrißtafel, die senkrecht zueinander angenommen werden.

Die Schnittgerade von Grund- und Aufrißtafel nennt man **Rißachse**, auch **Projektionsachse.**

Die Verbindungsgerade von Grund- und Aufriß eines jeden Punktes, die senkrecht zur Rißachse verläuft heißt **Ordnungslinie**.

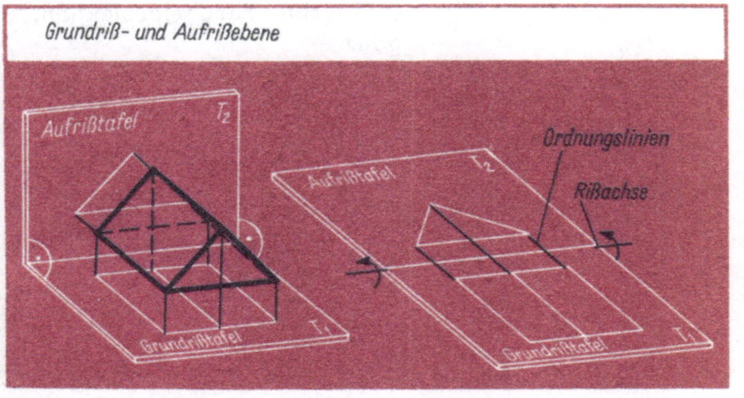


- **Haupteigenschaft der Zweitafelprojektion: Grund- und Aufriß eines Punktes liegen auf einer Senkrechten zur Rißachse (auf einer Ordnungslinie).**

- **Liegen ein Grundrißpunkt und ein Aufrißpunkt nicht auf derselben Senkrechten zur Rißachse, so gehören sie als Bilder nicht dem gleichen Originalpunkt an.**

- **Der Abstand des Grundrisses $P'$ von der Rißachse gibt den Abstand des Punktes $P$ von der Aufrißtafel $T_2$ an.**

- **Der Abstand des Aufrisses $P''$ von der Rißachse gibt den Abstand des Punktes $P$ von der Grundrißtafel $T_1$ an.**

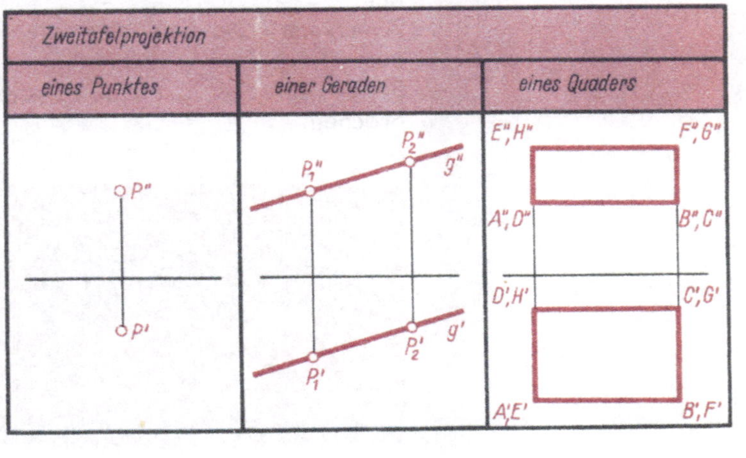

**Dreitafelprojektion**

Da die Zweitafelprojektion nicht in allen Fällen die notwendige Klarheit über die Gestalt eines räumlichen Gebildes vermittelt, bedient man sich oft der Dreitafelprojektion. Dabei wird die Zweitafelprojektion durch eine dritte senkrechte Parallelprojektion, auf die Kreuzrißtafel, ergänzt.

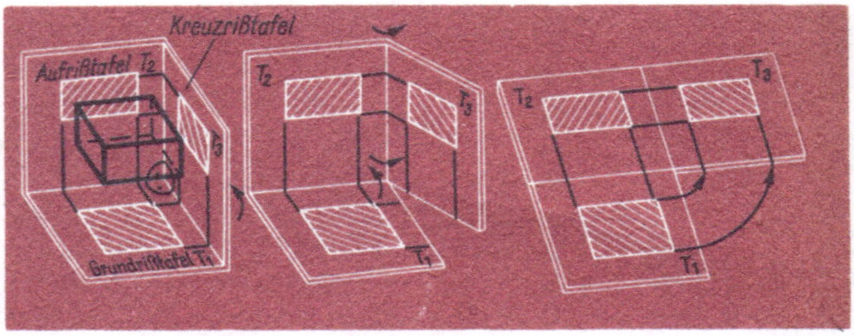


Die Kreuzrißtafel ist eine Projektionstafel, die senkrecht zur Grund- und Aufrißtafel steht; Grund-, Aufriß- und Kreuzrißtafel bilden zusammen eine **rechtwinklige räumliche Ecke.**

Kreuzriß

Das durch senkrechte Parallelprojektion auf die Kreuzrißtafel erhaltene Bild nennt man den Kreuzriß des Originals.
Den Kreuzriß eines Originals bezeichnet man mit drei Strichen am Symbol des Originals ($P'''$, $g'''$: Kreuzriß des Punktes $P$ bzw. der Geraden $g$).
Der Kreuzriß $P'''$ ist mit den dazugehörigen Grund- und Aufrissen $P'$ bzw. $P''$ auch durch Ordnungslinien verbunden.
*Bemerkung:* Die Ordnungslinie, die den Grundriß $P'$ mit dem Kreuzriß $P'''$ verbindet, ist durch einen Viertelkreisbogen um den Schnittpunkt der zwei Rißachsen unterbrochen.

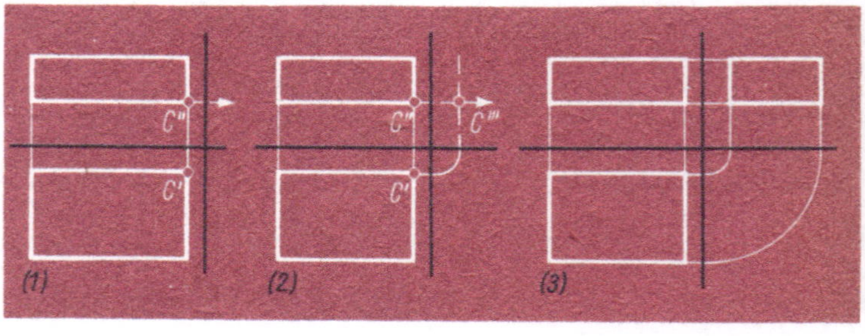

▶ **Der Kreuzriß eines jeden Originalpunktes ist dem Grund- und Aufriß desselben Originalpunktes eindeutig zugeordnet.**

▶ **Wenn zwei Risse eines Originalpunktes gegeben sind, so läßt sich der dritte Riß stets aus den beiden gegebenen Rissen konstruieren.**

**Schräge Parallelprojektion**

Bei der schrägen Parallelprojektion verlaufen die Projektionsstrahlen nicht senkrecht zur Projektionstafel. Das abzubildende Original wird dabei als vor der Projektionstafel befindlich angenommen.

Schrägriß (Schrägbild)

Das durch schräge Parallelprojektion erhaltene Bild nennt man den **Schrägriß** (auch Schrägbild) des Originals.
Den Schrägriß eines Originals bezeichnet man im allgemeinen mit denselben Symbolen, mit denen auch sein Original bezeichnet ist, sonst fügt man diesen Symbolen einen Strich hinzu.
Ein Schrägriß eines Originals ist durch seinen **Verzerrungswinkel** $\alpha$ und durch das **Verkürzungsverhältnis** $q$, in dem die Tiefenstrecken gegenüber den Frontstrecken im Bild erscheinen, bestimmt.

■

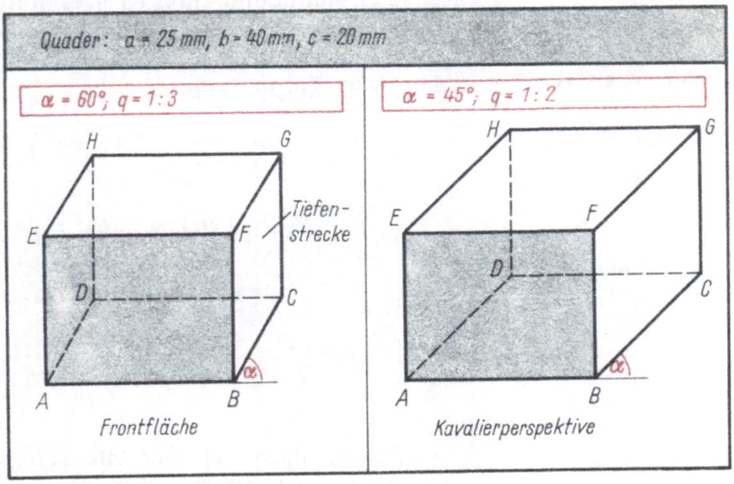


**Kavalierperspektive**

Die Kavalierperspektive ist eine spezielle schräge Parallelprojektion mit dem
Verzerrungswinkel $\alpha = 45°$ und dem
Verkürzungsverhältnis $q = 1 : 2$.

**Konstruktionsverfahren**

Bei der schrägen Parallelprojektion wird jedem Raumpunkt $P$ (Original) ein Bildpunkt $P'$ zugeordnet, indem man je nach dem vorgegebenen Verzerrungswinkel $\alpha$ und dem Verkürzungsverhältnis $q$

a) die Bilder aller Tiefengeraden um den Verzerrungswinkel $\alpha$ gegen die Horizontale der Zeichenebene (gleich Projektionstafel) neigt und

b) die Länge aller Tiefenstrecken nach dem Verkürzungsverhältnis $q$ verändert.

Die Konstruktion von Schrägrissen erfolgt also mit Hilfe von Front- und Tiefenstrecken. Falls das abzubildende geometrische Gebilde keine Front- bzw. Tiefenstrecken hat, müssen *Hilfslinien* in Front- bzw. Tiefenlage eingezeichnet werden.

*Bemerkungen:* 1) Es ist bei schräger Parallelprojektion allgemein üblich, die Projektionstafel vertikal anzunehmen; Frontstrecken (-geraden, -flächen) werden deshalb wie beim Aufriß kongruent abgebildet. 2) $q$ und $\alpha$ werden meist so gewählt, daß sich die Schrägrisse leicht konstruieren lassen, aus ihnen leicht Maße entnommen werden können und die Schrägrisse möglichst anschaulich sind.

Ein Kreis enthält weder Front- noch Tiefenstrecken.



Der Kreis
in Kavalierperspektive
(Die Ellipse als Bild
eines Kreises)

Zur Abbildung eines Kreises in Kavalierperspektive benutzt man deshalb als Hilfslinien einen Durchmesser als eine Frontstrecke und zu diesem Durchmesser senkrechte Sehnen als Tiefenstrecken.

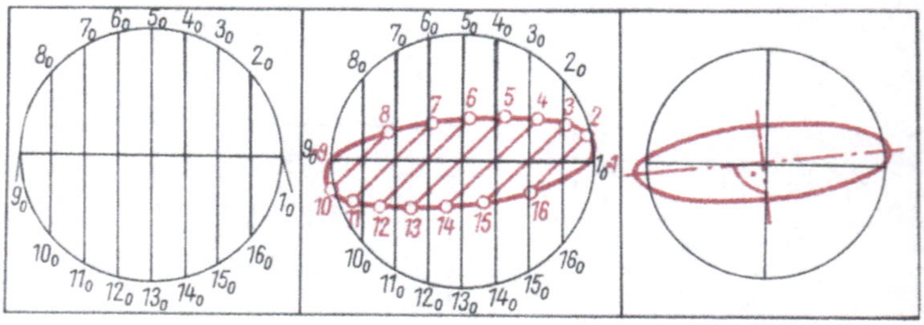

*Bemerkungen*: 1) Der als Frontstrecke dienende Durchmesser ist gleichmäßig zu unterteilen, so daß die als Tiefenstrecken dienenden Sehnen gleiche Abstände haben. 2) Die große Achse der Ellipse, die der Kreis in Kavalierperspektive als Bild besitzt, ist um einen Winkel von etwa 7° entgegengesetzt dem Uhrzeigersinn gegen den waagerechten Durchmesser des Kreises gedreht.

**Zentralprojektion**

Bei der Zentralprojektion (Zentralperspektive) verlaufen die Projektionsstrahlen nicht parallel zueinander und treffen im allgemeinen nicht senkrecht auf die Projektionstafel.
Das Projektionszentrum $P$ (der gemeinsame Ausgangspunkt aller Projektionsstrahlen) befindet sich in endlicher Entfernung von der Projektionstafel (im Gegensatz zur Parallelprojektion, wo man den Ausgangspunkt in unendlich großem Abstand von der Projektionstafel angenommen hat.) (↗ Bild Seite 299).
Bei der Zentralprojektion ist auf die vom Projektionszentrum $P$ durch die Punkte eines in Frontlage befindlichen Originals verlaufenden Projektionsstrahlen der Strahlensatz anwendbar.
Es gilt: $\overline{A'B'} : \overline{AB} = \overline{B'C'} : \overline{BC} = \overline{C'D'} : \overline{CD} = \ldots$

▶ **Bei der Zentralprojektion ist das Bild einer in Frontlage befindlichen ebenen Figur (Original) eine zum Original ähnliche Figur. (↗271 f)**

Wahre Größe einer Strecke (ebenen Fläche)

Befindet sich ein Original (Strecke, ebene Figur) in einfacher Lage, Frontlage zur Projektionstafel, so wird es auf diese Tafel in wahrer Größe abgebildet. Befindet sich ein Original in **allgemeiner Lage** zur Projektionstafel, so wird es auf diese Tafel **nicht** in wahrer Größe abgebildet.

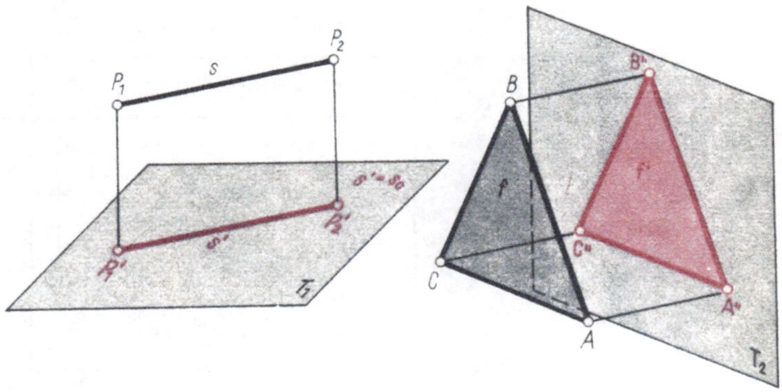


Verfahren zur Bestimmung der wahren Größe

Die wahre Größe eines Originals in allgemeiner Lage kann durch folgende Verfahren bestimmt werden:
1) Umklappung 2) Drehung.
Ziel beider Verfahren ist es, das Original in einfache Lage, Frontlage zu einer Projektionstafel zu bringen, in der es dann in wahrer Größe abgebildet werden kann.

Die durch Umklappen oder Drehen erhaltenen Bilder bezeichnet man mit dem Index „0“ am Symbol des jeweiligen Originals ($P_0$; $s_0$: Umklappung bzw. Drehung des Punktes $P$ bzw. der Strecke $s$ in die Projektionstafel).

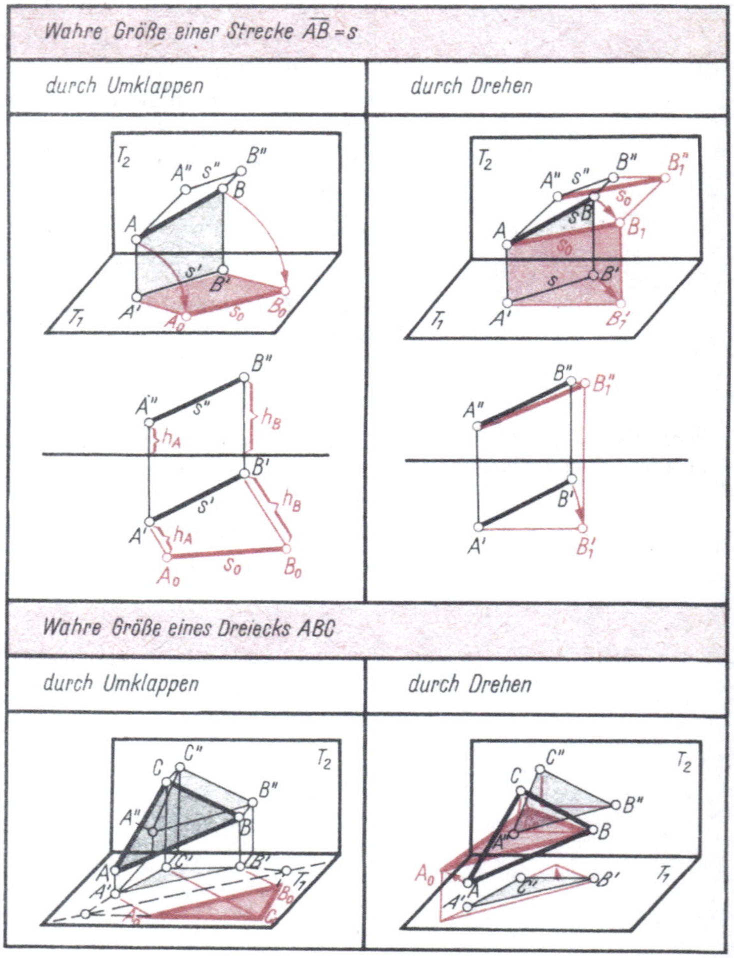


D

Spurpunkt

Jede Gerade in allgemeiner Lage zur Projektionstafel durchstößt die Projektionstafel in einem Punkt. Einen solchen „Durchstoßpunkt“ nennt man **Spurpunkt** (bezeichnet mit „S“). Liegt der Spurpunkt in der Grundrißtafel, so nennt man ihn Grundrißspurpunkt (entsprechend Aufriß- bzw. Kreuzrißspurpunkt).

**Spurgerade (Spur)**

Jede Ebene (Fläche) in allgemeiner Lage zur Projektionstafel durchstößt die Projektionstafel in einer Geraden (einer Strecke). Eine solche „Durchstoßgerade" (-strecke) nennt man **Spurgerade** oder kurz **Spur** (bezeichnet mit *s*).
Liegt die Spurgerade (Spur) in der Grundrißtafel, so nennt man sie Grundrißspur (entsprechend Aufriß- bzw. Kreuzrißspur).

**Fallinie**

Eine Gerade einer Ebene (in allgemeiner Lage zur Projektionstafel), die senkrecht auf der Spurgeraden dieser Ebene steht, nennt man Fallinie (bezeichnet mit *l*). Die Fallinie *l* einer Ebene konstruiert man, indem man von einem Punkt *P* der Fallinie das Lot auf die Spurgerade dieser Ebene fällt.

**Neigungswinkel einer Geraden (Strecke)**

Jede Gerade in allgemeiner Lage zu einer Projektionstafel durchstößt diese Projektionstafel unter einem bestimmten Winkel. Diesen Winkel nennt man **Neigungswinkel** (meist mit $\alpha$ bezeichnet) dieser Geraden. Man spricht auch vom Neigungswinkel einer Strecke in allgemeiner Lage.
Der Neigungswinkel einer Geraden *g* kann konstruiert werden, wenn man
1) den Spurpunkt *S* der Geraden *g* und den Grund- und Aufriß eines Punktes *P* dieser Geraden kennt;
2) den Grundriß *g'* der Geraden *g* und den Höhenmaßstab zweier Punkte *P* dieser Geraden kennt.

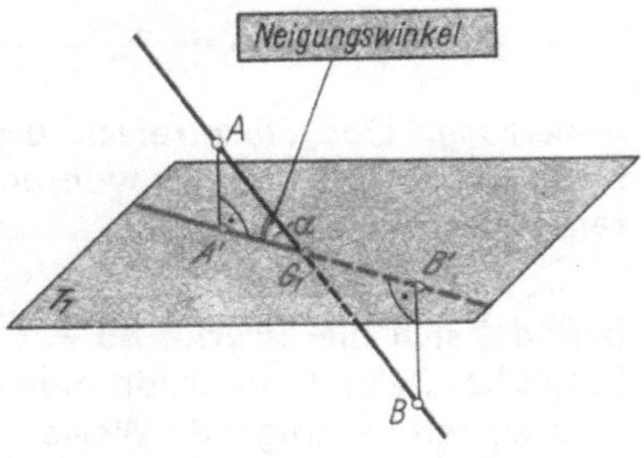


**Neigungswinkel einer Ebene (Fläche)**

Als **Neigungswinkel** $\alpha$ einer Ebene bezeichnet man den Winkel, den eine Fallinie dieser Ebene mit ihrem Bild in der jeweiligen Projektionstafel einschließt.

Der Neigungswinkel $\alpha$ einer Ebene kann konstruiert werden, wenn man
1) den Spurpunkt *S* der Fallinie *l* und den Grund- und Aufriß eines Punktes *P* der Fallinie kennt,



D

2) den Grundriß $l'$ der Fallinie und den Höhenmaßstab eines Punktes $P$ der Fallinie kennt.

Stützdreieck

Als **Stützdreieck** einer Ebene (Geraden, Strecke) bezeichnet man das rechtwinklige Dreieck, das aus folgenden Stücken gebildet wird:
1) Hypotenuse:
Abstand eines Punktes $P$ einer Fallinie von deren Spurpunkt $S$; $\overline{PS}$.
2) Katheten:
a) Abstand der Projektion $P'$ des Punktes $P$ der Fallinie von $S$; $\overline{P'S}$.
b) Abstand des Punktes $P$ der Fallinie von $P'$ in der Projektionstafel.
Das Stützdreieck einer Ebene (Geraden) liegt stets senkrecht zur jeweiligen Projektionstafel.

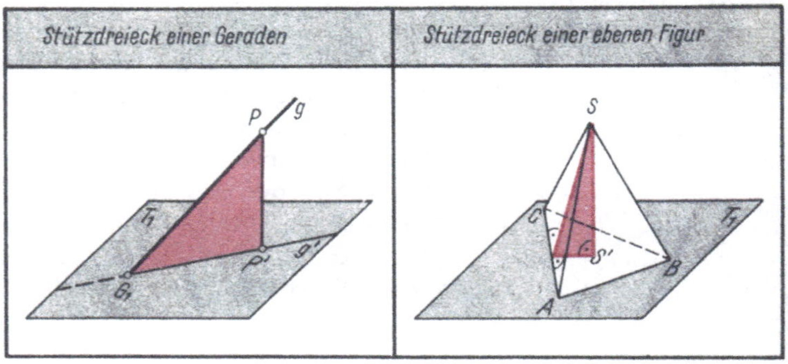


*Bemerkung:* Das Stützdreieck dient zur Bestimmung des Neigungswinkels und der wahren Größe von ebenen Figuren in allgemeiner Lage.

Umklappung einer Strecke

Befindet sich die Strecke $\overline{AB} = s$ in allgemeiner Lage zur Projektionstafel $T$, so erhält man ihre wahre Größe durch Umklappen auf folgende Weise:
1) Von den Punkten $A$ und $B$ fällt man die Lote auf die Tafel; man erhält das Trapez $AA'B'B$, das senkrecht zur Projektionstafel steht; dabei ist $\overline{A'B'} = s'$.
2) In der Projektionstafel $T$ errichtet man in $A'$ und $B'$ Senkrechten zu $s'$, auf denen die Abstände von $A$ bzw. $B$ von $T$ abgetragen werden; man erhält die Punkte $A_0$ und $B_0$.
3) Verbindet man nun die Punkte $A_0$ und $B_0$, so erhält man die Strecke $\overline{A_0B_0} = s_0$, das Bild der Strecke $s$ in wahrer Größe: $s_0 = s$.

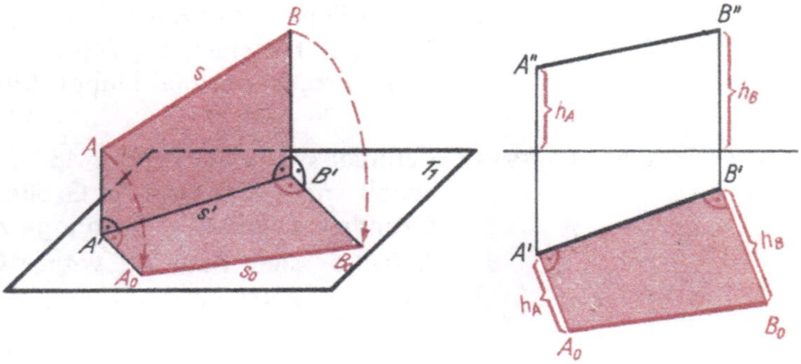


**Umklappung einer Geraden**

Befindet sich eine Gerade $g$ in allgemeiner Lage zur Projektionstafel $T$, so wird $g$ in die Tafel $T$ umgeklappt, indem man einen Punkt $P$ von $g$ in die Tafel klappt und den erhaltenen Punkt $P_0$ mit dem Spurpunkt $s$ von $g$ verbindet. (↗ Neigungswinkel einer Geraden 311).

**Umklappung einer ebenen Figur**

Befindet sich eine ebene Figur in allgemeiner Lage zur Projektionstafel, so erhält man ihre wahre Größe, indem man

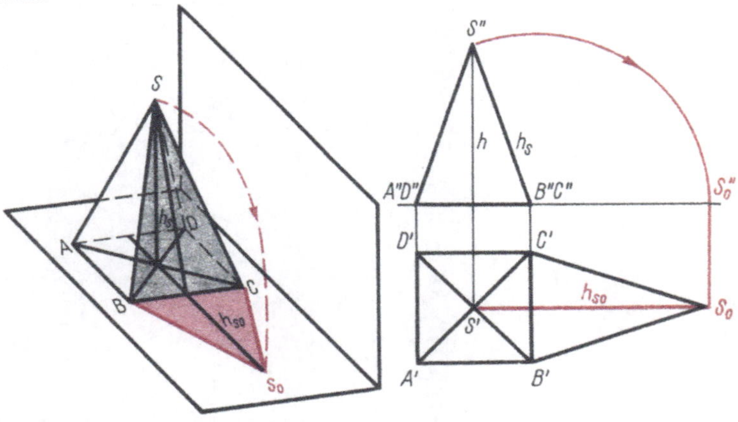


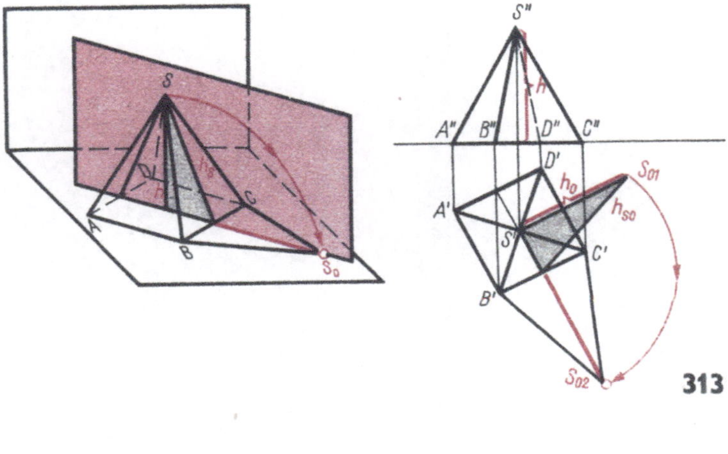

1) die Figur selbst oder
2) das Stützdreieck der Figur
in die Projektionstafel klappt (Bild Seite 313).

**Drehung einer Strecke**

Befindet sich eine Strecke $\overline{AB} = s$ in allgemeiner Lage, so erhält man ihre wahre Größe, indem man z. B. ihren Grundriß $s'$ um $A'$ in Frontlage zur Aufrißtafel dreht. Der Aufriß $s''$ stellt dann die wahre Größe der Strecke $AB = s$ dar, $s_0 = s''$.

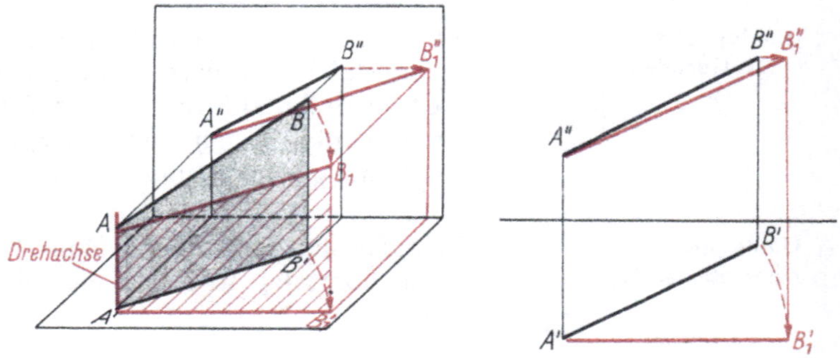

# REGISTER



R

R

K



L



M



N



R

**T**



**U**



**V**

**W**



**Z**

| | |
|---|---|
| $+$ | plus |
| $-$ | minus |
| $\cdot$ | mal |
| $:$ —— | geteilt durch; zu; durch (Bruchstrich) |
| $=$ | ist gleich |
| $\equiv$ | identisch gleich |
| $\neq$ | nicht gleich, ungl. |
| $\sim$ | proportional |
| $\approx$ | angenähert, rund |
| $\triangleq$ | entspricht |
| $<$ | kleiner als |
| $>$ | größer als |
| $\leqq$ | kleiner oder gleich, höchstens gleich |
| $\geqq$ | größer oder gleich, mindestens gleich |
| $\dots$ | und so weiter (bis) |
| % | Prozent |
| ‰ | Promille |
| $\infty$ | unendlich |
| $\triangle$ | Dreieck |
| $(a,b)$ oder $]a,b[$ | offenes Intervall *ab* |
| $[a,b]$ oder $\langle a,b\rangle$ | abgeschlossenes Intervall *ab* |
| $\parallel$ | parallel |
| $\nparallel$ | nicht parallel |
| $\perp$ | rechtwinklig zu |
| $\cong$ | kongruent |
| $\measuredangle$ | Winkel |
| $AB$ | Gerade *AB* |
| $\overline{AB}$ | Strecke *AB* |
| $\overrightarrow{AB}$ | gerichtete Strecke |
| $\overset{\frown}{AB}$ | Bogen *AB* |
| $\lvert z\rvert$ | Betrag von z |
| $\mathrm{arc}\,z$ | Arkus z |
| $\sqrt{\phantom{x}}$ | Wurzel aus |
| $\log_a$ | Log. zur Basis *a* |
| lg | Zehnerlogarithm. |
| ld | Zweierlogarithm. |
| ln | natürl. Logarithm. |
| ° | Grad (Altgrad) |
| ′ | Minute |
| ″ | Sekunde |
| g | Neugrad |
| c | Neuminute |
| cc | Neusekunde |
| $\in$ | Element aus |
| $\notin$ | nicht Element aus |
| $\subseteq$ | enthalten in |
| $\subset$ | echt enthalten in |
| $\cup$ | vereinigt |
| $\cap$ | geschnitten |
| $\sim$ | äquivalent |
| $\{a, \dots\}$ | Menge aus *a*, . . . |
| $\rightarrow$ | wenn . . . so . . . |
| $\leftrightarrow$ | genau dann wenn |
| $\emptyset$ | die leere Menge |
| sin | Sinus |
| cos | Kosinus |
| tan | Tangens |
| cot | Kotangens |

GPSR Compliance

*The European Union's (EU) General Product Safety Regulation (GPSR) is a set of rules that requires consumer products to be safe and our obligations to ensure this.*

*If you have any concerns about our products, you can contact us on ProductSafety@springernature.com*

In case Publisher is established outside the EU, the EU authorized representative is:

Springer Nature Customer Service Center GmbH
Europaplatz 3
69115 Heidelberg, Germany

**Batch number: 08567204**

Printed by Printforce, the Netherlands